U0668484

磷资源开发利用丛书

总主编　池汝安

副总主编　杨光富　梅　毅

磷矿采矿

第3卷

张电吉　康钦容　柴修伟　秦征远　等　编著

科学出版社

北　京

内 容 简 介

全书共分为8章，包括磷矿资源及中国磷矿床赋存特征、磷矿露天开采、磷矿地下开采、钻爆技术、露天与地下转换开采、磷矿地下开采新技术、磷矿智能开采技术、磷矿深部开采动力灾害防治等内容。

本书可作为采矿工程、资源工程专业的本科生及研究生的参考书，也可作为相关科技人员的参考书，同时可供磷矿开采企业的工程技术人员和管理人员参考使用。

图书在版编目（CIP）数据

磷矿采矿 / 张电吉等编著. -- 北京：科学出版社，2025.2. -- (磷资源开发利用丛书 / 池汝安总主编). -- ISBN 978-7-03-080796-0

Ⅰ. TD871

中国国家版本馆 CIP 数据核字第 20242KN182 号

责任编辑：刘翠娜　崔元春 / 责任校对：王萌萌
责任印制：赵　博 / 封面设计：赫　健

科学出版社 出版

北京东黄城根北街 16 号
邮政编码：100717
http://www.sciencep.com

北京中科印刷有限公司印刷
科学出版社发行　各地新华书店经销

*

2025 年 2 月第 一 版　开本：787×1092　1/16
2025 年 7 月第二次印刷　印张：21 1/2
字数：480 000

定价：280.00 元
（如有印装质量问题，我社负责调换）

"磷资源开发利用"丛书编委会

顾 问

孙传尧　邱冠周　陈芬儿　王玉忠　王焰新　沈政昌
吴明红　徐政和　钟本和　贡长生　李国璋

总 主 编

池汝安

副总主编

杨光富　梅　毅

编　　委（按姓氏笔画排序）

丁一刚　习本军　马保国　王　龙　王　杰　王孝峰
王辛龙　卞平官　邓军涛　石和彬　龙秉文　付全军
朱阳戈　刘　畅　刘生鹏　汤建伟　孙　伟　孙国超
李　防　李万清　李少平　李东升　李永双　李先福
李会泉　李国海　李桂君　李高磊　李耀基　杨　超
杨家宽　肖　炘　肖春桥　吴晨捷　何　丰　何东升
余军霞　张　晖　张　覃　张电吉　张道洪　陈远姨
陈常连　罗显明　罗惠华　金　放　周　芳　郑光明
屈　云　胡　朴　胡　清　胡岳华　段利中　修学峰
姚　辉　倪小山　徐志高　高志勇　郭　丹　郭国清
唐盛伟　黄年玉　黄志良　黄胜超　龚家竹　彭亚利
虞云峰

"磷资源开发利用"丛书出版说明

　　磷是不可再生战略资源，是保障我国粮食生产安全和高新技术发展的重要物质基础，磷资源开发利用技术是一个国家化学工业发展水平的重要标志之一。"磷资源开发利用"丛书由湖北三峡实验室组织我国 300 余名专家学者和一线生产工程师，历时四年，围绕磷元素化学、磷矿资源、磷矿采选、磷化学品和磷石膏利用的全产业链编撰的一套由《磷元素化学》、《磷矿地质与资源》、《磷矿采矿》、《磷矿分选富集》、《磷矿物与材料》、《黄磷》、《热法磷酸》、《磷酸盐》、《湿法磷酸》、《磷肥与磷复肥》、《有机磷化合物》、《药用有机磷化合物》、《磷石膏》、《磷化工英汉词汇》组成的丛书，共计 14 卷，以期成为磷资源开发利用领域最完整的重要参考用书，促进我国磷资源科学开发和磷化工技术转型升级与可持续发展。

磷资源的开发利用首先要从磷矿采矿开始。磷矿属于化学矿，其开采方法与煤矿、金属矿、建材矿等矿种的开采有很多相似之处，但是由于磷矿性质与赋存条件的特殊性，其开采工艺技术有其自身的特点，因此磷矿采矿一书的编写很有必要。

世界上磷矿储量第一的是摩洛哥和西撒哈拉，其储量约占世界磷矿总储量的 72%，其磷矿品位高、矿体埋藏较浅，主要是露天开采。我国磷矿储量约占世界磷矿总储量的 5%，居世界第二位。与国外相比我国的磷矿以低品位磷矿居多，埋藏较深，已探明的磷矿体多为埋深在 300m 以下、厚度为 7～15m 的中厚缓倾斜条带状矿体。我国磷矿资源分布相对集中，主要分布在湖北、云南、贵州、四川四个省，此四省的磷矿储量占全国近75%。湖北省的磷矿资源储量位居中国第一位。目前全球工业开采的磷矿石，大约 85%来自沉积磷矿岩型，其余为岩浆岩磷灰石型和极少量的变质磷灰岩型。我国发现的磷矿床这几种类型都有，但以沉积磷矿岩型为主，约占总储量的 70%。近年来我国对矿山开采安全逐步加强，提倡用充填法开采，传统的充填法成本较高，而我国地下磷矿山过去多数用空场法开采，因此把空场法与充填法相结合，采用空场嗣后充填采矿法，由此开发出了许多安全高效、成本较低的地下磷资源采矿法。

该书的作者所在单位武汉工程大学（原武汉化工学院），是原化学工业部所属以化工矿山资源开发为特色的高校，作者与我国大型磷矿山开采企业有着长期的技术合作，在磷矿开采方面取得了较丰硕的研究成果，并且许多成果在我国磷矿开采中得到了实际推广应用，如优化的条带式充填法已在湖北兴发化工集团股份有限公司后坪磷矿成功应用。

《磷矿采矿》是一本全面、系统介绍磷矿资源开采的专著，除了介绍常规的传统采矿方法外，作者把最新的磷矿开采研究成果编写到该书中。比如，近年来矿山开采的数字化及智慧化要求逐步提高，该书编写了磷矿智能开采技术方面的内容。由于不同磷矿山开采条件的复杂性及开采技术的不断进步，该书的内容还有许多有待完善之处，但是，我仍然相信该书一定会受到大中专院校采矿工程、资源工程专业师生、相关研究设计单位及矿山工程技术人员的喜爱，从而促进我国磷矿资源的科学开发和合理利用。

杨春和

中国工程院院士

2024 年 11 月于武汉

丛 书 序

　　磷矿是不可再生的国家战略性资源。磷化工是我国化工产业的重要组成，磷化学品关乎粮食安全、生命健康、新能源等高新技术发展。我国磷矿资源居全球第二位，通过多年的发展，磷化工产业总体规模全球第一，成为全球最大的磷矿石、磷化学品生产国，形成了磷矿开采、黄磷、磷酸、无机磷化合物、有机磷（膦）化合物等完整产业链。但是，我国仍然面临磷矿综合利用水平偏低、资源可持续保障能力不强、磷化工绿色发展压力较大、磷化学品供给结构性矛盾突出等问题。为了进一步促进磷资源的高效利用，推动我国磷化工产业的高质量发展，2024 年 1 月，工业和信息化部、国家发展和改革委员会、科学技术部、自然资源部、生态环境部、农业农村部、应急管理部、中国科学院联合发布了《推进磷资源高效高值利用实施方案》。

　　湖北三峡实验室是湖北省十大实验室之一，定位为绿色化工。2021 年，湖北省人民政府委托湖北兴发化工集团股份有限公司牵头，联合中国科学院过程工程研究所、武汉工程大学和三峡大学等相关高校和科研院所共同组建湖北三峡实验室，围绕磷基高端化学品、微电子关键化学品、新能源关键材料、磷石膏综合利用等研究方向开展关键核心技术研发，为湖北省打造现代化工万亿产业集群提供关键科技支撑，提高我国现代化工产业的国际竞争力。

　　为推进磷资源高效高值利用、促进我国磷资源科学开发与利用，湖北三峡实验室组织编撰了"磷资源开发利用"丛书，组织了 300 多位学者和专家，历时数年，数易其稿，编著完成了由 14 个专题组成的丛书。我们相信，该丛书的出版，将对我国磷资源开发利用行业的产业升级、科技发展和人才培养做出积极贡献！本书可为从事磷资源开发和磷化工相关行业生产、设计和管理的工程技术人员及高等院校和科研院所的广大学者和学生提供参考。

2024 年 1 月

前　言

　　《磷矿采矿》是"磷资源开发利用"丛书之一，收集整理了中国磷矿山多年开采的实际工程成果，是我国相关磷矿山企业、设计研究院和高等院校等专家教授通力合作，经过 2 年多的努力成果。

　　磷矿采矿是磷资源开发必不可少的重要环节。本书结合磷矿资源及中国磷矿床赋存特征，系统介绍了磷矿露天开采与地下开采的基本概念、采矿方法及不同采矿方法的选取原则；收录了我国大型磷矿露天转地下开采及地下转露天开采的成功设计与施工案例；编入了磷矿开采方面的最新研究成果，包括条带式充填开采新技术、箱式充填开采新技术、磷矿开采作业智能控制基础理论与技术、磷矿深部开采诱发岩爆的破坏现象及其机理、磷矿深部采动灾害监测预警等。磷矿智能开采是采矿工程学科的发展方向，条带式充填开采技术可在保障安全开采的前提下，充分利用固废并提高磷矿资源回采率，具有重要的经济效益和社会效益。磷矿深部开采诱发岩爆的破坏现象及其机理研究具有重要的学术价值。

　　本书由武汉工程大学张电吉、康钦容、柴修伟、秦征远担任作者。全书共分为 8 章。各章编写任务分工如下：

　　第 1 章磷矿资源及中国磷矿床赋存特征由肖尊群编写；第 2 章磷矿露天开采由康钦容编写；3.1 节空场采矿法由贾金龙编写；3.2 节充填采矿法由刘德峰编写；3.3 节崩落采矿法由陈清运、秦远征编写；第 4 章钻爆技术由柴修伟编写；第 5 章露天与地下转换开采由张电吉编写；第 6 章磷矿地下开采新技术由张卫中编写；第 7 章磷矿智能开采技术由李志国编写；第 8 章磷矿深部开采动力灾害防治由卺曼卿编写。

　　全书由张电吉负责统稿定稿，秦征远负责书稿整合编排，不同章节的作者进行交换互审。正值本书出版之际，特向关心和支持本书编写的各位领导、专家和参考文献的作者表示衷心的感谢！

　　由于作者水平有限，书中难免有不足之处，诚恳地欢迎读者批评指正。

作　者

2024 年 5 月

目　录

1.1 磷矿资源概述

磷矿是指在经济上能被利用的磷酸盐类矿物的总称，是一种重要的化工矿物原料。其可以用来制取磷肥，也可以用来制造黄磷、磷酸、磷化物及其他磷酸盐类，以用于医药、食品、火柴、染料、制糖、陶瓷、国防等工业部门。磷矿在工业上的应用已有一百多年的历史。磷是动植物生长的必需元素，磷肥是粮食增产的关键。世界磷资源供应的充足度和稳定性关系到世界粮食供应安全。近代人类开发利用的磷资源主要来源于磷矿，自然界中含磷矿物很多，但具有开发利用价值的主要是磷酸盐岩和含铝磷酸盐岩。磷酸盐岩主要是海相沉积磷灰石，其大型沉积矿床主要分布在非洲北部、中国、中东和美国。火成磷酸盐岩矿床主要发现于巴西、加拿大、俄罗斯和南非。

1.1.1 世界磷矿床的分布

2019 年世界磷矿储量为 694.88 亿 t（表 1-1），其中磷矿储量达 10 亿 t 及以上的有摩洛哥和西撒哈拉、中国、阿尔及利亚、叙利亚、巴西、沙特阿拉伯、南非、埃及、澳大利亚、美国及约旦 11 个国家或地区（表 1-1，图 1-1）。

表 1-1　2008～2019 年世界磷矿主要资源国家或地区磷矿储量　　（单位：亿 t）

国家及地区	2008 年	2009 年	2010 年	2011 年	2012 年	2013 年	2014 年	2015 年	2016 年	2017 年	2018 年	2019 年
摩洛哥和西撒哈拉	57	57	500	500	500	500	500	500	500	500	500	500
中国	41	31.7	29.6	28.9	30.7	30.2	30.7	33.1	32.4	33	32	32
阿尔及利亚	—	—	22	22	22	22	22	22	22	22	22	22
叙利亚	1	1	18	18	18	18	18	18	18	18	18	18
巴西	2.6	2.6	3.4	3.1	2.7	2.7	2.7	3.2	3.2	17	17	17
沙特阿拉伯	—	—	—	—	7.5	2.11	2.11	9.6	6.8	14	14	14
南非	15	15	15	15	1.5	15	15	15	15	15	15	14

国家及地区	2008 年	2009 年	2010 年	2011 年	2012 年	2013 年	2014 年	2015 年	2016 年	2017 年	2018 年	2019 年
埃及	1	1	1	1	1	1	7.15	12	12	13	13	13
澳大利亚	0.82	0.82	0.82	2.5	4.9	8.7	10.3	10	11	11	11	12
美国	12	11	14	14	14	11	11	11	11	10	10	10
约旦	9	15	15	15	15	13	13	13	12	13	10	10
其他国家	14.75	15.85	24.45	27.281	35.281	37.07	35.91	36.25	36.25	36.39	34.83	32.88
世界总储量	154.17	150.97	643.27	646.781	652.581	660.78	667.87	683.15	679.65	702.39	696.83	694.88

注：①中国 2009~2016 年的磷矿储量数据来源于国家统计局。

②其他数据来源于美国地质调查局 *Mineral Commodity Summaries 2009~2020*。

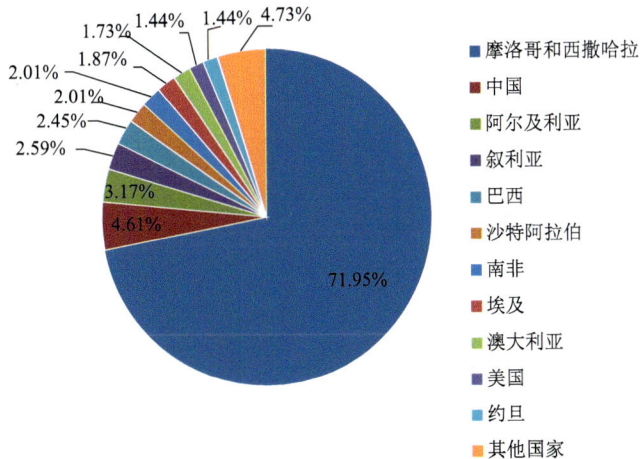

图 1-1　2019 年世界主要产磷国和地区磷矿储量占比

2019 年，磷矿储量最高的国家和地区是摩洛哥和西撒哈拉，达 500 亿 t，占世界磷矿总储的 71.95%；中国磷矿储量 32 亿 t，占世界磷矿总储量的 4.61%，居世界第 2 位；阿尔及利亚磷矿储量 22 亿 t，占世界磷矿总储量的 3.17%，居世界第 3 位；叙利亚磷矿储量 18 亿 t，占世界磷矿总储量的 2.59%，居世界第 4 位；巴西磷矿储量 17 亿 t，占世界磷矿总储量的 2.45%，居世界第 5 位；沙特阿拉伯和南非磷矿储量均为 14 亿 t，占世界磷矿总储量的 2.01%，并列世界第 6 位；埃及磷矿储量 13 亿 t，占世界磷矿总储量的 1.87%，居世界第 7 位；澳大利亚磷矿储量 12 亿 t，占世界磷矿总储量的 1.73%，居世界第 8 位；美国和约旦磷矿储量均为 10 亿 t，占世界磷矿总储量的 1.44%，并列世界第 9 位[1]。从近年来世界磷矿储量的变化上看，由于摩洛哥和西撒哈拉的磷矿储量占据绝对主导地位，世界磷矿储量变化趋势与摩洛哥和西撒哈拉磷矿储量变化趋势基本一致（表 1-1，图 1-2）。

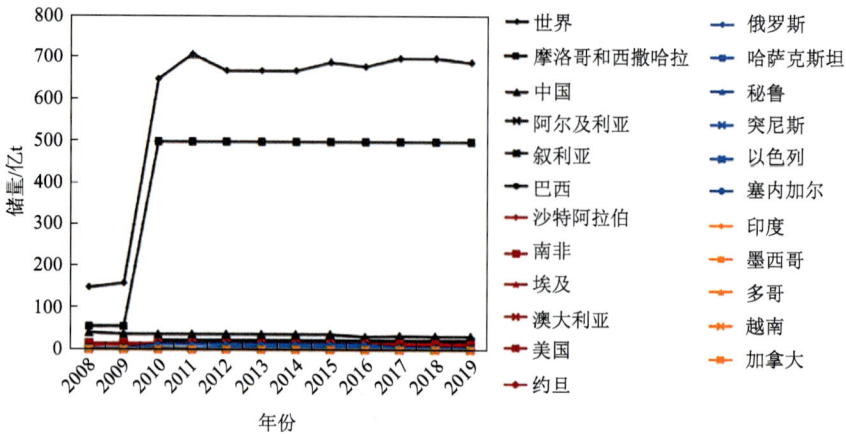

图 1-2　2008～2019 年世界主要产磷国家或地区磷矿储量变化趋势

世界磷矿储量的显著变化发生在 2010 年，而且主要是由摩洛哥和西撒哈拉磷矿储量变化引起的。2010 年以前世界磷矿储量在 144 亿 t 左右，2010 年由于摩洛哥和西撒哈拉磷矿储量急剧增长（从 2009 年的 57 亿 t 猛增至 2010 年的 500 亿 t），世界磷矿储量也大幅提高，从 2009 年的 150.97 亿 t 提高至 2010 年的 643.27 亿 t。此后，摩洛哥和西撒哈拉的磷矿储量一直稳定在 500 亿 t，而世界磷矿储量也比较平稳，在 643.27 亿～702.39 亿 t 小幅波动。除摩洛哥和西撒哈拉外，叙利亚的磷矿储量在 2010 年也有明显增加，从 2009 年的 1 亿 t 增加到 2010 年之后（包括 2010 年）的 18 亿；巴西的磷矿储量从 2017 年之前的 3 亿 t 左右增加到 2017 年之后（包括 2017 年）的 17 亿；沙特阿拉伯的磷矿储量在 2017 年显著增加后稳定在 14 亿 t；埃及的磷矿储量在 2014 年大幅提升至 7.15 亿 t，并在 2015 年和 2017 年分别再次提升至 12 亿 t 和 13 亿 t；澳大利亚的磷矿储量显著增加发生在 2013 年，从不到 5 亿 t 增加到 8.7 亿～12 亿 t；俄罗斯的磷矿储量在 2010 年从 2 亿 t 增加到 13 亿 t，2016 年后降到 6 亿～7 亿 t；美国、约旦、秘鲁、以色列等国近年来的磷矿储量均有所下降，中国、阿尔及利亚等国近年来的磷矿储量较平稳[2]。

1.1.2　世界磷矿资源开发概况

2001～2017 年，世界磷矿资源总产量整体呈快速增长趋势。2001～2006 年，世界磷矿资源产量围绕 1.4 亿 t 上下波动；2006～2017 年，由于中国磷矿资源产量迅速增长，带动世界磷矿资源总产量以年均 4.34% 的增速快速攀升（图 1-3）。2017 年世界磷矿资源总产量为 2.48 亿 t，其中中国磷矿资源产量占比 49.60%。

从国家分布来看，全球生产磷矿资源的国家和地区有 30 多个，主要生产国为中国、摩洛哥和西撒哈拉、美国。美国地质调查局统计（2019 年）：2017 年中国磷矿资源产量 1.23 亿 t，占世界总产量的 49.60%，是全球第一大磷矿资源生产国；摩洛哥和西撒哈拉次之，其磷矿资源产量 0.3 亿 t，占世界总产量的 12.10%；美国排名第三，磷矿资源产量 0.28 亿 t，占世界总产量的 11.29%（图 1-3，图 1-4）。其余产量居前十位的国家分别是俄罗斯（0.13 亿 t）、约旦（0.09 亿 t）、巴西（0.05 亿 t）、沙特阿拉伯（0.05 亿 t）、突尼斯（0.04 亿 t）、埃及（0.04 亿 t）、以色列（385 万 t）。前十大磷矿资源生产国和地区产量合计占世界总产量的 90.67%，其中前三大生产国和地区供应了全球 72.99% 的磷矿资源。

图 1-3 世界磷矿资源产量变动情况

数据来源：*Mineral Commodity Summaries 2003～2019*

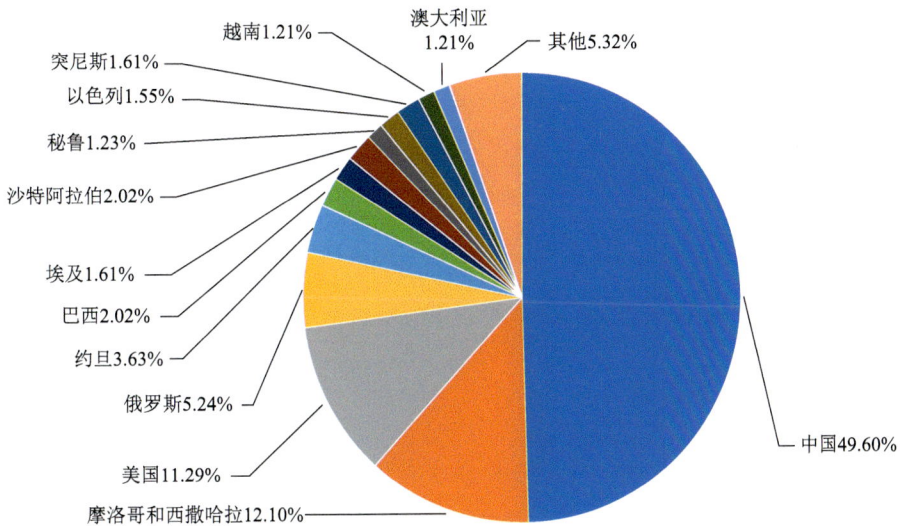

图 1-4 2017 年全球主要磷矿生产国产量份额

数据来源：*Mineral Commodity Summaries 2019*；图中数据百分比合计不足 100%，为保持文献原貌，未进行数值改动

1.1.3 世界磷矿消费概况

世界磷酸盐岩产量的 90%用于生产磷肥，其余用于加工生产动物饲料和元素磷。用磷在水中燃烧生产高纯磷酸的生产成本相对低，没有有害废物排放，清洁环保。世界高纯磷酸生产工艺逐渐向热酸法转移，目前世界 65%的高纯磷酸由热酸法生产，中国在该领域居领先地位。

1.1.4 中国磷矿资源储量概况

由图 1-5 可知，2001～2017 年中国磷矿查明储量呈快速上升趋势，从 2001 年的 168.14 亿 t 增长到 2017 年的 253 亿 t，增长了 50.47%；基础储量整体呈下降趋势，从 2001 年

的 40.74 亿 t 下降到 2017 年的 33 亿 t，减少了 19.00%。

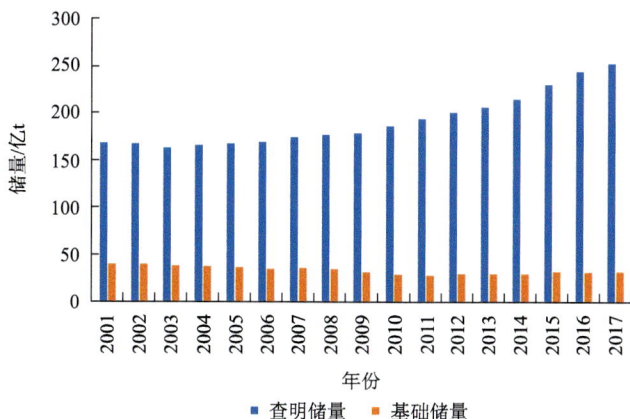

图 1-5　2001～2017 年中国磷矿储量变动情况
数据来源：《中国矿产资源报告 2002～2018》

中国磷矿资源少，分布不均衡，中低品位矿多，P_2O_5 平均含量仅为 17%，远低于摩洛哥和西撒哈拉的 33% 及美国的 30%。磷矿分布区域集中度高，主要分布在湖北、贵州、云南和四川四省。2017 年国内磷矿资源查明储量为 253 亿 t，主要分布在云南滇池、湖北宜昌、贵州及四川，四省查明储量合计占全国总查明储量的 61.6%。2017 年国内磷矿资源基础储量为 33 亿 t。由图 1-6 可知，湖北磷矿资源基础储量居第一位，占总储量的 31%。湖北磷矿夹层结构较为明显，上、下层为贫矿，中层为富矿。贵州磷矿资源基础储量居第二位，占总储量的 20%。贵州的磷矿主要集中于黔中地区，该地区是我国磷矿品位最高的地区，开阳磷矿就在该地区，我国 35% 的富矿都产自开阳磷矿，其中，P_2O_5含量大于

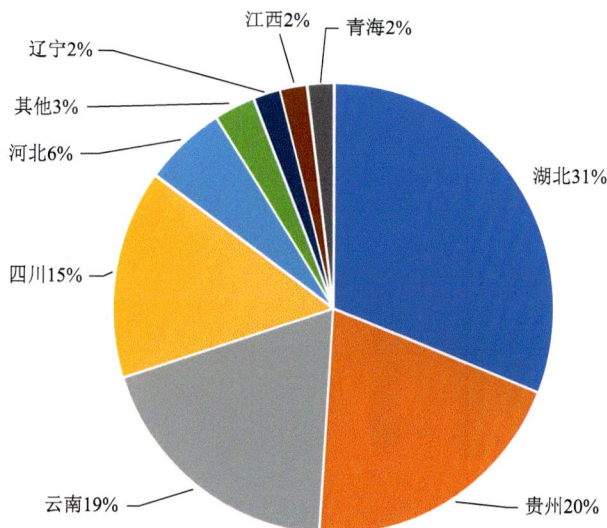

图 1-6　中国磷矿资源基础储量分布情况
数据来源：《2025-2031 年中国磷矿行业市场调查研究及投资战略研究报告》

33%的富矿几乎产自开阳磷矿。云南磷矿资源基础储量居第三位，占总储量的 19%。云南磷矿主要集中于滇东北和滇池抚仙湖地区，资源丰而不富，高品位矿较少，且大部分为胶磷矿，杂质多，选矿较困难[3]。

1.1.5 中国磷矿产量概况

2006 年中国磷矿资源产量（0.307 亿 t）超过美国（0.301 亿 t）及摩洛哥和西撒哈拉（0.270 亿 t），成为世界磷矿资源产量增长的主导力量，之后一直到 2016 年整体呈上升趋势。2017 年中国磷矿资源产量为 1.23 亿 t，较 2016 年下降 15%，见图 1-7。一方面是由于国家对于磷矿资源的保护性开采，限产力度进一步加大；另一方面是由于近些年环保政策的制定，限制了磷化工等高污染行业的发展，有效供给下降。

图 1-7　2001～2017 年中国磷矿产量变动情况
数据来源:《中国矿产资源报告 2002～2018》

从地区分布来看，中国磷矿资源的生产主要集中于贵州、湖北、云南和四川四省（图1-8）。2017 年中国磷矿资源产量为 1.23 亿 t，四省磷矿资源产量占总产量的 96.75%。四省产储比普遍较高，其中贵州产储比最高，超过了 7%，远高于中国整体的产储比，按照当前的资源情况，贵州磷矿资源剩余可开采年限仅为 14 年；湖北和云南的产储比也处于较高水平，均在 3%～4%。

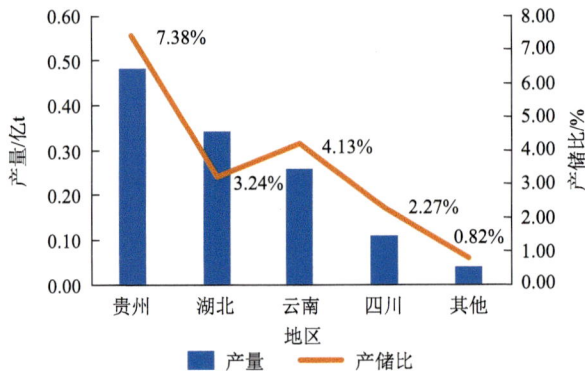

图 1-8　2017 年中国主要产磷地区磷矿产量及产储比
数据来源:《2025-2031 年中国磷矿行业市场调查研究及投资战略研究报告》

1.1.6 中国磷矿资源消费概况

中国是全球磷矿资源消费大国，2001～2016 年中国磷矿资源消费量呈上升趋势，由 0.16 亿 t 增长到 1.44 亿 t，年均增速为 15.78%；2016～2017 年，中国磷矿资源消费量呈下降趋势。随着中国磷矿资源消费量的变化，2001～2015 年中国磷矿资源消费量占世界总消费量的比例也呈逐渐上升趋势，由 2001 年的 12.77% 上升到 2015 年的最大值 58.84%，2015～2017 年该比例呈下降趋势（图 1-9）。

图 1-9　2001～2017 年中国磷矿资源消费量及占世界总消费量的比例变化情况
数据来源：《中国矿产资源报告 2002～2018》

中国的磷矿资源主要用于生产磷肥，包括磷酸一铵（MAP）、磷酸氢二铵（DAP）和重过磷酸钙（TSP）等；磷元素是生命体必不可少的元素，因此，磷矿资源可用于生产动物饲料，还可用于食品加工；磷矿资源也是中国化工产品的重要原料，如可以生产阻燃剂、表面处理剂等；磷矿资源还可用于生产医药制造和冶炼金属过程所需的催化剂；此外，磷矿资源还逐渐用于生产太阳能电池、电子电气、传感元件等新型材料。从终端消费领域来看，目前国内磷矿资源 67% 用于生产磷肥，5.40% 用于生产动物饲料，4.40% 用于食品加工，12.40% 用于化工行业，10.80% 用于其他领域（图 1-10）。

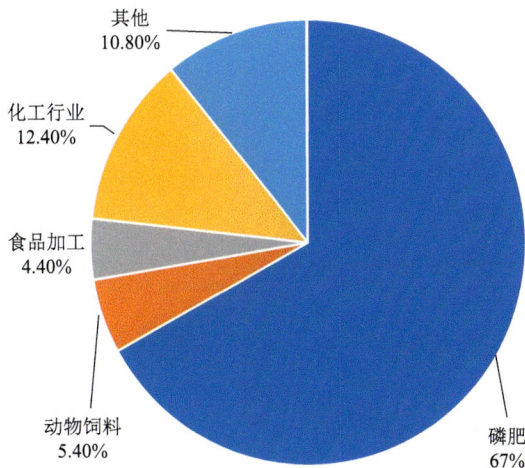

图 1-10　中国磷矿资源消费结构
数据来源：中国磷复肥工业协会官网（http://www.cpfia.org/web/index.php）

1.1.7 中国磷矿资源的特点

中国磷矿资源储量居世界磷矿资源第二位，同时也是世界磷矿资源消费大国，综合中国磷矿资源的特点可归纳出以下几点。

1）资源丰富，分布过于集中

磷矿是中国的优势矿产之一，蕴藏量相当丰富。随着地质工作的深入发展，磷矿资源储量还会有新的增长。但中国磷矿资源分布极不平衡，保有储量的78%集中分布于西南地区的云南、贵州、四川及中南地区的湖北和湖南。除去四川产磷大部分自给外，全国大部分地区所需磷矿均依赖云南、贵州、湖北三省供应，从而造成了中国"南磷北运，西磷东调"的局面，给交通运输、磷肥企业的原料供给、成本带来较大的影响。

2）富矿少，贫矿多

中国磷矿富矿少，贫矿多。中国磷矿保有储量中 P_2O_5 含量大于30%的富矿仅为11.2亿 t，占探明总储量的7%，矿石 P_2O_5 平均品位仅为16.85%，品位低于18%的储量约一半，且品位大于30%的富矿几乎全集中于云南、贵州、湖北和四川。

3）难选矿多，易选矿少

全国保有储量中磷块岩储量占85%，且大部分为中低品位矿石，除少数富矿可直接用于生产高效磷肥以外，大部分矿石需经选矿才能为工业部门所利用。这类矿石中有害杂质的含量一般较高，矿石颗粒细，嵌布紧密，选别比较困难。

4）矿床类型以沉积磷矿岩型磷矿为主

我国磷矿类型主要有沉积磷矿岩型、变质磷灰岩型和岩浆岩磷灰石型三种，其中沉积磷矿岩型磷矿占全国85%，矿床规模大，矿床品位相对较高，是目前开发利用的主要对象。变质磷灰岩型磷矿和岩浆岩磷灰石型磷矿占全国 14.6%，这两类磷矿床一般规模较小，品位低，但矿石易选，其中岩浆岩磷灰石型磷矿还与铁、蛭石、石墨等矿产共伴生，在目前经济条件下，绝大多数磷矿资源可被综合开采利用。鸟粪型及其他类型的磷矿只占全国0.4%。

5）易选、具有综合利用价值的内生磷矿探明资源少

中国易选、具有综合利用价值的内生磷矿探明资源少，已探明的内生磷矿主要分布在华北与西北地区，资源规模小，矿石品位低。但中国北方低品位内生磷矿中一般都含有 Fe、Ti、V 及稀土等有益伴生组分，有的伴生组分和矿物甚至超过了磷矿的价值，构成了综合性—多元素—低品位的大型或超大型矿床，潜在价值大；大部分矿体裸露地表，适于露天开采，露天开采储量约占80%，矿石易磨易选，选厂基建投资小，可就地采选、制肥、利用，交通运距短，这些优势将不同程度地弥补北方内生磷矿矿石低贫的劣势。在"以优补劣"经营方针的指导下，大部分磷矿能得到合理开发利用，未来开采经济潜在价值巨大。

6）较难开采的倾斜至缓倾斜、薄矿体多，适宜大规模开采的少

中国磷矿床大部分成矿时代久远，岩化作用强，矿石胶结致密，且有75%以上的矿层呈倾斜至缓倾斜产出，呈薄至中厚层。这种产出特征无论是露天开采还是地下开采，

都带来了一系列技术难题，往往造成损失率高、贫化率高和资源回收率低等问题。

1.2 中国磷矿床赋存特征

1.2.1 中国磷矿床成矿地质条件

中国的工业磷矿床都出现在构造活动相对稳定的地台区域，特别是其边缘地带。其中沉积磷矿岩型矿床主要产于扬子地块东南缘与西缘，华北地块南缘和西缘。震旦系陡山沱组沉积磷矿岩型矿床主要分布在扬子地块东南缘；下寒武统梅树村阶沉积磷矿岩型矿床主要分布在扬子地块西北缘；在华北地块南部边缘、秦岭褶皱系边缘地区沉积有下寒武统低品位沉积磷矿岩型矿床；塔里木地块北缘沉积的含磷层位及低品位磷矿相当于下寒武统梅树村阶，天山褶皱系的含磷层位相当于寒武系筇竹寺阶[4]。

岩浆岩磷灰石型磷矿主要产于华北地块与塔里木地块北缘，磷矿床主要与幔源岩浆活动密切相关，含矿母岩一般为幔源岩浆岩岩体，如超基性—碱性岩、超基性—碳酸岩杂岩体、基性岩杂岩体等。幔源超基性—碱性、偏碱性杂岩体磷矿床主要产于华北地块两组大型构造交汇处。幔源含钒、钛、铁基性—超基性杂岩体磷矿床主要分布于华北地块边缘地区的大断裂带上；绿岩带型磷矿主要产于华北地块的太古宙陆核区，即华北陆核、辽宁—吉林南部陆核、山东陆核等。

变质磷灰岩型磷矿主要产于华北地块东南缘。中国变质磷灰岩型磷矿主要指分布于北方的早、中前寒武纪（包括太古宙和古元古代）变质岩中的矿床。早、中前寒武纪变质磷矿主要分布在中国中南地区的东北部，华东地区东部，华北、东北地区和朝鲜北部，即华北地块范围内。变质磷灰岩型磷矿床由于矿石可选性较好，有些矿床有可供综合利用的矿物或元素，因此该类磷矿是我国特别是北方缺磷省份较为重要的磷矿资源。

中国北方早、中前寒武纪地层十分发育，研究程度也较高，但在地层的划分对比上尚有分歧。根据近年来一些主要研究成果，确定华北地块早、中前寒武纪含磷矿层位有四个：太古宇阜平群、古元古界下部五台群、古元古界上部滹沱群和古元古界顶部榆树子组。其成因有两大类：绿岩带型（太古宙磷矿）和沉积变质型（元古宙三个层位的磷矿），沉积变质型磷矿床主要受古元古界滹沱群锦屏组、古元古界辽河群榆树砬子组等控制。

中国沉积磷矿床成矿时代与层位较多，几乎每个地质时代都有磷酸盐化层位，总计有 24 个之多（表 1-2），但其并不是都具有工业价值。具有重大工业价值的层位自老至新有：古元古界中部滹沱系、上震旦统陡山沱组、下寒武统梅树村组。具有较大和一般工业价值的层位自老至新有：新太古界阜平群小塔子沟组，古元古界下部五台系麻山群，古元古界上部辽河群榆树砬子组，下震旦统灯影组，下寒武统辛集组，中寒武统大茅群，中泥盆统什邡组，以及古近系、新近系和第四系风化矿与鸟粪层 8 个层位；其余层位仅为磷酸盐化地层，尚不具有工业价值。

表 1-2　中国磷矿的含磷层位[5]

界	系（群）	矿化层位	含磷岩性及产状	矿化程度
新生界	第四系	Q	洞穴、淋滤交代及鸟粪磷块岩	矿化或小型矿床
	新近系			
	古近系	邕宁群（E_3）	砂岩或页岩中的磷结核	磷酸盐矿化
中生界	白垩系	四方台组（K_2）	砂岩或页岩中磷的薄层或结核	磷酸盐矿化
	侏罗系	鹅湖岭组（J_2）	火山凝灰岩和页岩中局部磷酸盐化	磷酸盐矿化
	三叠系		含磷砂岩或页岩	磷酸盐矿化
古生界	二叠系	孤峰组（P_1）	页岩中的磷结核层	矿化或小型矿床
	石炭系	岩关组	砂岩、页岩或灰岩中的磷结核或薄层	小型矿床
	泥盆系	什邡组（D_2）	层状磷块岩，顶底板均为白云岩	工业矿床
	志留系	连滩群	砂页岩中的磷结核	磷酸盐矿化
	奥陶系	红石崖组（O_2）	碳酸岩层中磷质条带或结核	磷酸盐矿化
	寒武系	老爷山组（ϵ_3）	白云岩中夹的含磷砂页岩	磷酸盐矿化
		大茅群（ϵ_2）	磷块岩薄层，产于钙质石英砂岩、硅质岩或灰岩中	小型矿床
		毛庄组（ϵ_1）	含磷砂页岩	磷酸盐矿化
		昌平组（ϵ_1）	含磷砂岩薄层，产于碎屑岩中	磷酸盐矿化
		辛集组（ϵ_1）	砂质磷块岩层，产于细碎屑岩中	小型矿床
		筇竹寺组（ϵ_1）	砂质磷块岩层，产于钙质细砂岩中	工业矿床
		梅树村组（ϵ_1）	厚层状磷块岩，顶底板均为白云岩层	工业矿床
新元古界	震旦系	灯影组（Z_2）	层状磷块岩，产于白云岩中	工业矿床
		陡山沱组（Z_2）	层状磷块岩，共生岩石主要为白云岩、页岩或硅质岩	工业矿床
中原古界	青白口系	景儿峪组	磷的结核、透镜体，产于白云质灰岩中	磷酸盐矿化
	蓟县系			
	长城系	串岭沟组	砂质白云岩和砂岩中的磷结核或透镜体	磷酸盐矿化
古元古界	滹沱系	榆树砬子组	含磷砂砾岩	小型矿床
		锦屏组	层状磷灰岩，产于白云质大理岩、片岩中	工业矿床
	五台系	柳毛组	含磷透辉岩、片麻岩	工业矿床
新太古界	阜平群	阜平组	含磷黑云角闪片麻岩	工业矿床

震旦系陡山沱组磷块岩：陡山沱期是我国也是世界主要成磷期之一，磷矿累计探明储量占我国矿石总储量的 40% 以上。陡山沱组磷矿主要分布于鄂西、湘北、湘西、黔中地区，在扬子地块东部及东南缘构成四大聚磷区；其次分布于浙西、赣东北、陕西、川北、湘东等地；此外，在桂北—黔东、皖南—苏北、川西等地也有零星矿化点或小型矿床。陡山沱组含磷层主要有四个，其中第一、第二磷矿层普遍分布于全扬子地区，第三磷矿层只存在于荆襄磷矿的个别矿段，第一和第三磷矿层为主要工业磷矿层。

下寒武统梅树村组磷块岩：梅树村期也是我国和世界主要成磷期之一，探明磷矿储量占我国磷矿总储量的 44% 以上。梅树村组磷矿主要分布于滇东、川中，另外黔西北、陕南、湘北、湘西、鄂西等地也有少量分布，但一般不构成重要工业矿床，多为小矿与矿化点。梅树村组含磷层主要有四个，其中第一、第二磷矿层稳定分布于滇—川成矿带，第三、第四磷矿层属于物理作用的中低品位内碎屑磷块岩，其分布也仅局限于四川汉源一些局部地区。

下寒武统辛集组磷矿：主要产于华北地台南缘，多形成一些小型低品位磷矿床，主要分布在江苏铜山磨石塘、安徽凤台、河南鲁山辛集、山西芮城水浴、山西永济清华、陕西陇县景福山、宁夏贺兰苏峪口等，矿带延长达 1400km。

中寒武统大茅群磷块岩：我国中寒武统磷矿只产于海南岛最南部崖州区，含磷岩组由硅质岩、页岩、含锰碳酸盐、含锰磷块岩等组成。磷块岩中含有磷质生物化石碎屑。含磷岩系厚达 360m，有六个磷矿层。

中泥盆统什邡组磷矿：中泥盆统什邡组含磷层主要分布在四川什邡与绵竹两市交界处的大水闸背斜，含磷岩系地层主要由磷锶铝石矿层、含碳质水云母黏土岩和含磷高岭石黏土岩组成。磷矿石主要为磷锶铝石矿和磷块岩。

1.2.2 中国磷矿类型及分布

中国磷矿以地质作用作为分类的主要依据，适当考虑成矿地质环境，同时在分类中还尽可能地反映成矿物质组合等主要因素。在分类中，一级划分（大类）是与地质作用相对应的，即分为沉积磷矿岩型磷矿床、岩浆岩磷灰石型磷矿床、变质磷灰岩型磷矿床、次生磷矿床、鸟粪型磷矿床五大类[6]；二级划分（亚类）是按一定地质环境下的主要成矿作用系列或成矿环境来划分；三级划分（种类）是依据各类矿床的主要特征和标志，按成矿方式或含矿建造来进行的。据此将中国磷矿共分为 5 个大类，13 个亚类和 28 式（种类）（表 1-3）。

表 1-3 中国磷矿床分类方案

大类	亚类	成矿时代	种类	地理地质分布	典型矿床
岩浆岩磷灰石型磷矿床	超基性—碱性岩型	印支期 2.36 亿年	矾山式	华北地块北缘、燕辽沉降带	矾山、姚家庄、枣庄沙沟

大类	亚类	成矿时代	种类	地理地质分布	典型矿床
岩浆岩磷灰石型磷矿床	超基性—碳酸岩型	9亿~8.62亿年	且干布拉克式	塔里木地块北缘、华北地块北缘	且干布拉克、蓟州马伸桥
	碱性岩型			辽宁、山西	辽宁凤城施家堡、山西紫金山
	碳酸岩型		白云鄂博式	内蒙古、新疆	白云鄂博、瓦吉尔塔格
	超基性岩型		卡乌留克塔格式	塔里木地块北缘华北地块北缘	小张家口、卡物留克塔格、团结村北山、陕西凤县九子沟、青海上庄、栖霞观里
	基性岩型	6.2亿年	马营式	华北地块北缘、塔里木地块北缘	马营、黑山、大庙、大西沟
	伟晶岩型		右所堡式	华北地块	内蒙古卓资和丰镇、河北右所堡、山西天镇
变质磷灰岩型磷矿床	绿岩带型	太古宙	招兵沟式	华北古陆核、山东古陆核	丰宁招兵沟、山东莱芜雪野、山西灵丘
			勿兰乌苏式	辽吉古陆核	建平县勿兰乌苏
	混合岩化变质型	太古代—元古代	麻山式	佳木斯地块	黑龙江鸡西麻山、林口余庆
	沉积变质型	元古宙	海州式	华北地块东缘	锦屏、宿松、黄麦岭、甜水、板石沟
			布龙土式	华北地块北缘	布龙土
			罗屯式	华北地块东北缘	辽宁罗屯、矿洞山、仰山、许屯
		中元古代	东焦式	华北地块中部	河北获鹿东焦、平山、井陉吴家窑
沉积磷矿岩型磷矿床	海相沉积磷块岩型	震旦纪陡山沱期	开阳式	扬子地块西南缘	贵州开阳、瓮安
			荆襄式		湖北荆襄、神农架、宜昌、保康，湖南洗溪，江西朝阳
			石门式	扬子地块南缘	湖北走马坪、白果坪、所坪、湖南大成湾、鼓锣坪、杨家坪、清官渡、板桥、枫箱坡
			湘西式		湖南古文、阮陵、泸溪、辰溪、怀化
		早寒武世梅树村期	昆阳式	扬子地块西缘	云南昆阳、马边老河坝、六股水、雷波
			天台山式	扬子地块西缘北南两端	汉中天台山、金家河、迭部当多，康县青杠林，文县关家沟

大类	亚类	成矿时代	种类	地理地质分布	典型矿床
沉积型磷矿床	海相沉积磷块岩型	早寒武世梅树村期	新华式	扬子陆块南部被动边缘	织金新华（稀土）矿
			辛集式	扬子地块东缘与西北缘	河南鲁山辛集、贺兰苏峪口、山西芮城水峪、甘肃马房子沟、安徽凤台、山西永济清华、陕西景福山
			方口山式	塔里木地块北缘	敦煌方口山、哈密平台山、精河科古尔琴、尉犁西山布拉克、乌什苏盖特布拉克、环县堡子梁
		早寒武世筇竹寺期	汉源式	扬子地块东缘与西北缘	汉源椅子山、水桶沟
			东溪式	浙江、江西及相邻地区	浙江桐庐东溪磷矿、夏禹桥磷矿
		中寒武世	大茅式	三亚被动陆缘	海南大茅磷锰矿
		泥盆纪什郎期	什郎式	龙门山前陆逆冲带	四川绵竹马槽滩、广西德保、都安、云南广南布达、西藏那多俄玛、新疆五工河
次生磷矿床	风化—淋滤残积型		黄荆坪式		湖南湘潭黄荆坪
	洞穴堆积型		天等式		广西邑隆、凤山杭东、柳江福塘、象州马坪、广东翁源
鸟粪型磷矿床				南海岛屿	西沙群岛

中国工业磷矿床主要分布在云南、贵州、四川、湖北、湖南、江苏、安徽、河北等地区。沉积磷块岩型磷矿主要分布在扬子地区的贵州、云南、四川、湖北、湖南、陕西，即扬子成磷区的湘黔成矿带、川滇成矿带、鄂西成矿带、陕鄂成矿带、浙桂成矿带等。其中上扬子成磷带的云南、四川与陕西在地理上构成近南北向的带状分布。岩浆岩磷灰石型磷矿主要分布在华北地区的河北、内蒙古、辽宁、山东，以及西北地区的陕西、新疆等地区。变质磷灰岩型磷矿床主要分布在华北地区的河北北部、辽宁、吉林、黑龙江、山东、江苏、安徽、湖北等地区。其中在华北地块北部，内蒙古陆中段与东段构成两个成矿带，山东半岛为一成矿带；在华北地块东缘含碳、锰岩系及与镁质碳酸岩型建造中，吉南—辽东、苏北、皖东北构成三个具有重要工业意义的成矿带。其中元古宇变质磷矿分布于西南起湖北大悟，呈北西西、南南东向展布，经安徽宿松北折变为北东向，经苏北连云港、辽东甜水、吉南浑江，再拐向东南到朝鲜东海岸，构成一个"S"形分布的巨大成矿带。

参 考 文 献

[1] 李维，高辉，罗英杰，等. 国内外磷矿资源利用现状趋势分析及对策建议[J]. 中国矿业, 2015, 24(6): 6-10.

[2] 张卫峰, 马文奇, 张福锁, 等. 中国、美国、摩洛哥磷矿资源优势及开发战略比较分析[J]. 自然资源学报, 2005(3): 378-386.

[3] 刘建雄. 我国磷矿资源特点及开发利用建议[J]. 化工矿物与加工, 2009,(3): 36-40.

[4] 吴发富, 王建雄, 刘江涛, 等. 磷矿的分布、特征与开发现状[J]. 中国地质, 2021, 48(1): 82-101.

[5] 叶连俊, 等. 中国磷块岩[M]. 北京：科学出版社.

[6] 王文浩, 王春连, 王连训, 等. 中国磷矿成因类型、成矿规律及重点找矿方向[J]. 中国地质, 2024(3): 1-26.

第 2 章
磷矿露天开采

2.1 磷矿床露天开采概论

2.1.1 露天开采基本概念

露天开采的目的是从地面把地壳中的有用矿物提取出来。按照露天开采的方式，把矿石从地壳中提取出来的开采结构及其配套工程，称为露天矿山工程[1]。

用矿山设备进行露天开采的场所，称为露天采场或露天矿场（图 2-1），它包括露天开采形成的采坑、台阶和露天沟道。采用露天方式开采矿产资源的企业称为露天矿。

图 2-1　露天矿场

根据采矿作业情况，露天矿分为山坡露天矿和凹陷露天矿，封闭圈以上称为山坡露天矿，封闭圈以下称为凹陷露天矿。封闭圈是指露天采场最终边坡面与通过上部境界线最低点的水平面相交形成的闭合曲线。

露天开采时，把矿岩按一定的厚度划分为若干个水平分层，自上而下逐层开采，并保持一定的超前关系，这些分层称为台阶或阶段。台阶是露天采场的基本构成要素，进行采矿和剥岩作业的台阶称为工作台阶，暂不作业的台阶称为非工作台阶。台阶的基本要素见图 2-2。

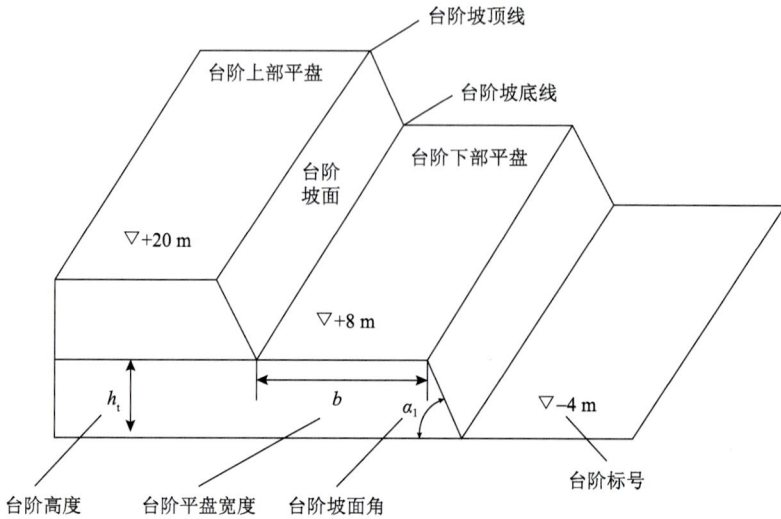

图 2-2　台阶的基本要素
▽-该点高程的基准点

台阶在露天采场中的位置通常用其下部平盘的水平标高表示，即装运设备站立的平盘。如图 2-2 中的+8m 台阶也称+8m 水平，同时+8m 台阶的下部平盘也是–4m 台阶的上部平盘，即台阶的上、下部平盘是相对的。

开采时，将工作台阶划分成若干个具有一定宽度的条带顺序开采，这些条带称为采掘带，采掘带长度可为台阶全长或其一部分。如果采掘带长度足够且有必要，可沿全长划分为若干区段，每个区段分别配备采掘设备进行开采，称为采区。在采区中，采掘矿岩体或爆堆装运的工作场所称为工作面，如图 2-3 所示。

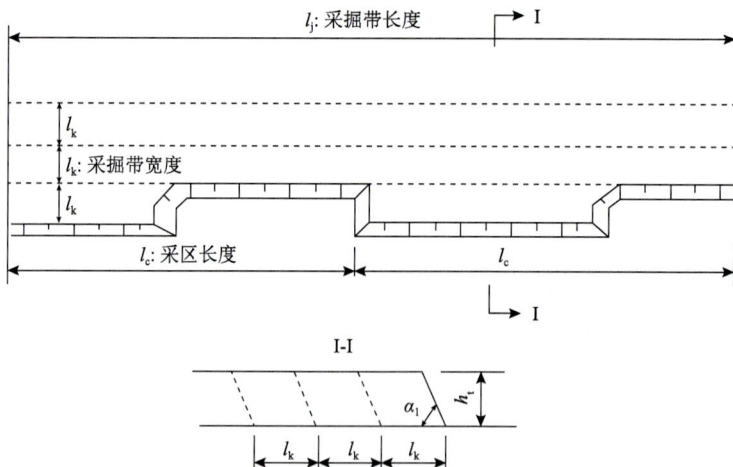

图 2-3　采掘工作面布置

已做好采掘准备，即具备穿爆、采装和运输作业条件的台阶称为工作线。工作线分为台阶工作线（台阶上已做好准备的采区长度之和）和露天矿工作线（各台阶的工作线之和）。

露天采场是由各种台阶组成的。根据组成采场边帮台阶的性质，将采场边帮分为工

作帮和非工作帮，工作帮是指正在进行和将要进行开采的台阶所组成的边帮。工作帮的位置是不固定的，随开采工作的进行不断变化，其空间形态取决于组成工作帮的各台阶之间的相互位置关系，并随矿山工程延深而不断下降。当露天矿以固定坑线开拓时，工作帮位于矿体上盘；当露天矿以移动坑线开拓时，工作帮位于矿体的上下盘[2]。

非工作帮是指由非工作台阶组成的采场边帮，见图 2-4 中的 AC、BF。当非工作帮位于采场最终境界时，称其为最终边帮或最终边坡；露天开采境界位于矿床上盘一侧的边坡面称为顶帮，位于矿床下盘一侧的边坡面称为底帮，位于矿床两端的边坡面称为端帮。

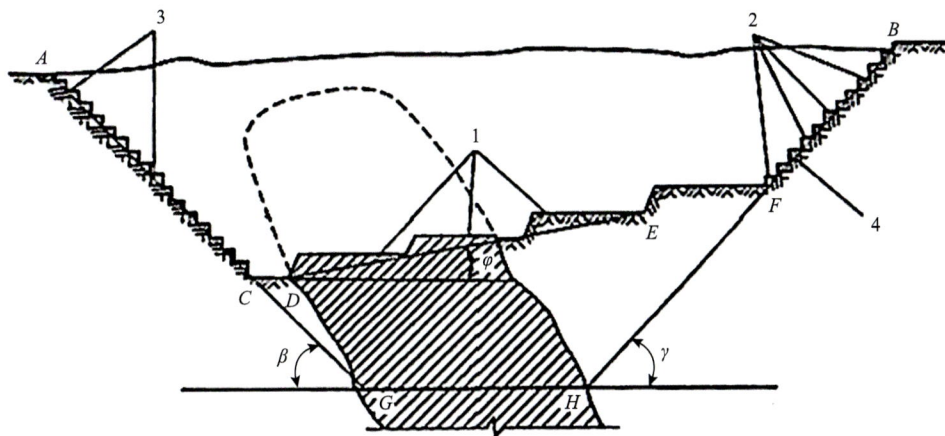

图 2-4 露天采场构成要素
1-工作平盘；2-安全平台；3-运输平台；4-清扫平台

通过非工作帮最上一台阶的坡顶线和最下一台阶的坡底线所做的假想斜面称为非工作帮坡面，非工作帮坡面位于最终境界时称为最终帮坡面或最终边坡面（图 2-4 中的 AG、BH）。最终帮坡面与水平面的夹角称为最终帮坡角或最终边坡角（图 2-4 中的 β、γ）。

通过工作帮最上一台阶的坡底线和最下一台阶的坡底线所做的假想斜面称为工作帮坡面（图 2-4 中的 DE）。工作帮坡面与水平面的夹角称为工作帮坡角（图 2-4 中的 φ）。

工作帮上进行采掘运输作业的平台称为工作平盘（图 2-4 中的 1），其是进行穿孔爆破、采装、运输工作的场地。其宽度取决于爆堆宽度、运输设备规格、设备和动力管线的配置方式及所需的回采矿量，是影响工作帮坡角的重要参数。布设采掘设备和正常作业所必需的宽度称为最小工作平盘宽度。露天矿实际工作平盘宽度通常大于最小工作平盘宽度，并以调整平盘宽度实现生产剥采比的均衡。在陡帮开采时，平盘宽度由推进宽度和临时非工作平台宽度组成。

最终帮坡面与地面的交线称为露天采场的上部最终境界线（图 2-4 中的 A、B）。最终帮坡面与采场底平面的交线称为露天采场的下部最终境界线或底部周界（图 2-4 中的 G、H）。

最终帮坡面上的平台按其用途分为安全平台、运输平台和清扫平台。

安全平台（图 2-4 中的 2）设在最终边帮上，用以缓冲和截阻滑落岩石及减缓最终边坡角，保证最终边坡的稳定和下部水平的工作安全。安全平台的宽度一般为 3~5m，

由于爆破和岩体裂隙的影响，安全平台的宽度难以保证，为此常采用并段方式以加宽安全平台，如采用 7～10m 宽的安全平台。

运输平台（图 2-4 中的 3）是工作平盘与地面之间的运输联系通道，其上铺设运输线路，具体布置的位置和宽度视开拓运输方式而定。

清扫平台（图 2-4 中的 4）用以阻截滑落岩石并用清扫设备进行清理，还起减缓边坡角的作用，每隔 2～3 个安全平台设一个清扫平台，其具体宽度视清扫设备而定，一般为 8～12m。

露天开采中，除开采有用矿石外，还要剥离大量岩石，剥离的岩石量与采出的矿石量之比称为剥采比，可以表示为质量比或体积比，多数采用质量比。

2.1.2 露天建设程序

一个露天矿从计划建设到建成投产，少则 2～3 年，多则 7～8 年，建设投资额可达数亿元，因此遵循科学合理的建设程序十分重要，设计部门获得相应的设计任务后，进行露天矿床开采设计，提交主管部门批准，然后进行露天矿的建设和生产[3]，露天矿建设的一般程序如下：

（1）地面准备。把外部交通、供水、供电等系统引入矿区，形成矿区内部的交通、供水、供电系统，进行矿区的生产、生活、娱乐设施等建设。再进行开采区域清除或迁移天然和人为障碍物，如树木、村庄、厂房、道路、河流等。

（2）矿区隔水与疏干。截断通过开采区域的河流或把它改道，疏干地下水，使水位低于要求的水平。

（3）矿山基本建设工程。修筑道路，建立地面与开采水平的联系，进行基建剥离，揭露矿体，建立开采工作线，形成排土场（堆积废弃物的场地）和通往排土场的运输线路。

（4）日常生产。在开辟了必要的采剥工作面，形成一定的采矿能力后即可移交生产。一般再经过一段时间，才能达到设计生产能力，进行正常的生产。

（5）矿山开采结束。企业转产、搬迁或关闭。在矿山开采过程中和结束后，都要对采场和排土场及破坏植被区域进行覆土造田或恢复植被。

露天矿的建设和生产是十分复杂的工程项目，包括土地购置，村庄搬迁，设备采购、安装、调试，人员培训，组织机构建立等，涉及生产和生活的多个方面，必须统筹安排。

露天矿进行较长时间的生产后，可能需进行改建、扩建，以提高产量或进行技术改造，以及运用新技术与装备改进开采方案与设备配套等。此时需要进行改、扩建设计。

2.1.3 露天开采步骤

在露天采矿生产过程中，主要包括矿岩松碎、采装、运输、排卸 4 项生产工艺。

（1）矿岩松碎工作。指用爆破或机械等方法将台阶上的矿岩松动破碎，以适于采掘设备的挖掘。对于采掘设备能直接从台阶上挖落的矿岩，不需要这一生产环节。

（2）采装工作。指用挖掘设备将台阶上松碎的矿岩装到运输设备中，这是露天开采的核心环节。

（3）运输工作。指用汽车、机车或胶带运输机等，将采场的矿岩运送到指定地点，如矿石运送到选矿厂或储矿场，岩石运送到排土场。

（4）排卸工作。包括矿石的卸载工作和岩石的排弃工作。

2.2 露天开采境界的确定

2.2.1 概述

1. 露天开采境界的组成及其影响因素

露天开采境界是指露天矿开采终了时（或某一时期）所形成的采场空间边界。它由露天采场的地表境界、底部境界和周围边坡组成。露天开采境界设计就是要合理地确定露天矿的底部周界、最终边坡和开采深度[4]。

由于矿床埋藏条件不同，在确定矿床开发方式时可能遇到下列三种情况：

（1）矿床全部宜用地下开采；

（2）矿床上部宜用露天开采而下部宜用地下开采；

（3）矿床全部宜用露天开采，或上部宜用露天开采而剩余部分暂不宜开采。

对于后两种情况，需要确定露天开采的合理界线，即露天开采境界。

露天开采境界的大小决定了露天矿的可开采储量和剥离岩量。开采境界的位置和演化与露天矿开拓、采剥程序、生产能力及基建工程量密切相关，并直接影响矿床开采的总体经济效果。因此，合理确定露天开采境界不仅是一个技术问题，也是一个经济问题。

影响露天开采境界的因素有很多，归纳起来有以下三个方面：

（1）自然因素。包括矿体埋藏条件和矿床勘探程度及储量等级，矿石和围岩的物理力学性质及工程地质条件，以及矿区地形和水文地质条件。

（2）经济因素。包括矿石的质量和价值，原矿和精矿成本及售价，基建投资和建设期限，以及国家及地区经济发展的方针及政策。

（3）技术组织因素。主要是指露天开采与地下开采的技术水平、装备水平和发展趋势，以及制约和促进其应用推广的技术与组织条件。

以上各种因素，对不同地区、不同矿床、不同开采时期所起的作用是不同的。因此，在确定露天开采境界时，必须全面分析和综合考虑各种因素，分清主次关系。

露天开采境界不是一成不变的。随着科学技术的发展、市场对矿石需求量的增加和露天开采经济效果的改善，原来设计的露天开采境界常常需要扩大。另外，当所确定的露天开采境界很大、服务年限过长（如超过 30 年）时，为提高前期的开采经济效益，通常采用分期开采，即先确定前期开采的小境界，开采数年后再逐渐过渡到最终境界，因此要确定相应的分期开采境界。露天开采境界可分为分期境界和最终境界。

2. 剥采比的定义

露天矿采出矿石过程中必须剥离大量岩石。剥离的岩石量与采出的矿石量之比称为

剥采比，剥采比常用的单位为 m^3/m^3、t/t。在露天开采设计中，常用不同含义的剥采比反映不同的开采空间或开采时间的剥采关系及其限度。设计、生产和研究中经常涉及以下几种剥采比。

1）平均剥采比 n_p

指露天开采境界内总的岩石量 V_P 与总的矿石量 A_P 之比［图 2-5（a）］，即：

$$n_p = V_P / A_P \ n_p = V_P / A_P \tag{2-1}$$

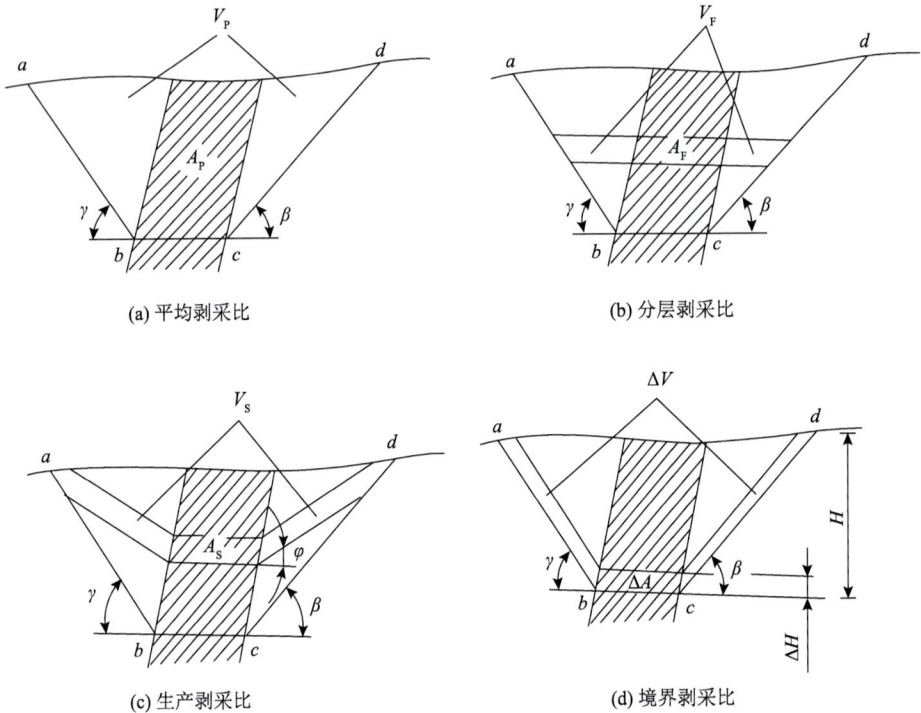

(a) 平均剥采比   (b) 分层剥采比

(c) 生产剥采比   (d) 境界剥采比

图 2-5 剥采比示意图

a、d-上部最终境界线；b、c-下部最终境界线；γ、β-顶底帮最终帮坡角或最终边坡角；φ-工作帮坡角

平均剥采比反映露天矿的总体经济效果，在设计中常作为参照指标，用来衡量设计的质量。

2）分层剥采比 n_F

指露天开采境界内某一水平分层的岩石量 V_F 与矿石量 A_F 之比［图 2-5（b）］，即：

$$n_F = V_F / A_F \tag{2-2}$$

尽管露天矿极少采用单一水平生产，但分层剥采比可以作为参照指标用于理论分析。另外，分层矿岩量是计算平均剥采比和估算均衡生产剥采比的基础数据。

3）生产剥采比 n_S

指露天矿投产后某一生产时期的剥离岩石量 V_S 与采出矿石量 A_S 之比［图 2-5（c）］，即：

$$n_S = V_S / A_S \tag{2-3}$$

生产剥采比有许多衍生形式,可用来分析和反映露天矿生产中各种可能的剥采关系。在矿山生产统计中,生产剥采比按年、季、月来计算。

4)境界剥采比 n_J

假如露天开采境界的最终边坡角和底部宽度固定不变,其深度由 $H - \Delta H$ 延伸到 H,境界内的岩石增量和矿石增量分别记作 ΔV 和 ΔA [图 2-5(d)],则:

$$n_J = \Delta V / \Delta A \qquad (2-4)$$

境界剥采比是露天开采境界的一种边际值,在设计中常用于露天开采境界的经济分析。

5)经济合理剥采比 n_{JH}

指当前技术经济条件下经济上允许的最大剥采比,需要通过技术经济研究和分析确定。经济合理剥采比是确定露天开采境界的主要依据,其计算方法和运用方法都因矿床开发的技术经济目标不同而不同。

6)储量剥采比和原矿剥采比

露天采矿过程中有矿石损失和贫化。矿石损失是指采出的矿石量少于地质储量的现象;矿石贫化是指由于采出的矿石中混入了部分岩石,采出矿石的品位低于地质储量品位的现象。因而工业储量与原矿量之间有一差值,此差值的大小受回收率和贫化率影响。原矿指实际采出的矿石产品,除采出的地质储量矿石外,里面也含有混入的岩石量。这种关系反映到剥采比中,就有储量剥采比和原矿剥采比之分。储量剥采比 n 是露天开采境界内依据地质勘探报告所计算的岩石量 V_0 与矿石储量 A_0 之比,即:

$$n = V_0 / A_0 \qquad (2-5)$$

原矿剥采比 n' 是同一范围内考虑开采损失和贫化后得出的剥离岩石量 V' 与采出原矿量 A' 之比,即:

$$n' = V' / A' \qquad (2-6)$$

严格地说,在设计计算中的剥采比指的是储量剥采比,直接依据地质资料确定;而在生产统计中,为了工作方便,常采用原矿剥采比。显然,这两种剥采比可以互相换算。

依据实际贫化率 ρ、实际回收率 η 和视在回收率 η' 的定义,有

$$\rho = \frac{\alpha_0 - \alpha'}{\alpha_0 - \alpha''} \qquad (2-7)$$

$$\eta = \frac{A_1}{A_0} \qquad (2-8)$$

$$\eta' = \frac{A'}{A_0} = \frac{\eta}{1 - \rho} \qquad (2-9)$$

式中, α_0 为矿石的工业品位,%; α' 为原矿品位,%; α'' 为围岩的含矿品位,%,若围岩不含矿,则 $\alpha'' = 0$; A_1 为原矿 A' 中回收的工业储量,t。

在露天开采境界内开采前后的矿岩总量是相等的,所以:

$$V' + A' = V_0 + A_0 \qquad (2\text{-}10)$$

由式(2-8)~式(2-10)及储量剥采比和原矿剥采比的定义可得

$$n' = \frac{n+1}{\eta'-1} \qquad (2\text{-}11)$$

$$n = \frac{n'+1}{\eta'-1} \qquad (2\text{-}12)$$

露天开采的视在回收率 η' 一般为 0.95~1.05,因而储量剥采比与原矿剥采比的数值相差不大,但是两者的概念是不同的。

2.2.2 经济合理剥采比的确定

确定经济合理剥采比主要用比较法,实质是将露天与地下开采的经济效果作比较来确定经济合理剥采比。目前,应用较广泛的是储量盈利比较法系列,该系列中有产品成本比较法、储量盈利比较法和盈亏平衡法[5]。以下讨论的经济合理剥采比与原矿剥采比相对应。

1. 产品成本比较法

矿山企业的最终产品可以是原矿、精矿或其他后续矿产品。

1)原矿成本比较法

露天开采的原矿成本 C_L(元/t)包括纯采矿成本 C_a(元/t)和所分摊的剥离费用两部分,即:

$$C_L = C_a + \frac{n'}{r} C_b \qquad (2\text{-}13)$$

式中, C_b 为露天开采的剥离成本,元/m³; r 为矿石的密度,t/m³; n' 为原矿剥采比,m³/m³。

原矿成本比较法的原理是将原矿的地下开采成本作为露天开采成本的上限,并以此作为依据来确定经济合理剥采比,即

$$C_a + \frac{n'}{r} C_b \leqslant C_D \qquad (2\text{-}14)$$

式中, C_D 为地下开采的原矿成本,元/t。

由式(2-14)可得

$$n' \leqslant \frac{r}{C_b}(C_D - C_a) \qquad (2\text{-}15)$$

式(2-15)右边算式的值记为 n'_{JH},即:

$$n'_{JH} = \frac{r}{C_b}(C_D - C_a) \qquad (2\text{-}16)$$

式中，n'_{JH} 为每吨原矿的露天开采成本不大于地下开采成本时允许的最大剥采比，即经济合理剥采比。采用原矿成本比较法确定经济合理剥采比通常适用于露天和地下开采的矿石损失与废石混入率相差不大、矿石不贵重且地下开采有盈利的情况。

2）精矿成本比较法

这种方法是以精矿（或矿产品）作为计算基础，使露天开采的精矿成本不大于地下开采的精矿成本，该方法考虑了露天与地下开采在贫化率上的差别，即：

$$\frac{D_L}{K_L} + \frac{n'C_b}{rK_L} \leqslant \frac{D_D}{K_D} \tag{2-17}$$

式中，D_L、D_D 分别为露天开采和地下开采每吨原矿所分摊的采矿、选矿费用，元/t；K_L、K_D 分别为露天开采和地下开采每吨原矿的精矿产出率，%。

类似于原矿成本比较法，可得经济合理剥采比：

$$n'_{JH} = \frac{r}{C_b} \left(\frac{K_L}{K_D} D_D - D_L \right) \tag{2-18}$$

原矿的精矿产出率为

$$K = \frac{\alpha' \varepsilon}{\xi} \tag{2-19}$$

式中，ε 为选矿回收率，%；ξ 为精矿品位，%。

由式（2-7）可知原矿品位为

$$\alpha' = \alpha_0(1-\rho) + \alpha''\rho \tag{2-20}$$

并假定露天开采和地下开采的精矿品位 $\xi_L = \xi_D$，则经济合理剥采比为

$$n'_{JH} = \frac{r}{C_b} \left\{ \frac{[\alpha_0(1-\rho_L) + \alpha''\rho_L]\varepsilon_L}{[\alpha_0(1-\rho_D) + \alpha''\rho_D]\varepsilon_D} D_D - D_L \right\} \tag{2-21}$$

式中，ρ_L、ρ_D 分别为露天开采和地下开采原矿的实际贫化率，%；ε_L、ε_D 分别为露天开采和地下开采原矿的选矿回收率，%。

2. 储量盈利比较法

该法是将单位工业储量的地下开采盈利作为露天开采盈利的下限，即：

$$\eta'_L u_L - \frac{\eta'_L}{r} n'C_b \geqslant \eta'_D u_D \tag{2-22}$$

式中，u_L、u_D 分别为露天开采与地下开采每吨原矿的最终盈利，元/t；η'_L、η'_D 分别为露天开采和地下开采原矿的视在回收率，%。

类似于产品成本比较法，储量盈利比较法的经济合理剥采比为

$$n'_{JH} = \frac{r}{C_b} \left(u_L - \frac{\eta'_D}{\eta'_L} u_D \right) \tag{2-23}$$

若矿山企业的最终产品为原矿，并允许 $\alpha'_L \neq \alpha'_D$（α'_L、α'_D 分别为露天开采和地下开采的原矿品位），则：

$$u_L = P'_L - C_a \qquad （2-24）$$

$$u_D = P'_D - C_D \qquad （2-25）$$

式中，P'_L、P'_D 分别为露天开采和地下开采的原矿销售价格，元/t。

若最终产品为精矿（或其他矿产品），并允许 $\xi_L \neq \xi_D$（ξ_L、ξ_D 分别为露天开采和地下开采的精矿品位），则：

$$u_L = K_L P_L - D_L \qquad （2-26）$$

$$u_D = K_D P_D - D_D \qquad （2-27）$$

式中，P_L、P_D 分别为露天开采和地下开采所获精矿的销售价格，元/t。

3. 盈亏平衡法

盈亏平衡法适用于矿床采用单一露天开采的情况。这时，要求露天开采的矿产品成本不得超过其销售价格，或者说不允许单位工业储量的露天开采最终盈利小于零，以保证矿山不亏损，即：

$$\eta'_L u_L - \frac{\eta'_L}{r} n' C_b \geqslant 0 \qquad （2-28）$$

由此可得经济合理剥采比：

$$n'_{JH} = \frac{r}{C_b} u_L \qquad （2-29）$$

与储量盈利比较法一样，单位工业储量的盈利可以计算到原矿，也可以计算到精矿。

4. 各种方法的相互关系及适用条件

储量盈利比较法系列的基本思想是要求单位工业储量的露天开采最终盈利不小于地下开采最终盈利。该系列的基本方法是储量盈利比较法，该系列中的其他方法都是该方法的特殊形式。

假设露天开采和地下开采单位工业储量所获得原矿的数量与质量均相同，即 $\eta'_L = \eta'_D$ 和 $\alpha'_L = \alpha'_D$，则有 $\eta'_D = \eta'_L$ 和 $P'_L = P'_D$。在这种情况下，储量盈利比较法简化为原矿成本比较法，即：

$$\frac{r}{C_b}\left[(P'_L - C_a) - \frac{\eta'_D}{\eta'_L}(P'_D - C_D)\right] = \frac{r}{C_b}(C_D - C_a) \qquad （2-30）$$

因此，在上述条件下只需露天开采的原矿成本不大于地下开采的原矿成本，就可以充分保证单位工业储量的露天开采最终盈利不小于地下开采最终盈利。

若露天开采和地下开采单位工业储量所获精矿数量与质量均相同，即 $\eta'_L K_L = \eta'_D K_D$ 和 $\xi_L = \xi_D = \xi$，则有 $\eta'_D / \eta'_L = K_L / K_D$ 和 $P_L = P_D$，于是

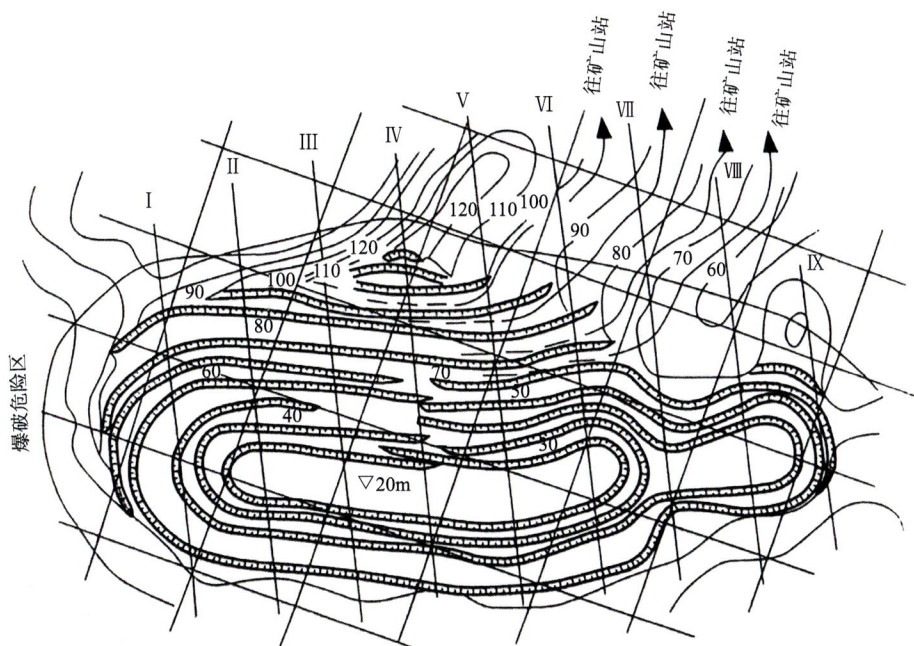

图 2-18　露天矿开采终了平面图

2.3　露天矿生产能力与采掘进度计划

2.3.1　露天矿生产能力

1. 露天矿生产能力的基本概念

露天矿生产能力是在具体矿床地质条件、工艺设备、开拓方法和开采方式条件下，露天矿在单位时间内所能开采出来的最大矿石量或剥采总量。一般包括矿石生产能力和矿岩生产能力。矿岩生产能力 A_{PV} 和矿石生产能力 A_P 的关系如式（2-46）所示：

$$A_{PV} = A_P(1 + n_S) \tag{2-46}$$

式中，n_S 为露天矿生产剥采比，m^3/m^3 或 t/t。

露天矿的生产能力分为设计生产能力和实际生产能力。实际生产能力主要取决于露天矿的现有工艺系统、矿床赋存条件、开拓方式和开采方法。

2. 露天矿生产能力的确定

露天矿生产能力的大小直接影响到矿山设备选型、投资、生产成本、矿山服务年限、矿山定员和综合经济效益等。应按市场或用户需求、技术上可行和经济上合理等方面综合考虑予以确定。

1）按市场需求量确定生产能力

由矿石成品的市场需求量确定矿石产量 A，即：

$$A = \frac{K_C}{K_P(1-\sigma)\eta''}A_C \qquad (2-47)$$

式中，K_C 为成品矿石的品位，%；A_C 为市场或用户每年需求的成品矿石量，t/a；K_P 为原矿矿石品位，%；σ 为采矿损失率，%；η'' 为选矿回收率，%。

2）按开采技术条件确定的生产能力

露天矿生产能力常常受到矿山具体矿床条件和开采技术水平的限制，在确定生产能力时，可以从以下四个方面进行试算。

（1）按采场中可能布置的挖掘机台数确定生产能力。

根据矿体的赋存情况及开采参数等确定可能布置的挖掘机台数。每个采矿台阶可能布置的挖掘机台数 N_W 为

$$N_W = L_g / L_C \qquad (2-48)$$

式中，L_g 为一个采矿台阶的工作线长度，m；L_C 为一台挖掘机所需的采段长度，m。

确定露天矿同时开采的台阶个数 N_B：

$$N_B = \frac{H_1}{h} \qquad (2-49)$$

式中，H_1 为矿体厚度，m；h 为采矿台阶高度，$h = B_{min}/(\cot\varphi - \cot\alpha_1)$，m；$B_{min}$ 为采矿台阶的最小工作平盘宽度，m；φ 为采矿台阶的工作帮坡角，（°）；α_1 为采矿台阶的坡面角，（°）。

对水平与近水平矿体的台阶布置如图 2-19 所示。

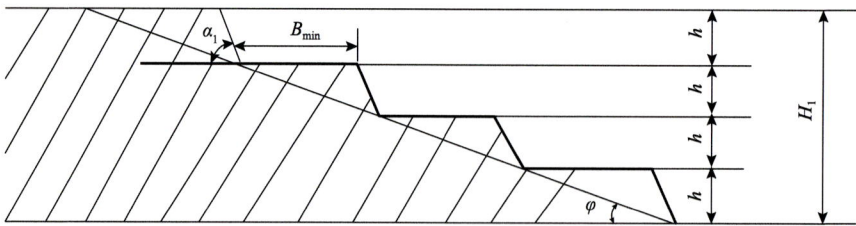

图 2-19　水平与近水平矿体采矿台阶布置示意图

对倾斜与急倾斜矿体，如图 2-20 所示。由于 $H_S = H' \pm H'\tan\varphi\cot\alpha_1$ 和 $H' = H_S/(1\pm\tan\varphi\cot\alpha_1)$，因此有

$$N_B = H'/(B_{min} + h\cot\alpha_1) = H_S / \left[(1\pm\tan\varphi\cot\alpha_q)(B_{min} + h\cot\alpha_1) \right] \qquad (2-50)$$

式中，H_S 为矿体在水平方向上的厚度，m；H' 为采矿台阶的工作帮坡线的水平投影，m；α_q 为矿体的倾角，（°），当采矿方向从矿体上盘向下盘推进时取 "+" 号，当采矿方向从矿体下盘向上盘推进时取 "–" 号。

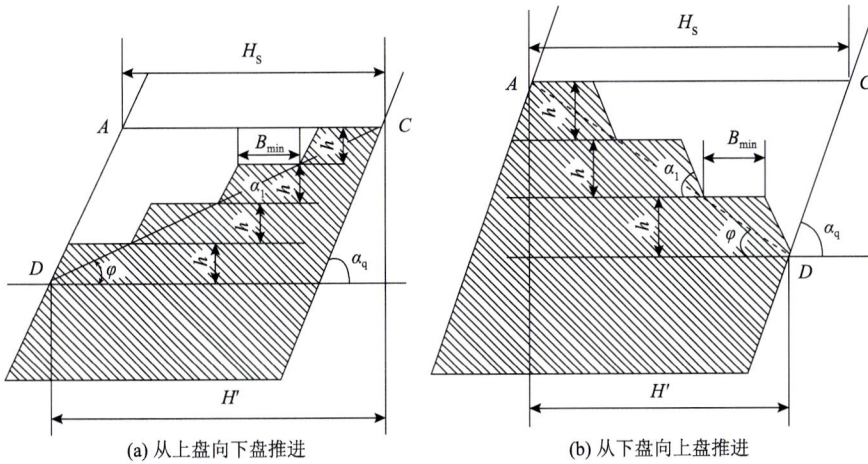

(a) 从上盘向下盘推进   (b) 从下盘向上盘推进

图 2-20 倾斜与急倾斜矿体的采矿台阶布置示意图

露天矿可能的生产能力为

$$A = N_{\mathrm{W}} N_{\mathrm{B}} Q_{\mathrm{W}} \tag{2-51}$$

式中，Q_{W} 为挖掘机平均年生产能力，t。

（2）按采矿工程水平推进速度确定生产能力。

对于水平与近水平矿体的矿石生产能力 A，主要取决于工作线水平推进速度 v_{H}，以及单位时间内剥采台阶沿工作帮推进方向的水平推进距离：

$$A = v_{\mathrm{H}} H_1 L_{\mathrm{g}} r \mu (1 + \tau) \tag{2-52}$$

式中，H_1 为矿体厚度，m；L_{g} 为一个采矿台阶的工作线长度，m；r 为矿石容重，t/m^3；μ 为矿石回采率，%；τ 为废石混入率，%。

（3）按采矿工程延深速度确定生产能力。

采矿工程延深速度是指露天采场内最底部的采矿台阶在单位时间内的垂直下降深度。

对于倾斜矿体与急倾斜矿体，采矿工程延深速度影响露天矿生产能力，延深速度快意味着采矿量大，这时工作线水平推进速度 v_{H} 与采矿工程延深速度 v_{T} 和剥离工程延深速度 v_{TB} 之间必须满足如图 2-21 所示的协调关系：

$$v_{\mathrm{T}} \leqslant \frac{v_{\mathrm{H}}}{\cot\varphi + \cot\alpha_{\mathrm{q}}} \tag{2-53}$$

$$v_{\mathrm{TB}} = \frac{v_{\mathrm{H}}}{\cot\varphi + \cot\beta} \tag{2-54}$$

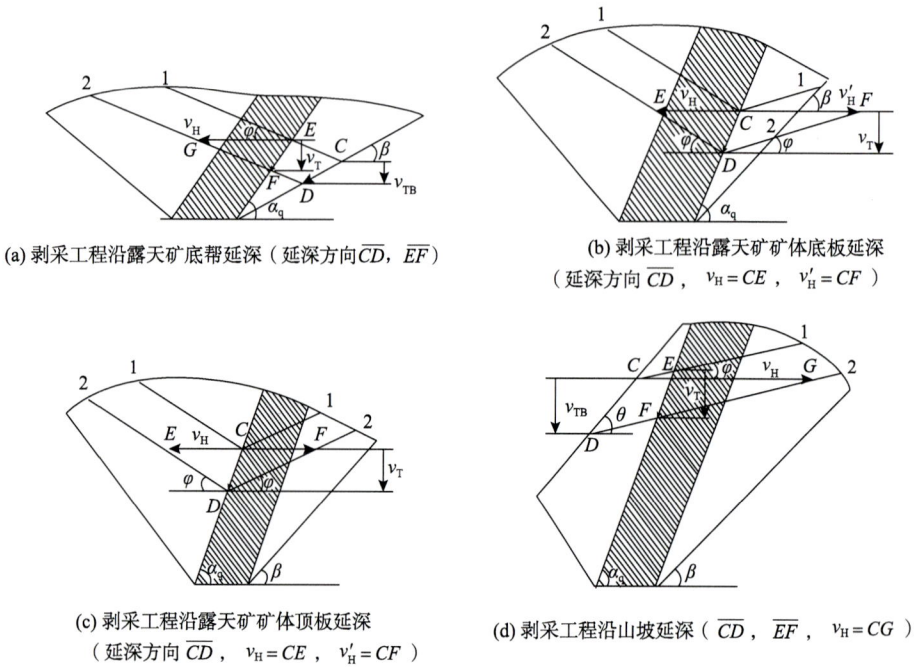

(a) 剥采工程沿露天矿底帮延深（延深方向 $\overline{CD}$，$\overline{EF}$）

(b) 剥采工程沿露天矿矿体底板延深
（延深方向 $\overline{CD}$，$v_H = CE$，$v_H' = CF$）

(c) 剥采工程沿露天矿矿体顶板延深
（延深方向 $\overline{CD}$，$v_H = CE$，$v_H' = CF$）

(d) 剥采工程沿山坡延深（$\overline{CD}$，$\overline{EF}$，$v_H = CG$）

图 2-21　剥采工程延深速度与工作线水平推进速度关系示意图

　　露天矿采矿工程延深时，由于延深方向不同，采矿工程延深速度 v_T 与剥离工程延深速度 v_{TB} 不一致，如图 2-21（a）所示，当剥采工程沿露天矿底帮延深时，v_T、v_{TB} 与 v_H 之间除满足式（2-53）、式（2-54）关系外，还应满足如式（2-55）所示的关系：

$$v_T = v_{TB} \frac{\cot\varphi + \cot\beta}{\cot\varphi + \cot\alpha_q} \tag{2-55}$$

　　当剥采工程沿露天矿矿体底板或顶板延深时，v_T、v_{TB} 与 v_H 之间满足如式（2-56）所示的关系[如图 2-21（b）、（c）所示]：

$$v_T = v_{TB} = \frac{v_H}{\cot\varphi \pm \cot\beta} \tag{2-56}$$

式中，v_H 为顶帮工作帮推进速度取"＋"号，为底帮工作帮推进速度取"－"号；φ 为工作帮坡角，（°）；β 为底帮最终边坡角，（°）。

　　当剥采工程沿山坡延深时，如图 2-21（d）所示，v_H、v_T 与 v_{TB} 满足如式（2-57）所示的关系：

$$v_T \leqslant \frac{v_H}{\cot\varphi - \cot\alpha_q} \tag{2-57}$$

$$v_{TB} = \frac{v_H}{\cot\varphi - \cot\beta} \tag{2-58}$$

$$v_{\mathrm{T}} = v_{\mathrm{TB}} \frac{\cot\varphi - \cot\beta}{\cot\varphi - \cot\alpha_{\mathrm{q}}} \tag{2-59}$$

式中，α_{q} 为矿体的倾角，（°）。

（4）按经济因素确定生产能力。

对不同的生产能力方案进行比较分析以确定经济效益最佳的生产能力；也可建立露天矿开采的经济模型，求出合理的生产能力。

对矿石储量不太大的露天矿，确定生产能力时，还应考虑服务年限。服务年限太短，会造成基本建设设施过早报废，致使矿山总体效益不佳，甚至不能全部回收投资。

露天矿服务年限 T 可按式（2-60）计算：

$$T = \frac{Q\mu_{\mathrm{L}}}{A_{\mathrm{p}}K} \tag{2-60}$$

式中，Q 为露天矿开采境界内的工业储量，t；A_{p} 为露天矿矿石生产能力，t/a；μ_{L} 为露天开采的回采率，%；K 为矿石储量备用系数，一般取 $K=1.1\sim1.2$。

国内露天矿的矿山规模可按表 2-3 划分，露天矿的合理服务年限可参考表 2-4 确定。可用反映矿石工业储量与矿山经济寿命之间合理关系的泰勒公式确定露天矿的服务年限：

$$T = 0.2\sqrt[4]{Q} \tag{2-61}$$

表 2-3　国内露天矿的矿山规模类型划分表　　（单位：万 t/a）

矿山类别	矿山规模			
	特大型	大型	中型	小型
黑色冶金矿山	>1000	300～1000	60～300	<60
有色冶金矿山	>1000	100～1000	30～100	<30
磷矿	—	>100	30～100	<30
硫铁矿	—	>100	20～100	<20
石灰石矿	—	>100	50～100	<50
石棉矿	—	>1	1～0.1	<0.1
石墨矿	—	>1	1～0.3	<0.3
石膏矿	—	>30	30～10	<10
露天煤矿	>2000	1000～2000	300～1000	<300

表 2-4　露天矿的合理服务年限　　（单位：a）

矿山规模类型	特大型	大型	中型	小型
合理服务年限	>30	>25	>20	>10

2.3.2 露天矿生产剥采比

1. 生产采剥比的变化规律

露天开采过程中，工作帮的范围和位置随矿山工程的进度不断变化，剥离岩石量和采出矿石量也发生相应变化，从而使生产剥采比发生变化。

露天矿工作帮及其帮坡角与生产剥采比的变化密切相关。工作帮坡角大，则生产剥采比小。如图 2-22 所示，工作帮坡角 φ 可用式（2-62）计算：

$$\varphi = \arctan \frac{\sum_{i=2}^{N} h_i}{\sum_{i=2}^{N} (h_i \cot \alpha_1 + B_i)} \tag{2-62}$$

式中，N 为组成工作帮的工作台阶数目，个；h_i 为第 i 工作台阶高度，m；B_i 为第 i 工作台阶平盘宽度，m；α_1 为工作台阶坡面角，(°)。

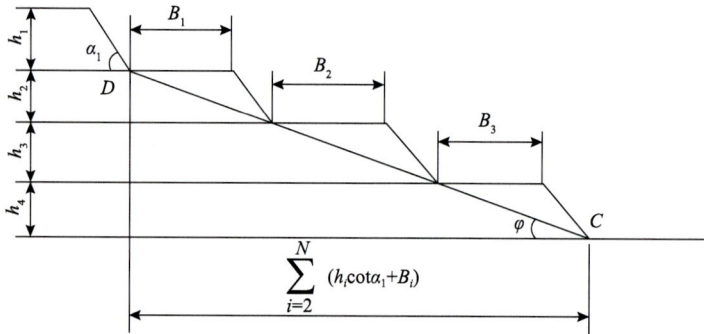

图 2-22　工作帮及工作帮坡角示意图

1）开采程序和开采参数不变情况下的变化规律

如图 2-23 所示，在固定的台阶高度和工作平盘宽度条件下进行发展，其生产剥采比变化规律如图 2-24 和表 2-5 所示。

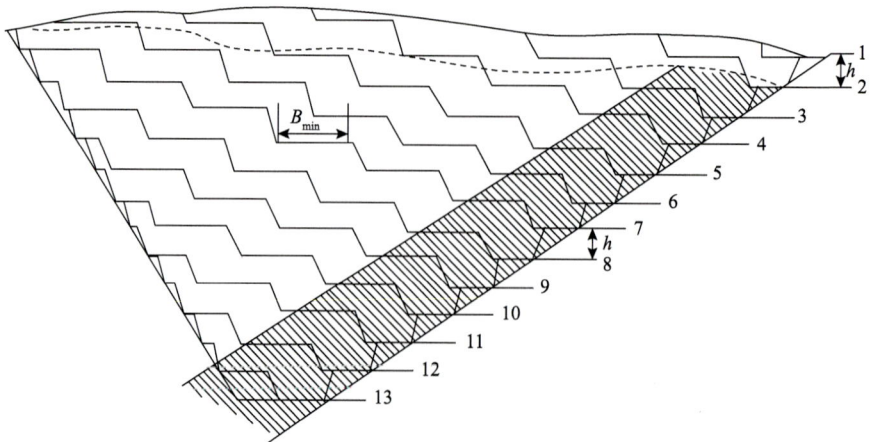

图 2-23　某露天矿剥采工程发展时空关系图

1，2，3，…，13-剥采工程开采水平；h-台阶高度；B_{min}-最小工作平盘宽度

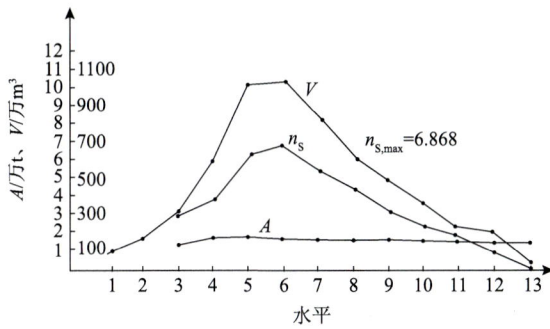

图 2-24　矿山工程延深一个水平采出的矿石量（A）与剥离量（V）和生产剥采比变化规律
$n_{s,max}$-生产剥采比最大值

表 2-5　矿岩量及生产剥采比计算表

开采水平	采出矿石量/万 t	表土剥离量/万 m³	岩石剥离量/万 m³	剥离土岩合计/万 m³	累计		生产剥采比/（m³/t）
					剥离土岩合计/万 m³	采出矿石量/万 t	
1		56.2		56.2	56.2		∞
2		176.8		176.8	233.0		∞
3	102.5	303.0	14.5	317.5	550.5	102.5	3.10
4	158.0	367.9	248.4	616.3	1166.8	260.5	3.90
5	156.5	415.3	624.9	1040.2	2207.0	417.0	6.65
6	155.0	121.6	941.1	1062.7	3269.7	572.0	6.86
7	154.0		812.4	812.4	4082.1	726.0	5.28
8	152.0		662.2	662.2	4744.3	878.0	4.36
9	150.5		496.0	496.0	5240.3	1028.5	3.30
10	149.5		408.0	408.0	5648.3	1178.0	2.73
11	148.0		237.9	237.9	5886.2	1326.0	1.61
12	146.5		178.4	178.4	6064.6	1472.5	1.22
13	145.0		28.0	28.0	6092.6	1617.5	0.19
合计	1617.5	1440.8	4651.8	6092.6			

由表 2-5 及图 2-24 可以看出：开始时大量剥离表土，但采矿量为零，这个阶段为露天矿的矿建阶段。随后，开始采出矿石，生产剥采比则随着开采深度加深而不断增大，达到一个最大值后逐渐减小。生产剥采比的这种变化规律是开采倾斜矿体的普遍规律，其中生产剥采比最大时期叫剥离洪峰期，最大值称为洪峰剥采比。

水平与近水平矿体的生产剥采比的变化幅度较小。但是随着矿体厚度和地形条件的变化，生产剥采比也会产生波动。生产剥采比亦呈现出由小到大，再由大到小的变化规律，但是生产剥采比高峰期比较平稳，且持续时间较长。

2）开采程序和开采参数变动对生产剥采比的影响

若生产剥采比变化幅度较大，需对其进行适当调整，主要方法是调整开采参数或开

采程序。

（1）改变工作平盘宽度对生产剥采比的影响。

如图 2-25 所示，为减小洪峰剥采比，可以将剥离洪峰期的一部分剥离量提前或滞后。前者是通过加大工作平盘宽度，后者一般可通过采用组合台阶以减小工作平盘宽度来实现。

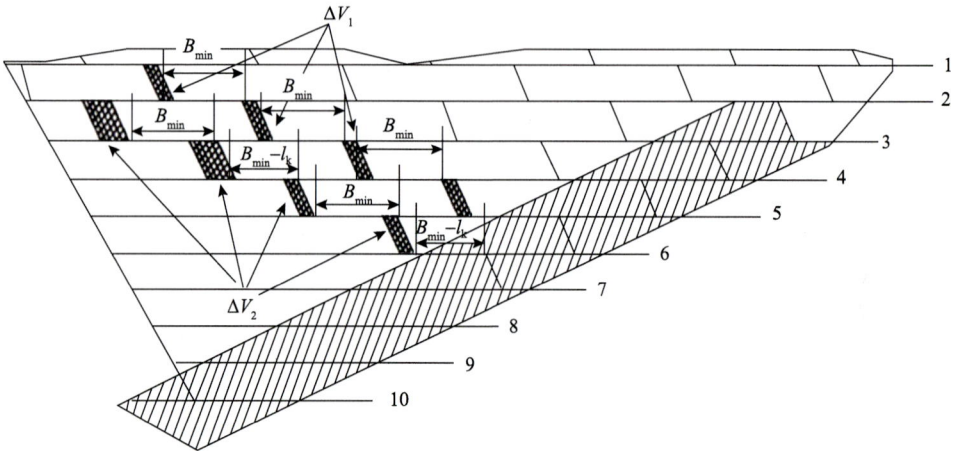

图 2-25　超前剥离和滞后剥离降低洪峰剥采比示意图

B_{min}-最小工作平盘宽度；$B_{min}-l_k$-采用组合台阶的下台阶平盘宽度；l_k-采掘带宽度

剥采工程延深至 6、7 水平时为剥离洪峰期。为降低这个时期的生产剥采比，在延深至 6 水平时，其上各水平剥离台阶超前剥离量为 ΔV_1；在延深至 7 水平时，其上各水平剥离台阶采用两两组合，组合台阶中的下水平台阶工作平盘宽度变小为 $B_{min}-l_k$，其滞后剥离量为 ΔV_2。当剥采工程越过剥离洪峰期后，逐渐取消组合台阶，恢复为单台阶开采。

此时，由开采 6 水平延深至 7 水平的生产剥采比下降值为 Δn_S：

$$\Delta n_S = \frac{\Delta V_1 + \Delta V_2}{A_7} \tag{2-63}$$

式中，A_7 为剥采工程由 6 水平延深至 7 水平所采出的矿石量。

（2）改变开段沟长度对生产剥采比的影响。

开段沟的最大长度通常等于该水平的走向长度，最小长度一般不短于采掘设备要求的采段长度。

在图 2-23 的条件下，最初形成的开段沟长度等于走向长度的三分之一，约 700m，然后在该水平就开始推帮，推帮与延长开段沟平行作业，这种开拓方式是露天矿剥采工程开发的普遍形式。该方式每下降一个水平采出的矿、岩量和生产剥采比的变化如图 2-26 所示。图中 13′ 和 13″ 为剥采工程延深到 13 水平后，继续延长开段沟和相应在上部水平进行推帮过程中采出的矿石量。

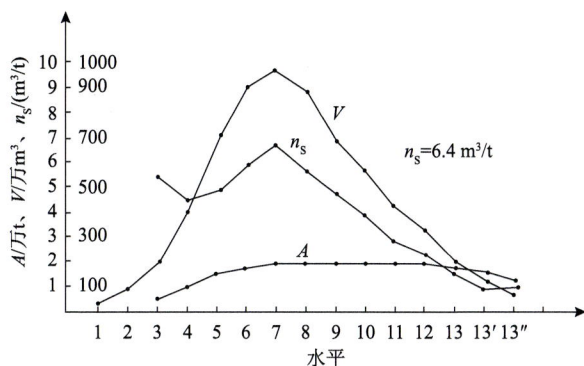

图 2-26　初始开段沟长度等于走向长度三分之一时剥采工程延深
一个水平采出的矿、岩量和生产剥采比变化规律

对比图 2-24 和图 2-26 可以看出，新水平开拓准备时，采取延长开段沟与推帮平行作业的方式开拓剥采工程，其与掘完开段沟全长后再进行推帮方式相比具有以下特点：一是生产剥采比变化比较平缓，洪峰剥采比下降；二是有利于减少矿山基建剥离量。

此外，在矿体沿走向厚度不同的情况下，当生产剥采比达到高峰时，适当减慢或停止矿体较薄部分的工作帮推进，对于降低剥离洪峰期亦有作用。

（3）改变开段沟位置和工作线推进方向对生产剥采比的影响。

开段沟位置、工作线推进方向和延深方向等的改变，通常会使生产剥采比产生重大变化。在一定的地质埋藏条件下，露天矿可以采用不同的开采工艺，各种开采工艺又可采取多种不同的开段沟位置、工作线推进方向和延深方向，不同方案的生产剥采比变化规律是不同的。

实际工作中，对每种方案的开段沟位置和工作线推进方向，采用改变工作平盘宽度和开段沟长度等措施调整生产剥采比，对各种方案进行比较，从中选择最优方案。

（4）分区开采或分期开采对生产剥采比的影响。

分区开采或分期开采可使生产剥采比有较大的调整余地，其值接近平均剥采比，或从小到大逐渐增加，且初始基建剥离量很小。

当矿体覆盖层厚度、矿体厚度、品位等沿露天矿走向或平面上变化较大时，采取分区开采的效果是显著的。同时，还可以利用采空区进行内排土，以减少运距和外部排土场的占地面积。

2. 生产剥采比的初步确定与均衡

露天矿的生产剥采比一般是通过编制矿山工程长期进度计划和年度计划来确定的，是计划值，称为计划生产剥采比。而实际生产中所形成的生产剥采比与计划剥采比的数值会有所不同，称其为实际生产剥采比，本节所讨论的生产剥采比均指计划生产剥采比。

1）初步确定的计划生产剥采比

通过绘制 $V = f(P)$ 曲线和 $n_S = f(P)$ 曲线确定计划生产剥采比，步骤如下。

（1）绘制剥采工程按 $B = B_{min}$ 发展，延深到各水平时或工作帮推进到不同位置时的剖面算量图和露天矿场平面图。

（2）利用剖面算量法或平面算量法计算剥采工程每延深一个水平或工作帮每推进一段距离，本水平及其上各水平所采出的矿石量和剥离量。

在剖面图上计算每延深一个水平（i 水平）采出的矿石量 A_i：

$$A_i = \sum_{j=1}^{n} F_{ij}^{k} l_{ij} r \mu (1+\tau) \qquad (2\text{-}64)$$

式中，F_{ij}^{k} 为延深至 i 水平时，在第 j 剖面上采出矿石的剖面面积，m^2；l_{ij} 为在第 j 剖面上 i 水平处的影响距离，m；r 为矿石容重，t/m^3；μ 为矿石回采率，%；τ 为废石混入率，%。

在剖面图上计算每延深一个水平（i 水平）的剥离量：

$$V_i = \sum_{j=1}^{n} F_{ij}^{y} l_i + F_{ij}^{k} l_i \eta_{w} \qquad (2\text{-}65)$$

式中，F_{ij}^{y} 为每下降一个水平（i 水平）第 j 断面上的岩石面积，m^2；l_i 为 i 水平处的影响距离，m；η_{w} 为矿层中的含废石率，%。

用相似的方法，可以在分层平面图上计算每延深一个水平所采出的矿石量和岩石量。

（3）确定生产剥采比。

如表 2-6 所示，矿山工程按 $B = B_{\min}$ 发展时，每延深一个水平（i 水平），生产剥采比为 $n_{Si} = V_i / P_i$。

（4）以采出的矿石累计量为横坐标，以剥离岩石累计量为纵坐标，绘出 $V = f(A)$ 曲线图，以生产剥采比 n_S 为纵坐标绘出 $n_S = f(A)$ 曲线图，如图 2-27 所示。

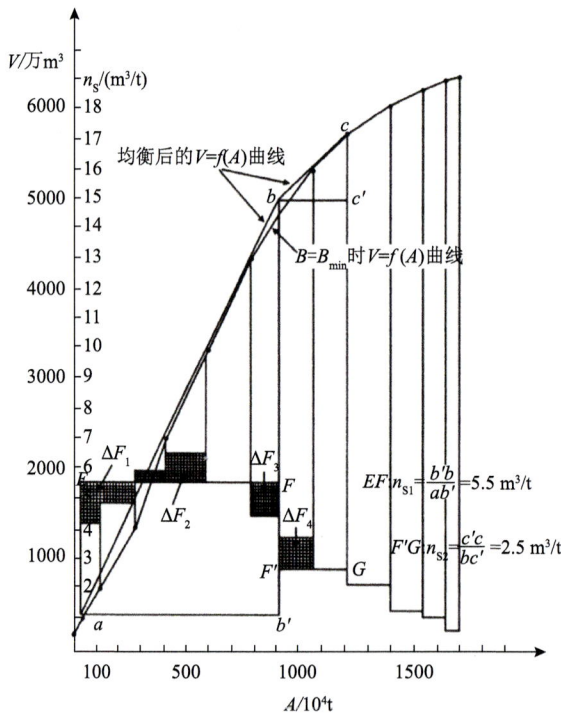

图 2-27　生产剥采比和矿岩量变化曲线

ΔF_1-剥采工程 4～6 开采水平生产剥采比均衡提前剥离量；ΔF_2-剥采工程 6～10 开采水平生产剥采比均衡提前剥离量；
ΔF_3-剥采工程 13～15 开采水平生产剥采比均衡滞后剥离量；ΔF_4-剥采工程 15～16 开采水平生产剥采比均衡滞后剥离量

表 2-6 矿岩量计算表

延深各水平采出的矿岩量/m³

开采水平	1		2		3		4		...		n		n'		合计		累计	
	矿	岩	矿	岩	矿	岩	矿	岩	矿	岩	矿	岩	矿	岩	矿	岩	矿	岩
1	A_1^1	V_1^1	A_2^1	V_2^1	A_3^1	V_3^1	A_4^1	V_4^1	…	…	A_n^1	V_n^1	$A_n^{1\prime}$	$V_n^{1\prime}$	$A_1=\sum_{i=1}^{n'}A_i^1$	$V_1=\sum_{i=1}^{n'}V_i^1$	A_1	V_1
2			A_2^2	V_2^2	A_3^2	V_3^2	A_4^2	V_4^2	…	…	A_n^2	V_n^2	$A_n^{2\prime}$	$V_n^{2\prime}$	$A_2=\sum_{i=1}^{n'}A_i^2$	$V_2=\sum_{i=1}^{n'}V_i^2$	$\sum_{i=1}^{2}A_i$	$\sum_{i=1}^{2}V_i$
3					A_3^3	V_3^3	A_4^3	V_4^3	…	…	A_n^3	V_n^3	$A_n^{3\prime}$	$V_n^{3\prime}$	$A_3=\sum_{i=1}^{n'}A_i^3$	$V_3=\sum_{i=1}^{n'}V_i^3$	$\sum_{i=1}^{3}A_i$	$\sum_{i=1}^{3}V_i$
4							A_4^4	V_4^4	…	…	A_n^4	V_n^4	$A_n^{4\prime}$	$V_n^{4\prime}$	$A_4=\sum_{i=1}^{n'}A_i^4$	$V_4=\sum_{i=1}^{n'}V_i^4$	$\sum_{i=1}^{4}A_i$	$\sum_{i=1}^{4}V_i$
5											A_n^5	V_n^5	$A_n^{5\prime}$	$V_n^{5\prime}$	$A_5=\sum_{i=1}^{n'}A_i^5$	$V_5=\sum_{i=1}^{n'}V_i^5$	$\sum_{i=1}^{5}A_i$	$\sum_{i=1}^{5}V_i$
6											A_n^6	V_n^6	$A_n^{6\prime}$	$V_n^{6\prime}$	$A_6=\sum_{i=1}^{n'}A_i^6$	$V_6=\sum_{i=1}^{n'}V_i^6$	$\sum_{i=1}^{6}A_i$	$\sum_{i=1}^{6}V_i$
7											A_n^7	V_n^7	$A_n^{7\prime}$	$V_n^{7\prime}$	$A_7=\sum_{i=1}^{n'}A_i^7$	$V_7=\sum_{i=1}^{n'}V_i^7$	$\sum_{i=1}^{7}A_i$	$\sum_{i=1}^{7}V_i$
8											A_n^8	V_n^8	$A_n^{8\prime}$	$V_n^{8\prime}$	$A_8=\sum_{i=1}^{n'}A_i^8$	$V_8=\sum_{i=1}^{n'}V_i^8$	$\sum_{i=1}^{8}A_i$	$\sum_{i=1}^{8}V_i$
…											…	…	…	…	…	…	…	…

续表

延深各水平采出的矿岩量/m³

开采水平	1		2		3		4		…		n		n'		合计		累计	
	矿	岩	矿	岩	矿	岩	矿	岩	矿	岩	矿	岩	矿	岩	矿	岩	矿	岩
n									…	…	A_n^n	V_n^n	$A_n^{n'}$	$V_n^{n'}$	$A_n=\sum_{i=1}^{n'}A_n^i$	$V_n=\sum_{i=1}^{n'}V_n^i$	$\sum_{i=1}^{n}A_i$	$\sum_{i=1}^{n}V_i$
合计	$A_1=A_1^1$	$V_1=V_1^1$	$A_2=\sum_{i=1}^{2}A_2^i$	$V_2=\sum_{i=1}^{2}V_2^i$	$A_3=\sum_{i=1}^{3}A_3^i$	$V_3=\sum_{i=1}^{3}V_3^i$	$A_4=\sum_{i=1}^{4}A_4^i$	$V_4=\sum_{i=1}^{4}V_4^i$	……	……	$A_n=\sum_{i=1}^{n}A_n^i$	$V_n=\sum_{i=1}^{n}V_n^i$	$A_n'=\sum_{i=1}^{n'}A_n^i$	$V_n'=\sum_{i=1}^{n'}V_n^i$				
累计	A_1	V_1	$\sum_{i=1}^{2}A_i$	$\sum_{i=1}^{2}V_i$	$\sum_{i=1}^{3}A_i$	$\sum_{i=1}^{3}V_i$	$\sum_{i=1}^{4}A_i$	$\sum_{i=1}^{4}V_i$	……	……	$\sum_{i=1}^{n}A_i$	$\sum_{i=1}^{n}V_i$	$\sum_{i=1}^{n'}A_i$	$\sum_{i=1}^{n'}V_i$			$\sum_{i=1}^{n}A_i$	$\sum_{i=1}^{n}V_i$
生产剥采比 n_s	V_1/A_1		V_2/A_2		V_3/A_3		V_4/A_4		……		V_n/A_n		V_n'/A_n'					

2）生产剥采比的调整与均衡

一般情况下，要求矿石产量持续稳定。从图 2-27 可以看出，不同时期生产剥采比的变化会引起采、运设备需求数量的变化，从而影响采矿成本。因此，需对露天矿的生产剥采比作适当的调整，即均衡生产剥采比，使露天矿在一定时期内保持剥采生产规模稳定。

调整生产剥采比可采取不同的方案，确定的一般原则如下：

（1）尽量减少初期生产剥采比，以减少基建投资。

（2）生产剥采比可以逐步增加，达到最大值后，逐步减少，不宜发生突然波动，以免设备和人员随之发生较大变动，每次调整量应为挖掘机年生产能力的整倍数。

（3）一般洪峰剥采比不宜过短。如果洪峰剥采比时间短，意味着露天矿在一段时间大量增加设备和人员，不久后又大幅缩减设备和人员，这不仅使设备利用率低，也给生产组织管理带来困难。

对于新设计露天矿，为使露天矿每年用较小的生产剥采比采出较多的有用矿物，针对不同的矿床特点可采取如下措施：

（1）水平与近水平矿床，地形平坦时，一般逐年剥采比比较稳定，可采用组合台阶加陡工作帮坡角的办法，减少初期剥离量，节省剥离费用。

（2）倾斜矿床或水平、近水平矿床，地形变化大时，一般先从埋藏较浅的位置开沟，以后逐年增大剥采比。

3）储备矿量

为使露天矿在新水平开拓和准备工程发生停顿时，仍能保证持续均衡的采矿生产，应能提供近期生产需要的生产储备矿量。

煤矿、金属矿和非金属矿对生产储备矿量的划分标准不完全相同，但都趋向于按开拓矿量和可采矿量两级管理（简称"二量"管理）。图 2-28 为开拓矿量和可采矿量计算方法示意图。

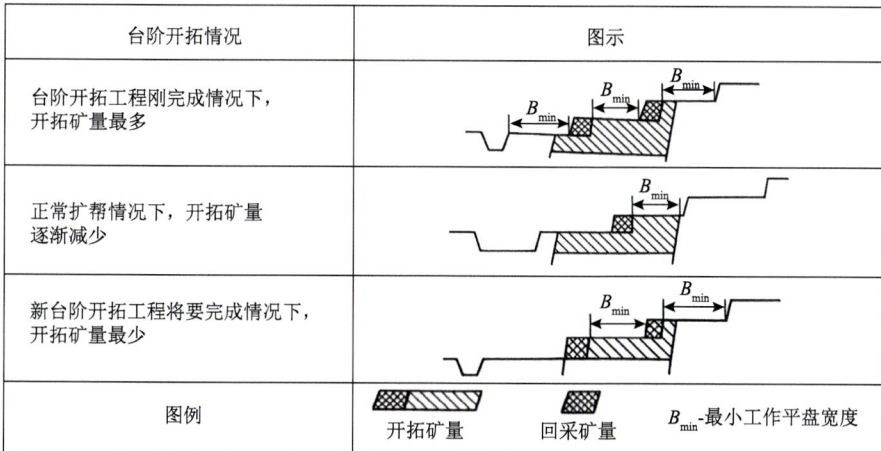

台阶开拓情况	图示
台阶开拓工程刚完成情况下，开拓矿量最多	
正常扩帮情况下，开拓矿量逐渐减少	
新台阶开拓工程将要完成情况下，开拓矿量最少	
图例	开拓矿量　回采矿量　B_{min}-最小工作平盘宽度

图 2-28　开拓矿量及可开采矿量计算示意图

（1）开拓矿量。

是指开拓工程已完成，主要运输系统已形成，并具备了采矿工作条件的新水平底部标高以上的矿体矿量。

（2）可采矿量。

指位于采矿台阶最小工作平盘宽度以外，其上部和侧面已被揭露矿体的矿量，也称为回采矿量，是开拓矿量的一部分。

开拓矿量和可采矿量一般按月生产能力进行计算，用可采期表示。通常可采矿量可采期规定为2~3个月，开拓矿量可采期规定为4~6个月。可采期的确定必须综合考虑采矿生产的可持续性和经济效益等因素，具有自燃性的矿石还应考虑自燃发火期，以避免矿石长期暴露发生自燃。

2.3.3 露天矿采掘进度计划的编制

编制露天矿采掘进度计划的实质是以图表形式表现矿山工程在采场空间和时间上的计划安排与采掘设备作业安排。通过编制采掘进度计划，对初步拟定的矿山生产能力、均衡生产剥采比和储备矿量保有期予以验证及修正，并安排落实。因此，采掘进度计划要在全面系统地研究露天矿剥采关系、生产能力协调和各生产工艺配合的基础上编制，具有预见性和指导性。

采掘进度计划分长期及中长期计划和短期计划。设计中以年为单位编制的采掘进度计划称为长期及中长期计划。一般3~5年称为中长期计划，5年以上的称为长期计划。其主要任务是确定露天矿基建工程量、基建时间、投产和达产时间、均衡生产剥采比、矿石和矿岩生产能力、逐年工作线推进位置，以及计算各个时期所需的设备、人员和材料等。短期计划包括年度作业计划、季度作业计划、月作业计划，甚至旬作业计划、周作业计划等。年度作业计划以中长期计划为依据，综合考虑用户对矿石数量及质量指标的要求，安排年末、季末或月末剥采工程的工作线推进位置，并计算穿爆、采装、运输、排土、机修等主要工艺环节的生产能力。

中长期采掘进度计划与短期采掘进度计划的编制方法基本相同，下面仅介绍年度采掘进度计划的编制。

1. 编制采掘进度计划所需的基础资料

（1）1:2000或1:5000的地质地形图；

（2）1:1000或1:2000的分层平面图或地质剖面图，图上绘有矿床地质界线、开采境界、出入沟和开断沟的位置等；

（3）分水平矿岩量计算表；

（4）露天矿开拓运输系统图，对改建、扩建矿山要有开采现状图；

（5）露天矿的台阶高度、采掘带宽度、采区长度、最小工作平盘宽度、工作线推进方向、矿山工程延深方式等开采参数；

（6）矿石回采率和废石混入率；

（7）穿孔、采装、运输设备的型号、数量和生产能力；

（8）有关可采矿量、开拓矿量的规定；

（9）露天矿开始基建的时间、要求的投产日期、投产和达产标准等。

2. 露天矿生产时期的划分和基建工程量

露天矿的开采可划分为基建、过渡、正常生产和结束四个时期。基建期是指从开始建矿到投产这一段时间；过渡期是指从投产至达产这一段时间；正常生产期是指从达产到露天矿开采后期矿石生产能力开始下降之时的一段时间；结束期是指从露天矿开采后期矿石生产能力开始下降之时起至露天矿停产报废为止的一段时间。

1）露天矿投产与达产

露天矿投入生产必须具备下列条件：

（1）建成正常生产所需的外部运输、供电和供水等工程设施的完整系统；

（2）破碎站、选矿厂及主要辅助设施全部或分期建成并达到相应规模；

（3）矿山内部建成完整的矿石和废石运输系统；

（4）基建剥离工程应确保露天矿具有持续增长的生产能力，并保证有相应的储备矿量；

（5）矿石产量和质量达到规定的指标，且矿山经济效益逐年提高。

露天矿投产时的矿石产量标准和达产期限见表2-7所示。

表 2-7　露天矿投产时的矿石产量标准及达产期限

参数	值		
露天矿设计规模/（万 t/a）	<30	30～100	>100
投产时的年产量占设计产量的比例	$\frac{1}{2}$	$\frac{1}{3} \sim \frac{1}{2}$	$\frac{1}{4} \sim \frac{1}{3}$
投产至达产的期限/a	1～3	1～3	3～5

露天矿达产后进入正常生产期的服务年限一般应超过矿山服务年限的2/3。

设计计算年是指露天采剥总量达到最大规模的初始年度。从这一年开始，将按设计矿石生产能力和最大均衡生产剥采比持续生产一段时间。在设计中将计算年的采剥总量作为计算矿山设备、动力、材料消耗、人员编制、建设规模及辅助设施的依据。

2）基建工程量

露天矿基本建设工程项目包括剥采基建工程、地面设施及建筑工程、露天矿内部运输系统、防排水工程、供电供水系统、外部运输工程等。露天矿在基建期所完成的土石方工程量称为基建工程量。

3）露天矿结束期

一般情况下，露天矿剥离在整个服务年限内经历一个由小到大，再由大到小的变化过程。而矿石产量也要经历一个由小到大，在较长一段时间内保持稳定的变化过程，到开采后期，露天矿石产量逐渐减少，直至开采结束。多数情况下，在结束期露天矿开采的是露天矿的残矿。

3. 采掘进度计划的编制方法与步骤

露天矿采掘进度计划亦称为露天矿山工程进度计划。在确定了露天矿开采境界、开采工艺、开采参数和开采程序、开拓运输系统，以及生产能力后，开始编制矿山工程进

度计划。

1）采掘进度计划的内容

（1）采掘工程进度计划图表。

表 2-8 为某露天铁矿采掘进度计划表（部分）。表 2-8 中列出了不同时间、不同水平上挖掘机的配置和调动情况，以及作业内容和计划完成的矿岩量。一般进度计划以年为单位编制，但开采中后期可以按五年为单位进行编制。

（2）分层平面图或横剖面图。

一般倾角小、走向长的层状矿体采用横剖面图，在矿体不规则、倾角大、露天矿较短、开采程序复杂等条件下采用分层平面图。在分层平面图和横剖面图上，应绘出开采境界和矿岩分界线，各年末的工作线位置、各年采出的不同品位的矿石数量和岩土量，作业挖掘机台数及编号，本水平的开段沟和出入沟位置等。图 2-29 为某露天铁矿 115 水平分层平面图，图 2-30 为某露天煤矿 21 号横剖面采掘进度计划。

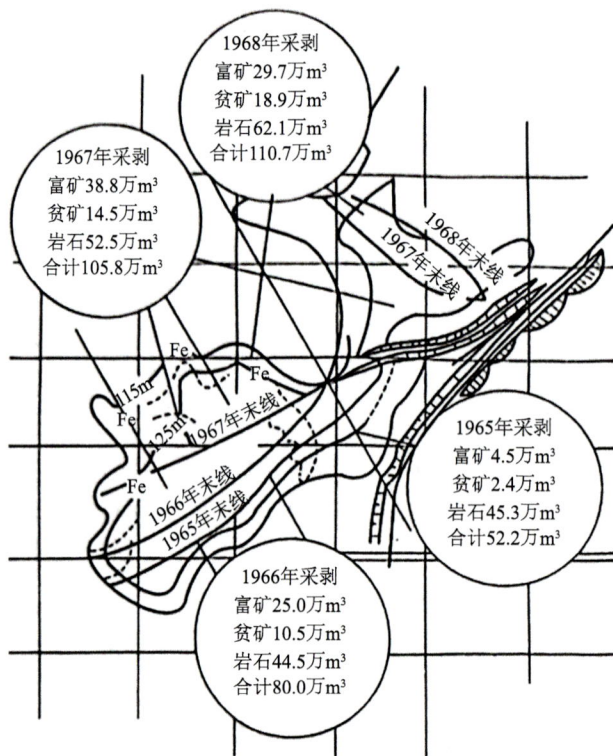

图 2-29　某露天铁矿 115 水平分层平面图

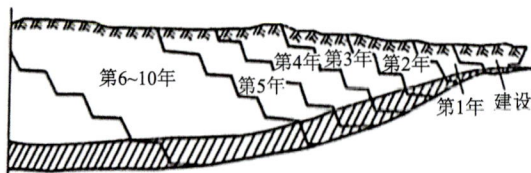

图 2-30　某露天煤矿 21 号横剖面采掘进度计划

表 2-8　某露天铁矿采掘进度计划表（部分）

工作水平/m	富矿 体积/万m³	富矿 质量/万t	贫矿 体积/万m³	贫矿 质量/万t	合计 体积/万m³	合计 质量/万t	岩石 体积/万m³	岩石 质量/万t	矿岩合计 体积/万m³	矿岩合计 质量/万t	工作内容	地质编号	1965年	1966年	1967年	1968年	1969年	1970年	1971年	1972年
地表~140							41.5	107.9	41.5	107.9	剥岩	N_1	0+0+18=18	0+0+73.5=73.5						
140~115	98.0	333.2	46.3	129.7	144.3	462.9	204.4	531.4	348.7	994.3	剥岩/采剥	N_2/N_3/N_2	3.2+0.7+29=32.9 (N_2); 1.3+1.7+16.3=19.3	25+10.5+44.5=80	38.8+14.5+52.5=105.8	29.7+18.9+62.1=110.7				
115~101	86.7	294.8	90.5	254.9	177.2	549.7	304.3	791.1	481.5	1340.8	剥岩/采剥/采剥	N_4/N_4/N_5		0.2+2+28.3=30.5 (N_3); 0+2.1+11.4=13.5 (N_5)	0+0+4.5=4.5; 24.3+19.8+37.1=81.2	20+17.1+68.9=106	15.8+23.8+71=110.6	18.6+16.4+75=110	7.8+9.3+4.1=21.2	
101~87	88.5	300.6	126.6	355.9	215.1	656.5	398.3	1035.6	613.4	1692.1	剥岩/采剥/采剥	N_1/N_3/N_4			0+0+40=40 (N_6); 0+5.4+19.5=24.9	14+26.9+64.1=105	27.5+15.1+67=109.6	23.8+11.4+19.8=55	12+20+15=47	36+46.4+23.2=105.6
87~73	92.2	313.4	168.8	474.6	261	788	476.6	1239.2	737.6	2027.2	采剥	N_7		N_1	N_8	0+3.1+22.9=26 (N_7)	0+0.5+8.8=9.3	13.2+20.3+46.5=80	20.1+21.8+34.1=76	25+17.8+68.8=111.6
73~59	71.1	241.7	210.9	588.7	282	830.4	521	1354.5	803	2184.9	剥岩/采剥					0+0+21.2=21.2	0+0+21.2=21.2	0+0+21.2=21.2; 0+24+56=80	3.1+24.8+80.1=108	7.5+11.9+59.6=79
59~45	46.8	159.1	219.1	601.9	265.9	761	496.2	1290.1	762.1	2051.1	剥岩/采剥							0+4+6=10	0+1+25.1=26.1; 0.7+14+55.3=70	4.2+17.9+66.7=88.8
45~30	58.4	198.5	232.8	641.4	291.2	839.9	447.1	1162.5	738.3	2000.4	剥岩									0+0+6.5=6.5

体积质量汇总

项目		1965年 体积/万m³	1965年 质量/万t	1966年 体积/万m³	1966年 质量/万t	1967年 体积/万m³	1967年 质量/万t	1968年 体积/万m³	1968年 质量/万t	1969年 体积/万m³	1969年 质量/万t	1970年 体积/10⁴m³	1970年 质量/万t	1971年 体积/万m³	1971年 质量/万t	1972年 体积/万m³	1972年 质量/万t
矿石	富矿	4.5	15.3	25.2	85.7	63.1	214.5	63.7	216.6	55.9	190.1	55.6	189.0	43.7	148.7	40.3	137.0
	贫矿	2.4	6.7	14.6	40.9	39.7	111.2	66.0	184.8	76.8	215.0	76.1	213.1	90.9	254.5	94.0	263.2
	小计	6.9	22	39.8	126.6	102.8	325.7	129.7	401.4	132.7	405.1	131.7	402.1	134.6	403.2	134.3	400.2
岩石		63.6	164.6	107.7	280	153.6	399.4	218.0	566.8	216.9	563.9	224.5	583.7	222.7	578.8	224.8	584.5
矿岩合计		70.5	186.6	147.5	406.6	256.4	725.1	347.7	968.2	349.6	969.0	356.2	985.8	357.3	982.0	359.1	984.7
采剥比	体积比/(m³/m³)	9.2		2.7		1.51		1.68		1.63		1.70		1.66		1.68	
	质量比/(t/t)	7.5		2.2		1.23		1.40		1.39		1.45		1.43		1.46	
电铲台数		3		5		7		7		7		7		7		7	

注：富矿+贫矿+岩石=矿岩合计

（3）综合平面图。

露天矿某时期的总貌可用该时期的综合平面图表示。图 2-31 为某露天矿某年末开采综合平面图，图上标有开采境界、矿岩分界线、各开采水平工作线、半壁沟和出入沟位置、挖掘机配置和全矿的挖掘机数量及运输线路系统等。

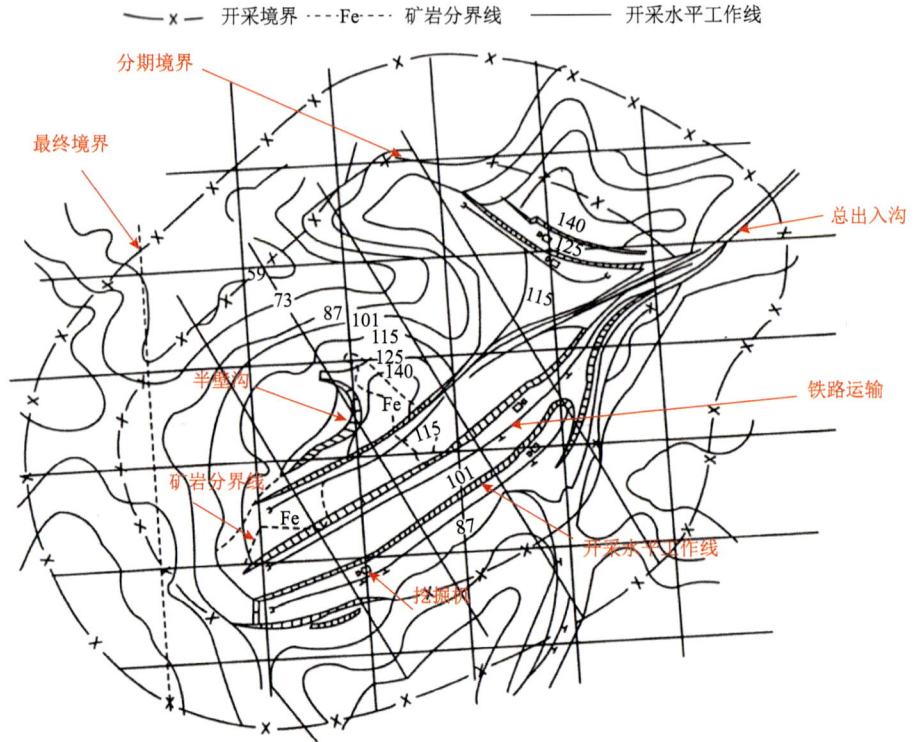

图 2-31　某露天矿某年末开采综合平面图

一般露天矿剥采工程综合平面图不必逐年编制，但应绘出反映露天矿几个特征时期面貌的综合平面图，如投产时期、达产时期、达产后某年、最大发展时期、开采结束时的综合平面图。

（4）产量发展曲线图表。

根据矿山工程进度计划的逐年矿岩量绘制产量发展曲线（图 2-32）和逐年产量发展表（表 2-9），通过曲线和表格可以明显地看出产量变化。

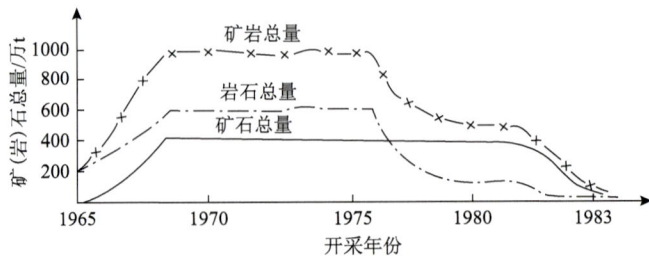

图 2-32　某露天矿逐年产量发展曲线

2）编制方法与步骤

（1）采掘设备的配置。

根据矿石生产能力、剥采比、采掘设备的生产能力等，计算出所需设备的总数量。同一台阶上布置采掘设备的台数，除了要考虑该台阶计划剥采总量（其值等于台阶高度、工作线长度与工作线水平推进速度三者之积）和挖掘机实际生产能力外，还应考虑挖掘机安全作业的最小距离和运输条件等因素。

表 2-9　某露天矿逐年产量发展表

参数		开采年份									
		1965	1966	1967	1968	1969	1970	1971	1972	1973	1974
开采矿岩总量	富矿/万 t	15.3	85.7	214.5	216.6	190.1	195.5	148.7	137.0	150.2	126.8
	贫矿/万 t	6.7	40.9	111.2	184.8	215.0	207.8	254.5	263.2	249.8	273.2
	矿石合计/万 t	22.0	126.6	325.7	401.4	405.1	403.3	403.2	400.2	400.0	400.0
	岩石/万 t	164.6	280.0	399.4	566.8	563.9	583.7	578.8	584.5	613.2	588.4
	矿岩合计/万 t	186.6	406.6	725.1	968.2	969.0	987.0	982.0	984.7	1013.2	988.4
剥采比/（t/t）		7.5	2.2	1.23	1.4	1.39	1.45	1.44	1.46	1.53	1.47
W-1002 电铲/台		1	2	1							
W-4 电铲/台		3	5	7	7	7	7	7	7	7	7

参数		开采年份								
		1975	1976	1977	1978	1979	1980	1981	1982	1983
开采矿岩总量	富矿/万 t	58.8	25.3	15.6	12.9	33.7	5.4	15.0	3.1	—
	贫矿/万 t	337.2	339.4	364.4	365.4	344.7	372.2	293.0	96.9	38.0
	矿石合计/万 t	396.0	364.7	380.0	378.3	378.4	377.6	308.0	100.0	38.0
	岩石/万 t	603.0	275.7	181.0	129.0	126.0	128.0	31.0	13.0	2.6
	矿岩合计/万 t	999.0	640.4	561.0	507.3	504.4	505.6	339.0	113.0	40.6
剥采比/（t/t）		1.52	0.76	0.48	0.34	0.33	0.34	0.10	0.13	0.07
W-1002 电铲/台										
W-4 电铲/台		7	5	5	4	4	4	3	2	2

（2）年末剥采工程位置的确定。

在分层平面图上确定年末工程位置，根据配置在该水平的采掘设备的实际生产能力，计算出在此水平上采出的矿岩量；根据台阶高度，计算出该水平工作线推进面积；再根据该水平工作线长度，计算出工作线的水平推进距离，即可得到该水平年末工作线位置。对采矿台阶还应考虑到矿石的开拓储量和回采储量的要求。另外，年末工作线位置还应考虑工作平盘宽度、出入沟、开段沟的宽度等。

在横剖面图上确定年末工作线位置，主要确定工作线的推进距离。同时，还应结合综合平面图，按最小工作平盘宽度、运输线路设置、矿山工程延深、出入沟和开段沟的

位置、开拓储量和回采储量等进行调整。

（3）编制矿山工程计划图表。

根据各年采掘设备的配置、作业时间及完成的剥采量，按表 2-8 所示的计划表内容编制采掘计划图表。

（4）绘制某时期的综合平面图。

用分层平面图绘制剥采工程位置综合平面图时，需将所有水平的分层平面图上年末工作线投影到同一张平面图上。用横剖面图绘制综合平面图时，需将各个横剖面图上的年末工作线位置投影到平面图上，每个剖面年末工作线位置在平面图上是一个点，然后将同一台阶上的各个点连接起来就是该台阶的年末工作线位置。最后再绘出运输线路、采掘设备、工作面、地形等高线、出露的矿石等并进行标注，即露天矿该时期的剥采工程位置综合平面图（图 2-31）。

（5）绘制产量发展曲线和逐年产量发展表。

3）采掘进度计划的变化与修改

矿山采掘进度计划是在设计阶段进行编制的，由于受到许多不确定因素的影响，在实际生产中需不断地对进度计划进行修改与调整，使露天矿所执行的进度计划更加合理。进度计划调整时应遵循原设计中基本的、重大的技术决定，完成规定的生产指标。

4. 露天矿短期开采计划编制

短期开采计划是生产露天矿根据中长期采掘进度计划进行的内容更详细、更具体的作业计划，可以对原设计中不合理的地方进行修改与调整。常见的有年度开采计划、季度作业计划、月作业计划，甚至还有周计划。生产露天矿除编制开采作业计划外，还编制包括经济指标计划、矿石产品质量计划、穿爆工程计划、运输工程计划、排土工程计划、线路工程计划、设备维修计划、生产准备与材料计划等单项工程计划。

露天矿短期剥采工程计划主要内容有以下几方面：

（1）剥采工程计划表。

（2）计划期末工程位置图（综合平面图、横断面图或分层平面图）。

（3）挖掘机配置图表。

（4）各单项工程设计，包括详细施工图。

（5）生产能力的核定。主要从两个方面进行，一是按矿山工程延深速度或水平推进速度进行核定；二是按各环节设备能力进行核定。

2.4 采装工作

采装工作是指在露天采场中用一定的设备和方法将矿岩从爆堆或台阶中挖出，并装入运输或转载设备，或直接卸在指定地点的工作过程。采装工作是露天开采的中心环节，它的效率直接影响到露天矿的生产能力、开采强度和经济效益。采装工作的效率取决于采装方式、采装设备与运输设备的匹配关系等。采装设备的类型很多，主要有挖掘机（包括单斗挖掘机、多斗铲、拉铲、吊斗铲）、前装机、铲运机及推土机和螺旋钻等。

2.4.1 概述

挖掘机是用来进行土方开挖的一种施工机械，挖掘机的作业过程是用铲斗的切削刃切土并把土装入斗内，多斗挖掘机进行不间断的挖、装、卸，其过程连续进行；对于单斗挖掘机则是在装满载后提升铲斗并回转到卸载点卸载，然后回转转台到铲装点重复上述过程。挖掘机按作业特点分为周期性作业式和连续性作业式两种，前者用的是单斗挖掘机，后者用的是多斗挖掘机。由于磷矿开采工程量小且不集中，以采用单斗挖掘机较为常见，因此，本节只介绍磷矿开采应用较广泛的单斗挖掘机。

单斗挖掘机在建筑、筑路、水利、电力、采矿、石油、天然气和国防建设等施工中被广泛使用，一般与自卸汽车配合作业。其主要用途为：在建筑工程中开挖建筑物基础坑，拆除旧建筑物等；在筑路工程中开挖路堑，填筑路堤，以及开挖桥梁基坑、城市道路两侧的各种管道沟（下水管道沟、煤气、天然气、通信、电力管道沟等）；在水利工程中开挖沟渠、河道，在露天采矿工程中用来进行剥离表土和矿物的挖装作业；更换工作装置后还可进行浇筑、起重、安装、打桩、夯土和拔桩等工作。

2.4.2 单斗挖掘机采装作业参数

1. 单斗挖掘机的工作参数

单斗挖掘机主要有如下工作参数，见图 2-33。

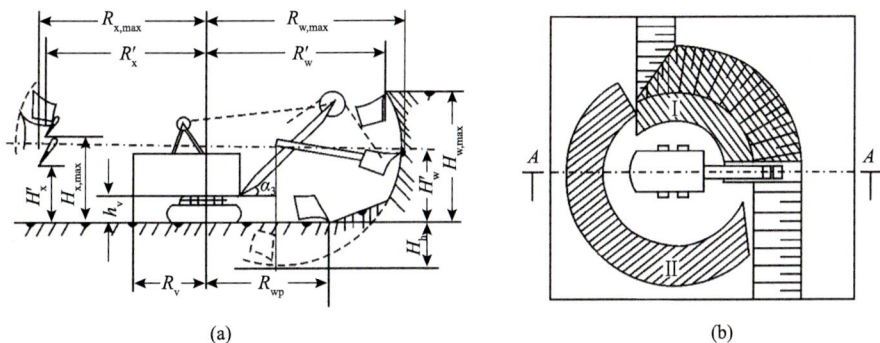

图 2-33　挖掘机工作面参数与工作面
Ⅰ、Ⅱ-挖掘区与卸载区

（1）挖掘半径 R_w——挖掘时挖掘机回转中心至铲斗齿尖的水平距离，m。

站立水平挖掘半径 R_{wp}——铲斗平放在站立水平面上的挖掘半径，m。

最大挖掘半径 $R_{w,max}$——斗柄水平伸出最大时的挖掘半径，m。

最大挖掘高度时的挖掘半径 R_w'，m。

（2）挖掘高度 H_w——挖掘时铲斗齿尖距站立水平的垂直高度，m。

最大挖掘高度 $H_{w,max}$——挖掘时铲斗提升到最高位置时的垂直高度，m。

最大挖掘半径时的挖掘高度 H_w'，m。

（3）卸载半径 R_x——卸载时挖掘机回转中心至铲斗中心的水平距离，m。

最大卸载半径 $R_{x,max}$——斗柄水平伸出最大时的卸载半径，m。

最大卸载高度时的卸载半径 R_x'，m。

（4）卸载高度 H_x——铲斗斗门打开后，斗门的下缘距站立水平面的垂直高度，m。

最大卸载高度 $H_{x,max}$——斗柄提到最高位置时的卸载高度，m。

最大卸载半径时的卸载高度 H_x'，m。

（5）下挖深度 H_h——铲斗下挖时，由站立水平面至铲斗齿尖的垂直距离，m。

（6）R_v——挖掘机回转中心至回转体尾部的距离，m。

（7）h_v——挖掘机站立水平至回转体的高度，m。

上述工作参数是挖掘机作业的主要规格参数，也是确定采装作业参数的基础，它们随动臂倾角 α_3 的调整而改变，一般在 30°～50°调整，通常取 $\alpha_3=45°$。

2. 单斗挖掘机的工作面参数

单斗挖掘机的工作面参数是指单斗挖掘机作业面的几何参数，主要有台阶高度 h、采掘带宽度 l_k、工作平盘宽度 B、采区长度 L_c。工作面参数是否合理直接影响采装效率。

1）台阶高度 h

台阶高度是露天开采最基本、最重要的参数之一，受各方面因素制约，如挖掘机工作参数、矿岩性质和埋藏条件、穿孔爆破工作要求、矿床开采条件及运输条件等。同时它也影响着露天开采的各个工艺环节和生产能力等。对台阶高度的基本要求是：既要保证安全，又要有利于提高采装效率。

（1）挖掘机工作参数对台阶高度的影响。

挖掘机工作参数是确定合理台阶高度的最重要因素。合理的台阶高度应在保证挖掘机安全作业的前提下，尽可能地提高挖掘机的满斗系数，同时应考虑到采矿台阶的选采需要。当挖掘机与运输设备在同一水平上作业时，对于不需要预先爆破的松软矿岩采掘工作面（图 2-34），为了避免台阶上部形成伞岩突然塌落，台阶高度一般不大于挖掘机的最大挖掘高度。对于需要爆破的坚硬矿岩采掘工作面（图 2-35），由于爆破后的爆堆高度通常小于台阶高度，台阶高度可以比挖掘软岩时大一些，但要求爆堆高度不大于挖掘机的最大挖掘高度。当爆破后矿岩块度不大，无黏结性，且不需要分采时，爆堆高度可为最大挖掘机高度的 1.2～1.3 倍。台阶高度过低时，铲斗不易装满，降低了采装效率。因此，挖掘松软矿岩时的台阶高度与挖掘坚硬矿岩时的爆堆高度均不应低于挖掘机推压轴高度的 2/3。

当运输设备位于台阶上部平盘时（主要用于铁路运输的掘沟作业，见图 2-36），为使矿岩有效装入运输设备，台阶高度 h 按挖掘机最大卸载高度 $H_{x,max}$ 和最大卸载半径 $R_{x,max}$ 来确定，即：

$$h \leqslant H_{x,max} - h_c - e_x \tag{2-66}$$

$$h \leqslant (R_{x,max} - R_{wp} - c)\tan\alpha_1 \tag{2-67}$$

式中，h_c 为台阶上部平盘至车辆上缘高度，m；e_x 为铲斗卸载时，铲斗下缘至车辆上缘间隙，一般 $e_x \geqslant 0.5$m；c 为铁路中心线至台阶坡底线的间距，m；α_1 为采矿台阶的坡面角，(°)。

上装车的台阶高度取式（2-66）、式（2-67）中的较小值。

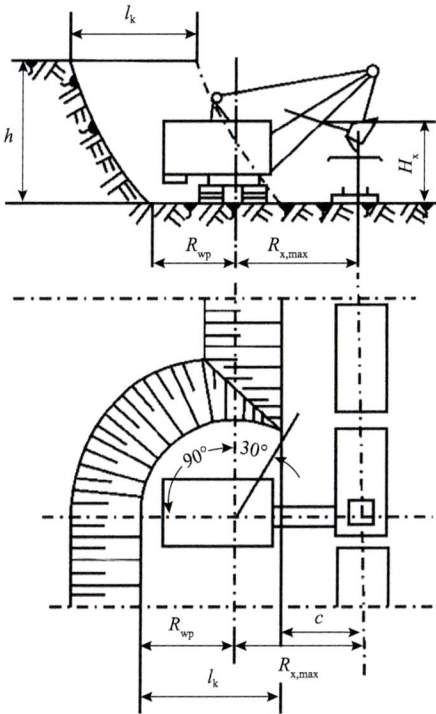

图 2-34　松软矿岩采掘工作面

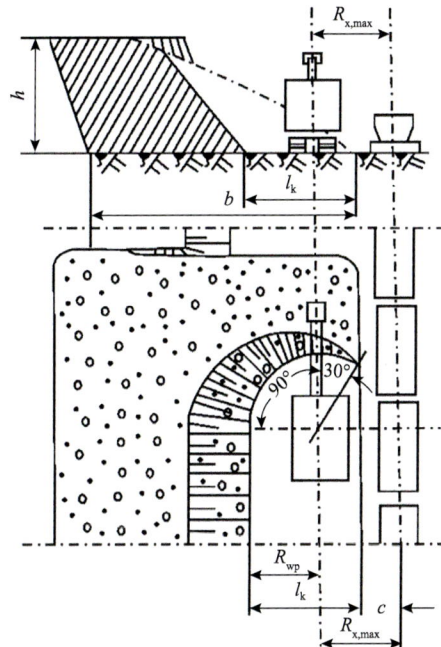

图 2-35　坚硬矿岩采掘工作面

b-爆堆宽度

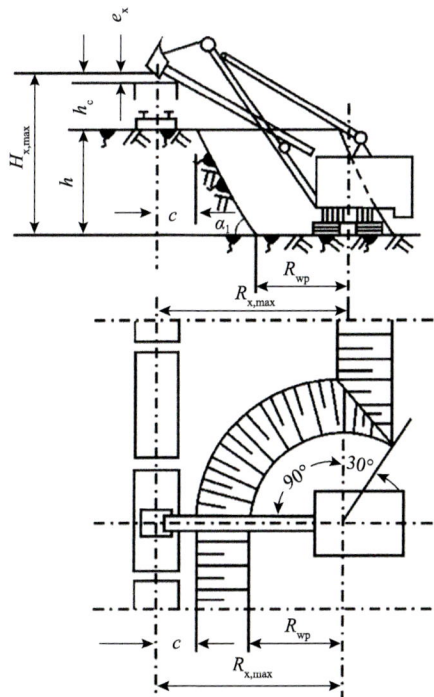

图 2-36　上装车时台阶高度的确定

（2）其他因素对台阶高度的影响。

（a）矿岩性质和矿岩埋藏条件。一般来说，矿岩松软时，台阶高度取值较小；矿岩坚硬时，台阶高度取值较大。在确定台阶高度的具体标高时，应当考虑每个台阶尽可能由同一性质的岩石组成，使之有利于爆破、采掘，并减少矿石损失与贫化。

（b）开采强度。台阶高度增加时，露天矿台阶水平推进速度与垂直延深速度均有所降低。因此，在矿山基建时期，应采用较小的台阶高度，以加快水平推进速度，缩短新水平准备时间，尽快投入生产。

（c）运输条件。台阶高度增加时，可减少露天矿台阶总数，简化开拓运输系统，尤其在采用铁道运输时，可使钢轨、管线的需用量减少，线路移设、维修工作量大为减少。但在凹陷露天矿，台阶高度增大后，将导致矿岩的运输重心下降，提升运输功增加。

（d）矿石损失与贫化。开采矿岩接触带时（图 2-37），在矿体倾角和工作线推进方向一定的情况下，矿岩混采宽度随台阶高度增加而增加，矿石的损失与贫化也随之增大。对于开采品位较低的矿床来说，进一步降低了采出原矿的品位。从图 2-37 可以看出，当台阶高度由 h 增大到 h' 时，混采宽度由 L 增加 L'，矿岩混采增量 $\Delta S(\mathrm{m}^2)$ 为

$$\Delta S=L'h'-Lh \tag{2-68}$$

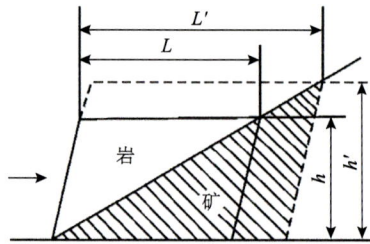

图 2-37　台阶高度对矿岩混采量的影响

2）采区长度 L_c。

划归一台挖掘机采掘的台阶工作线长度叫作采区长度（图 2-38）。采区长度要根据具体的开采条件和需要划定，一般是根据穿爆与采装的配合、各水平工作线的长度、矿岩分布和矿石品位变化、台阶计划开采强度和运输方式等条件来确定。采区的最小长度应满足挖掘机正常作业，并有足够的矿岩储备。

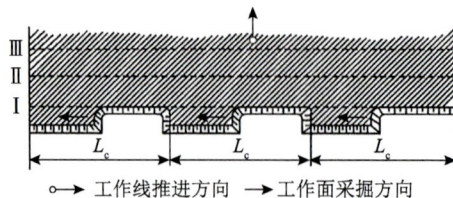

图 2-38　采区长度

运输方式对采区长度有重大影响。当采用汽车运输时，由于各生产工艺之间配合灵活，采区长度可以缩短，一般不小于150m。采用铁路运输时，采区过短，则尽头区采掘的比例相应增加，采运设备效率降低，因此，采区长度一般不得小于列车长度的2倍，即不小于400m。对于需要分采和在工作面配矿的露天矿，采区长度应适当增加。对于中

小型露天矿，开采条件困难并需要加大开采强度时，采区长度可适当缩短。当工作水平上采用尽头式铁路运输时，为保证及时供车，同一个开采水平上工作的挖掘机数不宜超过 2 台。当采用环形铁路运输时，由于列车入换条件得到改善，台阶工作线长度足够时，可增加采区数目，但同时工作的挖掘机数不宜超过 3 台。

3）采掘带宽度 l_k

采用铁路运输时，采掘设备的移动中心线沿采掘带全长固定不变，采掘设备的工作参数得到充分利用。采用汽车运输时采掘设备在平面上沿采掘带长度移动的中心线经常变化，采掘设备的工作参数有时不能充分利用。

采用铁路运输时，为保证挖掘机生产能力最高，确定采掘带宽度十分重要。采掘带宽度过窄，挖掘机移动频繁，作业时间减少，履带磨损增加，移道次数增加。采掘带过宽，采掘带边缘部分满斗系数低，清理工作量大，挖掘条件恶化。合理的采掘带宽度应保持挖掘机向里侧的回转角不大于 90°，向外侧的回转角不大于 45°。

$$l_k \leqslant （1\sim1.7）R_{wp} \qquad (2\text{-}69)$$

但不得超过式（2-70）的计算值：

$$l_k \leqslant R_{wp}+fR_{x,max}-c \qquad (2\text{-}70)$$

式中，f 为斗柄规格利用系数，f=0.8～0.9；c 为外侧台阶坡底线或爆堆坡底线至铁路中心线距离，c=3～4m。

4）工作平盘宽度 B

工作平盘是采装运输作业的场地。保持必要的工作平盘宽度是实现采区正常工作的必要条件。

工作平盘宽度主要取决于爆堆宽度、运输设备规格、动力管线的配置方式及作业的安全宽度等。仅按布置采掘运输设备和实现正常采装运输作业考虑所必需的工作平盘宽度称为最小工作平盘宽度（B_{min}）。

汽车运输时最小工作平盘宽度［图 2-39（a）］为

$$B_{min}=b+c_1+d+e_1+f_d+g \qquad (2\text{-}71)$$

式中，b 为爆堆宽度，m；c_1 为爆堆坡底线至汽车边缘的距离，m；d 为车辆运行宽度，m；e_1 为外侧线路至动力电杆的距离，m；f_d 为动力电杆至台阶稳定边界线的距离，m；g 为安全宽度，$g=h（\cot\gamma'-\cot\alpha_1）$，m，$\gamma'$为台阶稳定坡面角，（°），$\alpha_1$ 为台阶坡面角，（°）。

铁路运输时最小工作平盘宽度［图 2-39（b）］：

$$B_{min}=b+c_1+d_1+e_1+f+g \qquad (2\text{-}72)$$

式中，c_1 为爆堆坡底线至铁路线路中心线间距，一般为 2～3m；d_1 为铁路线路中心线间距，同向架线 $d_1\geqslant6.5$m，背向架线 $d_1\geqslant8.5$m；e_1 为外侧线路中心至动力电杆间距，e_1=3m。

上述最小工作平盘宽度是在通常应用的缓工作帮开采条件下，维持台阶之间正常采剥关系的最小尺寸。露天矿实际工作平盘宽度通常大于最小工作平盘宽度。当实际工作平盘宽度小于最小工作平盘宽度时，就意味着正常的生产关系被破坏。因此，保持最小工作平盘宽度是保证露天矿实现正常生产的基本条件。

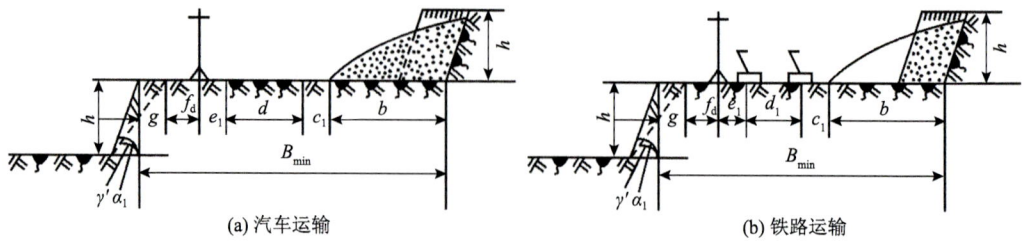

(a) 汽车运输　　　　　　　　　　　　　　　(b) 铁路运输

图 2-39　最小工作平盘宽度

3. 单斗挖掘机的生产能力

单斗挖掘机的生产能力是指单位时间内从工作面采出并装入运输容器或倒入内排土场的实方矿岩体积（m³）或质量（t）的大小，是一项很重要的技术经济指标。全矿挖掘机的总生产能力应大于或等于矿山的采剥总量。充分发挥挖掘机的能力，对保证完成和超额完成矿山采剥计划有重要意义。

研究挖掘机生产能力的目的，首先是在组织采区生产时能充分挖掘生产潜力，保证稳定高产。其次是在制定矿山采剥计划或进行新建矿山设计时，能够确定出符合实际情况的先进指标，用以指导生产。

1）挖掘机生产能力计算

按照计算时间的不同，挖掘机的生产能力分为班、日、月和年的生产能力。

挖掘机的台班生产能力 $Q_B[\text{m}^3/（台·班）]$：

$$Q_B = 3600\, T'\psi E k_m /（t k_s）\qquad\qquad（2\text{-}73）$$

式中，T' 为班工作时间，h；ψ 为班工作时间利用系数；E 为铲斗容积，m³；k_m 为松散满斗系数；t 为挖掘机工作循环时间，s；k_s 为矿岩松散系数。

挖掘机日生产能力等于班生产能力乘以日工作班数，年生产能力等于日生产能力乘以年工作天数。挖掘机年工作天数是根据露天矿的年工作制度、挖掘机计划检修日数和受气候影响停工日数确定的。

2）提高挖掘机生产能力的措施

（1）缩短挖掘机的工作循环时间。

挖掘机的工作循环时间是从铲斗挖掘矿岩到卸载后返回工作面准备下次挖掘所需要的时间。它由挖掘、重斗转向卸载地点、铲斗对准卸载位置卸载及空斗返回挖掘地点四个步骤组成。挖掘机工作循环时间的长短取决于司机的操作技术水平、爆破储量与质量，以及车辆的停放位置。

为了减少挖掘时间，首先要求有充足的爆破质量良好的矿岩量，没有根底，大块率低。其次是采用从外向内、自下向上的合理采掘顺序，以增加自由面，减少挖掘阻力，加速挖掘过程。

挖掘机两次回转时间占工作循环时间的 60%～70%，故减小挖掘机的回转角，提高回转速度，对缩短工作循环时间具有很大意义。在保证作业安全的条件下，汽车运输时采用适当的装车位置，铁路运输时尽量缩小铁道中心线到爆堆坡底线的距离，以及利用等车时间，把工作面矿岩归拢到靠近车辆停放的位置，都有利于挖掘机实现小回转角装车。

（2）提高满斗系数。

满斗系数是铲斗内矿岩的松散体积与斗容之比，其大小主要取决于司机的操作水平、矿岩性质、爆破质量和爆堆高度等。为提高满斗系数，对容易挖掘和中等容易挖掘的矿岩，爆堆高度不应小于 $2/3H_T$；对挖掘困难和坚硬的矿岩，爆堆高度不应小于 H_T（H_T 为挖掘机的推压轴高度）。

采用多排孔微差爆破或微差挤压爆破，可以改善爆破质量，提高满斗系数。利用等车时间归拢爆堆，挑出不合格大块，可以减小挖掘阻力，提高满斗程度。

（3）提高班工作时间利用系数。

挖掘机班工作时间利用系数 η 是挖掘机的纯工作时间 T_1 与班工作时间 T' 之比。及时向工作面供应空车，是减少挖掘机等车时间、提高工作时间利用系数的重要措施。近十多年来国内外一些矿山采用自动调度系统，优化挖掘机与运输车辆的配置，及时向工作面供应空车，可显著提高挖掘机的工作时间利用系数和矿山产量。据统计，世界范围内采用 DISPATCH 卡车自动调度系统的矿山可提高矿山产量 7%～20%。

4. 单斗挖掘机的类型选择及所需台数的计算

挖掘机的类型应根据矿山规模、矿岩性质及穿爆、运输的配合等因素加以选定。结合我国当前情况和设备供应的可能性，挖掘机选型的一般原则是：特大型矿山可选用 6～20m³ 挖掘机，大型矿山以 4～6m³ 挖掘机为主，中型矿山一般选用 2～6m³ 挖掘机，小型矿山选用 0.2～2m³ 挖掘机。

露天矿所需要的挖掘机台数可按式（2-74）计算，并通过编制采掘进度计划最后确定。

$$N=A_V/q_p \tag{2-74}$$

式中，N 为矿山需要的挖掘机台数，取整数；A_V 为设计矿山矿岩采剥总量，万 m³/a；q_p 为挖掘机的平均生产能力，万 m³/（台·a）。

挖掘机台数一般不应再加备用台数。当计算的挖掘机台数少于 3 台，或者作业地点分散，调动困难时，可考虑备用台数或改选较小型号。当采矿和剥离的工作制度不同，设备型号不同，效率相差较大时，应分别按采矿和剥离计算挖掘机台数。

2.4.3 前装机、铲运机和推土机采装

1. 前装机采装

前装机可作为采装、采运或辅助设备在露天矿使用，与相同斗容的挖掘机相比，它具有质量轻（为挖掘机的 1/7～1/6）、价格低（为挖掘机的 1/4～1/3）、机动灵活、操作简便等优点。主要缺点是：生产能力较低（相当于挖掘机的1/2）；对矿岩块度适应性差，当爆破质量不好和块度大时采装效率低；轮胎消耗量大；工作规格小，与其相适应的台阶高度一般不超过 11m。

轮式前装机在露天矿中的应用：

（1）用作主要采装设备。前装机直接向汽车或铁路车辆或移动式破碎机及其他设备的受矿漏斗装载。

在中小型矿山的采剥工作中，尤其是开采几个相距不远的矿体时，选用轮式前装机采装更为有利。

（2）用作采、运设备。在运距不大或运距和坡度经常变化的矿山，轮式前装机可作为独立的采运设备，将采掘的矿石直接运往受矿地点。当工作面到排土场的运距较短和剥离量不大时，可直接向排土场运输废石。前装机的合理运距一般为150m左右。

（3）用作掘沟设备。

（4）用作辅助设备。配合挖掘机工作，以及用于建筑、维修道路和平整排土场等。

2. 铲运机采装

铲运机是一种兼有挖掘、运输和翻卸功能的工程机械，在露天矿中可用于下列工作：砂、黏土质矿床的开采；松软覆盖岩层的剥离；在无运输开采时降低剥离台阶的高度；建设公路和铁路路基；平整建筑场地；进行其他建筑工程及土地恢复等。

铲运机的优点：①机动性好；②可开采薄矿层；③能按品级分采分运，或按照一定比例混合矿石；④既可完成采剥作业，又能进行辅助作业（如筑路）；⑤设备简单，在条件适宜时，生产成本低，劳动生产率高；⑥能有效进行土地恢复工作；⑦对道路通行要求不高。铲运机的缺点：①工作指标受气候影响较大；②对使用条件要求较严格；③运距增大时工作效率显著下降。

3. 推土机采装

推土机是一种能够进行挖掘、运输和排弃岩土的土方工程机械，在露天矿中有广泛的用途。例如，用于建设排土场，平整汽车排土场，堆积分散的矿岩，平整工作平盘和建筑场地等。它不仅可用于辅助工作，也可用于主要开采工作。例如，用于砂矿床的剥离和采矿，以及铲运机和犁岩机的牵引和助推。在无运输开采时配合其他土方机械降低剥离台阶高度等。

2.5 露天矿床运输开拓

露天矿开拓是指按照一定的方式和程序建立地面到露天采场各工作水平及各工作水平之间的矿岩运输通道，以保证采矿场、受矿点、废石场、工业场地之间的运输联系，并借助这些通道，及时准备出新的生产水平，形成开发矿床的合理运输系统。

露天矿开拓是矿山设计与生产中的一个重要问题，所选择的开拓方法的合理性，直接影响到矿山的基建投资、建设时间、生产成本和生产的均衡性。因此，合理的开拓方法，既要保证矿山工程合理发展，运输联系方便，又要尽可能减少开拓工程费用和运输费用。

露天矿开拓与运输方式和矿山工程的发展有着密切联系，而运输方式又与矿床地质地形条件、开采境界、生产规模、受矿点、废石场位置及运输工业发展状况等因素有关。

所以，研究露天矿开拓问题，实质上就是研究整个矿床开发的程序，综合解决露天矿场的主要参数、工作推进方式、矿山工程延深方向、剥采的合理顺序和新水平准备，以建立合理的矿床开发运输系统[6]。

按运输方式不同，露天矿开拓可以分为公路运输开拓、铁路运输开拓、平硐溜井开拓、胶带运输开拓和公路-铁路联合开拓等。

2.5.1 公路运输开拓

公路运输开拓是现代露天矿广泛应用的一种开拓方式，特别是有色金属矿山均以这种开拓方式为主。这种开拓方法除了具有汽车运输本身的特点（如机动灵活、运输组织工作简单等）外，还有可设多出入口进行分散运输和分散排土、便于采用移动坑线、有利于强化开采、对地形复杂的露天矿适应性强等特点。因此，这种开拓方式有迅速增加的趋势。

公路运输开拓采用的主要设备是汽车，根据矿床埋藏条件和露天矿空间参数等因素，公路运输开拓坑线的布置形式可分为直进式、回返式、螺旋式及多种形式相结合的联合方式[7]。

1）直进式坑线开拓

当山坡露天矿高差不大，地形较缓，开采水平较少时，可采用直进式坑线开拓。直进式坑线开拓时，运输干线一般布置在采场内矿体的上盘或下盘的非工作帮上（对于山坡露天矿，则布置在开采境界外山坡的一侧），工作面单侧进车，在空间呈直线形（故称为直进式坑线开拓）。条件允许时，也可在境界外用组合坑线进入各开采水平。但由于露天矿采场长度有限，往往只能局部采用直进式坑线开拓。

图 2-40 为直进式公路运输开拓坑线示意图。从图 2-40 中可以看出，运输干线布置在露天矿场一侧（开采境界外山坡的一侧），工作面单侧进车，空重车对向运行，汽车在干线上运行基本上不必改变方向。

当凹陷露天矿开采深度较小、采场长度较大时，也可采用直进式坑线开拓。运输干线一般布置在采场内矿体的上盘

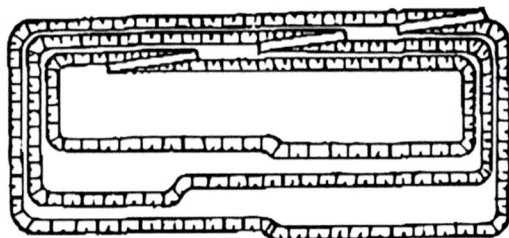

图 2-40　直进式公路运输开拓坑线示意图

或下盘的非工作帮上。条件允许时，也可在境界外用组合坑线进入各开采水平。但由于露天矿采场长度有限，往往只能局部采用直进式坑线开拓。

例如，南芬露天矿深部矿体使用这种开拓方式。该矿在 290m 以下深部开采深度为 90m，露天矿底长达 2000 多米，因此设计选用了两条直进式公路干线开拓露天矿地表以下部分。

直进式坑线开拓法是以不大改变坑线的方向为基本特征，优点是没有回头弯（运输设备在沟内运行时运行方向变化不大）、行车条件好、矿岩运距较短、运输效率高。但是，这种坑线因受沟道坡度和露天矿走向长度或地形的限制，而使可开拓的台阶数目受到限制；当运输高差较大时，下部水平的支线可能很长。因此，当开采条件适宜（如采场长度适宜）时，应尽可能优先采用该方式。

为了使坑线达到较深的开采深度，需要使坑线往相反方向或绕着露天矿场（或山头）

盘旋布设。前者为回返式坑线或折返式坑线，后者为螺旋式坑线。

2）回返式坑线开拓

当露天矿开采相对高差较大、地形较陡（如采深较大的深凹露天矿和比高较大的山坡露天矿）时，采用直进式坑线有困难，为使公路开拓坑线达到所要开采的深度或高度，需要使坑线改变方向布置，通常是每隔一个或几个水平回返一次，即采用回返式坑线开拓，或采用直进-回返联合坑线开拓，如图2-41所示。

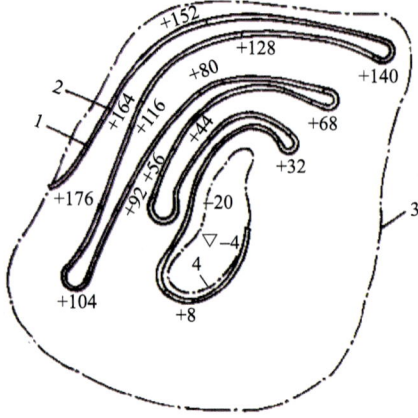

图 2-41　露天矿直进-回返坑线开拓

1-出入沟；2-连接平台；3-露天采场上部境界；4-露天采场底部境界；开采水平单位均为 m

山坡露天矿由于采剥工作是从采场的最高水平开始的，开拓干线在基建时应修筑到最上一个开采水平。开拓线路一般沿自然地形在山坡上开掘单壁路堑，随着开采水平不断下降，运输距离逐渐缩短，上部坑线逐渐废弃或消失。在单侧山坡地形条件下，坑线应尽量就近布置在采场端帮开采境界以外，以保证干线位置固定且矿岩运输距离较短。在采场位于孤立山峰条件下，则应将坑线布置在开采工作面推进方向的对侧山坡（即非工作山坡一侧）。这样，多水平同时推进时，可以保证下部工作面推进不会切断上部开采台阶的运输通道。

凹陷露天矿的回返式坑线一般布置在采场底帮的非工作帮上，可使开拓坑线离矿体较近，基建剥岩量较小，缩短基建时间，节约投资。若坑线布置在采场顶帮的非工作帮上时，则使开拓坑线离矿体较近。只有当底帮岩石不稳固或地形不允许，或者为了减少矿岩接触带的矿石损失贫化时，才将坑线布置在采场的顶帮。

回返（或折返）式坑线的优点：当露天矿走向长度较小时，全部坑线可布置在某一边帮上，工作线可以平行推进。因此，回返式坑线适应性较强，应用较广。但是，由于回返式坑线的曲线段必须满足汽车运输要求（如线路内侧加宽、转弯半径要求等），采场最终边坡角变缓，从而使境界的附加剥岩量增加；汽车运行通过回返区段时，因公路回返曲线半径较小，汽车通过时要降低运行速度，影响线路通过能力及汽车运输效率。因此，应尽可能减少回头曲线数量，并将回头曲线布置在平台较宽或边坡较缓的部位。在条件允许情况下回返式坑线与直进式坑线配合使用，尽量减少回返次数。

回返式坑线多用于汽车运输开拓。在铁路运输开拓中，因其所需曲线半径大，若采用折返站，则列车必须停车以进行折返和会让，会使运输组织复杂化，且会降低运行速度和运输能力，故应用甚少。

3）螺旋式坑线开拓

螺旋式坑线开拓一般用于深凹露天矿，如图2-42所示。坑线从地表出入沟口开始，沿着采场四周最终边帮以螺旋线向深部延伸，故称其为螺旋式坑线。其由于没有回返曲线段，扩帮工程量较小，而且螺旋线的曲率半径大，汽车运行条件好，不必因经常改变运行方向而不断交换运行速度，线路通过能力大。然而，回采工作面必须采用扇形工作线推进，

其长度和推进方向要经常变化，且各开采水平互相影响，使生产组织工作变得复杂。

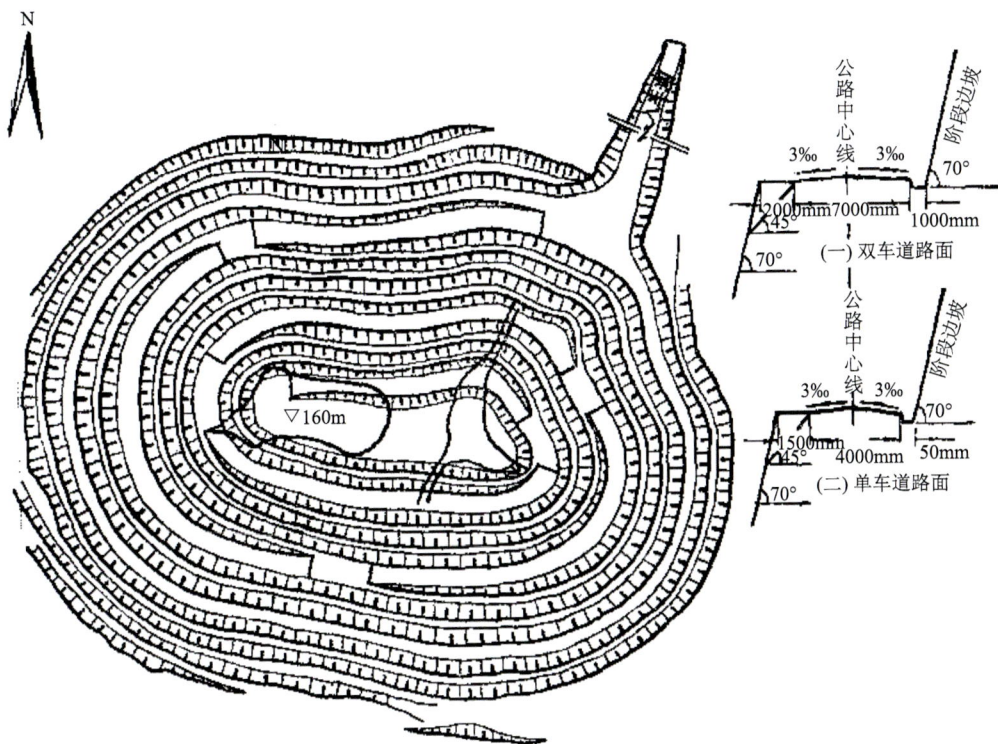

图 2-42　深凹露天矿螺旋式坑线开拓

（1）矿山工程发展程序要求工作线扇形推进，因而在工作线全长上其推进速度不等，并且工作线长度和推进方向要经常变化，故导致露天矿有效工作线长度缩短。

（2）各工作台阶之间互相影响较大，新水平准备时间较长，以及生产管理组织较复杂。尤其是用螺旋式坑线开拓倾角较缓的层状矿体时，将引起超前剥离。因此，可先采用回返式坑线开拓，待上部台阶的矿岩采剥完毕后，再在采矿场周帮已形成的非工作帮上改建螺旋式坑线。

（3）因螺旋式坑线围绕露天矿四周边帮向下延深，故同时开采的台阶数就不能超过绕露天矿场一周所能布置的出入沟数，从而限制了露天矿的生产能力。

（4）螺旋式坑线开拓要求四周边帮岩体均要稳定，当其一边帮岩体不稳定时，整个开拓系统就会受到影响，初期剥离量和基建投资都会增加。

因此，当采场面积较小，且长、宽尺寸相差不大，同时开采的水平数较少，以及采场四周岩石比较稳固时，可采用单一螺旋式坑线开拓。大多数露天采场空间一般是变化的，坑线往往不能采用单一的布置形式，而多采用两种或两种以上的布置形式，即联合坑线，图 2-43 为上部回返、下部螺旋的回返-螺旋式联合坑线开拓方式。

4）公路运输开拓的出入沟口与连接平台

（1）出入沟口。

公路开拓的坑线出入沟口应尽量设置在工程地质条件较好，地形标高较低，距工业

65

场地及矿、岩接受点较近的地方；应避免和减少重载汽车在采场内作反向运行及无谓增加上坡距离，尽可能使矿石及岩石的综合运输功小，以及所需运输设备数量少。当废石场的位置分散但为了保证露天矿的生产能力，以及为使空、重车顺向运输时，服务年限较长的露天矿可采用多出入沟口。多出入沟口使坑线增多，附加剥岩量加大，掘沟工程量及费用也增多。因此，出入沟口的数目应根据矿山规模、矿山总平面布置及生产需要进行综合技术经济分析后确定，一般数目不宜过多。

（2）连接平台。

开拓坑线一般采用较大的坡度以缩短运距，但重载汽车长距离上坡或下坡运行时，容易使发动机和制动装置过热而引起机械损坏，发生事故。为了保证行车安全，延长汽车使用寿命，满足坑线坡长限制的要求，以及便于从坑线向各采剥台阶引入运输线路，应在开拓坑线与各台阶交汇处设置长度为40～60m、坡度不超过3%的平坡或缓坡段，这就是连接平台，也称缓和坡段。

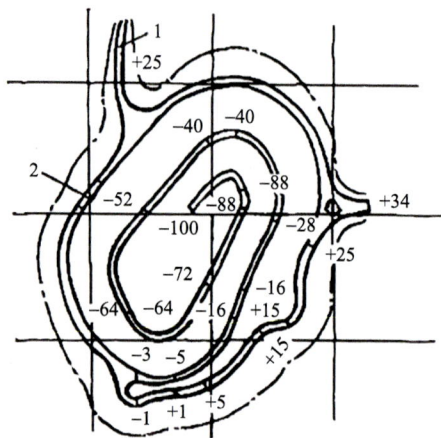

图 2-43　回返-螺旋式联合坑线开拓
1-出入沟；2-连接平台；开采水平单位均为 m

公路运输开拓法具有机动灵活，调运方便，爬坡能力强、对线路技术条件要求低等优点，因此可以减少开拓工程量和基建投资，缩短基建期限，有利于加速新水平准备。其特别适用于地形复杂、矿床赋存不规则或采场平面尺寸小、开采深度较大的露天矿。

2.5.2　铁路运输开拓

铁路运输开拓法是露天矿开拓的主要方法之一。近年来，由于公路运输及其他开拓方法的发展，铁路运输开拓法在国内外露天矿的应用已大大减少。但是，我国目前仍有半数以上的露天矿采用这种开拓方法。

1）坑线位置

铁路运输开拓时，在一定的地质、地形条件下，可采用各种坑线形式。但因铁路运输牵引机车爬坡能力小，每个水平的出入沟和折返站所需线路较长，转弯曲线半径很大，故不适用于采场面积小，高差较大的露天矿开拓；也不宜采用移动坑线或回返式坑线。铁路运输开拓采用较多的坑线形式为直进式、折返式和直进-折返式。

山坡露天矿的坑线位置主要取决于地形条件和工作线的推进方向。当地形为孤立山峰时，通常将坑线布设在工作帮的背面山坡上；当地形为延展式山坡时，通常将坑线布设在采场的一侧或两侧。山坡露天矿常采用直进式或直进-折返式布置。图 2-44 为歪头山露天铁矿上部折返铁路开拓系统示意图。歪头山露天铁矿属大型露天铁矿，采用准轨铁路运输，山包最高标高 385m，矿山站和破碎站分别设在矿体端部和下盘，标高为 190m。铁路干线设于下盘山坡上。各台阶由干线单侧迂回入车，自上盘向下盘推进。

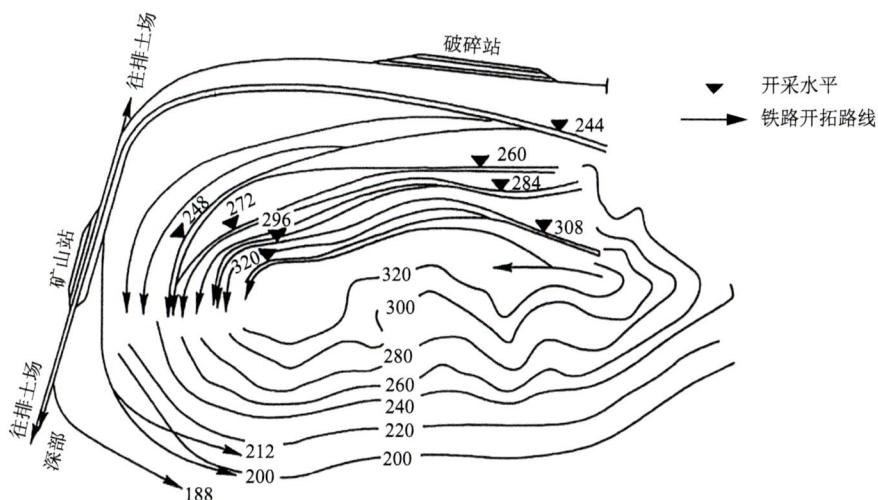

图 2-44　歪头山露天铁矿上部折返铁路开拓系统示意图
开采水平和等高线单位均为 m

　　凹陷露天矿的坑线布置形式主要取决于采场的大小与形状、工作线的推进方向和生产规模。通常将坑线布设在底帮或顶帮上，但有时为减少折返次数，也可将上部折返坑线改造成螺旋式坑线。图 2-45 为凹陷露天矿顶帮固定直进-折返式坑线开拓系统。

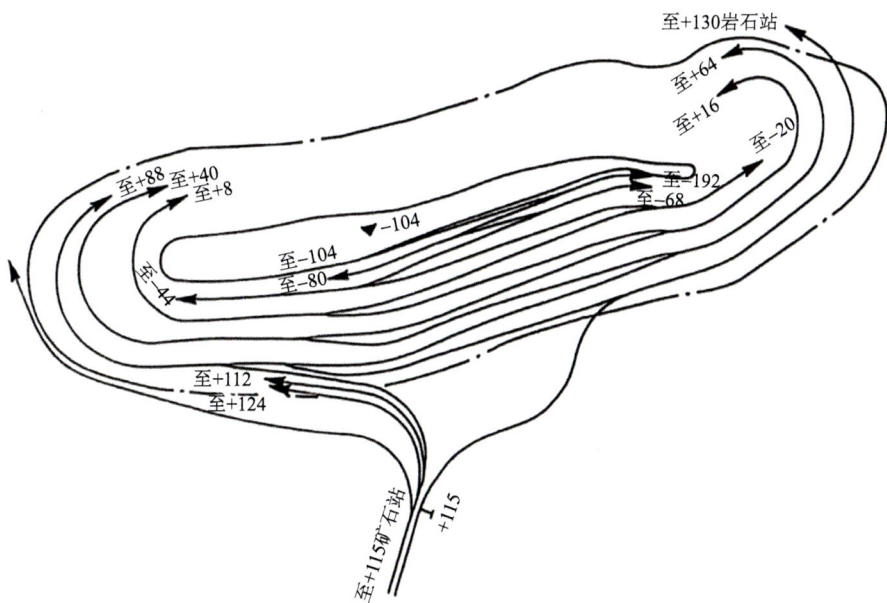

图 2-45　凹陷露天矿顶帮固定直进-折返式坑线开拓系统
图中单位均为 m

　　大多数露天矿都先是山坡开采后转为凹陷露天开采。故确定坑线位置时，既要考虑总平面布置的合理性，又要照顾以后向凹陷露天矿的过渡，力争使线路特别是站场的移设和拆除工程量最小。

2）线路数目及折返站

根据露天矿的年运输量，开拓沟道可铺设单线或双线。大型露天矿年运输量超过700万 t 时，多采用双干线开拓，其中一条为重车线，另一条为空车线；年运输量小于该值时，则采用单干线开拓。

折返站设在台阶出入沟与开采水平的连接处，供列车换向和会让之用。折返站的布置形式较多，图 2-46（a）为单干线开拓，工作水平为尽头式运输的折返站，其中一条线路通往采掘工作面；图 2-46（b）为单干线开拓和工作水平为环形运输的折返站，这种环形运输折返站的布置形式使边帮的附加剥岩量增大，但当台阶上有两台或两台以上挖掘机同时作业时，相互干扰较小。

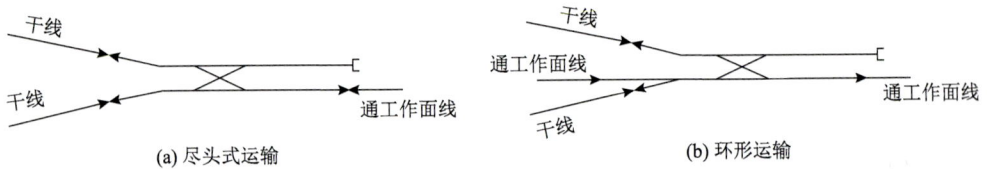

(a) 尽头式运输　　　(b) 环形运输

图 2-46　单干线开拓的折返站

采用双干线开拓时，折返站的布置形式分为燕尾式和套袖式，如图 2-47 所示。其中燕尾式折返站站场长度和宽度相对较小，线路通过能力也相对较小，因空、重列车不能同时换向而降低了站场的通过能力；套袖式折返站线路空、重列车可同时换向，故站场的通过能力大；站场的长度和宽度均比燕尾式大，因此适用于年运输量和矿场尺寸大的露天矿。

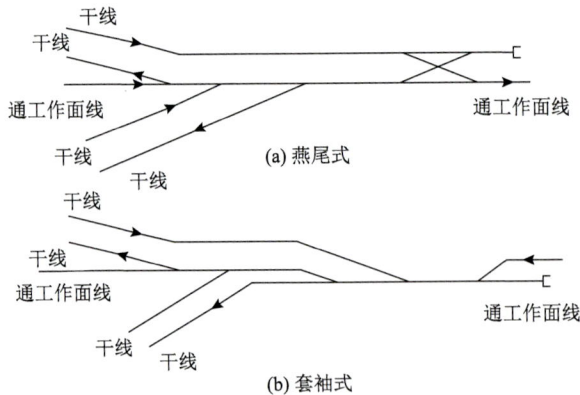

(a) 燕尾式

(b) 套袖式

图 2-47　双干线开拓的折返站

3）评价

铁路运输开拓的吨千米运费低，为汽车运输的 1/4～1/3；运输能力强；运输设备坚固耐用。但是，由于铁路运输多为折返式坑线开拓，随着开采深度的下降，列车在折返站因停车换向而使运行周期增加，尤其开采深度大时，因运行周期长，运输效率明显下降。因此，铁路运输开拓的合理深度一般不超过 150m。

铁路运输开拓的线路系统和工作组织复杂，开拓坑线展线长度比汽车运输开拓大，因此掘沟工程量和边帮附加剥岩量增加，新水平准备时间较长。

采用铁路运输，易导致采掘工作面的空车供应率和挖掘机效率低，线路移设工作量

大，各采区间的死角处理较复杂等。

综上所述，单一铁路运输开拓法在国内外金属露天矿中使用的比例逐渐减少，特别是在深露天矿中已成为一种不合理的开拓运输方式。所以，采用铁路运输开拓的露天矿，当转入深部开采时，可改为公路-铁路联合运输开拓。近年来，由于高效率的胶带运输机开拓在深露天矿的应用，公路-铁路联合运输开拓在新建露天矿中应用很少。

2.5.3 其他运输开拓

1）公路-铁路联合开拓

公路-铁路联合开拓是露天矿常用的一种开拓方式。这种开拓方式充分发挥铁路和公路开拓运输的优点，相互取长补短。公路开拓能加速露天矿新水平准备，提高新水平延深速度，强化矿山的开采。铁路开拓运距长、运量大、运费低。把两者有机结合起来便可取得良好的效果。有些矿山在矿山建设初期，往往是汽车、铁路开拓并用以加快建设速度。随着矿山工程的发展，矿山平面尺寸和深度增大，铁路可以变为固定线路系统。此时上部水平用铁路运输开拓，下部水平尺寸较小采用汽车运输开拓。在采场内汽车把矿岩转载入铁路车辆，沿铁路线运往地表排土场和矿石破碎站形成联合开拓运输。

公路-铁路联合开拓的基本形式有：地表用铁路运输开拓，采场内用公路运输开拓，转载站设在境界外不远的地方；采场内某一标高以上用铁路运输开拓，此标高以下用公路运输开拓，在采场内设转载站；山坡露天部分用公路运输开拓，把矿岩转载到下部，再用铁路运输开拓。

图 2-48 为大冶铁矿东露天采场公路-铁路联合开拓示意图。

2）平硐溜井开拓

平硐溜井开拓是借助开凿的平硐和溜井（溜槽），建立露天矿工作台阶与地面的运输联系，矿石（或岩石）借助自重溜放。在采场内，一般先用汽车或其他运输设备将矿石运至卸矿平台卸入溜井（或溜槽），再经溜井（或溜槽）平硐运至地面。溜井主要用于溜放矿石，废石则通常直接运至附近的山坡排土场排弃。只有当不能在山坡排土时，才用废石溜井溜放废石。当生产两个品种的矿石时，应布设两个溜井运输系统。

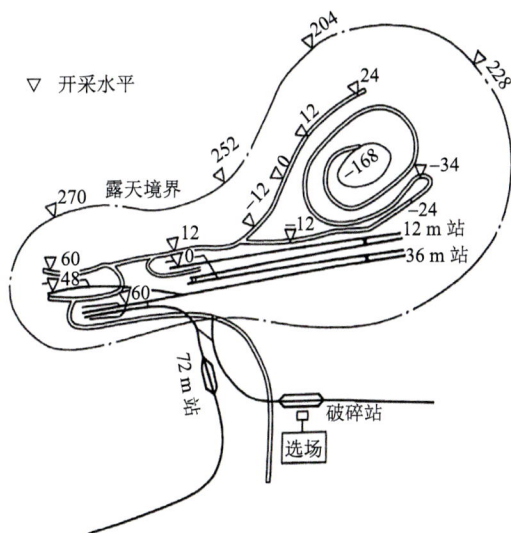

图 2-48　大冶铁矿东露天采场公路-铁路联合开拓示意图
开采水平单位均为 m

合理确定溜井位置和结构要素是平硐溜井开拓的关键。确定溜井位置时，应使溜井与采掘工作面间的矿岩量加权平均运距短，溜井和平硐的掘进工程量小，一般应保证溜井穿过的岩层稳固，避开含水层。平硐位置与溜井位置关系密切，平硐应尽可能短，不受爆破

作业的影响，平硐口应设在最高洪水水位之上。图 2-49 为平硐溜井开拓典型示意图。

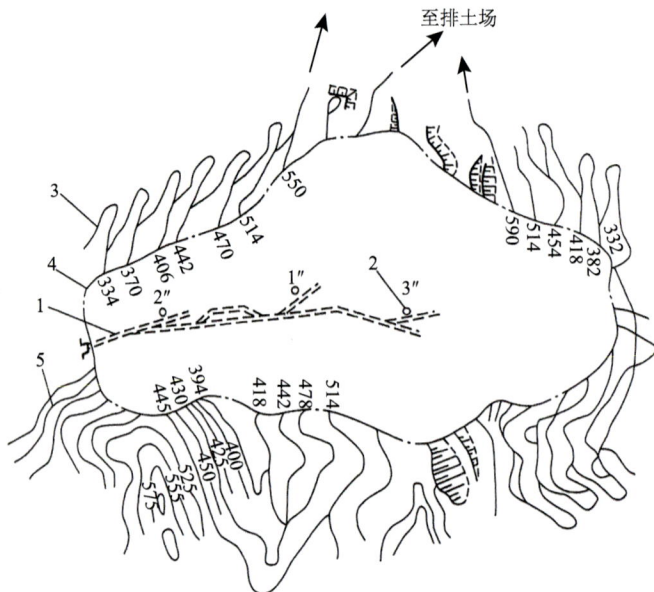

图 2-49　平硐溜井开拓典型示意图

1-平硐；2-溜井；3-公路；4-露天开采境界；5-地形等高线，m；1″、2″、3″-溜井的编号

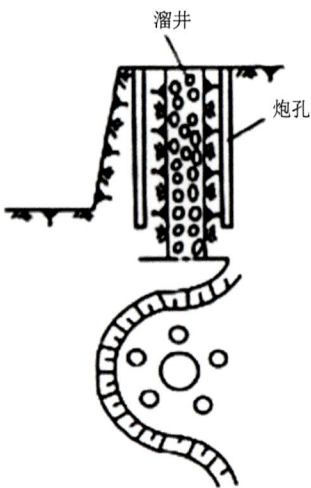

图 2-50　溜井储矿爆破降段示意图

当溜井布置在采场内时（内部溜井），随着开采水平的下降，溜井口也要降低到相应水平，即溜井降段，一般每次降低一个台阶高度。图 2-50 为溜井储矿爆破降段示意图。降段时，溜井周围的矿石可用浅孔爆破，以免产生大块落入溜井引起堵塞。

3）胶带运输开拓

胶带运输开拓是利用胶带运输系统建立矿岩运输通道的开拓方法。国外煤炭、冶金、建材露天矿广泛应用胶带运输开拓，我国近几年也开始采用这一方法，其在煤矿得到广泛应用。

胶带运输开拓具有生产能力强、升坡能力强、运输距离短、运输成本低等优点，但也存在基建投资大、胶带寿命短、生产系统受气候条件影响大、系统自适应调节能力差等缺点。近年来，新建的胶带运输系统均设置在封闭或半封闭的胶带长廊内，以减少气候影响和对环境的粉尘污染。

按露天矿各生产工艺环节是否连续，胶带运输开拓分为连续开采工艺开拓和半连续开采工艺开拓。连续开采工艺主要采用轮斗（链斗）挖掘机挖掘松散矿岩，并将矿岩转载到胶带运输机上运出，其中矿石直接运至矿仓，废石运至废石场后经排土机排弃。半连续开采工艺又称间断-连续工艺，指生产工艺环节中，一部分为连续工艺，另一部分为

间断工艺。与半连续开采工艺紧密相连的开拓方案主要有以下几种。

（1）公路（铁路）-固定破碎站-胶带运输机开拓。

这种开拓方法如图 2-51 所示，固定破碎站和胶带运输机布置在露天矿场非工作帮上。由于露天矿边帮角一般比胶带运输机允许的角坡大，胶带运输机多为斜交边帮布置。矿岩一般用单斗挖掘机装入汽车（机车），运至固定破碎站，破碎后经胶带运输机运出。

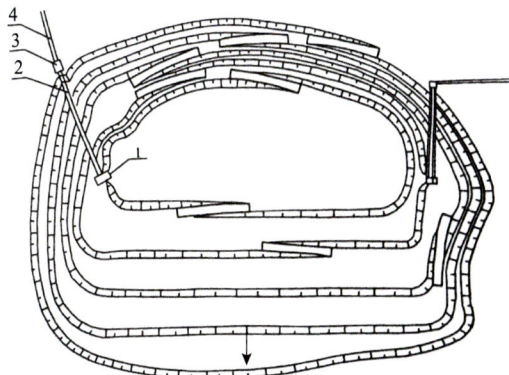

图 2-51　公路-固定破碎站-胶带运输机开拓
1-固定破碎站；2-边帮胶带运输机；3-转载点；4-地面胶带运输机

（2）公路（铁路）-半固定破碎站-胶带运输机开拓。

该方案是几个开采台阶共用一个破碎站，随采场下降，破碎站逐渐向下移设。图 2-52 为某露天矿设计的深部铁路-半固定破碎站-斜井胶带运输机开拓示意图。图 2-53 为某露天矿深部公路-半固定破碎站-斜井胶带运输机联合开拓运输系统平、剖面布置示意图。

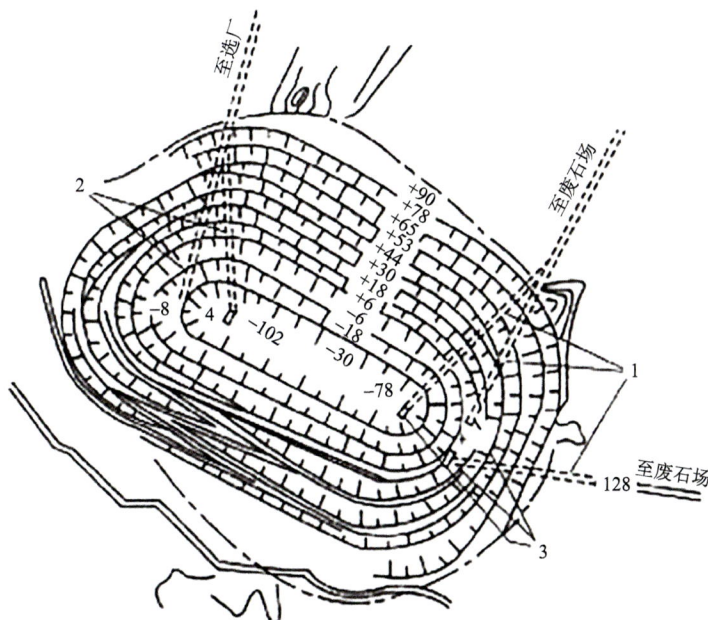

图 2-52　某露天矿设计的深部铁路-半固定破碎站-斜井胶带运输机开拓系统图
1-运送岩石的胶带运输斜井；2-运送矿石的胶带运输斜井；3-岩石半固定破碎站；4-矿石半固定破碎站；图中数据单位均为 m

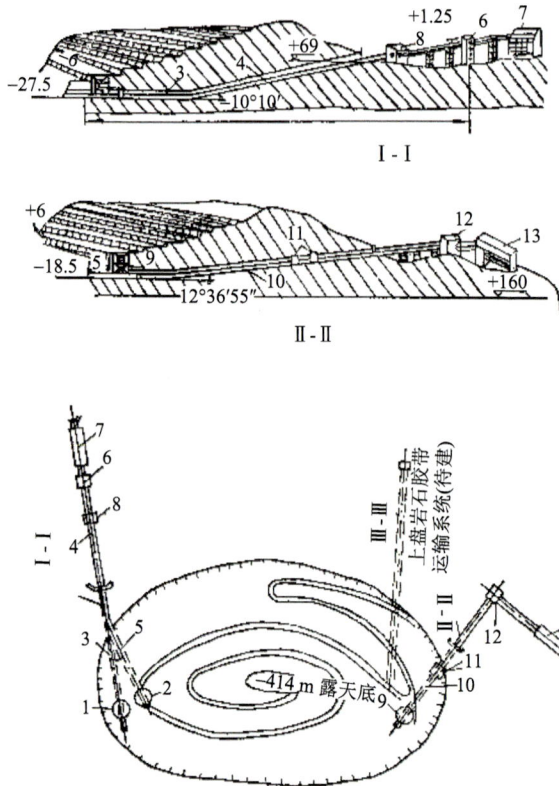

图 2-53　某露天矿深部公路-半固定式破碎站-斜井胶带运输机联合开拓运输系统平、剖面布置示意图

I - I -矿石胶带运输系统；Ⅱ - Ⅱ -东端岩石胶带运输系统；Ⅲ - Ⅲ -上盘岩石胶带系统；1-一期-6m 矿石破碎站；2-二期-90m 矿石破碎站；3-一期矿石胶带运输机；4-二期共用的胶带运输机；5-二期矿石胶带运输机；6-矿石转载站；7-采选交接矿槽；8-传动机室；9-+6m 岩石破碎转载站；10-岩石斜井胶带运输机；11-井下胶带机转载站；12-地面转载站；13-贮岩仓；图中开采水平单位均为 m

（3）移动式破碎机-胶带运输机开拓。

这种开拓方法如图 2-54 所示，在开采台阶上布置移动式破碎机、挖掘机或前端装载

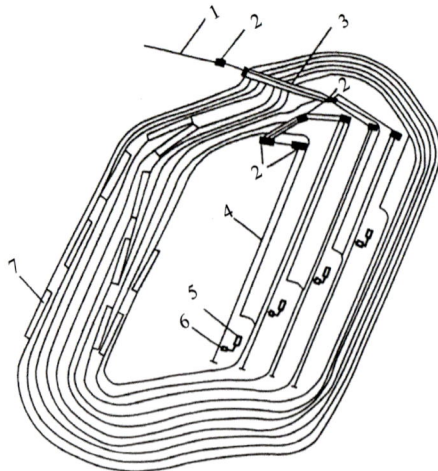

图 2-54　移动式破碎机-胶带运输机开拓

1-地面胶带运输机；2-转载点；3-边帮胶带运输机；4-工作面胶带运输机；5-移动式胶带运输机；6-桥式胶带运输机；7-出入沟

机，矿岩通过挖掘机直接卸入破碎机或装入汽车，运至破碎站。经破碎后的矿岩用胶带运输机从工作面直接运出采矿场。在开采过程中，移动式破碎机组安装在采矿、剥离工作水平上，随工作面的推进和下降，破碎机随工作线的推进而移动，工作台阶上的胶带运输机也随工作线的推进而移动。

胶带运输机在工作面的布置方式见图 2-55，工作线较长时的布置方式如图 2-55（a）所示；工作线较短时的布置方式如图 2-55（b）所示。

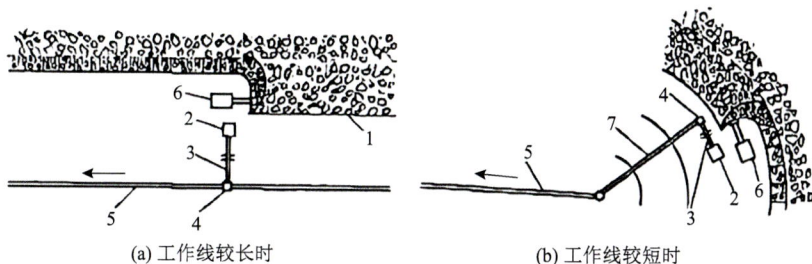

(a) 工作线较长时　　　　　　　　　　(b) 工作线较短时

图 2-55　胶带运输机在工作面的布置方式

1-爆堆；2-移动式破碎机；3-桥式胶带运输机；4-转载点；5-工作面胶带运输机；6-挖掘机；7-可回转胶带运输机

（4）斜坡提升开拓。

斜坡提升开拓是通过较陡的斜坡提升机道建立工作面与地面卸矿点或废石场的运输联系，是一种投资少、建设速度快、设备简单、生产成本低、提升坡度较大的开拓方案。但斜坡提升机不能直接到达工作面，必须与公路或铁路等配合才能构成完整的开拓运输系统。该开拓方式运输环节多，转载站和矿仓结构复杂，且移设困难。

常用的斜坡提升开拓方式有斜坡箕斗开拓和斜坡矿车开拓。斜坡箕斗开拓是以箕斗为主体的开拓运输系统，在采场内用汽车或其他运输设备将矿岩运至转载站装入箕斗，提升或下放至地面矿仓卸载，再装入地面运输设备。图 2-56 为某露天矿斜坡箕斗及铁路干线布置示意图。在凹陷露天矿，箕斗道设在最终边帮上，山坡露天矿的箕斗道设在采场境界外的端部。箕斗的转载方式有直接转载和漏斗转载，转载站随开采水平下降每隔 2~4 个水平移设一次。斜坡矿车开拓用小于 $4m^3$ 的各型窄轨矿车运输，该矿车适用于采用窄轨铁路运输的中小型露天矿。矿车在工作面装载后，由机车牵引至斜坡道的车场，矿车被单个或成串挂至提升机钢丝绳上，用提升机提升或下放至地面站。斜坡矿车道的坡度一般小于 25°，最大可达 30°。

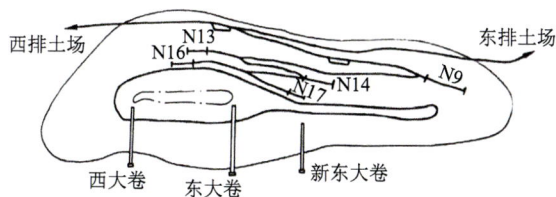

图 2-56　某露天矿斜坡箕斗及铁路干线布置示意图

2.5.4 开拓方式选择

1. 影响开拓方式的主要因素

1）矿体赋存的地质地形条件对开拓方式的影响

按矿体赋存条件可能有一种或几种不同的开拓方式和方案。对于赋存较浅、平面尺寸较大的矿体，可采用公路运输开拓或铁路运输开拓。对于赋存较深的矿体、开采深度较大的露天矿，可采用公路-胶带运输机运输开拓或斜坡箕斗提升开拓。当矿体赋存较深、平面尺寸较大时，除了能用公路-胶带运输机联合运输开拓和斜坡箕斗提升开拓外，还能用铁路-公路联合运输开拓。矿体赋存条件复杂、分散、平面尺寸和高差不大的山坡露天矿或开采深度不大的凹陷露天矿，采用公路运输开拓更为适宜。矿体赋存在地形高差很大、坡陡的山峰，采用平硐溜井开拓被认为是技术上可行、经济上合理的开拓方式。

2）露天矿生产能力对开拓方式的影响

露天矿生产能力的大小，影响着采掘运输设备的选型，而运输设备类型不同，开拓方式也不同。例如，生产能力大的胶带运输机运输与生产能力小的斜坡箕斗提升的开拓方式是不同的。若在露天矿场最终边帮布置沟道，生产能力大的胶带运输机运输倾角一般不大于 18°，斜交最终边帮倾向布置沟道；斜坡箕斗提升是沿着最终边帮倾向布置沟道，且在集运水平设转载栈桥。

3）基建工程量和基建期限对开拓方式和方案的要求

为减少基建工程量、缩短建设期限和减少基建投资，可靠近矿体布置移动坑线开拓，矿体倾角小时采用底帮固定坑线开拓，以及采用横向布置开段沟进行开拓。

4）矿石损失与贫化对开拓方式和方案的要求

矿石损失与贫化直接影响着矿产资源的利用程度和生产的经济效益。在选择开拓方式和方案时，要考虑有利于减少矿石损失与贫化，这对开采矿石价值高的矿体更为重要。开采有岩石夹层的矿体，采用汽车运输开拓，可在采场内采用汽车运输的部分联合开拓方案，有利于进行分采，以减少矿石损失与贫化。采用工作线由顶帮向底帮推进的固定坑线开拓和靠近矿体上盘的移动坑线开拓，均可减少矿岩接触带处的矿石损失与贫化。

5）地下开拓方式的利用

依据矿体赋存条件，上部用露天开采、深部用地下开采。当先进行地下开采，后转露天开采时，若地下开拓系统能满足露天矿矿石生产能力要求，且经济合理，可利用地下开拓系统运输露天矿采出的矿石。

2. 选择开拓方式的主要原则

矿山开拓方式选择的主要原则是在满足国家要求的前提下，选择生产工艺简单可靠，基建工程量小，基建投资少，生产经营费用低，占地少，投产早，达产快，且静态和动态投资回收期短，投资收益率高的开拓运输系统。

因为露天矿开拓方式直接影响着基建工程量、基建时间和基建投资。不同的开拓方式，矿岩运输成本及能耗亦各异，运输成本一般占矿岩生产成本的 40%～60%；运输能

耗占总能耗的 40%～70%。因此，需根据矿体的赋存条件，综合考虑各影响因素，经全面分析比较后，选出技术上可行、经济上合理的开拓方式。

3. 开拓方式选择步骤

（1）根据圈定的开采境界、初拟的开采工艺、工业场地和废石场位置等技术条件，充分考虑其主要影响因素后，拟定技术上可行的若干开拓方案。

（2）对初拟方案进行筛选，主要分析各开拓方案在技术经济先进性、生产工艺配合、工程发展程序及矿区总平面布置等方面的技术经济特性，排除一些明显不合理的方案。

（3）对保留的少数方案进行详细的开拓工程布置、沟道定线和系统设计，计算有关的技术经济指标，明确定性因素的影响。

（4）综合分析评价，比较各方案的技术经济指标，选取最适宜的方案。

选择开拓方案过程是一个完整的系统分析过程，要遵循分析—综合—再分析的系统分析思想，采用定性与定量相结合的分析方法，全面考察各备选方案，做到所选方案技术上可行，经济上合理，生产上安全。

4. 开拓方案的技术经济比较

开拓方案的技术经济比较指标主要包括基建投资、基建工程量和基建时间、投产和达产时间、年经营费、矿石损失与贫化、生产能力的保证程度、生产安全及可靠性、生产工艺匹配程度等。其中基建投资和年经营费是主要经济指标，要进行详细计算。

在方案比较中，可采用静态比较法或动态比较法进行分析评价。两种方案比较相对差值小于 10%时，一般认为两种方案的经济效果是相等的。有些项目的设计方案虽然相对差值在 10%以内，但差值的绝对额很大时，也不能忽视，此时应以差值额作为对比的标准。

静态比较法主要是通过基建投资额 K 和年经营费 C 进行评价。两种方案进行比较，可能会出现下列三种情况：

（1）$K_1 > K_2$、$C_1 > C_2$，则方案二优于方案一；

（2）$K_1 < K_2$、$C_1 < C_2$，则方案一优于方案二；

（3）$K_1 > K_2$、$C_1 < C_2$ 或 $K_1 < K_2$、$C_1 > C_2$，则按基建投资差额回收年限 T'' 进行评价，即：

$$T'' = \frac{K_1 - K_2}{C_2 - C_1}$$
$$T'' = \frac{K_2 - K_1}{C_1 - C_2}$$

（2-75）

若 T'' 值不超过某一合理值 T_0 时，可认为方案一优于方案二，否则方案二优于方案一。矿山设计中，一般取 T_0 为 3～5 年。

动态比较法的主要评价指标有动态投资收益率和项目净现值法等。

5. 开拓工程方案和沟道定线

开拓工程方案和沟道定线是方案技术经济比较的基础和工程量计算的依据，是对开拓方案进行详细技术设计的主要内容。公路和铁路开拓方案都要进行开拓沟道定线、布置线路工程，如果采用胶带、溜井或箕斗等开拓方法时，也要进行开拓工程方案布置、转载站设计和工程量计算。

在对公路和铁路开拓方案进行详细技术设计时，首先要确定开拓沟道在采场的空间位置，即开拓沟道定线。开拓沟道定线要将室内图纸定线和室外现场定线相结合。定线要符合道路技术规程的规定，满足开拓运输系统和开采工艺系统的要求；尽量减少挖填土石方工程量，缩短矿岩运距，避免反向运输。

以公路回返坑线为例，定线步骤如下：①在开采境界平面图上，画出底部周界和台阶坡底线，见图 2-57（a）；②确定出入沟口位置；③自上而下初步确定沟道中心线位置；④根据出入沟和各种平台的尺寸，按线路要求自下而上绘出开拓和开采终了时台阶的具体位置，见图 2-57（b）。

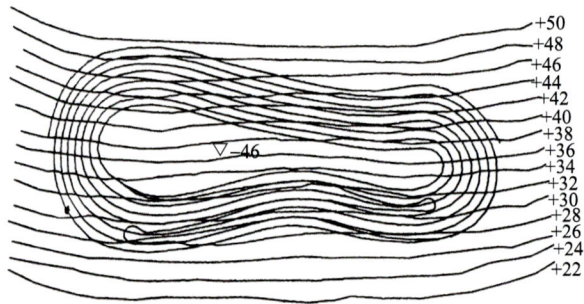

(a) 初步确定沟道中心线位置

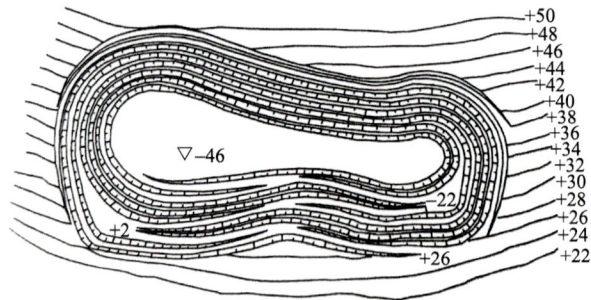

(b) 绘制沟道具体位置

图 2-57　开拓沟道定线
图中数据单位均为 m

2.5.5　新水平准备程序

每个露天矿的形状各不相同，长数百米至数千米，深达数百米。露天矿场境界内的矿岩量则多达数百万至几十亿立方米。整个矿场内如此庞大的剥离量和采矿工程量必须按一定的合理程序进行采剥。

露天矿开采程序是指在特定的露天开采境界内，在一定的开采工艺和开拓形式条件下，相应的矿山工程（掘沟、剥离、采矿）随时间和空间的改变而协调变化的形式。其研究的主要内容如下：

（1）台阶的划分及台阶的开采程序；

（2）工作帮的构成及推进方式；

（3）新水平的开拓延深方式。

其中新水平的准备和开拓沟道的形成称为开拓工程的发展。开拓工程的发展主要研究开拓沟道的布置形式、推进方式及其相关的空间发展关系。

1. 新水平准备程序

新水平准备包括掘进出入沟、开段沟和为掘沟而进行的上水平扩帮工作。依据出入沟（坑线）位置在该水平开采期间变化与否，分为固定坑线开拓和移动坑线开拓。固定坑线开拓是指沟道按设计最终位置施工，生产期间不再改变；移动坑线开拓是指在开采过程中，开拓沟道位置不断变化，最后按设计最终位置固定下来。移动坑线开拓可减少基建剥岩量，缩短基建时间，加速投产。

此外，当矿床地质尚未全部探清时，还可进一步加深了解和掌握地质情况，以便更合理地确定或修正采场的最终边帮角和开采境界。

根据建设期限和采剥工作的要求，开段沟的位置既可纵向布置，也可横向布置，或不设开段沟（短段沟或基坑）。

图 2-58 为固定坑线开拓直进-回返布线时的矿山工程发展程序示意图。首先从上水平向下水平掘进出入沟，其次自出入沟末端掘进开段沟，以建立台阶的初始工作线；开段沟掘进到一定长度后，在继续掘沟的同时，开始扩帮工作，以加快新水平的准备；当扩帮工作线推进到使台阶坡底线距下一个新水平出入沟沟顶边线不小于最小工作平盘宽度时，便可开始新水平的掘沟工作。

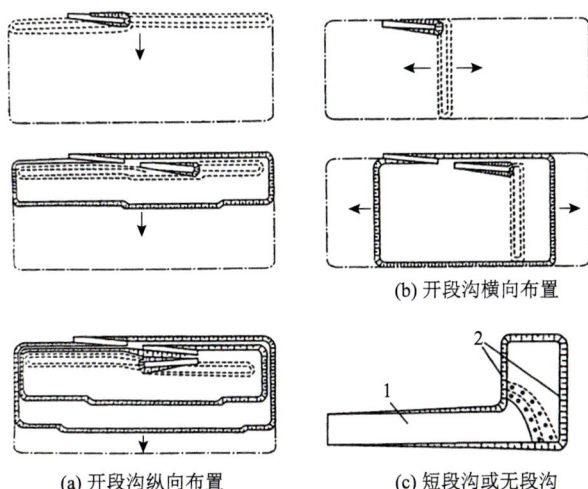

(a) 开段沟纵向布置　　(b) 开段沟横向布置　　(c) 短段沟或无段沟

图 2-58　固定坑线开拓直进-回返布线时的矿山工程发展程序示意图

1-出入沟；2-横向工作面

1）工作线纵向布置

开段沟沿矿体走向布置如图 2-58（a）所示，位于顶帮或底帮，特点为：工作线平行推进，采掘带宽度保持不变；同时工作台阶数少；内部运距大；下盘掘沟时，损失贫化大，基建剥岩量大；主要应用在铁路运输矿山长宽接近的矿山。

2）工作线横向布置

开段沟垂直矿体走向布置如图 2-58（b）所示，位于端部或中部，特点为：基建工程量少；同时工作台阶数多；采掘设备调动频繁，若组管不善，易造成采剥失调。主要应用在汽车运输矿山长宽比大的矿山。

螺旋坑线开拓工程发展程序如图 2-59 所示。沿采场最终边帮从上水平向下水平掘进出入沟，自出入沟末端沿采场边帮掘进开段沟，并以出入沟末端为固定点，以扇形推进方式扩帮形成采剥工作线。当工作线推进到一定距离，满足向下部掘沟进行新水平准备条件时，在连接平台末端，沿采场边帮掘进下一个水平的出入沟、开段沟和扩帮。

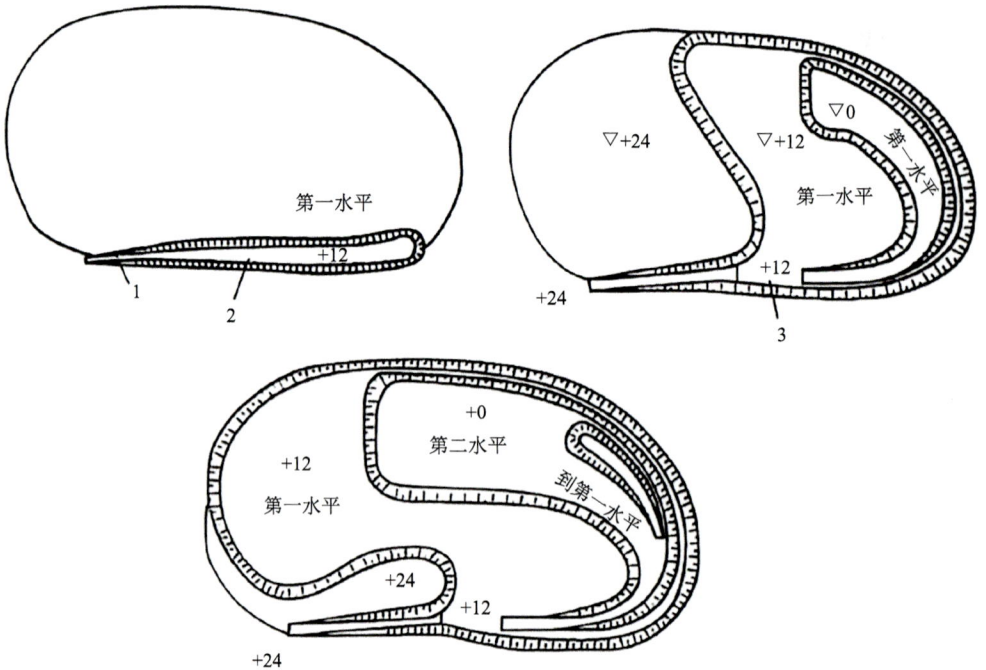

图 2-59　螺旋坑线开拓工程发展程序
1-出入沟；2-开段沟；3-连接平台；图中水平标高单位均为 m

工作线扇形布置时围绕某点的工作线上的推进速度不一致，这种布置方式设备效率低、损失贫化大。主要应用在矿体特殊的矿山、大型矿体或对损失贫化无要求的矿山。

采用移动坑线开拓时，临时出入沟可布置在靠近矿体的下盘或上盘接触带，如图 2-60所示。当第一个水平的工作线推进到满足下一个新水平准备条件时，便可掘进新水平的出入沟。运输干线随着生产的发展不断移动，一直移动到最终边帮的设计最终位置固定下来。

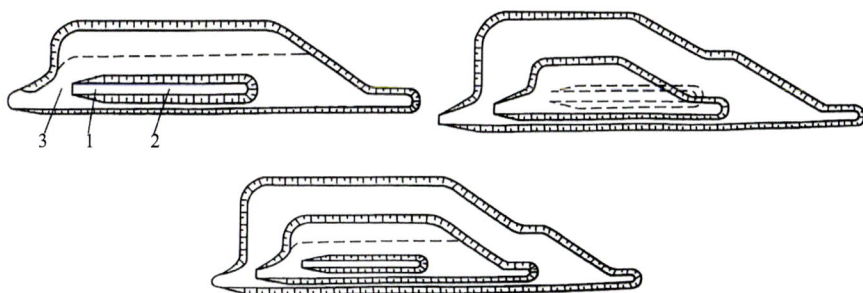

图 2-60　移动坑线开拓工程发展程序

1-出入沟；2-开段沟；3-连接平台

2. 掘沟工程

露天开采是分台阶进行的，为使采矿场保持正常持续生产，需及时准备出新的工作水平。那么，每一台阶的开采是怎样开始的呢？由于采装与运输设备是在工作台阶的坡底面水平作业，必须在新台阶顶面的某一位置开一道斜沟，使采运设备到达作业水平，而后以沟端为初始工作面向前、向外推进。因此，掘沟是新台阶开采的开始，新水平的准备工作包括掘进出入沟、开段沟和为掘沟而在上水平所进行扩帮工作。

在新水平准备程序中，掘沟工程是很重要的工作。新水平的准备与剥离、采矿保持正常的超前关系，直接影响露天矿生产。此外，掘沟速度在很大程度上决定着露天开采强度，并影响着露天矿生产能力和基建速度。因此，应正确选择掘沟工艺，合理确定沟的主要参数，以提高掘沟设备效率，加快掘沟速度。

1）沟道主要参数

露天矿的沟道按其用途分为两种，即用于开拓目的的出入沟和用于准备台阶工作线的开段沟。

露天堑沟按其断面形状可分为双壁沟和单壁沟。在平坦地面或地表以下挖掘的沟，都具有完整的梯形断面，称为双壁沟，如图 2-61 所示。在山坡挖掘的沟只有一侧有壁，另一侧是敞开的，故称为单壁沟，如图 2-62 所示。凹陷露天矿境界以内的出入沟掘进时是双壁的，但随着开段沟的形成，一侧被破坏而形成单壁沟。无论是双壁沟还是单壁沟，其基本要素包括沟底宽度、沟深、沟帮坡面角、沟的纵向坡度和沟的长度。

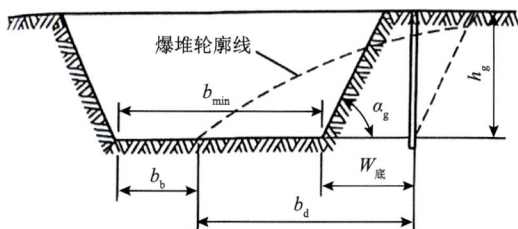

图 2-61　开段沟的沟底宽度

b_{min}-最小沟底宽度，m；b_b-线路要求的宽度，m；b_d-扩帮爆堆宽度，m；α_g-沟帮坡面角，（°）；$W_底$-底盘抵抗线，m；h_g-开段沟深度，m

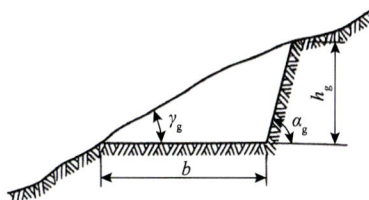

图 2-62　单壁沟横断面要素

γ_g-地形坡面角，（°）

（1）沟底宽度 b。

沟底宽度取决于沟道的用途、掘沟的运输方式、沟内的线路数目、岩石物理力学性质和掘沟设备的规格与掘沟方法等因素。从堑沟的用途出发，出入沟的开掘是用以铺设运输线路的，因此其底宽取决于露天矿的开拓运输方式和沟内运输线路的数目；开段沟是用于准备新水平的最初工作线，对于开段沟（图 2-61）的沟底宽度除了要考虑上述因素外，还要保证初次扩帮爆破时爆堆不掩埋装车线路，可按式（2-76）确定：

$$b \geqslant b_d + b_b - W_底 \tag{2-76}$$

式中，b_d 为扩帮爆破爆堆宽度，m；b_b 为线路要求的宽度，m；$W_底$ 为底盘抵抗线，m。

（2）沟深 h。

凹陷露天矿的出入沟和开段沟均为双壁沟。出入沟是连接上下水平的一条倾斜堑沟，其沟深沿纵向是一个变化值，即最小值为零，最大值等于台阶全高度；而开段沟的沟深即等于台阶全高度。

山坡露天矿的出入沟和开段沟多为单壁沟，其高度取决于沟底宽度 b、沟帮坡面角 α_g 和地形坡面角 γ_g，如图 2-62 所示。

$$h = \frac{b}{\cot \gamma_g - \cot \alpha_g} \tag{2-77}$$

（3）沟帮坡面角 α_g。

沟帮坡面角取决于岩石的物理力学性质和沟帮坡面存在的期限。采用固定坑线开拓时，沟帮一侧坡面为最终境界边帮的组成部分（即不进行扩帮采掘的一帮），采用终了台阶坡面角；沟帮的另一侧（进行扩帮采掘的一帮）随扩帮推进而采用工作台阶坡面角。其具体数据可参照类似矿山而确定。

当采用移动坑线开拓时，沟帮两侧均采用工作台阶坡面角。

（4）沟的纵向坡度 i。

出入沟的纵向坡度取决于掘沟的开拓运输方式和运输设备类型，其值应综合考虑对运输及采掘工作的影响并结合生产实际经验确定。

开段沟通常是水平的，但有时为了便于排水而采用 3‰～5‰ 的纵向坡度。

（5）沟的长度 L。

出入沟是联系上、下水平的通道，其长度取决于沟深和沟的纵向坡度（$L=h/i$）。开段沟的长度与采用的采掘工艺、开拓方法有关，应根据具体矿山条件确定，一般与新准备水平的长度（或宽度）相当。

2）掘沟方法

按运输方式不同，掘沟方法分为汽车运输掘沟、铁路运输掘沟、联合运输掘沟和无运输掘沟。按挖掘机的装载方式不同，掘沟方法又分为平装车全段高掘沟、上装车全段高掘沟和分层掘沟。

掘沟工作与采剥工作比较起来，虽然生产工艺环节基本相同，但掘沟工作有其自身的特点。其特点是尽头区采掘、工作面狭窄、靠沟帮的钻孔夹制性大、采用铁路运输掘沟时装运设备效率低，尤其雨季沟内积水对掘沟影响更大。

（1）汽车运输掘沟。

如图 2-63 所示，假设 152m 水平已被揭露出足够的面积，根据采掘计划，现需要在被揭露区域的一侧开挖通达 140m 水平的出入沟，以便开采 140～152m 台阶。掘沟工作一般分两阶段进行：首先挖掘出入沟，以建立起上、下两个台阶水平的运输联系；其次掘开段沟，为新台阶的开采推进提供初始作业空间。

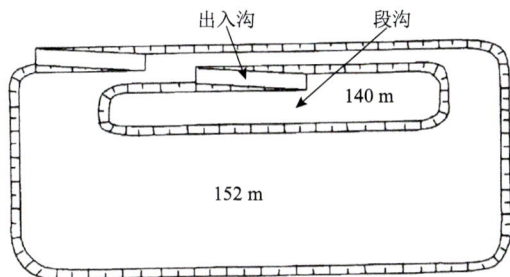

图 2-63　出入沟与段沟示意图

出入沟的坡度取决于汽车的爬坡能力和运输安全要求。现代大型露天矿多采用载重100t 以上的大吨位矿用汽车，出入沟的坡度一般在 8%～10%。出入沟的长度等于台阶高度除以出入沟的坡度。例如，当台阶高度为 12m、出入沟的坡度为 8%时，出入沟的长度为 150m。

汽车运输掘沟多采用平装车全段高掘沟方法，沟道全断面一次穿爆，以平装车一次装运。

汽车运输具有高度的灵活性，适合在狭窄的掘沟工作面工作，使挖掘机装车效率能得到充分发挥。因此，它是提高掘沟速度的有效方法。实践证明，在保证汽车供应的条件下，掘沟铲的生产能力可达正常工作铲生产能力的 80%～90%，而平装车铁路运输时，生产能力仅为正常工作铲的 40%～60%。

汽车运输掘沟速度主要取决于汽车在沟内的调车方式。汽车在沟内的调车方式通常分为回返式调车、单折返式调车和双折返式调车（图 2-64）。

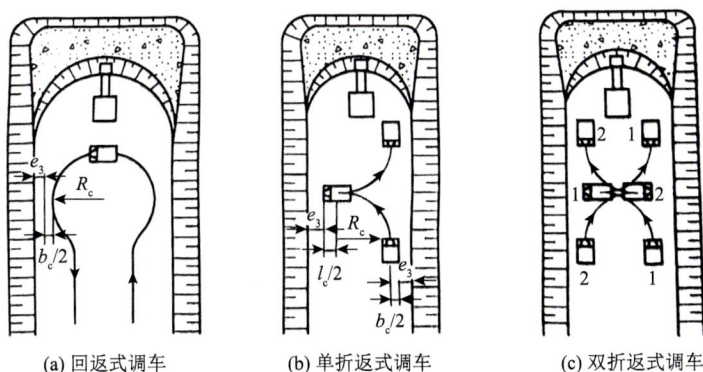

(a) 回返式调车　　　(b) 单折返式调车　　　(c) 双折返式调车

图 2-64　汽车运输掘沟方法

e_3-汽车边缘距沟帮的间距，m；R_c-汽车转弯半径，m；l_c-汽车后轴至前端的距离，m；b_c-汽车车厢宽度，m；

1、2-汽车

回返式调车又称环形调车，其沟底宽度和工程量大，但空、重车入换时间短，调车方便，装运效率高。单折返式调车是汽车以倒退方式接近挖掘机，其沟底宽度和工程量虽小，但调车不便（空、重车入换时间比前者多2～4倍）、装运效率低；双折返式调车有利于缩短挖掘机等车时间（一辆汽车装载结束，而另一辆汽车已入换完毕），因此挖掘机效率最高，可提高掘沟速度，但所需汽车数量较多且堆放大块较困难。因此，通常应根据沟道的用途和汽车供应等具体条件，选择掘沟速度高的掘沟方法。

汽车运输掘沟的灵活性大，工艺过程和生产管理也比较简单，供车比较及时，因此可以提高挖掘机效率和掘沟速度。

（2）铁路运输掘沟。

铁路运输掘沟分为平装车全段高掘沟、上装车全段高掘沟和上装车分层掘沟。

平装车全段高掘沟（图 2-65），是将线路铺设在沟内，列车驶入装车线，挖掘机向自翻车装载，每装完一辆车，列车被牵出工作面，将重矿车甩在调车线上后，其余空车再驶入装车线装车。如此反复，直到装完整列车。待重列车开到会让站后，另一列空车方可由车头推驶进入掘沟工作面进行装车。

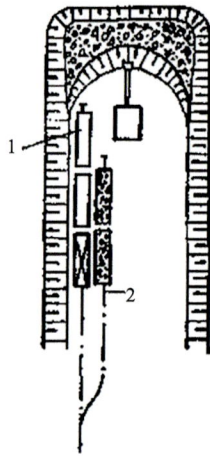

图 2-65　铁路运输平装车全段高掘沟
1-装车线；2-调车线

平装车全段高掘沟时，每装完一辆车均要进行一次列车解体调度工作，空车供应率低，致使挖掘机作业效率低，掘沟速度慢，无法满足强化开采的要求，因此平装车全段高掘沟方法在生产中应用较少。

为克服平装车全段高掘沟的不足，将装车线铺设在沟帮的上部，用长臂铲在沟内向上部的自翻车装载，即上装车全段高掘沟，如图 2-66 所示，装车线铺设在沟帮的上部平盘，用长臂铲在沟内直接向上部工作平台的矿车装载，每装完一辆矿车向前移动一次。这种掘沟法由于列车无须解体、可缩短调车时间，装运设备效率高、掘沟速度快，但必须配备专用的长臂电铲。采用上装车全段高掘沟时，可先掘进一段开段沟后，同时开掘开段沟和出入沟，也可以在开段沟的两头工作面同时作业，以缩短新水平的准备时间。

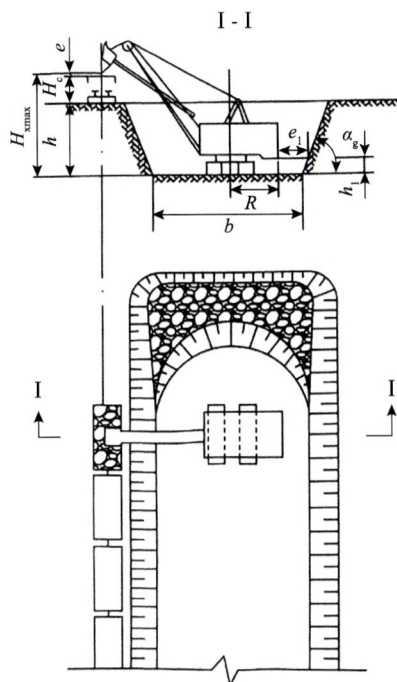

2-66　铁路运输上装车全段高掘沟

e-铲斗卸载时铲斗下缘至车辆上缘间隙，m；h-台阶高度，m；H_c-装车高度，m；H_{xmax}-最大卸载高度，m；R-挖掘机回转半径，m；e_1-回转体尾部至沟帮坡面的距离，m；$α_g$-沟帮坡面角，(°)；h_1-挖掘机站立水平至回转体的高度，m；b-沟底宽度，m

在没有长臂铲的情况下，为提高掘沟速度，可用普通规格的挖掘机进行上装车分层掘沟，如图2-67所示。图2-67中的数字1～3为掘进分层的顺序。采用分层掘沟时，列车无须解体调车，因而装运设备生产能力较高；必要时可增加装运设备，使几个分层同时作业，以加快掘沟速度。但分层掘沟线路工程量大；分层爆破时，钻孔较浅，孔网较密，每米爆破量较少。

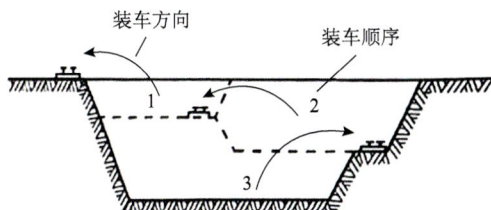

图2-67　上装车分层掘沟

总之，采用铁路运输掘沟时，不论哪种掘沟方法均比汽车运输掘沟速度慢，掘沟工程量大，新水平准备时间长，因而不利于强化开采。

（3）联合运输掘沟。

当用铁路运输开拓时，为提高掘沟速度，加快新水平准备，可采用汽车-铁路联合运输掘沟，如图2-68所示。汽车在沟内平装车，运至沟外转载平台上，将岩石卸入铁路车辆后，运至排土场。转载平台位置应尽量靠近会让站，以缩短列车会让时间，其结构形

式不宜复杂，应有利于设置和拆除。汽车-铁路联合运输掘沟法能充分发挥汽车运输的优点，克服其缺点。

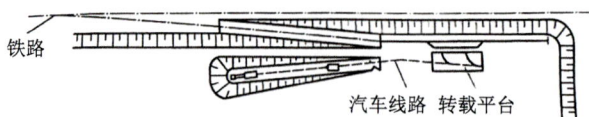

图 2-68　汽车-铁路联合运输掘沟

当用汽车运输开拓时，掘沟岩土松软或爆破后的岩块较小时，有时也可采用前装机-汽车运输掘沟。在沟内用前装机代替挖掘机和自卸汽车完成装运工作，运出沟外后向汽车装载，然后运至排土场。前装机在斜沟内向下挖掘岩石时，可阻止机体后退，减少铲斗挖取时间，使前装机生产能力提高。前装机在沟内可倒车退出沟外，可大大缩短沟底宽。由于设备效率的提高和掘沟工程量减少，可加快掘沟速度。

无论哪种联合掘沟方法均存在转载问题。前装机可直接向汽车转载，转载点可在沟内亦可在沟外。汽车向铁路转载必须通过转载平台进行，转载平台位置应尽量靠近铁路会让站，以缩短列车会让时间。

（4）无运输掘沟。

无运输掘沟分为倒堆掘沟和定向抛掷爆破掘沟。

倒堆掘沟是利用挖掘设备将沟内挖掘的岩石直接卸到沟旁的一侧或两侧的掘沟方法。在地形较陡的山坡掘进单壁沟时，可用挖掘机将岩石直接卸到下部山坡地带，如图2-69（a）所示。在缓山坡掘进单壁沟时，可以采取半挖半塌方式，如图2-69（b）所示，从而减少掘沟工程量，但必须采取预防岩石沿山坡滑动的措施，以保证沟底稳定。

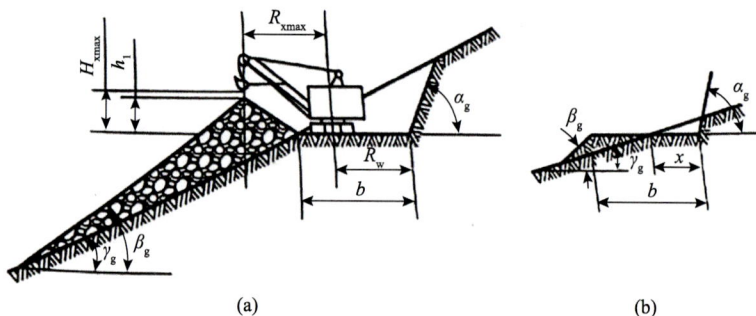

(a)　　　　　　　　　　　　　(b)

图 2-69　倒堆掘沟

R_w-挖掘机回转中心至台阶坡底线的水平距离，m；β_g-爆堆坡度，（°）；x-挖沟宽度，m

定向抛掷爆破掘沟法的实质就是沿沟线方向合理地布置药室，在爆破沟内岩体的同时，将大部分岩石定向抛掷到沟外，残留于沟内的岩石再用挖掘机进行消除。

根据岩石抛掷方法的不同，定向抛掷爆破掘沟分为单侧定向抛掷爆破掘沟和双侧定向抛掷爆破掘沟，如图2-70所示。单侧定向抛掷爆破掘沟法，是借助于自然地形或借助于各药室的装药量不同及起爆顺序来控制的，多用于山坡露天矿的单侧沟或溜道掘进。双侧定向抛掷爆破掘沟法的特点是将岩石抛掷在堑沟两侧，多用于采场境界外的小型沟

道（如水沟）的掘进。

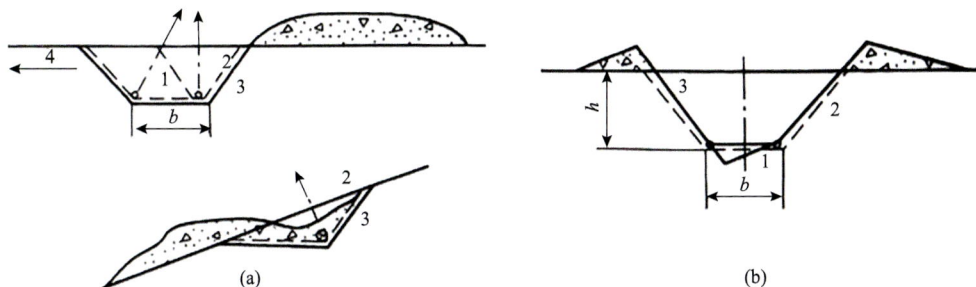

图 2-70　定向抛掷爆破掘沟
1-药室；2-沟的设计断面；3-爆破后的沟断面；4-工作线推进方向

合理进行掘沟设计与施工，能大大提高掘沟速度，从而加快矿山的工程建设。但定向抛掷爆破掘沟法的缺点是，炸药消耗量大，掘沟成本高，沟内残岩不易清理，爆破震动及岩石散落范围大，影响周围建（构）筑物和边坡稳定，容易砸坏线路和设备。因此，它适用于矿山基建期间沿山坡掘进单壁沟或溜槽，因为此时抛出的岩石直接堆积于山坡之下，清理岩石也比较容易。

2.6　露天矿排土及排土场

2.6.1　排土方式

排土场一般应设置防、排水设施，必要时设拦挡设施，拦截土石滑落，以保持排土场边坡角稳定。根据露天矿采用的运输方式和排土机械的不同，排土方法可分为以下四种。

1）汽车运输-推土机排土

汽车运输-推土机排土是用自卸汽车沿排土场边沿卸载，用推土机推排汽车卸载时留落在平台的残余量，以及平整场地的推排工作。该法工序简单，机动灵活，爬坡能力强，安全性好，适用于各种复杂地形的排土场作业，可实行高台阶排土，排土场内的运距短，可在采场外就近排土。

2）铁路运输排土

铁路运输排土是采用铁路运输废石，采用其他移动式设备进行转排工作，如排土犁、挖掘机、排土机、前装机、索斗铲等。

3）卷扬（胶带机）排土

卷扬（胶带机）排土是将废石经卷扬（胶带机）提升沿斜坡道逐步向上堆置成一个人造山，适用于平原地区的地下矿山、手选废石等，堆置高度可达 100m 以上。

4）人工排土

人工排土是以窄轨人力运输或手推车运输废石，辅之以小卷扬提运。该法一切工序均由人工完成，简单易行，劳动强度大，适用于小型矿山。

2.6.2　排土工作

排土工作内容主要包括以下几方面：
（1）排土场位置与排土工艺的选择；
（2）排土场的建设与发展；
（3）排土场的稳固性分析；
（4）排土场的灾害控制与复垦。
选择排土场位置有以下几个原则：
（1）排土场应选在山坡荒地，少占农田，避免迁移村庄，并充分考虑山洪的影响。
（2）在不妨碍矿山生产发展和采场边坡稳定的前提下，废石场应尽量靠近露天采场。
（3）优先利用露天采空区作为废石场。选择外部废石场时，要充分考虑占用土地的时间效益。
（4）废石场应位于居民点的主导风向下风侧地带，并防止岩土中的有害化学成分通过雨水作用带入河流和农田。
（5）应考虑造田还耕，制定土地复垦规划。

2.6.3　排土场建设与复垦

1. 废石场初始排土线的修筑

1）初始排土线的修筑

根据地形条件的不同，将初始排土线的修筑分为山坡和平地两种修筑方法。山坡废石场初始排土线的修筑是先在山坡挖一单壁路堑，整平后铺上铁轨，形成铁路运输的初始排土线（图2-71）。

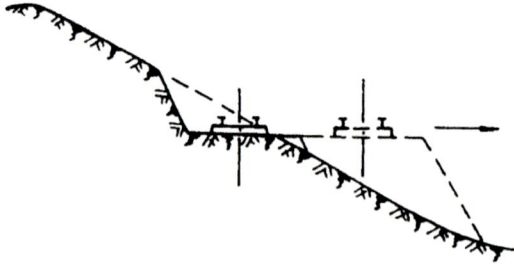

图 2-71　铁路运输排土线的修筑

若采用汽车运输排岩时，应根据调车方式确定初始排土线的路堑宽度。平地初始排土线的修筑需要分层堆垒和逐渐涨道。采用挖掘机修筑时，首先从原地取土，并在旁侧堆筑第一分层，为了加大第一分层堆垒高度，也可以在两侧取土，取土的地段形成取土坑。

第一分层经平整后铺上铁轨，就可由列车运送岩土并翻卸在路堤旁，再由挖掘机堆垒第二分层、第三分层，直至达到所要求的排岩台阶高度，便形成初始排土线（图2-72）。

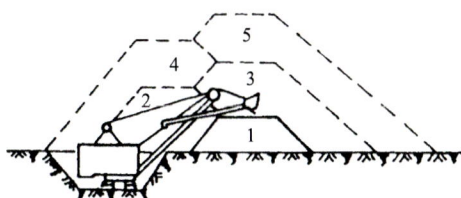

图 2-72　挖掘机修筑排土场初始排土线
1～5-第一分层、第二分层、…、第五分层的排土序号

采用推土机修筑时，一般用两台推土机对推（图 2-73）。此法可修筑高度在 5m 以内的排土线初始路堤。

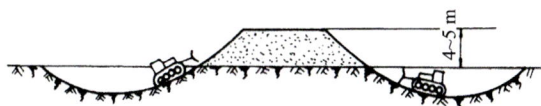

图 2-73　推土机修筑排土场初始排土线

2）排土线的拓展

铁路运输单线废石场排土线的扩展方式有平行、扇形、曲线和环形四种。

为了在有限的面积内增加废石场的受岩容积，可采用多层排岩。多层排岩就是在几个不同水平上同时进行排岩，并向同一方向发展。为此可采用直进式或折返式线路，建立各分层之间的运输联系。各层排土线的发展在空间与时间关系上要合理配合。为保证安全和正常作业，上、下两台阶之间应保持一定的超前距离，并使之均衡发展。

2. 排土场的稳定性与防护

废石场稳定性的影响因素较多，主要有以下几方面：

（1）废石场的地形坡度。

（2）排弃高度。

（3）基底岩层构造及其承压能力。

（4）岩土性质和堆排顺序。

为防止废石场的变形应做好以下工作：应做好防排水工作，消除水的影响；查明废石场地层岩性，使废石场建立在可靠的基底之上；按岩性合理排弃岩土，如将坚硬岩块排于底层，表土排于上部，合理混排，选择适宜的排岩台阶高度；在雨季及融冻期做好排水准备工作。

3. 排土场复垦

排土场是在露天开采过程中形成的巨型人工松散堆积体，具有坡度高、坡长大的松散坡面和岩土压实的平台，物质组成复杂，沉陷不均匀等特性，是水土流失极其严重的区域。推进排土场植被恢复步伐，改善排土场的生态环境，加快排土场植被恢复过程中不同林种水土保持功能研究，不仅有利于合理利用土地资源，还对环境保护有着重大意义。

参 考 文 献

[1] 顾晓薇, 任凤玉, 战凯.采矿学[M]. 3 版. 北京: 冶金工业出版社, 2021.

[2] 叶海旺, 雷涛, 李宁. 露天采矿学[M]. 北京: 冶金工业出版社, 2020.

[3] 姬长生. 露天采矿学[M]. 徐州: 中国矿业大学出版社, 2018.

[4] 张世雄. 固体矿物资源开发工程[M]. 2 版. 武汉: 武汉理工大学出版社, 2010.

[5] 赵红泽, 曹博. 露天采矿学[M]. 北京: 煤炭工业出版社, 2019.

[6] 陈国山. 露天采矿技术[M]. 2 版. 北京: 冶金工业出版社, 2019.

[7] 高永涛, 吴顺川. 露天采矿学[M]. 湖南: 中南大学出版社, 2010.

第 3 章
磷矿地下开采

3.1 空场采矿法

空场采矿法是在回采过程中，将矿块划分为矿房和矿柱，先开采矿房后开采矿柱。矿房回采是在矿柱和围岩的支撑下进行的，矿房采完后，通常要及时回采矿柱和处理采空区。回采矿房的效率高，技术经济指标好。回采矿柱条件差，工作困难，矿石损失贫化大。在一般情况下，回采矿柱和处理采空区同时进行。有时为了改善矿柱的回采条件，用充填料将矿房充填后，再用其他采矿法回采矿柱。

应用空场采矿法的基本条件是矿石和围岩均稳固，采空区在一定时间内允许有较大的暴露面积。这类采矿方法在我国应用最早，在技术上也最成熟。空场采矿法中应用较广泛的有全面采矿法、房柱采矿法、浅孔留矿采矿法、分段矿房采矿法和阶段矿房采矿法。

3.1.1 全面采矿法

全面采矿法是在阶段中把矿体划分为矿块进行开采，回采工作面沿走向或逆倾斜方向全面推进，设备和工人在空场下进行作业，回采过程中形成的空场主要靠围岩的承载能力，辅以留规则或不规则的矿岩柱、废石垛或人工混凝土支柱、木垛及木支柱等来维护。全面采矿法又分为普通全面采矿法、留矿全面采矿法两种。

1. 普通全面采矿法典型方案

1）矿块布置和结构参数

矿块在阶段内沿走向布置，矿块四周留有顶柱、底柱和间柱（图 3-1）。阶段斜长一般为 40～60m；矿块沿走向长度为 50～60m；顶底柱一般为 2～4m，个别底柱为 5～7m；采场中，一般留直径为 3～9m 的圆形不规则矿柱，矿体厚则直径取大值，反之则直径取小值，矿柱间距 8～20m；间柱宽为 1.5～2.0m，个别为 6～8m 或不留间柱。

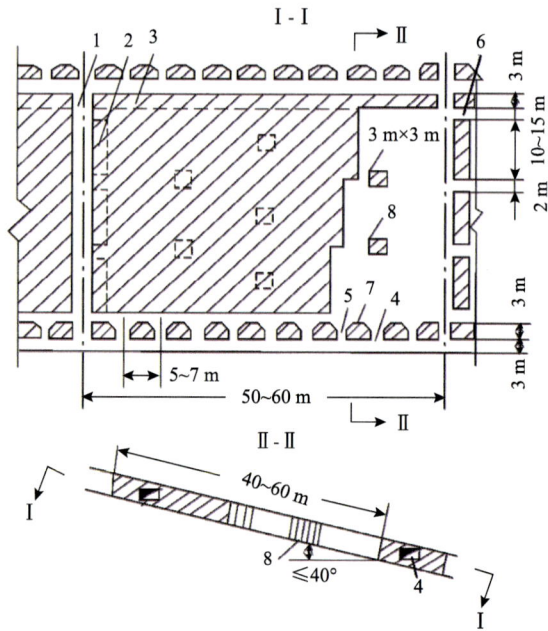

图 3-1　全面采矿法采准与切割结构

1-上山；2-间柱；3-顶柱；4-阶段运输平巷；5-放矿漏斗；6-安全联络道；7-底柱；8-不规则矿柱

2）采准与切割工作

全面采矿法的采准与切割工作比较简单，主要有开掘阶段运输平巷、上山、漏口和电耙绞车硐室。

掘进阶段运输巷道时，在阶段中掘 1～2 个上山，作为开切自由面；在底柱中每隔 5～7m 开一个漏口；在阶段运输巷道另一侧，每隔 20m 布置一个电耙绞车硐室。

当采用前进式回采顺序时，阶段运输巷道应超前于回采工作面 30～50m。

当矿体走向长度大、出矿点多时，沿脉运输巷道可布置在脉外。脉外运输巷道距矿体底板不小于 6m，使溜井容积大于一列车的容积。溜井间距与出矿设备有关，采用固定点布置电耙绞车时为 50～60m，采用移动布置电耙绞车时为 10～12m。

3）回采工作

回采工作自切割上山开始，沿矿体走向一侧或两侧推进。当矿体厚度小于 3m 时，全厚一次回采；当矿体厚度大于 3m 时，则以梯段工作面回采，如图 3-2 所示。以梯段工作面回采时，一般在顶板下开出 2～2.5m 高的超前工作面，用下向炮孔回采下部矿体。

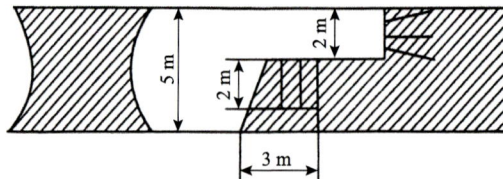

图 3-2　下向梯段工作面回采

回采工作面自上山开始，沿矿体走向一侧或两侧推进。工作面有直线工作面、阶梯工作面和斜线工作面三种形式，采用哪一种形式主要取决于矿体厚度、所用的凿岩设备

和顶板的稳固性。回采工作主要包括以下几项。

（1）落矿。采用浅眼落矿，眼深为 1～2m，炮眼排数为 1～3 排，炮眼呈一字形、W形或梅花形排列。

（2）矿石运搬。当矿体厚度较小时，采用电耙运搬矿石至漏斗或矿石溜井，在运输平巷中出矿。矿体厚度较大且倾角较小时，可采用无轨自行设备运搬矿石。运距小于 300m时可采用载重 20t 或更大的铲运机运搬矿石；运距更大时，宜采用载重 20～60t 的自卸汽车，并配以装矿机出矿。

（3）采场支护。支护方式主要有留规则矿柱或不规则矿柱，垒废石垛或混凝土垛，安设木柱、锚杆等，根据顶板的稳固情况采取以上一种或多种支护措施。安装锚杆维护顶板时。一般锚杆长度为 1.5～2m，网度为 0.8m×0.8m～1.5m×1.5m。

（4）通风。全面采矿法的采空区面积较大，应加强通风管理。一般封闭离工作面较远的联络道，使新鲜风流集中进入工作面，污风从上部回风巷道排出。

全面采矿法的矿块日生产能力多为 40～90t。

2. 全面采矿法的适用条件与优缺点

适用于开采矿岩稳固至中等稳固、倾角≤30°的缓倾斜或倾斜、厚度小于 7m 的薄至中厚矿体。具有工艺简单、采切工程量小、贫化小、生产率较高、成本较低、技术成熟等优点。但由于留下的矿柱不回采，矿石损失率较高，在 10%以上，而且顶板管理和通风管理要求严格。

全面采矿法的改进方向：

（1）采用无轨设备。全面采矿法采用气腿式凿岩机凿岩和电耙出矿时，生产能力低，劳动强度大；而采用无轨设备包括凿岩台车、铲运机、锚杆台车等，采场生产能力和劳动生产率可以得到大幅度提高，单层开采的矿体厚度可提高到 7.5～9m。

（2）采用锚杆、锚杆金属网、锚索、预注浆等支护技术加固顶板，保证作业安全。

（3）与留矿法相结合用于倾角较陡的矿体，形成全面留矿法。

国内矿山在提高全面采矿法回采效率与扩大应用范围方面做了很多尝试，如在贺兰山磷矿，自切割天井开始，向两翼推进形成扇形工作面，增加了采场作业面数量并提高了回采效率；在铜官山铜矿，首先沿矿体顶板将超前回采 2～2.5m 高的第一分层顶板切开，并站在下层未采矿石上对顶板岩石有断裂、破碎等不稳固的地段进行锚杆支护护顶，然后依次回采下面各分层，直至矿房回采结束。预控顶技术增加了全面采矿法开采厚大矿体的潜力。在彭县铜矿、新冶铜矿和哈图金矿都采用全面留矿法成功开采了倾角在40°～50°的矿体，取得了较好的技术经济指标。目前国内应用无轨设备的全面采矿法还不常见，但国内无轨设备的生产已相对成熟，一些厂家已经生产微型铲运机，如中钢集团衡阳重机有限公司生产的 CYE0.4 型电动铲运机、浙江路邦工程机械有限公司生产的 WJ-0.5型内燃铲运机，这些微型无轨设备的出现，使小型全面采矿法矿山机械化开采成为可能。

3.1.2 房柱采矿法

房柱采矿法（简称房柱法）是空场采矿法的一种。它把阶段沿走向划分成间隔的矿

房和矿柱，矿柱为圆形、长方形或条带形连续矿壁。回采矿房时，主要用矿柱支撑顶板，使矿房在回采过程中保持空场，在空场下采矿或在空场下放矿。矿柱一般不再回采，或者放在第二步部分回采。房柱采矿法是开采水平和倾斜矿体最有效、应用最广泛的采矿方法，其适用条件、采准巷道布置、回采方式等与全面采矿法有很多相似之处，不同的是房柱采矿法一般留规则的矿柱，而全面采矿法一般留不规则的矿柱。国内一般采用浅眼落矿（矿体厚度一般为6m）和中深孔落矿（矿体厚度为6～10m）两种基本方案，当矿体厚度大于10m时采用深孔落矿。

1. 房柱采矿法典型方案

1）矿房结构和参数

矿房的长轴可沿矿体的走向、倾斜或伪倾斜方向布置，布置方式主要取决于所采用的运搬设备和矿体的倾角。我国大多数金属地下矿山采用电耙运搬矿石，矿房一般沿倾斜方向布置。矿房的长度取决于运搬设备的有效运距。应用电耙运搬矿石时，有效运距一般为40～60m。矿房的宽度根据矿体的厚度和顶板的稳固性确定，一般为8～20m。矿柱直径为3～7m，间距为5～8m；分区的宽度根据分区隔离矿柱的安全跨度和分区的生产能力确定，于80～600m变化。分区矿柱一般连续，承受上覆岩层的载荷，其宽度与开采深度和矿体厚度有关，和全面采矿法相同。

2）采准切割工作

阶段运输平巷可布置在脉内或脉外，图3-3为脉外布置方式。采准巷道包括：自底板脉外阶段平巷1向每个矿房的中心线位置掘进放矿溜井2；在矿房下部的矿柱中掘进的电耙硐室4；沿矿房中心线并紧贴底板掘进上山5用来行人、通风、运搬设备和材料，并作为回采时的自由面；各矿房间掘进联络平巷6；在矿房下部边界掘进切割平巷3，作为开始回采时的自由面和相邻矿房的通道。

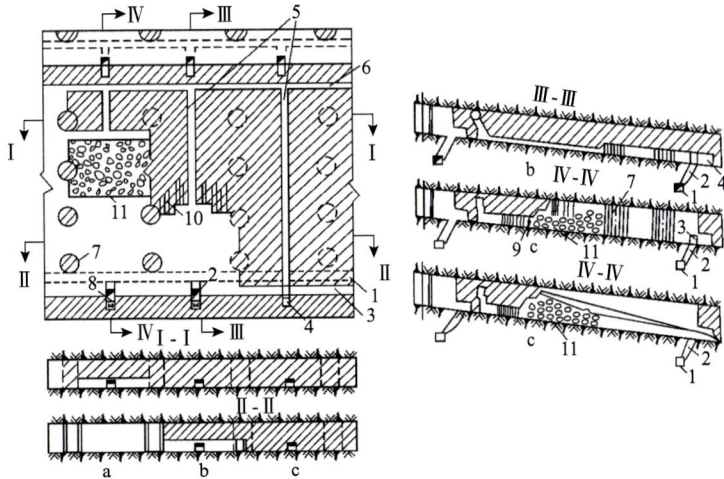

图 3-3 房柱采矿法

a-挑顶矿房；b-拉底矿房；c-待采矿房；1-阶段平巷；2-放矿溜井；3-切割平巷；4-电耙硐室；5-上山；6-联络平巷；7-矿柱；8-电耙绞车；9-凿岩机；10-炮孔；11-矿堆

3）回采工作

（1）回采顺序。一般沿走向自一侧向另一侧推进或自中央向两侧推进。为了提高开采强度，可多个矿房同时作业，各工作面保持 10~15m 的距离。

（2）落矿。回采方式与矿体厚度和采用的采掘设备有关，对于浅眼落矿的房柱采矿法，采用气腿式凿岩机或凿岩台车凿岩。当矿体厚度小于 3m 时，一次采全厚；当矿体厚度大于 3m 时，则采用分层开采，用浅眼在矿房底部进行拉底，然后用上向中深孔挑顶。矿体厚度小于 5m 时，挑顶一次完成；矿体厚度为 5~10m 时，则以 2.5m 高的上向梯段工作面分层挑顶，并局部留矿，以便在矿石堆上进行凿岩爆破工作（图 3-3）。当矿体厚度大于 10m 时，则采用深孔落矿方法回采矿石。先在矿房的一端开掘切割槽，以形成台阶工作面。切顶空间下部的矿石，采用下向平行深孔落矿（图 3-4）。

（3）出矿。对于浅眼落矿方式采下的矿石，用 14kW 或 30kW 的电耙将其耙至放矿溜井，然后在运输巷道中装车。中深孔落矿与深孔落矿方式广泛采用装运机、装岩机配自卸汽车等无轨自行设备出矿。

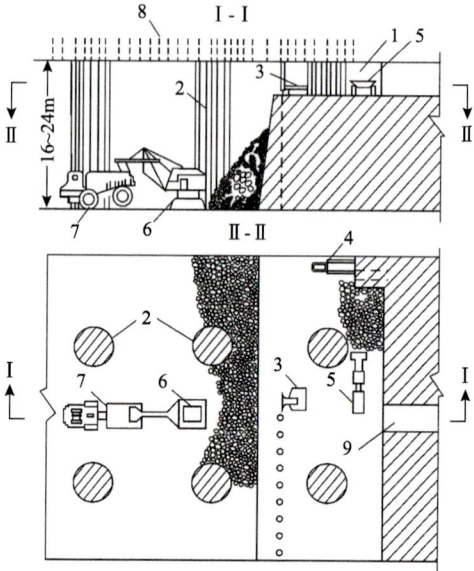

图 3-4　厚矿体无轨自行设备开采方案
1-切顶工作面；2-矿柱；3-履带式钻车；4-轮胎式钻车；5-前端式装载机；6-短臂电铲；7-卡车；8-护顶杆；9-顶板切割巷道

（4）采场支护。除留有顶柱、底柱和间柱来维护采场外，矿房还留有规则矿柱支撑顶板。顶板稳固性较差时，辅以锚杆支护或锚杆加金属网支护。

2. 房柱采矿法的适用条件与优缺点

该方法适用于开采矿岩稳固、倾角小于 30° 的水平或缓倾斜矿体。其优点是结构和回采工艺简单，采准切割工作量小，生产能力强，通风条件好，采矿成本低；缺点是矿柱所占比例较大（间断矿柱占 15%~20%，连续矿柱占 40%），且矿柱不易回采，造成矿石损失较大。应加强地压管理研究，合理确定矿柱尺寸，提高矿石的回收率，合理确定采空区的处理范围和处理方法。

不少矿山的实践表明，应用锚杆或锚杆加金属网支护不稳固顶板，可扩大房柱采矿法在开采水平或缓倾斜厚和极厚矿体方面的应用。如果广泛使用无轨自行设备，则可使这种采矿方法的生产能力和劳动生产率达到较高的指标[采矿工效 30~50t/（工·班）]，成为高效率的采矿方法。

3.1.3 浅孔留矿采矿法

在矿房中由下而上分层进行回采，每次崩下的矿石暂时只放出三分之一左右，其余存留在矿房中作为工作台，并支护两帮围岩。矿房全部回采完后，将存留在矿房中的矿石全部放出。

1. 浅孔留矿采矿法典型方案

图 3-5 为留顶柱、底柱和间柱，采用漏斗底部结构的典型浅孔留矿采矿法，其主要参数包括阶段高度、矿块长度、矿柱尺寸及底部结构等。

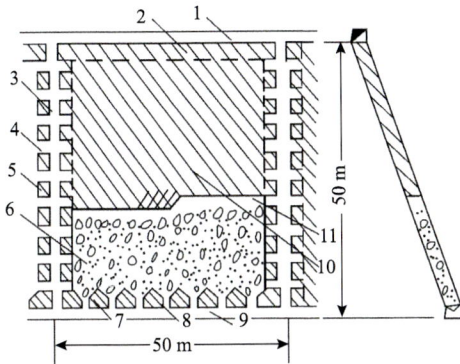

图 3-5 留顶柱、底柱和间柱，采用漏斗底部结构的典型浅孔留矿采矿法

1-回风巷道；2-顶柱；3-天井；4-联络道；5-间柱；6-存留矿石；7-底柱；8-漏斗；9-阶段运输平巷；10-未采矿石；11-回采空间

1）矿房布置和结构参数

采场一般沿走向布置，但当矿体厚度大于 10m 时，采场垂直走向布置。阶段高度 40～60m，间柱宽度 6～8m，顶柱厚度 4～6m，电耙底部结构底柱高 12～14m，普通底部结构 4～5m，漏斗间距 4～6m。

2）采准切割工作

采准工作包括掘进阶段运输平巷、天井、联络道和漏斗颈等。天井布置在间柱中，在垂直方向上每隔 4～5m 掘进联络道，使天井与矿房连通，以便人员、设备、材料、风水管和新鲜风流进入采场。阶段运输平巷有脉内和脉外两种布置方式。在薄或极薄矿脉中，一般沿矿脉掘进运输平巷；在中厚以上的矿体中，一般沿下盘矿岩接触线在矿体内掘进运输平巷，如果矿体产状稳定，也可将运输平巷布置在脉外。在矿房底部靠近下盘沿走向每隔 4～6m 开凿漏斗。切割工作包括掘进拉底巷道和扩大漏斗，形成拉底空间，为回采工作开辟自由空间，并为放矿工作创造通路。拉底高度一般为 2～2.5m，宽度为矿体厚度，在薄和极薄矿脉中，为保证放矿顺利，拉底宽度不应小于 1.2m。

拉底和辟漏的施工方法，按矿体厚度不同有以下三种。

（1）不留底柱的切割方法。

在薄和极薄矿脉中用人工假底（不留底柱）的底部结构时，其拉底步骤如图 3-6 所示。

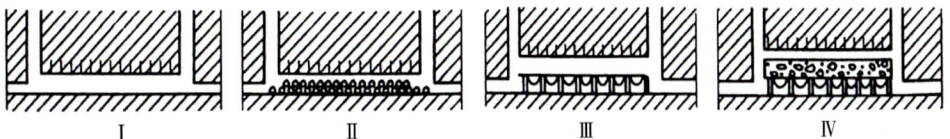

图 3-6 无底柱留矿法拉底步骤

在阶段运输巷道中打上向垂直炮孔，孔深 1.8～2.2m，所有炮孔一次爆破，如图 3-6 中的 I 所示；站在第一分层崩下的矿堆上，打第二层炮孔，孔深 1.5～1.6m，如图 3-6 中的 II 所示；然后将第一分层崩下的矿石装运出去，同时架设人工假底，包括假巷和木质漏斗，如图 3-6 中的 III 所示；在假底上铺设一层茅草之类的弹性物质后，爆破第二分层炮孔；崩下的矿石从漏斗中放出一部分，平整和清理工作面，拉底工作即告完成，如图 3-6 中的 IV 所示。

（2）有底柱拉底和辟漏同时进行的切割方法。

有底柱拉底和辟漏同时进行的切割方法适用于矿脉厚度大于 2.5m 的条件（图 3-7），步骤如下：在运输巷道一侧以 40°～50°倾角打第一次上向孔，其下部炮孔高度距巷道底板 1.2m，上部炮孔在巷道顶角线上与漏斗侧的钢轨在同一垂直面上，如图 3-7 中的 I 所示；爆破后站在矿堆上，一侧以 70°倾角打第二次上向孔，如图 3-7 中的 II 所示；第二次爆破后将矿石运出，架设工作台再打第三次上向孔，安装好漏斗后爆破，如图 3-7 中的 III 所示，并将矿石放出；继续打第四次上向孔（图 3-7 中的 IV，爆破后漏斗颈高可达 4～4.5m；在漏斗颈上部以 45°倾角向四周打炮孔，扩大漏斗颈，最终使相邻漏斗颈连通，同时完成辟漏和拉底工作，如图 3-7 中的 V、VI、VII 所示。

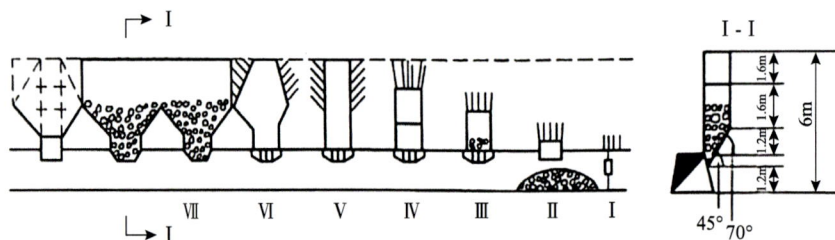

图 3-7　有底柱拉底和辟漏同时进行的切割方法

（3）有底柱掘进拉底巷道的切割方法。

有底柱掘进拉底巷道的切割方法适用于中厚矿体。从运输巷道的一侧向上掘进漏斗颈，从漏斗颈上部向两侧掘进高 2m 左右、宽 1.2～2m 的拉底巷道，直至矿房边界。同时从拉底水平向下或从斗颈中向上打倾斜炮孔，将上部斗颈扩大成喇叭状的放矿漏斗，如图 3-8 所示。

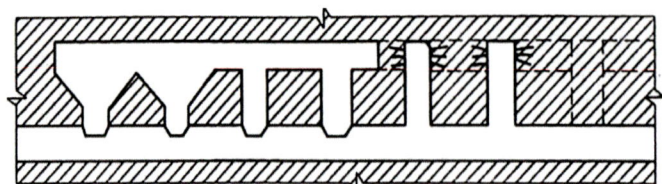

图 3-8　有底柱掘进拉底平巷的切割方法

按上述切割方法形成的漏斗斜面倾角一般为 45°～55°，每个漏斗负担的放矿面积为 30～40m²，最大不应超过 50m²。

3）回采工作

回采工作包括凿岩，崩矿，通风，局部放矿，平场、撬顶和二次破碎等，有时还包括采场和天井的支护等。矿房全部采完后进行大量放矿。回采工作从矿房底部由下向上分层进行，分层高度一般为 2～3m。

（1）凿岩。根据矿石的稳固性、层理和节理的方向，凿上向炮眼或水平炮眼。凿上向炮眼时，回采工作面可采用梯段或不分梯段，梯段长度一般为 10～15m。凿水平炮眼时，一般布置成长度为 2～4m 的梯段工作面，梯段高度为 1.5～2m。水平炮孔一般上倾 5°～8°，每个阶梯打两层孔，炮孔间距为 0.8～1.0m，最小抵抗线长度为 0.6～0.7m（中厚矿体为 0.8～1.2m）。根据矿脉厚度和矿岩分离的难易程度，炮孔排列形式包括一字形排列、之字形排列、平行排列、交错排列：①一字形排列。这种排列方式适用于矿石爆破性较好，矿石与围岩容易分离，矿脉厚度不大于 0.7m 的情况，如图 3-9（a）所示。②之字形排列。适用于矿石爆破性较好，矿脉厚度为 0.7～1.2m 的情况。这种炮孔布置能较好地控制采幅宽度，如图 3-9（b）所示。③平行排列。适用于矿石坚硬、矿体与围岩接触界线不明显或难以分离的厚度较大的矿脉，如图 3-9（c）所示。④交错布置。适用于矿石坚硬、厚度大的矿体。用这种布置方法崩下的矿石块度均匀，在生产中使用广泛，如图 3-9（d）所示。

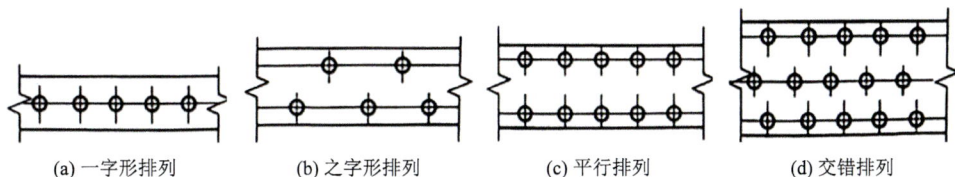

(a) 一字形排列　　(b) 之字形排列　　(c) 平行排列　　(d) 交错排列

图 3-9　炮孔排列形式

（2）崩矿。一般采用铵油炸药或硝铵炸药爆破，用导火线和火雷管起爆，电雷管起爆应用较少，非电导爆管系统的应用发展较快。

（3）通风。矿石爆破后，采场内炮烟和粉尘浓度较高，通风的风量应满足排尘和排烟的需要，风流一般从运输平巷沿天井上升，穿过采场，由矿房另一侧的回风天井上升到上部回风平巷排出。

（4）局部放矿。每次崩矿后，矿石产生碎胀，碎胀系数一般为 1.5～1.6。为了保证工作面有 2～2.5m 高的工作空间，需从漏斗放出每次崩矿量的 35%～40%。

（5）平场、撬顶和二次破碎。为了便于工人在留矿堆上进行凿岩爆破作业，局部放矿后，应将存留矿堆的表面整平，称为平场。为了保证后续作业安全，应将顶板和两帮已松动而未落下的矿石或岩石撬落，称为撬顶。崩矿或撬顶落下的大块，应在平场时破碎，以免卡塞漏斗，称为二次破碎。二次破碎采用爆破方法和人工锤击方法配合进行。

（6）最终放矿。当矿房回采至顶柱时，将存留在矿房中的矿石及时地全部放出，这就是大量放矿。如果矿石存留的时间太长，可能被压实而结块，导致放矿困难，造成矿石损失贫化。如果在放矿过程中发生大块卡斗或形成空洞的现象，一般采用爆破震动、高压水冲击等方法处理。放矿过程中应保持各漏斗均匀放矿。

2. 浅孔留矿采矿法的技术经济指标

采场生产能力：薄和极薄矿脉的采幅为 1～1.5m 时，出矿量为 34～42t/d；采幅为 1.5～5m 时，出矿量为 42～56t/d；在中厚和厚矿体中，普通漏斗出矿量为 40～60t/d，电耙出矿量为 70～90t/d。极薄矿脉的矿石损失率为 3%～25%，矿石贫化率为 50%～85%，其他厚度矿体的矿石贫化率为 6%～35%。

3. 浅孔留矿采矿法的适用条件与优缺点

浅孔留矿采矿法适用于矿石稳固、围岩中等稳固的薄或极薄矿体。矿体倾角应保证采下的矿石能借自重顺利地自溜在薄和极薄矿脉中，矿脉倾角一般为 65°以上；在中厚以上矿体中，矿体倾角一般应在 60°以上。矿石无结块性和自燃性。矿石中不应含有胶结性强的泥质，含硫量不宜太高。

浅孔留矿采矿法的优点：采场结构和回采工艺简单，采准切割工程量小，可利用矿石自重放矿，管理方便，生产技术易于掌握等。用这种方法开采中厚以上矿体时，存在以下缺点：矿柱矿量损失大；工人在较大的暴露面下作业，安全性差；平场、撬松石工作繁重。

我国浅孔留矿采矿法被广泛应用于中小型矿山开采薄和极薄矿脉，但下列问题有待解决：

（1）研制轻型液压凿岩机，寻求合理的凿岩爆破参数；研究控制采幅的有效技术措施，降低废石混入率。

（2）对于厚度小于 6.5m 的矿脉，应改进底部出矿结构，推广电耙出矿，或者研制小型轮胎式铲运机出矿，可不留底柱，简化底部结构，提高出矿效率。

（3）对于极薄矿脉，应研究混采和分采（选别回采）的合理界线，以提高采、选的综合经济效果。

（4）研究采场地压管理。我国采用浅孔留矿采矿法的矿山，开采深度已达 200～700m。由于用浅孔留矿采矿法回采所形成的采空区未作处理，剧烈的地压活动已先后在许多矿山出现，急需研究采空区的地压活动规律；对于已形成的采空区，应采用经济有效的办法进行处理；新设计矿山或开采深部矿床时，对于划分阶段、矿块及其结构参数、回采顺序和未来采空区的处理方法等，应进行全面系统的研究。

3.1.4 分段矿房采矿法

分段矿房采矿法是指在矿块的垂直方向，将阶段再划分为若干分段；在每个分段水平上布置矿房和矿柱，各分段采下的矿石分别从各分段的出矿巷道运出；分段矿房回采结束后，可立即回采本分段的矿柱，同时处理采空区。

这种采矿方法以分段为独立的回采单元，灵活性强，适用于倾斜和急倾斜的中厚到厚矿体。由于围岩暴露较少，回采时间较短，相应地可适当降低对围岩稳固性的要求。

1. 分段矿房采矿法典型方案

沿走向布置的阶段出矿分段矿房采矿法典型方案见图 3-10。

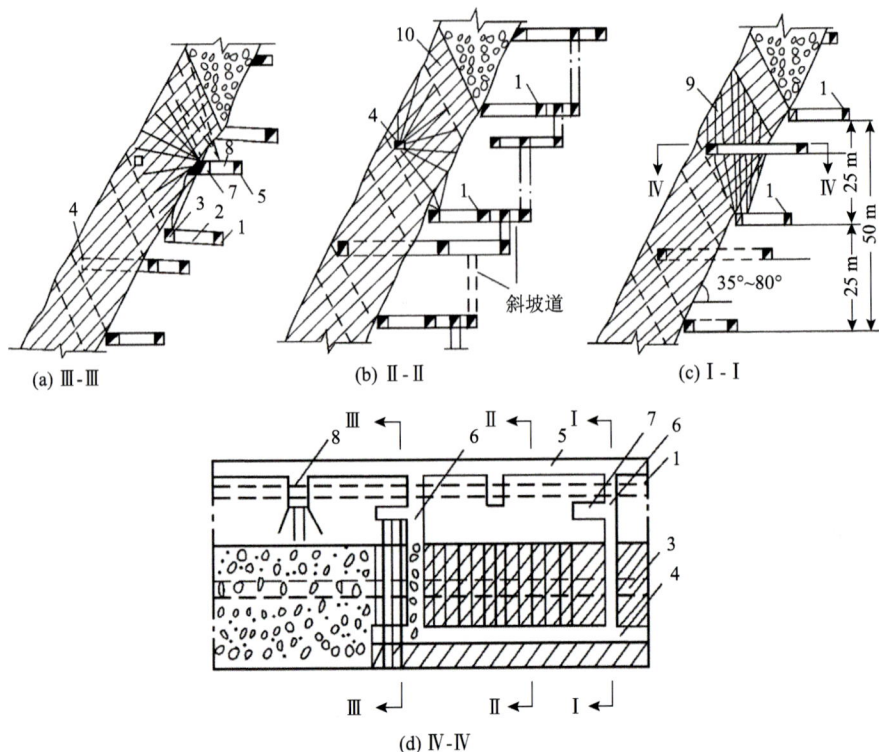

图 3-10　分段矿房采矿法典型方案

1-分段运输巷道；2-装运巷道；3-堑沟平巷；4-凿岩平巷；5-矿柱回采平巷；6-切割巷道；7-间柱凿岩硐室；8-斜顶柱凿岩硐室；9-切割天井；10-斜顶柱

（1）矿房布置和结构参数。阶段高度为40～60m，分段高度为15～25m，矿房一般沿走向布置，长度为35.40m，间柱宽度为6～8m。分段间留斜顶柱，其真厚度一般为5～6m。

（2）采准切割工作。采准工作包括从阶段巷道掘进斜坡道连通各个下盘分段运输平巷；沿矿体走向每隔100m掘进一条放矿溜井，通往各分段运输平巷，在每个分段水平上，掘下盘分段运输平巷1，在此巷道走向每隔10～12m掘进装运横巷2，通到靠近矿体下盘的堑沟平巷3，靠上盘接触面掘进凿岩平巷4。切割工作包括在矿房的一侧掘进切割横巷6，连通凿岩平巷4与矿柱回采平巷5，从堑沟平巷3到分段矿房最高处掘切割天井9。在切割巷道钻环形深孔，以切割天井为自由面，爆破后形成切割槽。

（3）回采工作。沿走向每隔200m划分一个回采区段，每个区段有一个矿房回采，一个矿柱回采，一个矿房进行切割。回采工作是从切割槽向矿房另一侧推进。在凿岩平巷中钻扇形深孔，从装运巷道用铲运机把崩下的矿石装运到距分段运输平巷最近的溜井，溜放到阶段运输巷道装车运出。当一个矿房回采结束后，立即回采一侧的间柱和斜顶柱。回采间柱的深孔凿岩硐室布置在切割横巷靠近下盘的侧部；回采斜顶柱的深孔凿岩硐室设在矿柱回采平巷的一侧，对应矿房的中央部位。间柱和斜顶柱的深孔布置如图3-10的Ⅲ-Ⅲ剖面所示。回采矿柱的顺序是：先爆破间柱并将崩下矿石放出，然后再爆破顶柱；因受爆力抛掷作用，顶柱崩落的大部分矿石溜到堑沟内放出。使用铲运机出矿时，矿房

日产量平均为 800t。矿石总回采率在 80%以上，贫化率不大。

2. 分段矿房采矿法的适用条件与优缺点

分段矿房采矿法适用于矿石和围岩中等稳固以上的倾斜和急倾斜厚矿体。分段回采可使用高效率的无轨装运设备，应用灵活性大，回采强度高。同时，分段矿房采完后，允许立即回采矿柱和处理采空区，既提高了矿柱的矿石回采率，又处理了采空区，从而为下分段的回采创造了良好的条件。

分段矿房采矿法的主要缺点是采准工作量大，每个分段都要掘分段运输巷道、切割巷道、凿岩巷道等。随着无轨设备的推广应用，分段矿房采矿法对于开采中厚和厚的倾斜矿体是一种有效的采矿方法。

3.1.5 阶段矿房采矿法

阶段矿房采矿法是用深孔落矿（或中深孔分段落矿）的空场采矿法，崩落的矿石利用自重可全部溜到矿块底部放出。根据崩矿方式的不同，可将其分为水平深孔阶段矿房采矿法、垂直深孔阶段矿房采矿法、垂直深孔球状药包落矿阶段矿房采矿法。

1. 水平深孔阶段矿房采矿法

水平深孔阶段矿房采矿法典型方案如图 3-11 所示。

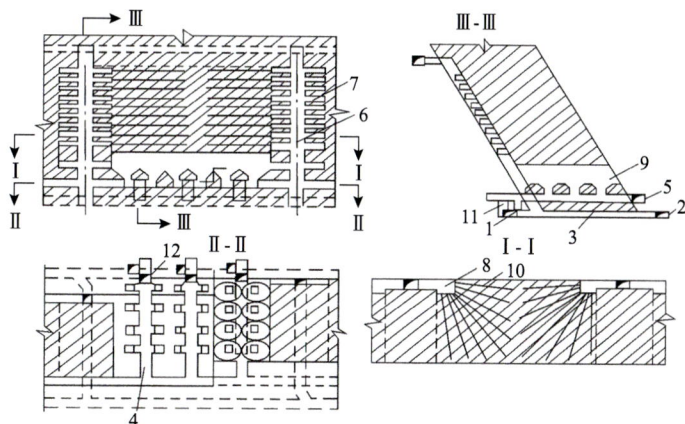

图 3-11　水平深孔阶段矿房采矿法

1-下盘沿脉运输巷道；2-上盘沿脉运输巷道；3-穿脉巷道；4-电耙巷道；5-回风巷道；6-凿岩天井；7-凿岩联络平巷；8-凿岩硐室；9-拉底空间；10-炮孔；11-行人天井；12-溜井

1）矿房布置和结构参数

矿体厚度小于 30m 时，矿房沿走向布置，矿房长度为 20~40m；矿体厚度大于 30m 时，矿房垂直走向布置，矿房宽度为 10~30m，阶段高度为 40~60m，间柱宽度为 10~15m，顶柱高度为 6~8m。底柱高度：漏斗底部结构为 8~13m；平底结构为 5~8m。

2）采准切割工作

（1）采准工作。在脉外布置阶段运输平巷。矿体较厚时，除在上、下盘布置脉外运输平巷外，还应在间柱中掘进穿脉巷道，构成环形运输系统。在阶段运输水平以上 4~

5m 处掘进电耙巷道,并沿脉掘回风巷道连通各电耙巷道。在穿脉巷道一侧掘进凿岩天井,并在天井垂直方向上每隔 3m 掘进凿岩联络平巷通达矿房,再将其前端扩大为凿岩硐室。

(2)切割工作。包括开凿拉底空间和辟漏。先在矿房一侧,用留矿法开采出切割槽,然后在凿岩巷道中钻上向扇形中深孔或深孔,爆破后形成拉底空间(图 3-12)。随着超前钻凿向下辟漏的扇形孔逐排爆破,崩下的矿石溜进电耙巷道,由电耙耙运至溜井。

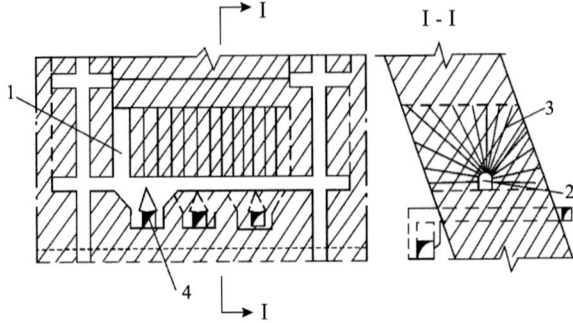

图 3-12 中深孔(深孔)拉底方法
1-切割槽;2-凿岩巷道;3-扇形炮孔;4-电耙巷道

(3)回采工作,在凿岩硐室中钻水平扇形深孔,最小抵抗线长度为 2.5~3m。一般先爆破 1~2 排深孔,然后逐渐增加爆破炮孔的排数。每次崩下的矿石,全部放出或暂留一部分在矿房中,暂留的矿石起调节出矿作用和减轻落矿对底部结构的冲击作用。

2. 垂直深孔阶段矿房采矿法

根据所选的凿岩设备,可将落矿方式分为分段凿岩和阶段凿岩两种。目前国内地下金属矿山,多使用分段凿岩阶段矿房采矿法。分段凿岩阶段矿房采矿法的典型方案如图 3-13 所示。

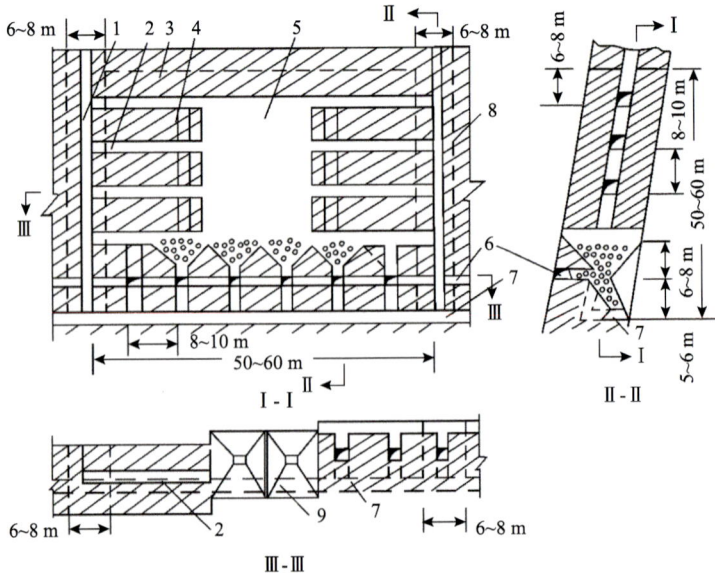

图 3-13 沿走向布置的分段凿岩阶段矿房采矿法
1-天井;2-分段凿岩巷道;3-顶柱;4-炮孔;5-切割天井;6-二次破碎巷道;7-阶段运输平巷;8-间柱;9-漏斗口

（1）矿房布置和结构参数。根据矿体厚度，矿房分为沿走向和垂直走向两种布置方式。当矿体厚度小于 15m 时，矿房沿走向布置；当矿体厚度大于 15m 时，矿房垂直走向布置。矿房长度一般为 40～60m。分段高度取决于凿岩设备：中深孔时为 8～10m，深孔时为 15～20m。顶柱高度一般为 6～10m。底柱高度：采用电耙底部结构时为 7～13m，用装（铲）运机出矿的平底结构时为 4～6m，用格筛的底部结构时为 12～14m。间柱宽度为 6～10m。

（2）采准切割工作。包括在矿体下盘掘进阶段运输平巷，在间柱中掘进人行通风天井与上阶段通风平巷贯通，然后由天井在矿房底部掘进电耙运输平巷和分段凿岩巷道，从电耙运输平巷每隔 6～8m 往上掘进漏斗颈，从阶段运输平巷两端往上掘进矿石溜井。

（3）回采工作。在分段凿岩巷道中打上向扇形中深孔（最小抵抗线长度为 1.5～1.8m）或深孔（最小抵抗线长度为 3m）。待炮孔全部打完后，以切割槽为自由面，每次爆破 3～5 排炮孔，向两侧后退式回采。上下分段保持垂直工作面或上分段超前分段一排炮孔的距离，以保证上分段爆破作业安全。

3. 垂直深孔球状药包落矿阶段矿房采矿法

垂直深孔球状药包落矿阶段矿房采矿法是以大直径垂直深孔球状药包落矿为基本特征的阶段矿房采矿法，是综合应用了大直径垂直深孔凿岩设备、球状药包爆破理论和大型无轨出矿设备等新技术，形成的一种高效率的地下采矿方法，又称为 VCR 采矿法。该方法的实质是在矿块上部掘进凿岩硐室（或凿岩巷道），在下部形成拉底空间和出矿结构，从凿岩硐室（或凿岩巷道）用潜孔钻机钻下向平行（或扇形）大直径深孔到拉底空间，在凿岩硐室向深孔装球状药包，自下而上分层逐次向拉底空间落矿。崩下的部分矿石从底部出矿巷道用铲运机运出，为上一分层爆破创造必要的补偿空间。全部分层爆破后，将采场中的矿石全部放出，并及时进行嗣后充填采空区。典型方案如图 3-14 所示。

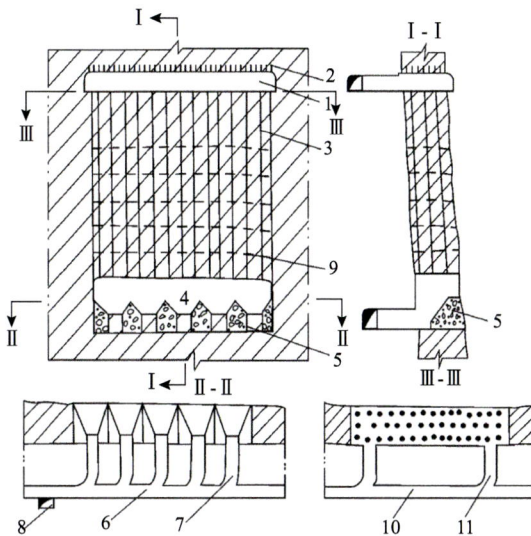

图 3-14 垂直深孔球状药包落矿阶段矿房采矿法

1-凿岩硐室；2-锚杆；3-钻孔；4-拉底空间；5-人工假底柱；6-下盘运输巷道；7-装运巷道；8-溜井；9-分层崩矿线；10-进路平巷；11-进路

（1）矿房布置及结构参数。中厚矿体的矿房沿走向布置；厚矿体的矿房垂直走向布置。阶段高度一般为 40～80m，矿房长度一般为 30～40m。矿房宽度：沿走向布置为矿体水平厚度，垂直走向布置为 4～8m。间柱宽度：沿走向布置为 8～12m，垂直走向布置为 8m。顶柱厚度为 6～8m。采用铲运机的平底结构时底柱高度为 6～7.5m。

（2）采准切割工作。包括在顶柱下面掘凿岩硐室，由下盘运输巷道掘进装运巷道，通达矿房底部的拉底空间，与拉底空间贯通。装运巷道间距一般为 8m，装运巷道长度不小于 8m。切割工作包括掘进 6m 高的拉底空间，可留底柱、混凝土分段底柱或平底结构。采用混凝土分段底柱时，自拉底巷道两侧扩帮达到上、下盘接触面，再打上向平行孔，将底柱采出后，再用混凝土建造堑沟式人工分段底柱。

（3）回采工作。包括钻凿 Φ165mm 直径深孔，孔网规格为 3m×3m；爆破采用 1.35～1.55g/cm² 的高密度、4500～5000m/s 的高爆速、高威力炸药制成的球状药包，药包长度不大于药包直径的 6 倍；采用单分层爆破法，装药结构见图 3-15。每分层推进高度为 3～4m。多层同次爆破试验已获成功，一般一次可崩落 3～5 层。采用铲运机在装运巷道铲装矿石，转运至溜井，运输距离一般为 30～50m。每爆破一个分层，出矿约 40%，其余矿石暂留在矿房内，待全部崩矿结束后，再大量出矿。

（4）安全技术。通过对爆破效应的观测研究，确定合理的爆破方案；对顶层的安全厚度（约为 10m）进行检测，确保其在各种应力作用下不致自行冒落；制定防止瓦斯和矿尘爆炸的措施。

4. 阶段矿房采矿法的适用条件与优缺点

水平深孔阶段矿房采矿法和垂直深孔阶段矿房采矿法适用于矿岩稳固的厚和极厚、急倾斜和倾斜矿体及急倾斜平行极薄矿脉组成的细脉带的开采。

垂直深孔球状药包落矿阶段矿房采矿法适用于矿体中等稳固以上的急倾斜厚大矿体及中厚矿体，矿体与围岩接触规整，矿体无分层，无相互交错的节理或穿插破碎带。

水平深孔阶段矿房采矿法和垂直深孔阶段矿房采矿法具有强度大、劳动生产率高、采矿成本低、坑木消耗少、回采作业安全等优点。

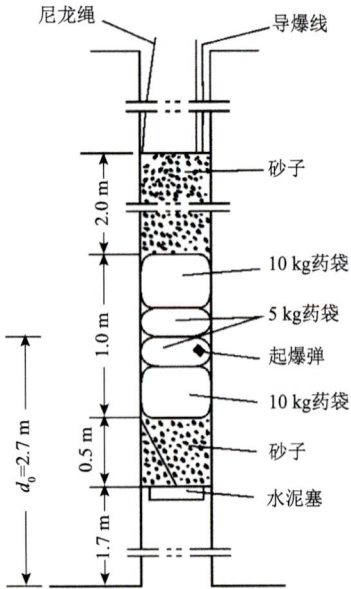

图 3-15 单分层爆破装药结构

其缺点是矿柱矿量比例较大，达 35%～60%；回采矿柱的损失贫化大，用大爆破回采矿柱的损失率达 40%～60%；水平深孔落矿方案对底部结构具有一定的破坏性；垂直深孔分段凿岩方案的采准工作量大。

垂直深孔球状药包落矿阶段矿房采矿法具有矿块结构简单、采切工作量小、生产能力大、采矿成本低、大块率低、工艺简单、各项作业可实现机械化、作业条件安全可靠的优点。其缺点是：大孔径深孔凿岩技术要求较高；矿体形态变化较大时，矿石的贫化

损失大；对炸药及爆破方案要求较高；清孔、测孔和装药难以实现机械化；有潜在的硫尘爆炸和炮孔爆破爆燃的安全问题。

国内外某些采用阶段矿房采矿法的矿山的主要技术经济指标见表 3-1～表 3-3。

表 3-1　水平深孔阶段矿房采矿法主要技术经济指标

指标	矿山				参考指标
	河北铜矿	大吉山钨矿	红透山铜矿	锦屏磷矿	
矿块生产能力/(t/d)	300～400	240～320	300～400	360～500	200～300
工作面工效/[t/（工·班）]	51～83	61.7	50～68	22.5	40～60
矿石损失率/%	6.85～19.9	13～24	25	9.02～12	10～20
矿石贫化率/%	12.2～19.1	8.67	18～20	12.9～18	10～15
炸药消耗量/(kg/t)	0.47～0.69	0.14～0.27	0.25～0.35	0.3～0.47	
坑木消耗量/(m³/kt)	0.526～2.46	0.65～1.2	0.04～0.35	0.3～0.35	

表 3-2　垂直深孔阶段矿房采矿法主要技术经济指标

指标	矿山					参考指标
	金岭铁矿	大庙铁矿	河北铜矿	辉铜山铜矿	杨家杖子钼矿	
矿块生产能力/(t/d)	273	105～130	150～200	300～370	200～400	200～300
工作面工效/[t/（工·班）]	21.3	21.6	31～44	16～35	10.8	40～60
矿石损失率/%	29.3～47.6	20.7	18.5	7～10.5	9.97	10～20
矿石贫化率/%	24.5	14.5	12.5	3～8	14.5	10～15
炸药消耗量/(kg/t)	0.547	0.29～0.31	0.32～0.47			
坑木消耗量/(m³/kt)	1.0	0.9	0.2～0.5			

表 3-3　垂直深孔球状药包落矿阶段矿房采矿法主要技术经济指标

指标	矿山		
	加拿大桦树矿	加拿大白马铜矿	我国凡口铅锌矿
矿块生产能力/(t/d)	630		482
深孔凿岩工效/[m/（工·班）]			3.32
深孔凿岩台效/[m/（台·班）]			24.1
矿块爆破工效/[t/（工·班）]			181.7
矿块出矿运输工效/[t/（工·班）]			32.16
矿块回采工作工效/[t/（工·班）]	75		19.23

指标	矿山		
	加拿大桦树矿	加拿大白马铜矿	我国凡口铅锌矿
矿石损失率/%	4	22	3
矿石贫化率/%	23	19	8.4
炮孔崩矿量/（t/m）		32	20
炸药消耗量/（kg/t）	0.14	0.27	0.4
大块产出率/%			0.98

3.1.6 矿块底部结构

矿块底部结构是指从运输到拉底水平之间所包括的受矿巷道、二次破碎巷道和放矿巷道。其作用是使从矿房或矿柱崩落下的矿石，利用矿石自重或经出矿设备的运搬，经这些巷道装入运输巷道的矿车中。

1）矿块底部结构的类型

根据矿石的运搬方式，矿块底部结构可分为如表 3-4 所示四种类型。

表 3-4　矿块底部结构分类

序号	矿块底部结构类型	矿块底部结构特征		
		运搬方式	二次破碎巷道	受矿巷道形式
1	自重放矿底部结构	矿石自重溜放	①有格筛漏斗 ②无格筛漏斗	漏斗式
2	电耙耙矿底部结构	电耙耙矿	电耙巷道	①漏斗式；②堑沟式；③平底式
3	装载设备出矿底部结构	①装矿机装矿，矿车或自行矿车运搬；②振动放矿，输送机运搬	①装矿巷道；②放矿口或专用硐室	①漏斗式；②堑沟式；③平底式
4	无轨自行设备出矿底部结构	铲运机或装运机装、运、卸	装矿巷道	①堑沟式；②平底式

2）矿块底部结构的特点

自重放矿底部结构的特点：矿石借助自重从漏斗放出，无须运搬设备（图 3-16）。有格筛漏斗自重放矿底部结构的放矿能力大，放矿容易控制，但底柱矿量大，采准工程量大，目前较少采用。无格筛漏斗自重放矿底部结构简单，底柱矿量少，但放矿能力低，放矿闸门维修工作量大，这种结构在浅孔留矿采矿法开采薄矿脉时经常采用。有时为了提高矿石回采率，采用人工假底代替矿石底柱。

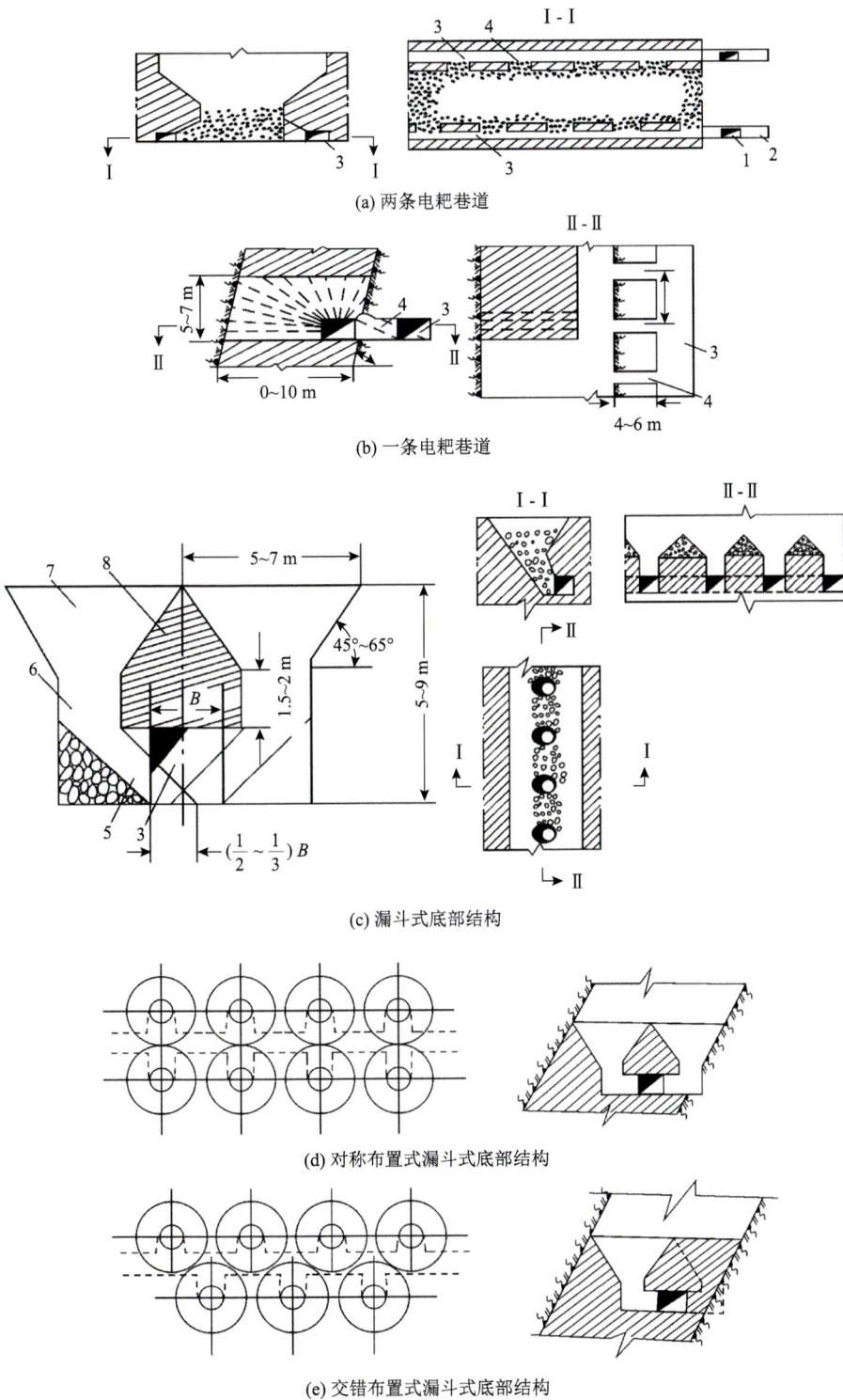

(a) 两条电耙巷道

(b) 一条电耙巷道

(c) 漏斗式底部结构

(d) 对称布置式漏斗式底部结构

(e) 交错布置式漏斗式底部结构

图 3-16　矿块底部结构图

1-溜井；2-电耙绞车硐室；3-电耙巷道；4-放矿口；5-斗穿；6-漏斗颈；7-漏斗；8-桃形矿柱；B-宽度

电耙耙矿底部结构的特点：设备简单，采准工程量比格筛漏斗结构小。缺点是放矿能力较小，各漏斗放矿难以计量。改进的方法是在放矿口安装振动放矿机。电耙耙矿底部结构按受矿结构的不同分为三种形式：漏斗放矿电耙耙矿的底部结构；堑沟放矿电耙耙矿的底部结构；平底放矿电耙耙矿的底部结构。

装载设备出矿底部的结构特点：大大简化了底部结构，出矿效率高。装载设备有振动放矿机和各种装岩机。但是当采用有轨的装岩机装矿时，由于装载宽度的限制，不利于矿石回收。

无轨自行设备出矿底部结构与装岩机装矿底部结构相似。但由于装运机和铲运机能完成装、运、卸全部作业，且能无轨行走，其出矿能力远比装岩机大，而且运搬距离大，提高了劳动生产率和矿石的回收率。

3.2 充填采矿法

随着回采工作面不断推进，利用充填体逐步充填采空区，从而实现安全高效回收矿产资源的采矿方法称为充填采矿法。充填体的主要作用是支撑采空区围岩，控制采场的地压活动，防止围岩崩落和地表下沉，改善采场工作环境和矿区环境，提高矿产资源回收率。

充填采矿法是通过充填体置换矿柱，所以其是地下采矿方法中矿石贫化率最低和资源回收率最高的采矿方法。它一般应用于开采中等稳固以上、围岩稳固性差的矿体，或者应用于围岩稳固但地表需保护而不允许塌陷的矿山。目前，国内外在开采有色金属、贵金属、稀有金属及放射性矿床中广泛应用充填采矿法。另外，地表矿产资源日益枯竭，矿山开采逐渐向深部发展，采深剧增使得开采环境更加严峻、开采条件变得复杂多变、大量开采废料堆积地表更加严重，同时政府对环境保护的要求也越来越高，通过对充填技术的有效运用，可较好地解决上述难题，并能够实现矿山绿色安全高效开采矿产资源。因此，充填采矿法的应用比例会日趋增加，具有十分广阔的发展前景。

根据矿块结构和回采工作面推进方向不同，充填采矿法可分为单层充填采矿法、上向分层充填采矿法、下向分层充填采矿法、进路充填采矿法、分采充填采矿法和空场嗣后充填采矿法。按充填材料和充填工艺等不同，充填采矿法又可分为干式充填采矿法、水力充填采矿法、胶结充填采矿法等。

3.2.1 单层充填采矿法

单层充填采矿法多用于开采水平和微倾斜及缓倾斜薄矿体。该采矿方法在阶段内采用上山划分矿块，将阶段斜长作为壁式工作面，沿着走向方向回采全厚矿体，按照一定的采充比进行水力或胶结充填采空区。此方法也称为壁式充填采矿法，典型的矿块结构如图 3-17 所示。

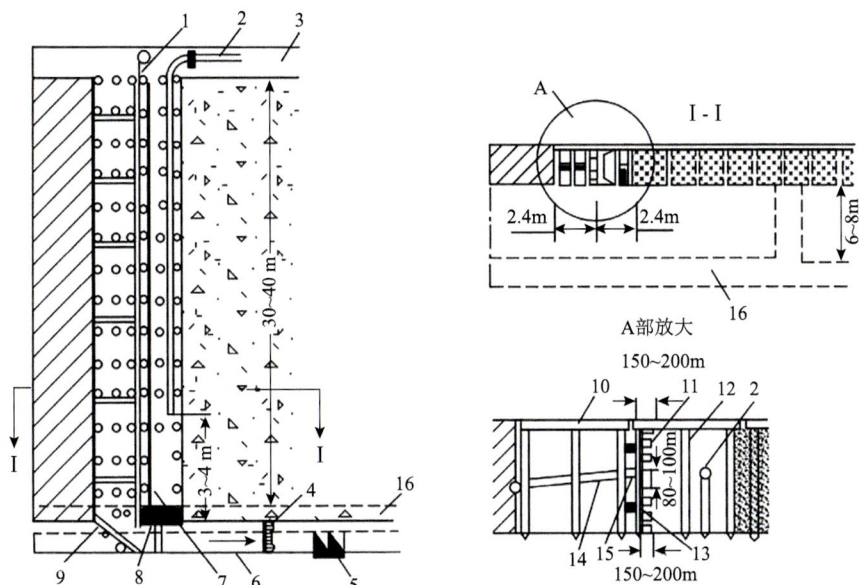

图 3-17 单层充填采矿法矿块结构

1-钢绳；2-充填管；3-上阶段脉内巷道；4-半截门子；5-矿石溜井；6-切割平巷；7-帮门子；8-堵头门子；9-半截门子；
10-木梁；11-木条；12-立柱；13-砂门子；14-横梁；15-半圆木；16-脉外巷道

1）矿块布置与结构参数

矿块沿走向长为 60～80m，回采工作面斜长为 30～40m。控顶距为 2～3m，与充填距相同，为悬顶距的 0.5 倍。矿块间不留矿柱，沿走向持续回采。

2）采准切割

采准巷道一般布置在脉内，而当上盘围岩稳定性差或下盘底板起伏不平时，常将阶段运输巷道布置在脉外，距底板 8～10m。在脉内布置切割平巷作为爆破自由面，也可用于行人、通风和排水等。沿着切割平巷，每隔 15～20m 掘矿石溜井，与脉外巷道连通。自溜井上口处沿矿体底板逆倾斜掘切割上山，与上阶段脉内巷道贯通，其高度与矿体厚度相同。上阶段脉内巷道主要用于本阶段充填管安装、回风、材料运输及人行通道等。

3）回采工作

回采工作面沿走向一次推进 2～3m，浅孔落矿，孔深 1m 左右。利用电耙将崩落的矿石先耙送到切割平巷，再转运至矿石溜井。支护要及时，做到随采随支。

4）充填工作

充填前的准备工作有清理场地、架设充填管道、建滤水密闭结构等。其中砂门子为滤水设施，主要用于滤水和拦截充填料，使得充填材料堆积在设定的充填地点；帮门子用于隔离回采工作面和充填空区；堵头门子用于隔离切割平巷和充填空区；半截门子用于控制水流方向或进一步拦截泥砂。

当充填工艺为水力充填时，先由下至上分段拆除立柱，再对其进行分段充填。其中分段长度和拆除立柱数量视上盘围岩稳定性情况而定。

当充填工艺为胶结充填时，通常利用回采巷道开采矿石，将矿壁作为模板。

5）评价

单层充填采矿法是在开采水平和微倾斜或缓倾斜薄矿体且上盘围岩不允许崩落时唯一可用的采矿方法。该采矿方法的矿石回采率高，贫化率低，然而采矿工效较低。

6）矿山实例

我国湖南的湘潭锰矿为外生浅海相沉积碳酸锰矿床，矿体厚度为 1.8～2.5m，倾角为 25°～30°，厚度为 0.8～3m。矿石中等稳固，有少量夹石层。直接顶板为黑色页岩，厚 3～127m，不透水，含黄铁矿，易氧化自燃，且不稳固易崩落。直接顶板的上部为富含裂隙水的砂质页岩，厚 70～200m，不允许崩落。直接底板为黑色页岩，其下部为砂岩，稳固性较好。Mn 的品位为 21.3%。该矿采用单层分条水力充填采矿法，其采矿方法标准图如图 3-18 所示。

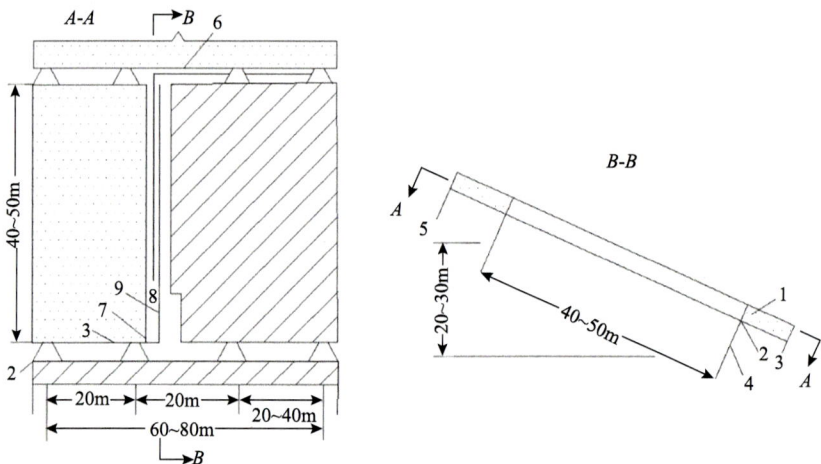

图 3-18　湘潭锰矿单层分条水力充填采矿法

1-切割巷道；2-双格漏斗；3-单格漏斗；4-阶段运输巷道；5-充填管路联络道；6-充填管道；7-端部滤水墙；8-准备充填区；9-滤水隔墙

该矿山回采工作面沿走向布置，长度为 60～80m，矿块倾斜长度主要根据电耙出矿有效运距确定为不大于 60m。阶段运输巷道掘于底板围岩中，放矿漏斗的倾角大于 45°，其间距为 20～40m，沿走向间隔 60～80m 自切割巷道掘进切割上山与上阶段切割巷道贯通。切割巷道沿矿体底板掘于脉内，连通各放矿漏斗上口；上阶段切割巷道保留并在下阶段回采时用于铺设充填管道、回风和运输材料等。

由于该矿上盘围岩稳定性较差，回采时不能沿壁式工作面布置炮孔一次大量落矿，而只能按分条宽逆倾斜上向凿岩，一次落矿量很小；支柱需紧跟回采工作面，落矿后立即布置支柱；最大悬顶距只允许两个分条宽度（4.8m），支柱间距为 0.7～0.9m，排距为 1.2m。

该矿山的充填工艺为水力充填。其中充填骨料为采石场破碎的–40mm 碎石，经混合后水力注入井下采场。充填准备工作包括：清理待充填的分条空间，建滤水密闭结构物，架设采场充填管道等。采场脱水结构如图 3-19 所示。

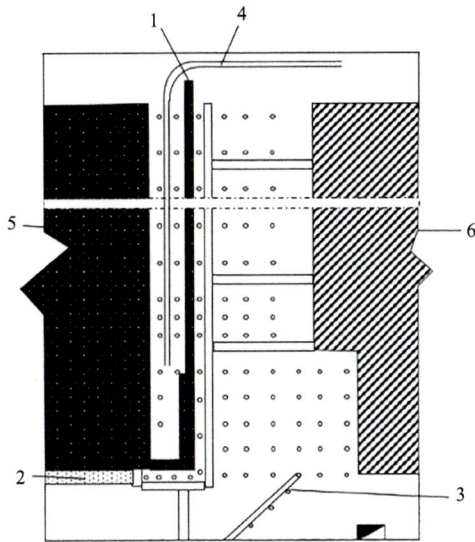

图 3-19　湘潭锰矿单层分条水砂充填采场脱水示意图
1-帮门子；2-堵头门子；3-半截门子；4-充填管道；5-充填体；6-矿体

充填是自下而上分段拆除支柱并予以充填。其中每一分段长度和拆除支柱数量视顶板情况而定。一般几个小时至一个班就可完成一个充填步距工作。该矿山的矿石生产能力为 30～40t/d，损失率为 9%，贫化率为 10%。

3.2.2　上向分层充填采矿法

上向分层充填采矿法一般将矿块划分为矿房和矿柱，先采矿房后采矿柱。矿房回采为自下而上分层进行，充填体随之逐渐向上充填采空区，并留出继续上采所需的作业空间。充填体的主要作用是维护两帮围岩，并作为继续上采的工作平台。通过机械方式将爆破崩落在充填体上的矿石搬运至矿石溜井中。待矿房回采到最上分层时，需要进行充填接顶。在开采若干矿房或全阶段开采结束后，再回采矿柱。基于分层角度和机械化程度不同，上向分层充填采矿法可分为上向水平分层充填采矿法、机械化上向水平分层充填采矿法、上向倾斜分层充填采矿法。根据充填材料及其输送方式不同，上向水平分层充填采矿法的充填工艺主要包括干式充填、水力充填和胶结充填。

1. 干式充填

干式充填采矿法是利用矿车、风力或其他机械运输充填骨料（如废石等）充填采空区的方法。典型的干式充填采矿方案如图 3-20 所示。

1）矿块布置与结构参数

当矿体厚度超过 10m 时，矿块垂直矿体走向布置；当矿体厚度小于 10m 时，矿块沿走向布置。阶段高度和矿房长度一般为 30～60m。间柱宽度、顶柱高度和底柱高度主要取决于矿体的厚度、矿石与围岩的稳定性及其回采方法，一般间柱宽度为 7～10m，顶柱高度为 3～5m，底柱一般在运输平巷上留 2～3m，也可以做人工假底。对于矿石品位高、价值高、矿体厚度很薄及矿体和围岩较稳固的倾斜矿体，可以不留矿柱，但需要建筑人工矿柱及假巷。

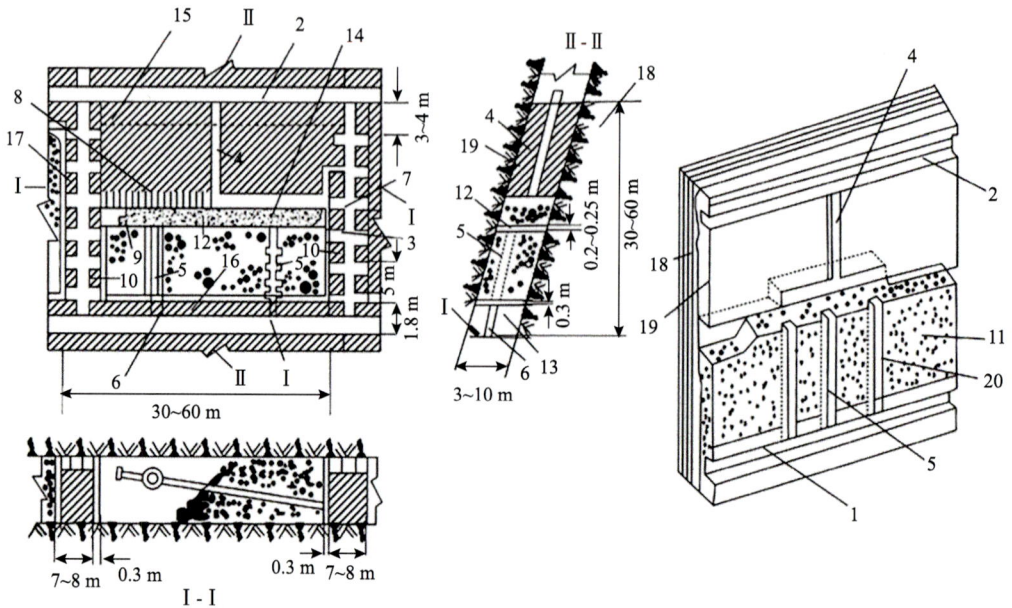

图 3-20 干式充填采矿方案

1-阶段运输巷道；2-通风平巷；3-人行通风天井；4-充填天井；5-放矿溜井；6-放矿溜井下口；7-联络道；8-炮眼；9-电耙绞车；10-混凝土隔墙；11-充填料；12-混凝土垫板；13-底柱；14-崩落矿石；15-顶柱；16-钢筋混凝土隔离层；17-间柱；18-围岩；19-矿体；20-构筑在充填料中的人行天井

2）采准切割

采准工程主要包括掘进阶段运输巷道、通风平巷、人行通风天井、充填天井、放矿溜井下口及联络道。

阶段运输巷道一般布置在靠近矿体上盘或下盘附近沿脉掘进，但当矿体厚度不大且矿体较稳固时可将其布置在脉内。一个矿块至少要有两个人行通风天井和一个充填天井。其中人行通风天井一般布置在间柱中央靠下盘处，充填天井一般布置在矿房的中央靠上盘处。自拉底水平的底板起，在天井中每隔 4～6m 布置一条联络道。每个矿块布置两个放矿溜井，放矿溜井下口布置在底柱中，上部设置在充填体中，且利用混凝土浇灌或预制混凝土块砌筑而成。

切割工作主要是拉底工程，一般高度为 2.5m。当矿石品位较高或矿石不够稳固时，可采用不留底柱的拉底方式，即以拉底平巷为自由面扩大到矿房底部全面积，再向上挑顶 2.5～3.0m，形成高 4.5～5.0m 的拉底空间。然后在矿房底板上浇灌 0.5～1.2m 厚的钢筋混凝土假底，作为下阶段回采底柱的保护层。在浇筑底板时，需要预留人行天井滤水井、放矿溜井井口。

3）回采工作

回采工作主要包括爆破落矿、撬毛、矿石搬运、砌筑隔离墙和底板、加高放矿溜井和天井等，一般自下而上水平分层逐层回采。

采矿分层高度与凿岩设备相关，浅眼落矿时其一般为 1.5～2m，中深孔落矿时其为 4～5m。一般每分层分 2～3 次爆破，以充填井为自由面，常采用上向垂直炮孔或微倾斜炮孔落矿，前后排炮孔交错排列，孔距一般为 0.8～1.2m。一般采用装运机或电耙搬运爆

落的矿石。为了防止回采矿柱时矿石与充填体混合增加贫化率，需待出矿完成后，构筑厚度为 0.5～2.0m 的混凝土隔离墙，并加高溜井和天井等。同时为了预防粉矿掉入充填体中损失且为出矿创造有利条件，需要浇砌筑厚度为 8～10cm 为混凝土底板。当其强度满足安全要求时，方可开展下一步回采工作。

4）充填工作

干式充填法对充填材料的质量要求不是很严格，可取自露天矿剥离的废石或井下巷道掘进的废石，但为了运输方便，一般要求充填材料块度不超过 350mm。充填材料要求是惰性材料，不含挥发性有害气体，且含硫量小于 5%。干式充填系统主要工艺流程如下：首先将矿山废石场或采石场的大块废石破碎至 350mm 以内；其次利用铲运车和汽车等搬运设备将充填材料运送至矿山充填井，下放到充填巷道；最后再由充填天井将其直接下放或在充填巷道内搅拌均匀后下放至采场，用电耙耙平。

5）评价

干式充填的优点是充填设备简易、充填系统简单、基建投资少，充填成本低，适用于小型矿山。其缺点是充填质量较差，充填材料转运环节多，充填作业时间长，劳动强度大，采场粉尘大，采场作业环境较差。因此，近年来该充填工艺已被其他充填工艺替代，应用较少。

2. 水力充填

水力充填工艺是借助水力将充填材料通过管道或钻孔输送到井下充填地点，待水滤出后，完成充填材料充填采空区。其中水力充填工艺的水压来自自然压头或机械泵压。根据充填材料类别不同，水力充填可分为尾砂充填和水砂充填。其中前者充填材料来自选厂尾砂，而后者充填材料为碎石、砂等。典型的水力充填方案如图 3-21 所示。

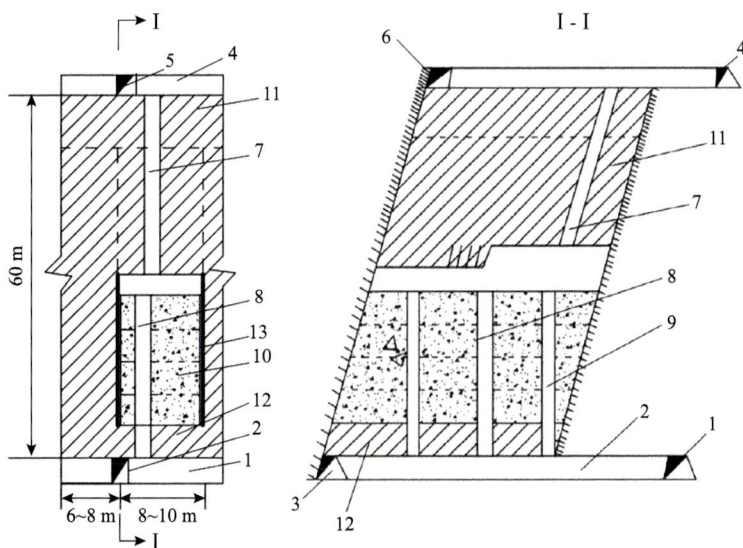

图 3-21　典型的水力充填方案

1-脉外运输巷道；2-运输横巷；3-脉内运输平巷；4-脉外回风巷道；5-通风横巷；6-脉内通风平巷；7-充填天井；8-人行滤水井；9-放矿溜井；10-充填体；11-顶柱；12-底柱；13-隔墙

1）矿块布置与结构参数

阶段高度一般为 30～60m。当矿体厚度不大时，矿块沿走向布置，长度一般为 30～60m；当矿体厚度较大（大于 15m）时，矿块垂直走向布置，长度为矿体厚度，矿房宽度为 8～10m，间柱宽度为 6～8m，顶柱厚度为 4～5m，若留底柱，其高度为 4～5m，否则需要利用混凝土构筑假巷。

2）采准切割

对于薄及中厚矿体，阶段运输巷道一般在脉内布置，而在厚矿体中，可布置脉外运输巷道、脉内运输平巷及脉外回风巷道。在矿房内布置一个充填天井、一个人行滤水井和至少两个放矿溜井。其中人行滤水井和放矿溜井下部位于底柱中，其他部分随充填体自下而上逐层浇筑而成；充填天井内设充填管路和人行梯子等，倾角一般为 80°～90°。

切割工作主要为拉底工程。拉低巷道布置在底柱上部，将其作为自由面扩大到矿房边界，再向上挑顶 2.5～3.0m，待形成高 4.5～5.0m 的拉底空间后进行 0.8～1.2m 厚的钢筋混凝土底板浇筑，铺设双层钢筋，间距 700mm，见图 3-22。

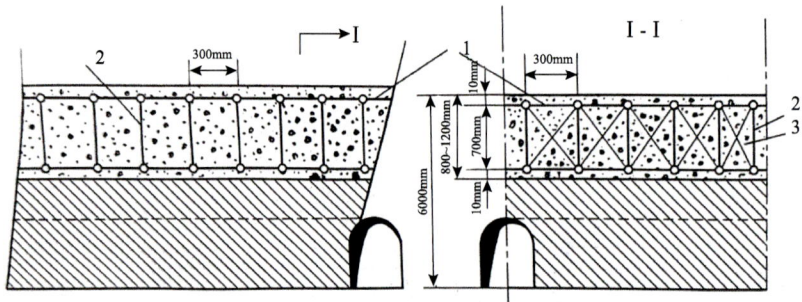

图 3-22 钢筋混凝土底板结构图

1-主钢筋；2、3-副钢筋

3）回采工作

与干式充填采矿法相同，此处不再赘述。

4）充填工作

在进行充填工作前，需要对充填管道、滤水管道等进行检查，浇筑隔墙和底板，架设巷道及采场内充填管道，利用水力将充填材料输送至充填地点。充填材料中的水经滤水井流出采场后，会形成较密实的充填体。

巷道管道主要采用钢管，采空区充填管道一般选用内径为 100～150mm 的塑料管。为了检查管道是否通畅或漏水，充填前需要先通清水 10min。充填时以充填天井为中心，由远而近分条后退。充填高度为 3～4m 时，可分 2～3 次完成充填。每次充填结束，需用清水清洗管道 5～10min。在整个充填过程中，砂仓、搅拌站、砂泵、管路沿线及充填场所内需要派专人巡视，使得充填系统稳定运行。

5）评价

水力充填采矿法的优点是充填体较密实，充填成本不高，充填工作容易实现机械化，采场作业环境较好；缺点是基建投资成本高，充填系统较复杂。鉴于此，该方法目前已

被矿山广泛采用。

3. 胶结充填

干式、水力充填采空区，虽然充填材料可以控制一定的矿山压力，但其为松散物质，骨料之间没有很好地胶结在一起，孔隙率比较大，受压后容易发生沉缩现象，造成岩层移动控制效果较差。另外，干式和水力充填工艺在回采矿房时需砌筑混凝土隔墙、底板，回采工艺较为复杂；还需要构筑排水、排泥设施，且水沟及水仓清理淤泥工作量较大。为了更有效地减少地表下沉、控制矿山压力、简化回采工艺及减少回收矿柱的安全问题，目前越来越多的国内外矿山采用胶结充填采矿法。

胶结充填的原理是在松散的充填骨料中加入一定量的胶凝材料和外加剂，使得充填骨料在胶结材料的胶结作用下形成密实的固体材料，可以较好地控制岩层移动和地表下沉。其中充填骨料主要包括废石、尾砂等，胶凝材料包括硅酸盐水泥、粉煤灰等；外加剂包括减水剂、缓凝剂、早强剂等。

上向水平分层胶结充填采矿法的典型方案如图 3-23 所示。

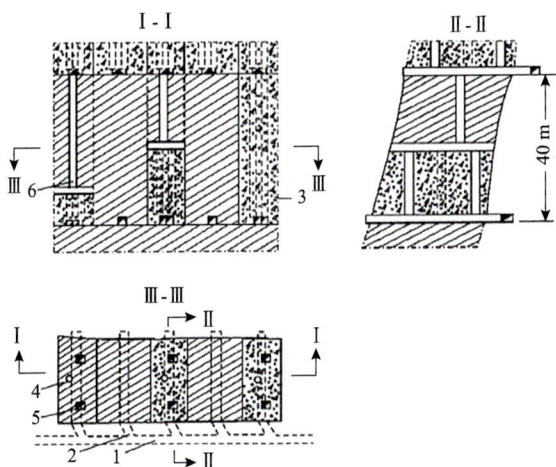

图 3-23　胶结充填采矿法典型方案
1-阶段运输巷道；2-穿脉巷道；3-胶结充填体；4-矿石溜井；5-行人天井；6-充填天井

1）矿块布置与结构参数

该采矿法的采场一般沿垂直走向布置，阶段高度为 40m，矿块划分为矿房和矿柱，由于胶结充填成本高，一般先采用胶结充填采矿法回采尺寸小的矿房，再通过水力充填采矿法回采尺寸较大的矿柱。其中矿房宽度为 6～8m，矿柱宽度为 8～10m，长度为矿体全厚度；顶柱厚度为 4～6m；底柱高度为 5～6m。

2）采准切割

阶段运输巷道布置在下盘脉外，穿脉巷道布置在矿房中部，每个矿房自拉底水平掘进至充填巷道形成充填天井，两个矿石溜井和一个行人天井下口掘进在矿石底柱中。

在拉底水平掘进与矿块长度相同的拉底巷道，若采用矿石底柱，需要利用浅孔扩帮至采场边界，使得拉底层的空间高度为 2.0～2.5m；若采用人工底柱，自穿脉巷道扩帮至

采场边界，使得拉底空间高度达到 5m 以上，并在预留假巷的位置架设模板，再利用胶结充填体进行充填，充填高度为 3m，分层作业高度为 2m。

3）回采工作

在矿岩稳定性好的条件下，可采用"两采一充"回采工艺，一般采用上向浅孔方式落矿；否则，采用水平浅孔方式落矿，但爆破、通风等耗时较长。通过无轨设备或电耙等方式搬运矿石。

4）充填工作

若采用全断面一次充填，需要将凿岩、搬运设备悬吊在工作面顶板上；若全断面分两段，一段出矿，一段充填时，可将所用设备移运至未充填的地方。

充填前，需要将采场底板的粉矿清扫干净。接高顺路天井只需内侧单面架设模板，顺路天井周围的胶结充填料需进行捣实。待充填料浆通过充填天井溜至充填工作面后，可借助自流和利用人工耙辅助充填采空区。由于充填体具有一定的沉缩性，充填体与上盘围岩之间存在一定的间隙，为了更好地控制矿压和地表下沉，需要进行充填接顶工作。常用的接顶方法有人工接顶、加压接顶、钻孔接顶和膨胀接顶等。

5）评价

胶结充填采矿法的优点是充填体结构非常紧密，矿山压力和地表下沉控制较好，充填工作容易实现机械化，采场作业环境较好；缺点是基建投资成本高，充填成本高。目前，该方法已被矿山推广使用。

6）矿山实例

矾山磷矿西区的Ⅱ和Ⅲ矿体赋存于矾山杂岩体中，分布在东西长 1718m、南北宽 1480m、标高 591～128m 范围内，其中Ⅱ矿体厚度为 13.5m，Ⅲ矿体厚度为 6m。矿体总体走向北东，两端分别走向北及北西，倾角 25°～40°，平均在 30°，为向岩体中心缓倾斜的向南突出的月牙弯曲状或半盆状的似层状矿体。Ⅲ矿体位于Ⅱ矿体下盘，二者之间有 0～7.5m 的夹石。Ⅱ矿体及其顶板矿岩节理较发育，硬度系数 $f=5\sim7$，稳固性为中等稳固—不稳固。夹石岩性为云斑状辉石正长岩，质地坚硬，硬度系数 $f=12$，属于稳固岩石。但Ⅲ矿体和下盘处于较软的黑云母岩中，该类岩石硬度系数 $f=2.3\sim2.8$，属于不稳固矿岩。其中Ⅱ矿体采用点柱式上向水平分层胶结充填采矿法充填，其标准图如图 3-24 所示。

（1）矿块结构参数与采准切割。

矿块沿矿体走向布置，长为 60m，高为中段高度 45m，宽为矿体全厚度。间柱宽度为 4m，不设顶柱，底柱高度为 6m，点柱尺寸为 4m×4m。

采准工程包括掘进沿脉运输巷、分段联络道、分层联络道、顺路溜井、脉外溜井、充填回风井；切割工程包括掘进切割平巷。

（2）回采与充填工作。

采场内工作面以采场联络道为自由面沿走向推进，或在靠矿体最上盘形成 2.5m×2.5m 的拉底巷道，以拉底巷道为自由面扩采。根据矿岩稳固性和凿岩设备，同时综合考虑安全因素，设计采幅 3m，分层控顶高度为 4.5m 左右，第一层设计采高 4.5m。一个分层采完后进行胶结充填，并为下一循环留 1.5m 作业空间。

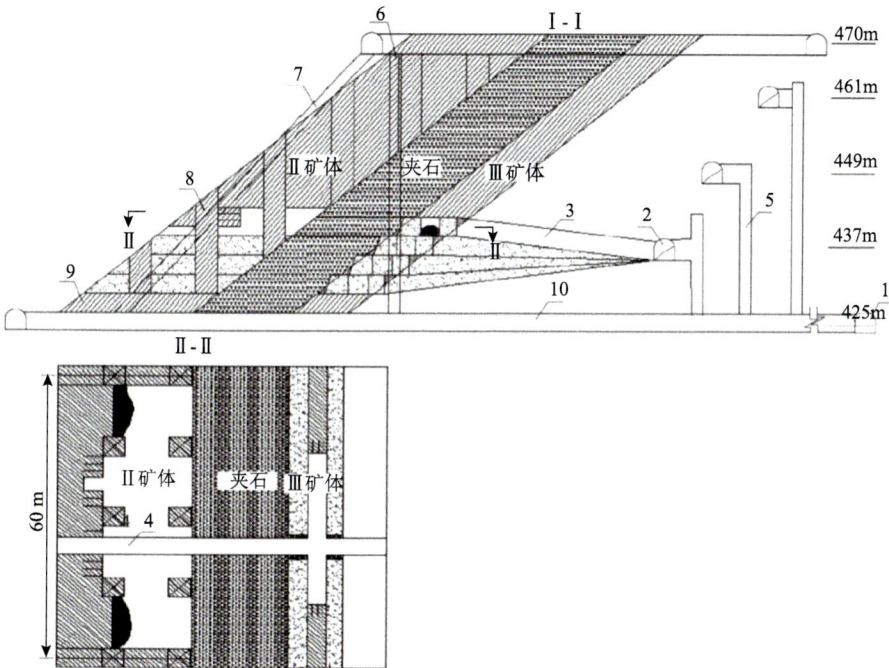

图 3-24　点柱式上向水平分层胶结充填法

1-沿脉运输巷；2-分段联络道；3-分层联络道；4-切割平巷；5-矿石溜井；6-顺路溜井；7-充填回风井；8-点柱；9-底柱；10-穿脉平巷

凿岩：采用自下而上逐层回采。采用 BOOMER281 凿岩台车钻凿水平炮孔，孔深 3.8～4.0m，孔间距 1.5m，排距 0.75m。

爆破：凿岩结束后清洁炮孔，人工装填岩石乳化炸药，起爆器配 CCH 型导爆管非电击发导爆管雷管后引爆导爆索，进而起爆每个炮孔中敷设的导爆管雷管，进而引爆炸药爆破落矿。

顶板支护：落矿后，对于爆破作业面区域顶板和两帮不平整部分与倒挂部分采用撬顶等安全措施。首先撬松动的围岩，顶板出现比较大的节理面剪切岩石时，采用锚杆垂直节理面加固顶板。若顶板出现多组小节理面剪切岩石产生碎石，采用网、喷支护；若顶板既有大节理面又有多组小节理面剪切岩石时，采用锚网喷射混凝土支护。其中锚杆长 1.8～2.0m，网度为（0.8～1.2）m×（0.8～1.2）m。

采场出矿：确保作业安全后方可进行出矿作业，出矿采用斗容为 2m³ 的柴油铲运机，由分段沿脉经采场联络道进入采场内进行铲装作业，铲取矿石后卸入顺路溜井或脉外矿石溜井，经电机车运至主溜井。分层回采结束后，清理采场，以减少遗留矿石，降低损失。

顶柱回收：根据矿岩稳定性情况，采场底柱可随下中段采场正常回采顺序上采一层，剩余 3m 作为永久损失不再回采。

采场充填：正常分层回采结束并清场后，加高人行滤水井，构筑充填挡墙。每分层采高 3m，充填高度 3m。其中下部 2.5m 充填体采用低标号分级尾砂胶结充填[灰砂比为1∶（30～32）]；上部 0.5m 浇面层采用灰砂比为 1∶6～1∶8 的充填体作为下一分层回采时的作业平台。最后一分层根据顶柱厚度要求和顶柱的稳固性调整采幅，采高为 2～

4m，采完后充填接顶。

（3）主要技术经济指标。

点柱式上向水平分层充填采矿法的采场生产能力为400t/d，采切比为31.62m³/kt，矿石贫化率为6.54%，采矿损失率为19.59%。

4. 机械化上向水平分层充填采矿法

随着无轨凿岩设备、铲运机、辅助设备等的广泛使用，上向分层充填采矿法逐渐向机械化方向发展，使得采场结构与参数发生了较大变化，如当沿走向布置采场时，采场长度变得更长了；当垂直走向布置采场时，可通过布置若干盘区回采来组成一个大的回采单元，这便衍生出了机械化上向水平分层充填采矿法。另外，该采矿方法为了实现机械化强采强出，提高采场生产能力，需要同时匹配相应的采场斜坡道，以便无轨自行设备能够快速进入各个分层。

1）沿走向布置采场的机械化上向水平分层充填采矿法

（1）矿块布置与结构参数。

矿块结构如图 3-25 所示。矿块沿走向布置，阶段高度为 60～80m，矿块长度一般为100～300m，最长可达 800m，宽度为矿体厚度，底柱高度为 6m。

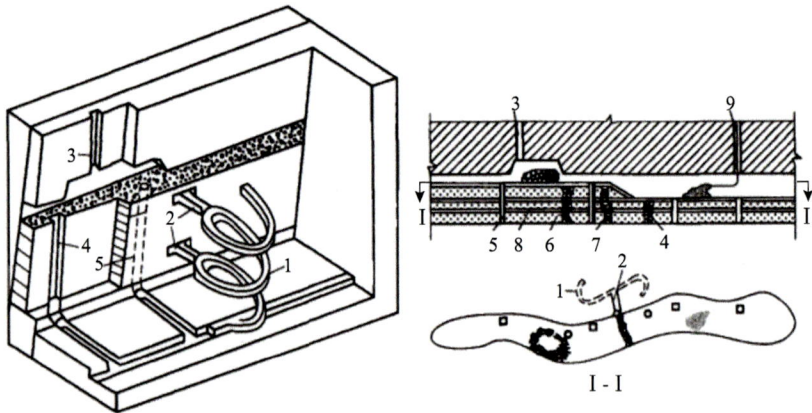

图 3-25 沿走向布置采场的机械化上向水平分层充填采矿法矿块结构

1-采场斜坡道；2-分层联络道；3-充填天井；4-矿石溜井；5-滤水井；6-尾砂；7-尾砂隔墙；8-混凝土垫层；9-充填管

（2）采准切割。

在上盘或下盘围岩中掘进螺旋式或折返式斜坡道，并采用分层联络道进入各分层采场，分层联络道高度为 3～4 个分层高度，或由斜坡道出口处只掘一分段联络道进入本分段最低分层采场，无轨自行设备进入上一分层可通过废石堆垫采场临时斜坡完成。矿石溜井布置在采场内或其下盘，且每个采场应布置一个充填井和两个顺路滤水井。其余采准切割工程与上向水平分层胶结充填采矿法相同。

（3）回采与充填工作。

分层高度一般为 3～4m，采用凿岩台车钻上向炮孔或水平炮孔落矿，利用铲运机将崩落矿石转运至矿石溜井。待回采完成后通过水砂方式充填采空区，当充填材料距离上

盘围岩 2.6～3.0m 时，充填方式改为胶结充填，其充填厚度为 0.3～0.5m。一般要求胶结充填体单轴抗压强度达到 2.0MPa 以上，才能方便无轨铲运机等设备运行，从而实现采矿作业效率提高。

2）盘区式机械化上向水平分层充填法

当矿体厚度大于 10m 时，采场垂直于矿体走向布置，利用分段联络道将若干采场连通成一个大的回采单元，即盘区。盘区式上向分层充填采矿法一般通过脉外采准，如图 3-26 所示，在矿体下盘围岩中掘进螺旋式或折返式斜坡道，斜坡道通过分段巷道和分段联络道与采场连通，作为人员、设备、材料和通风的主要通道。

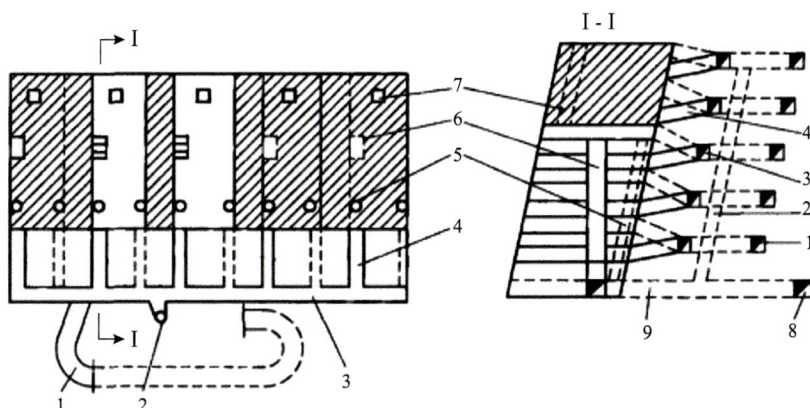

图 3-26　盘区式上向分层充填法

1-斜坡道；2-脉外矿石溜井；3-分段巷道；4-分段联络道；5-脉内矿石溜井；6-顺路人行滤水井；7-充填通风井；8-阶段运输平巷；9-阶段运输横巷

一般盘区内有 3～5 个采场，主要结构参数：阶段高度 60～80m，分段高度 8～15m，分层高度 3～4m，矿房高度 10～12m，间柱宽度 5～8m，底柱高度 6～8m，不留顶柱。

3）矿山实例

柿树底金矿Ⅳ号主矿体赋存于含金构造蚀变带中。矿脉走向长 400m，倾向延伸 300～400m；矿体属缓倾斜矿体，倾角为 10°～45°，平均倾角为 30°；矿体厚度以薄—中厚矿体为主，厚度为 0.5～15m，平均厚度为 3.39m；多条矿脉呈似层状、板状产出，分支复合现象严重；矿体品位极低且分布不均匀，平均品位仅为 1.51g/t。而该矿经多年的空场法开采遗留了大规模的采空区群，严重威胁深部采场作业安全，因此，需转型升级为安全高效的充填采矿法。经过多个方案的技术对比，优选机械化上向水平分层充填采矿法作为主体开采方案，选择具有典型代表性的 506 号采场作为首采试验采场，其工艺技术及参数如下。

（1）采场结构参数。

矿块垂直矿体走向依次布置 506-1 号采场、506-2 号采场和 506-3 号采场，相邻采场间柱宽度增加至 5m，并将采场暴露面积控制在 800m² 以内。该矿山的采场机械化上向水平分层充填采矿法方案如图 3-27 所示。

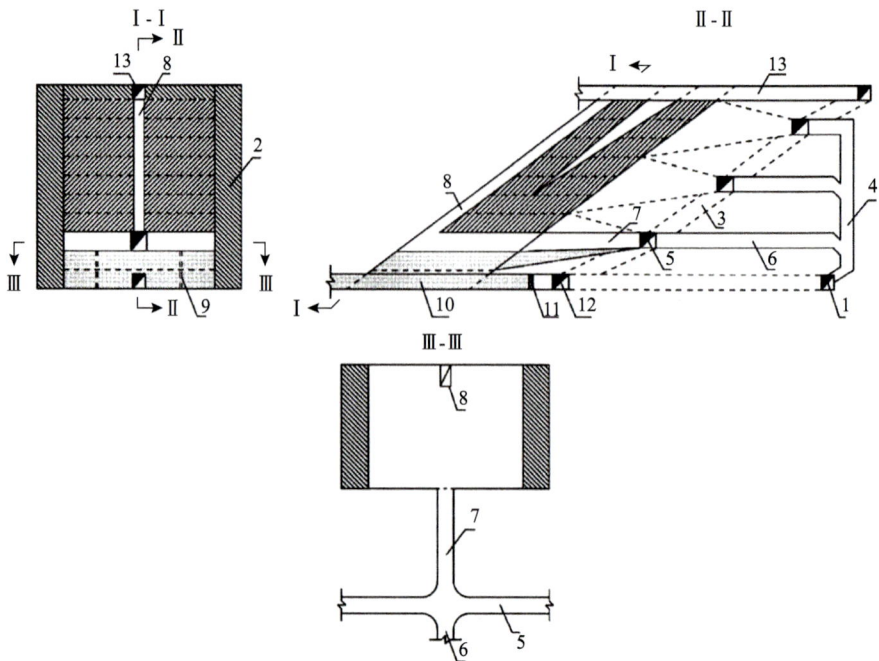

图 3-27　机械化上向水平分层充填法采场结构

1-阶段运输平巷；2-间柱；3-斜坡道；4-溜井；5-分段联络平巷；6-卸矿横巷；7-分层联络道；8-充填回风井；9-泄水管；10-充填体；11-充填挡墙；12-沿脉巷道；13-穿脉巷道

（2）采切工程。

采准工程主要包括掘进斜坡道、分段联络平巷、分层联络道、卸矿横巷、溜井、充填回风井、充填回风巷等，切割工程主要为掘进拉底巷道。

（3）回采工作。

以最下一层拉底巷道作为爆破自由面，将整个采场拉开形成拉底空间，并向上挑顶来回采第二层矿体。采用液压凿岩台车凿岩、水平炮孔的爆破方式，每次爆破后，必须通过敲帮问顶、通风 40min 以上，且确保安全后作业人员方可进入采场工作。利用 WJD-2 电动铲运机搬运矿石，经分层联络道、分段联络平巷、卸矿横巷运至溜井卸至阶段运输平巷。

（4）充填工作。

每回采一个或若干个分层矿体后及时进行充填，待充填准备工作完成后，利用地表充填泵将制备好的充填料浆通过充填管道泵送至充填地点。机械化上向水平分层充填采矿法在每分层中分两种充填方式完成，一种是在单分层中最上部 0.3～0.5m 进行胶结充填，另一种是在其余部分采用非胶结充填。

（5）评价。

机械上向水平分层充填法适用于围岩中等稳固或稍差的中厚及以上的矿体，具有采切工程量小、通风条件好、回采作业安全、矿房贫化率低等优点。

3.2.3　下向分层充填采矿法

将矿块划分为多个分层，自上而下进行分层回采和充填，下分层回采工作是在上分

层充填体的安全保护下开展的。所以,下向分层充填采矿法对人工充填假顶的强度要求较高,必须保证安全回采。

下向分层充填采矿法分为下向水平分层水力充填采矿法和下向倾斜分层充填采矿法。其中水平分层有利于凿岩爆破与支护工作,而倾斜分层方便充填接顶和矿石搬运。

下向分层充填采矿法根据充填料的不同也可分为下向分层水力充填采矿法和下向水平分层胶结充填采矿法,因充填质量要求较高而不能采用干式充填。

1. 下向水平分层水力充填采矿法

1)矿块布置与结构参数

下向水平分层水力充填采矿法典型方案如图 3-28 所示。矿块沿走向布置,阶段高度为 30～50m,矿块长度为 30～50m,宽度为矿体全厚度,不留顶底柱和间柱。

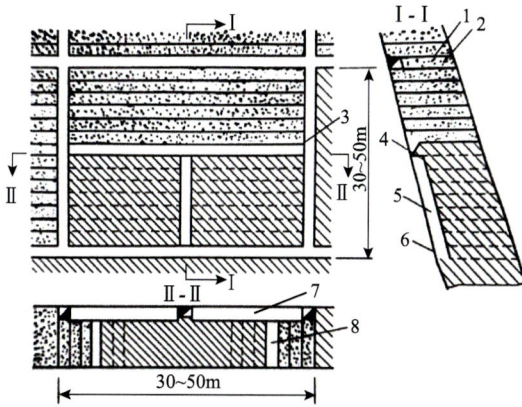

图 3-28 下向水平分层水力充填采矿法矿块结构
1-人工假顶;2-尾砂充填体;3-顺路充填天井;4-矿块天井;5-矿石溜井;6-阶段运输平巷;7-分层切割平巷;8-分层采矿巷道

2)采准切割

阶段运输平巷沿着下盘围岩或在下盘围岩中布置。顺路充填天井布置在矿块中部,随回采分层下降而逐渐变长;矿块天井布置在矿块两端的下盘接触带,供行人、通风等使用;矿石溜井布置在矿块中部,并随着分层回采而逐层消失;分层切割平巷与分层采矿巷道为凿岩爆破提供自由面。

3)回采工作

回采方式分为巷道回采和分区壁式回采两种。其中分区壁式回采适用于上下分层矿体长度和厚度相同的矿床,而巷道回采适用于其余类别的矿床。

对于巷道回采,当矿体厚度小于 6m 时,沿走向布置两条回采巷道,先采下盘的,后采上盘的;当矿体厚度大于 6m 时,回采巷道垂直或斜交切割巷道,且间隔回采。而对于分区壁式回采,先将每一分层以溜井为中心按扇形结构划分为区段,再沿着壁式工作面进行全区段连续回采,见图 3-29。

回采分层高度一般为 2～3m,回采巷道宽度为 2～3m。一般采用浅孔凿岩爆破落矿,孔深 1.6～3.0m。通过无轨电铲设备或电耙搬运出矿。巷道一般采用立柱或木棚支护,间

距 0.8～1.2m。壁式工作面利用带长梁的立柱支护，排距 2m、间距 0.8m。

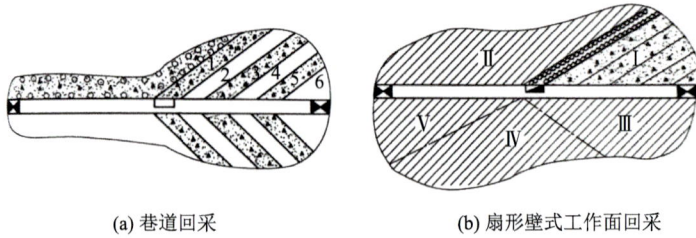

(a) 巷道回采   (b) 扇形壁式工作面回采

图 3-29　黄砂坪 5 号矿体下向尾砂充填法

1～6 为回采顺序；Ⅰ～Ⅴ为分区回采顺序

4）充填工作

充填前需要先清理采场底板粉碎矿，随后砌筑钢筋混凝土底板（下一分层的人工假顶）和混凝土墙，钉隔离层及构筑脱水砂门等。然后，架设充填管道开始进行水力充填，如图 3-30 所示。充填管道应紧贴顶梁，其出口距充填地点需要小于 5m，充填过程中其口应上仰 5°～10°，以便充填材料紧密接顶。如果充填工作面很长，需要进行分段充填。如果充填方向与滤水方向相反，则应进行后退式充填工作。对于切割巷道，需要重复回采巷道充填步骤来完成充填。待分层中所有巷道充填完毕后，需要做闭层工作后才能开展下一步的回采、支护及充填工作。

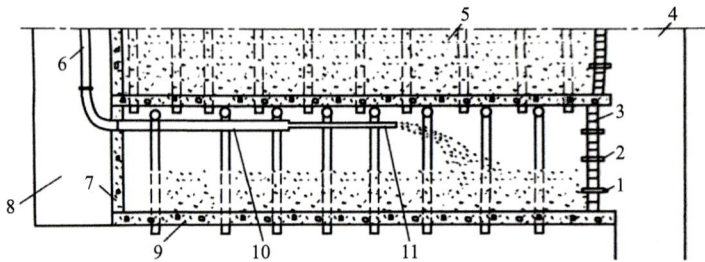

图 3-30　充填工作面布置示意图

1-木塞；2-竹筒；3-脱水砂门；4-矿块天井；5-尾砂充填体；6-充填管；7-混凝土墙；8-人行材料天井；9-钢筋混凝土底板；10-软胶管；11-楠竹

2. 下向水平分层胶结充填采矿法

下向水平分层胶结充填采矿法与下向水平分层水力充填采矿法的根本区别在于充填体不同，仅需要在回采巷道两端浇筑混凝土挡墙，不再需要钢筋混凝土底板和隔离层等构筑物。该采矿方法的矿块布置和结构参数、采准切割及回采工艺与下向水平分层水力充填采矿法基本相同。

下向水平分层胶结充填采矿法典型方案如图 3-31 所示。该采矿方法一般采用巷道回采，巷道高度为 3～4m，宽度为 3.5～4m（甚至可达 7m），主要取决于充填体强度。一般采用间隔方式逆倾斜回采，以有利于搬运矿石和充填接顶。上下相邻分层的回采巷道需要互相错开布置，以防上层充填体没有凝固而导致下层矿体回采时产生人工假顶充填体垮落现象。

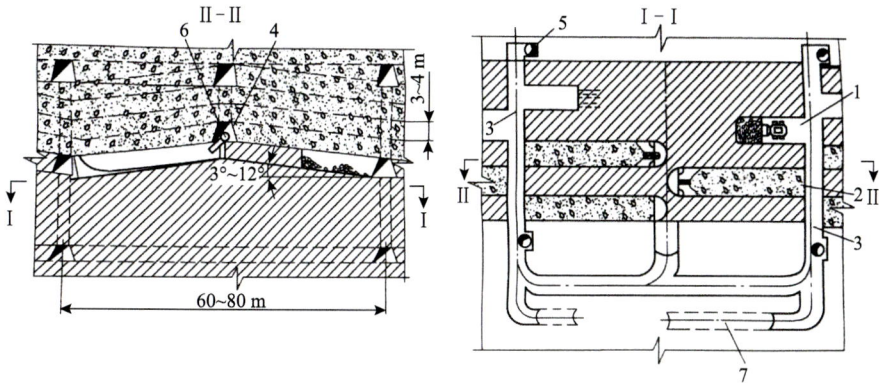

图 3-31　下向水平分层胶结充填采矿法
1-巷道回采；2-进行充填的巷道；3-分层运输巷道；4-分层充填巷道；5-矿石溜井；6-充填管路；7-斜坡道

对于深部矿体（埋深 500m 以上）或地压较大的矿体，充填前需要在巷道底板上铺设钢轨或圆木，并在其上面铺设金属网，使得胶结充填后能够形成钢筋混凝土结构，从而实现充填体强度提高。

以毛坪铅锌矿为例，说明该充填采矿法在矿山的实际应用情况。

毛坪铅锌矿区域构造变形特征独特，西为北东向构造带，东为北西向构造带，两构造带交汇部位组合成了"人"字形、"T"字形构造。该矿处于北东向构造与北西向构造的相交部位，构造活动强烈，区内构造复杂，断裂发育，褶皱以紧密尖棱褶皱为主，且被断层破坏而不完整，因此该矿床具有矿体分散、地应力高、涌水量大等地质特征，属于复杂难采破碎矿体。该矿区属于水文地质条件中等偏复杂型的岩溶裂隙水直接充水矿床，工程地质条件属于以坚硬、半坚硬岩组为主的中等偏复杂类型；矿区地质环境质量类型属中等偏不良类型。由固体矿产开采技术条件勘查类型划分可知，该矿开采技术条件属于以水文地质、工程地质与环境地质复合问题为主的中等至复杂类型。

1）采矿方法及采场结构

该矿所采用的采矿方法为下向水平分层胶结充填采矿法，根据进路布置形式不同分为下向水平分层矩形进路胶结充填采矿法和下向水平分层六边形进路胶结充填采矿法，分别如图 3-32 和图 3-33 所示。

当矿体厚度小于 20m 时，采用下向水平分层矩形进路胶结充填采矿法；当矿体厚度大于等于 20m 时，采用下向水平分层六边形进路胶结充填采矿法；当矿体厚度变化较大时，采用矩形和六边形进路胶结充填采矿法联合回采。其中对于下向水平分层矩形进路胶结充填采矿法，进路可沿走向或垂直走向布置，相邻两个分层进路垂直交错布置，每条进路独立为一个回采单元，回采一般采用"隔三采一"的方式，分层高度为 3m、宽度为 3m 或 3.5m，分层脉内沿脉净宽度为 3m、高度为 3m；而对于下向水平分层六边形进路胶结充填采矿法，进路沿垂直矿体走向布置，每条进路独立为一个回采单元，回采一般采用"隔一采一"的方式，六边形进路底宽度为 3m、腰宽度为 5m、高度为 5m，沿矿体走向并在下盘矿岩界线位置布置分层联络道，分层脉内沿脉净宽度为 3m、高度为 2.5m。

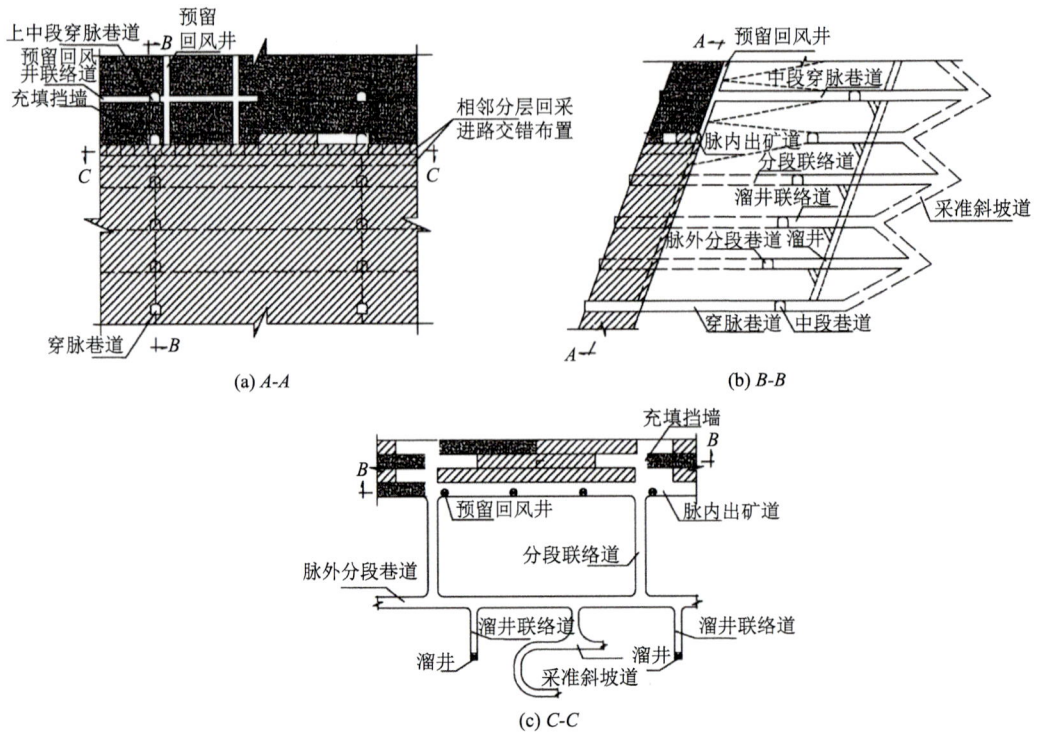

(a) A-A

(b) B-B

(c) C-C

图 3-32　下向水平分层矩形进路胶结充填采矿法采场结构

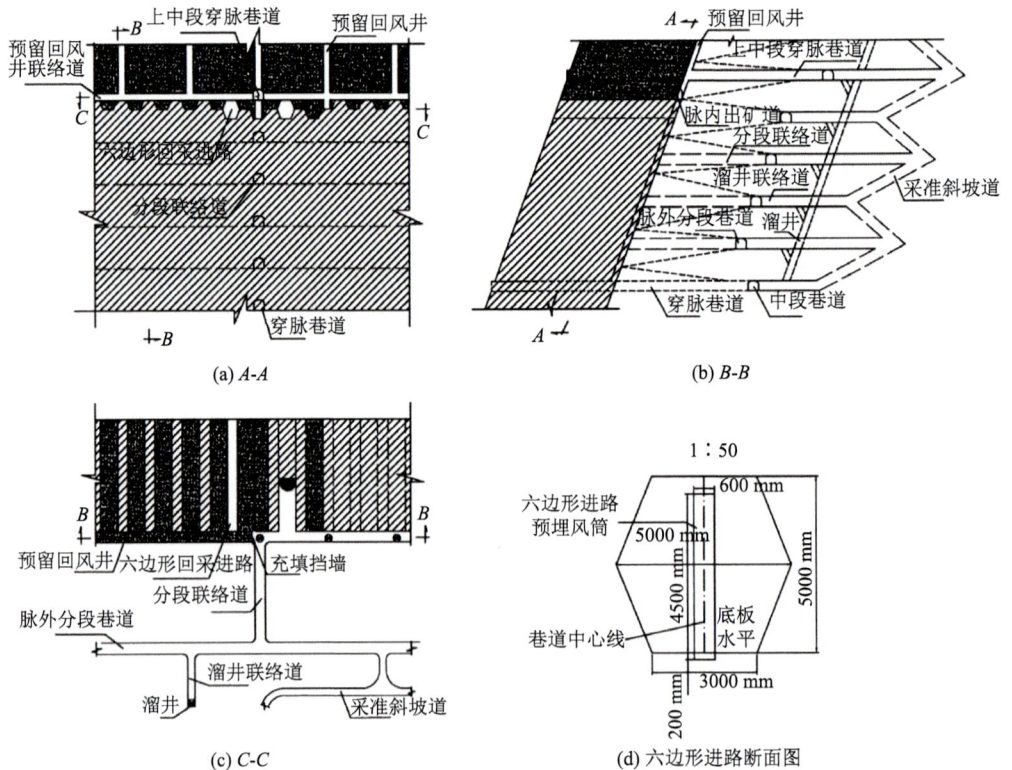

(a) A-A

(b) B-B

(c) C-C

(d) 六边形进路断面图

图 3-33　下向水平分层六边形进路胶结充填采矿法采场结构

2）采准切割

采准切割主要工程有掘进穿脉巷道、采准斜坡道、分段巷道、分段联络道、溜井联络道、溜井、脉内出矿道等。每间隔 60m 划分为一个盘区，穿脉巷道垂直矿体布置，巷道规格为 3m×3m；按 60m 确定一个中段高度，中段内布置 5 个分段，分段高度为 12m。对应每个分段沿走向布置分段巷道与采准斜坡道连通。每个盘区布置一条矿石溜井，其断面参数为 2m×2m。在每个分层水平沿矿体走向布置脉内出矿道，间隔 20m 预留回风井，用于回采进路通风，并在其内预留回风井联络道，使各个预留回风井相互连通；垂直方向上，回风井随着回采分层下降而逐步预留形成。

3）回采工作

（1）凿岩。

采用 YT-28 凿岩机凿岩。凿岩顺序依次为掏槽眼、辅助眼、周边眼。矩形进路掏槽眼布置在进路中间偏下 500mm 左右，眼距 500～800mm；辅助眼均匀布置在掏槽眼与其他炮眼之间，眼距 600～1000mm；周边眼眼位离轮廓线 300～400mm，顶部周边眼可视矿体破碎程度再放大 200～300mm；进路下侧帮眼及进路有原岩一侧的周边眼眼位离轮廓线 200～300mm；眼距视矿体破碎程度调整，一般为 200～600mm。六边形进路掏槽眼布置在进路中间偏下 500mm 左右，眼距 500～800mm；辅助眼均匀布置在掏槽眼与其他炮眼之间，眼距 600～1000mm；周边眼眼位离轮廓线 300～400mm，顶眼可视矿体破碎程度再放大 200～300mm；进路下侧帮眼及进路有原岩一侧周边眼眼位离轮廓线 200～300mm；眼距视矿体破碎程度调整，一般为 200～600mm；底眼离底板 200～300mm，眼距 500～1000mm。

（2）装药爆破。

采用人工装药，装药时用木质或竹制炮棍将药卷逐次轻推入炮孔内。采用非电导爆管起爆，1 号、2 号岩石乳化炸药，磁电雷管引爆。起爆顺序为掏槽眼—辅助眼—周边眼。导爆管每 2～5 根为一段，9 段并联为一组与一根同段导爆管串联，用一发磁电雷管引爆。

（3）通风。

采用局扇通风。通风时间不低于 30min，并检查确认有毒有害气体 CO 浓度≤30μg/g，每班作业前应用便携式有毒有害气体检测仪检测合格后方可允许作业。

（4）支护。

对下向水平分层采矿首采分层的顶、帮进行锚杆锚网支护，一般选用管缝式锚杆，长度 1.8m，支护网度为 0.9m×0.9m。对于不稳固顶板、局部回采断面超出设计范围及暴露时间长的顶板采用立柱支护；对于回采断面超挖较为严重的顶板采用簇木支护；对于充填不接顶、顶板压力大而且支承面积大、垮塌顶板或相邻矿房充填连续不接顶回采时的二次辅助接顶采用垛木支护。

（5）出矿。

采用无轨铲运机出矿，出矿过程中对大块废石及充填体进行分拣，减少废石混入造成贫化。出矿完成后对出矿道洒落的矿石进行当班清理、回收，从而提高矿石回收率。

4）充填工作

采场充填前应先进行平场、铺筋。矩形进路铺筋工艺为：假底布单层筋，选用 Φ12mm

螺纹钢，布筋网度 350mm×350mm，交叉处用铁丝捆绑牢固；相邻进路钢筋网互相焊接牢固，焊接长度不低于 10d，敷设时沿进路两帮预留 500mm；钢筋网用石块垫高 50～100mm；进路与上盘或端部围岩接触时，需打入锚杆悬吊假底钢筋网，锚杆采用 Φ30mm 圆铁加工的倒楔锚杆，长度 1200mm，间距 1500mm。六边形进路铺筋工艺为：假底及侧帮均布单层筋，选用 Φ12mm 螺纹钢，钢筋网度 1000mm×1000mm，交叉处用铁丝捆绑，底与帮钢筋网要相互焊接，焊接长度不低于 10d，进路底钢筋网用石块垫高 100～150mm；倒梯形进路与分层道铺网要搭接好；主筋铺网与吊挂用 Φ12mm 圆钢加工并焊接在一起，主筋网度 1000mm×1000mm；进路底角处制作吊环，用 Φ12mm 圆钢加工并带弯钩，备下分层充填吊筋连接之用；铺设底部辅钢筋网 Φ6.5mm，网度 300mm×400mm，网片必须铺设在主筋网上方，均要搭接，两侧原岩帮均用金属网护帮；挡墙采用混凝土浇筑，墙体厚度不低于 400mm，强度不低于 C15 强度；搅拌必须人工完成；挡墙浇灌时必须进行人工振捣且一次完成，不允许出现蜂窝麻面；在进路口最高处预留高 500mm、宽 300mm 的观察孔；在挡墙混凝土凝固后，将外挡墙内侧的立柱和模板回收拆下；在充填结束浆体凝固达到强度要求后，将外挡墙的斜撑、立撑、横撑和模板回收拆下；当进路长度大于 40m 时，采用双挡墙进行充填。

5）主要技术经济指标

毛坪铅锌矿采用下向水平分层矩形进路充填采矿法的采场生产能力为 150～200t/d，而采用下向水平分层六边形进路充填采矿法的采场生产能力为 360t/d，主矿体损失率≤3.5%，主矿体贫化率≤6%。

3. 下向倾斜分层充填采矿法

下向水平分层充填采矿法具有作业安全、矿石回采率高、贫化率低等特点，但在充填过程中很难实现充填体密实接顶，常常会遗留 0.2～0.5m 空隙，所以不能很好地控制岩层移动和矿山压力显现现象。针对该技术问题，下向倾斜分层充填采矿法可以较好地解决该难题，相对不足之处就是凿岩爆破和支护工作难度系数增加了。以金川龙首矿为例，说明下向倾斜分层充填采矿法的现场应用情况。

金川龙首矿矿床属于金川一矿区的富矿区段，上盘围岩为二辉橄榄岩，节理发育；下盘围岩为破碎大理岩和二辉橄榄岩，很不稳固。矿石与围岩接触带有 1～2m 的绿泥石化、蛇纹石化破碎带，极易冒落。主矿体西部矿石极破碎，硬度系数 f=4～6，开采后粉矿较多。似层状矿体倾角为 60°～70°，矿体分为上下两部分，厚度分别为 10～20m、20～40m，呈上盘缓、下盘陡的状态，矿岩界线分明，贫富矿平均容重为 2.85t/m³。矿体内主要为铜镍富矿带，其次在边部还有部分贫矿带，在矿体内有时夹有表外矿和极破碎的煌斑岩岩脉。根据矿体赋存条件，该矿采用下向倾斜分层胶结充填采矿法。

1）结构参数

采场垂直矿体走向布置，区段长度为 50m，矿体宽度为 20～30m，分层高度为 2～2.5m，倾角为 10°～15°。

2）采准切割

采准巷道工程主要包括掘进人行通风井、耙矿巷道、充填横巷、放矿溜井、主要充

填巷道等。切采巷道工程主要包括分层巷道、充填天井等。

下向倾斜分层胶结充填采矿法的工程布置方案分为两种：①"人"字形，由两翼向中间倾斜掘进进路方案；②"V"字形，由中间向两翼倾斜掘进进路方案。前一种方案，同时可以回采的进路多，效率高，管理分散，充填工作集中，如 11～12、12～12+25、14～13+25 行采用该方案；后一种方案，同时生产的进路少，管理集中，充填分散，如 13～13+25 行采用该方案。图 3-34 为 11～12 采场下向倾斜分层胶结充填采矿法采场布置图。

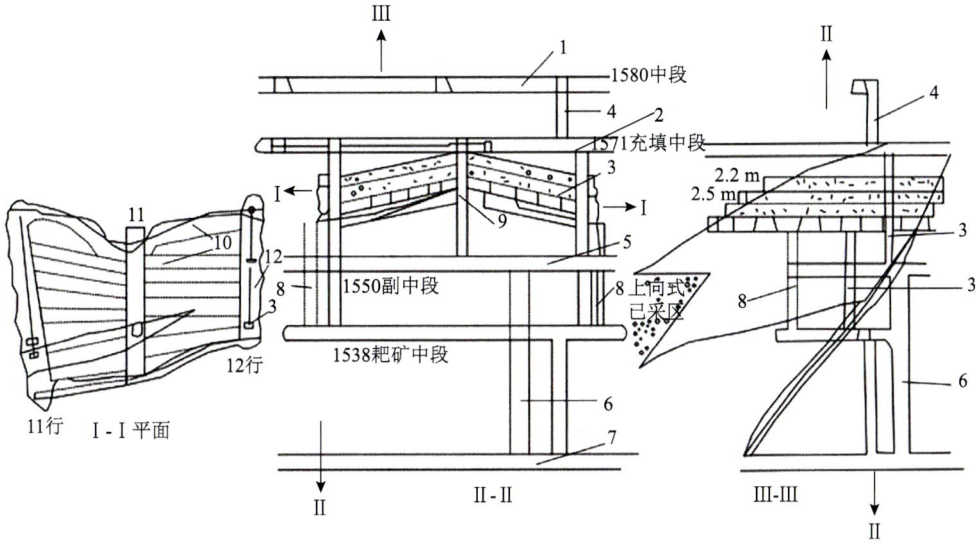

图 3-34　11～12 采场下向倾斜分层胶结充填采矿法采场布置

1-1580 上盘运输巷道；2-1571 混凝土耙矿巷道；3-人行放矿天井；4-人行材料天井；5-1550 副中段；6-放矿溜井；7-1520 运输巷道；8-人行通风井；9-充填天井；10-回采巷道；11-充填横巷；12-分层巷道

主要开拓生产运输中段间距为 60m，中间开有副中段（1550 中段），仅作为集中耙矿中段。充填运输中段为 1571 中段，并在矿体底部布置一条集中耙矿中段（1538 中段）。

为了保证开采时通风良好，在下部中段（1538 中段）两翼必须各掘一个行人、通风井，在 11+25 行掘充填天井，贯通 1571 充填中段，在 1571 中段掘一充填横巷，以保证充填料能运到每一条进路。分层高度一般为 2.5m×2.5m，并架设木棚子，第 1～2 分层棚子间距为 1m，第 3 分层以下棚子间距可加大至 1.5～2m。

3）回采工作

回采工作分为两部分：①第 1～2 分层回采，主要是形成人工假顶，回采效率低。由于矿石破碎，在第 1 分层回采中，不容易形成完整的人工顶板，必须通过第 2 分层的回采及充填工作，才能形成完整的人工顶板；②第 2 分层以下正式回采工作的生产效率将有显著提高。

回采工作包括清矿、架棚、凿岩、爆破等作业。每小班在一个采面进行一次循环，每循环进尺 1～1.2m，运输工作通过电耙完成。待回采采完后就进行清底、封口、拆除设备然后进行充填。充填时必须有专人看管，防止充填材料跑、漏。

第二分层以下回采，除分层巷道因经常开口，跨度较大，需架设木棚外，进路基本上都可不架棚子。回采时只掘宽 2m、高 2.5m 的回采巷道，掘至充填道下部，再掘一充填天井（1m×1.5m）与充填横巷贯通。采用间隔式进路回采，使每分层充填次数由 3～4 次减少到 2～3 次，如图 3-35 所示。

4）充填工作

采场进口利用 5cm 木板封住，再用圆木加固，充填时由于该处压力很大，大部分半流体的充填料都压在进路封口处，若加固不坚或有漏洞，就会造成大量充填料流失。

充填材料主要以 45mm 以下粒径的戈壁砂石混合集料作骨料，普通硅酸盐水泥作胶结材料。其中砂石通过溜井下放到井下皮带道，再转运到井下砂石井；地表设有水泥浆制备站，水泥浆通过管道流到搅拌站中，搅拌站中有连续式搅拌机和间断式搅拌机，搅拌的充填料浆通过电耙耙到采场充填天井中进行采场充填。

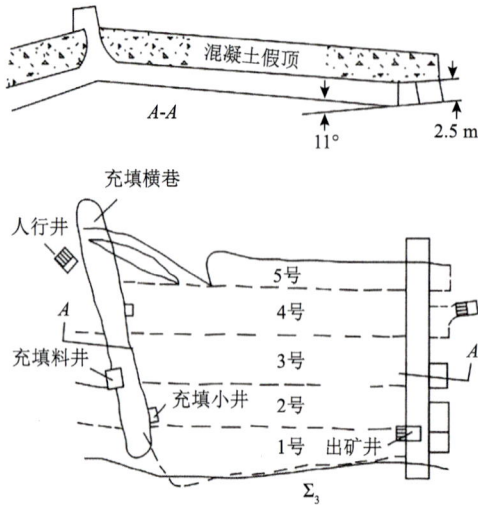

图 3-35 采场宽进路回采图

4. 评价

下向分层充填采矿法适用于地压大、围岩破碎或不稳固和上覆岩层需要保护等复杂地质条件的矿山，但该方法由于存在凿岩爆破和支护工作不便利等缺点，应用不广泛，然而在适宜条件下代替分层崩落法，可以取得较好的技术经济效果。随着无轨自行设备（如凿岩设备等）不断向智能化方面发展，该采矿方法的生产效率将会得到较大提高。因此，下向分层充填采矿法具有较广阔的应用前景，尤其是胶结充填工艺。

3.2.4 进路充填采矿法

进路充填采矿法和分层充填采矿法的工艺特征基本相同，两者的区别主要是前者通过掘进进路进行回采。一般当矿体厚度小于 20m 时，沿矿体走向布置进路，尤其是厚度小于 5m 的缓倾斜矿体；当矿床厚度大于 20m 时，垂直矿体走向布置进路。

进路充填采矿法一般采用间隔回采，对于上盘围岩稳定性良好的矿山也可以进行连续回采。进路条数与矿体厚度和顶板情况有关，对于厚矿体，一般有 2～5 条进路可以回采，而对于薄矿体，常常采用单一进路回采，待每条进路回采结束后应立即进行充填。

进路充填采矿法包括上向进路充填采矿法和下向进路充填采矿法。

1. 上向进路充填采矿法

1）工艺特征

上向进路充填采矿法是按照从上往下的顺序进行回采，且每一分层需要掘进分层联

络道，进路沿分层全高走向或垂直走向布置，采用间隔或顺序回采方式。待整个分层回采和充填作业完成后才可开展上一分层开采工作。

2）进路断面形状与回采方法

为了提高上向进路充填采矿法的采场综合生产能力，通常采用高效的凿岩台车和铲运机出矿，可以有效提高采场综合生产能力。进路断面形状可为平行四边形[图 3-36（a）]、梯形[图 3-36（b）]、矩形[图 3-36（c）、（d）]。平行四边形断面仅适用于进路顺序回采，而对于梯形和矩形断面，可适用于间隔或顺序进路回采。为了减少相邻进路回采带来的矿石贫化现象，一般第一步回采时采用强度较高的胶结充填，且进路宽度较窄；第二步回采时可采用强度较低的胶结或非胶结充填，且进路宽度较宽，这样既能保证安全，又能节约充填成本。

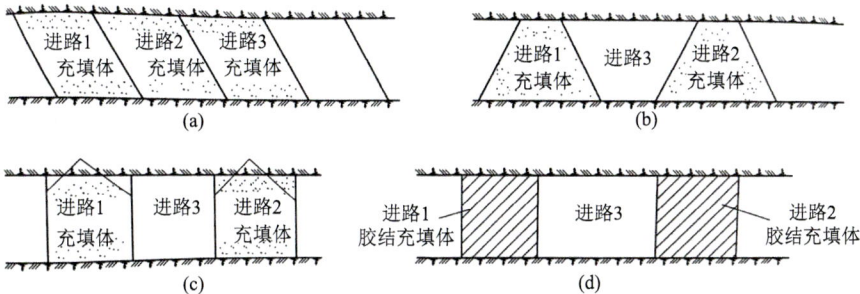

图 3-36 进路断面形状与回采顺序

3）评价

上向充填进路采矿法的矿石回采率高、贫化率低，但回采充填作业强度大、劳动生产率低。

2. 下向进路充填采矿法

下向进路充填采矿法是按照从上往下的顺序进行回采，所以只有第一分层中的进路采充工作是在真实顶板下进行的，其余分层中的进路采充工作均是在胶结充填体形成的人工顶板下进行的。因此，该方法适用于上盘围岩稳定性较差的矿床，并且对充填体的强度要求也较高，通常采用胶结充填采矿法充填采空区。

对于下向进路充填采矿法，进路可分为倾斜进路和水平进路。为了更好地实现充填接顶，通常采用倾斜进路，角度一般为 5°～12°。另外，为了保证矿山安全开采，一般下一分层进路与上一分层进路错开布置，且每一分层充填的下部充填体强度要高于上部充填体强度。

下向进路充填采矿法示意图如图 3-37 所示。

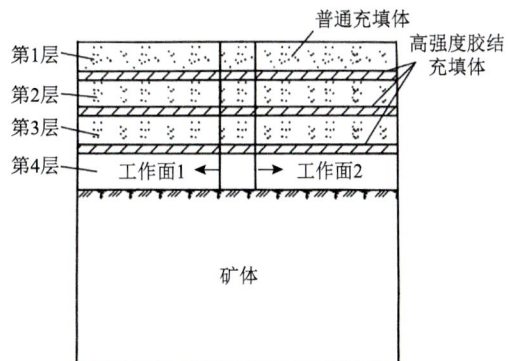

图 3-37 下向进路充填采矿法

3. 矿山实例

保康白竹磷矿区磷矿层产于上震旦统陡山沱组下段,从下往上有两层磷矿层(由 Ph_1 矿层、Ph_3 矿层组成),呈缓倾斜产出,Ph_1 矿层平均厚度为 5.54m,夹层厚度为 0~5.58m,Ph_3 矿层平均厚度为 9.00m,矿体平均倾角为 12°~25°,矿石主要为白云质条带状磷矿岩,岩石硬度系数 $f=9$~11,为碎裂中—坚硬岩组,稳固性好,容重为 2.95t/m³,松散系数为 1.86,自然安息角为 38°~41°;直接顶板为薄—中层含磷泥质泥晶白云石,岩石的硬度系数为 $f=13$,稳固性好,允许有一定暴露时间;矿层底板为含磷钾硅质页岩,岩石硬度系数 $f=11$,坚硬稳固;夹层的岩性为含磷钾硅质页岩,岩石容重为 2.79t/m³,松散系数为 1.5,矿岩无结块、自燃现象,矿区地表为高山,不允许崩落。根据其开采技术条件,该矿下部 Ph_1 矿层采用伪倾斜进路充填采矿法,上部 Ph_3 矿层采用预切顶下向分层房柱采矿法。

1)结构参数

Ph_1 矿层进路长度为 80m,宽度为 8m;Ph_3 矿层采场长度为 66m,采场进路宽度为 10m。沿走向划分盘区,在盘区沿走向与矿体倾向方向偏斜 50°进行伪倾斜布置矿房。盘区宽度为 187m,盘区长度斜长约 58m(伪倾斜斜长为 90.2,中段高度为 15m),盘区顶柱高度为 5m,底柱 Ph_1 矿层厚度为 14.5m,Ph_3 矿层厚度为 9.5m,间柱高度为 10m,Ph_1 矿层矿房(矿柱)长度为 59.9m,Ph_3 矿层矿房(矿柱)长度为 67.7m,点柱规格为 10m×10m(Ph_3 矿层)。Ph_1 矿层与 Ph_3 矿层的采矿方法图如图 3-38 所示。

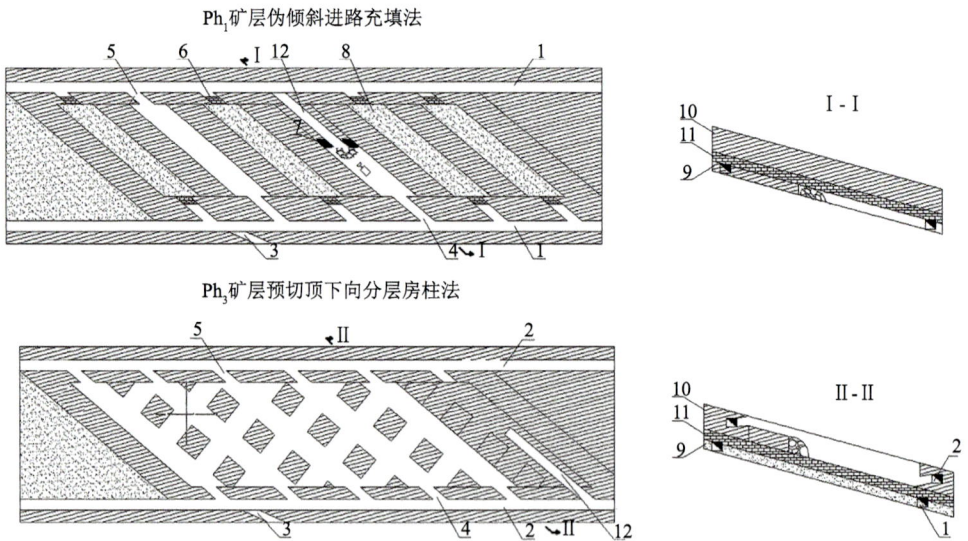

图 3-38 伪倾斜进路充填与预切顶下向分层房柱采矿方法图
1-Ph_1 运输平巷;2-Ph_3 运输平巷;3-上下层联络道;4-矿层出矿巷道;5-回风及充填巷道;6-充填体挡墙;7-炮孔;8-充填体;9-Ph_1 矿层;10-Ph_3 矿层;11-夹层;12-切割巷道

2)采准切割

采准切割工程主要包括掘进 Ph_1 运输平巷、Ph_3 运输平巷、矿层出矿巷道、回风及充填巷道、凿岩巷道、切割巷道、上下层联络道等。中段内沿矿体走向布置 Ph_1 运输平巷,

其既采准矿体，又作为矿石运输平巷。在矿体走向中部区域设置斜坡道，铲运机和凿岩台车均可通过斜坡道到达各中段 Ph_1 运输平巷。

每个盘区布置一条从 Ph_1 运输平巷向上通往 Ph_3 矿层的上下层联络道，巷道一般采用锚网支护，碰到围岩不稳固的地方采用锚网喷联合钢拱架加强支护。

盘区内分别布置 11 个矿房或矿柱，矿房、矿柱交替布置，宽度均为 10m。在每个矿房或矿柱的中心施工一条凿岩巷道，在盘区底柱内正对每个矿房的凿岩巷道位置施工一条出矿巷道，在盘区顶柱内正对每个矿房的凿岩巷道位置施工一条回风兼充填巷道。

当开采矿层厚度大于 5m 时，进行分层回采，先进行切顶工作，每个矿房内布置一条切顶上山，切顶后采用锚网支护，保证顶板稳定。采准工作完成后，在每个矿房或矿柱的下端开凿切割巷道作为回采爆破的自由面。采准切割工作采用掘进凿岩台车凿岩，铲运机出渣。

3）回采工作

一个矿房或矿柱采切工程完成后，便可以开始进行回采作业。回采顺序为从下往上回采出矿，先采 Ph_1 矿层，然后对 Ph_1 矿层进行充填，充填体达到设计强度后再开始回采 Ph_3 矿层。盘区内回采顺序为沿走向从一侧向另一侧推进间隔矿房回采，间隔矿房回采胶结充填后再采另外的间隔矿房，矿房内回采顺序为自下往上。

当开采矿层厚度大于 5m 时，先采上部切顶层，切顶完成后采用锚网护顶，接着回采下部矿层，层与层的矿房回采工作面之间超前距离大于 15m。当矿层厚度小于 5m 时，一次性回采矿体全层厚度，如顶板不稳固采用锚网支护，保证顶板稳定。回采采用凿岩台车凿岩，人工装药爆破。采场内大块用风镐等人工破碎，出矿块度要求小于 300mm。采场除主扇通风外还用局扇加强通风，并采用湿式凿岩和喷雾洒水以降低粉尘浓度。

回采后需要认真检查顶板，处理浮石，由于直接顶板为含磷白云岩，其稳定性较好，一般情况下顶板采用锚杆支护，局部破碎地段采用锚网（锚索）支护；在回采矿房内留间柱，在分段巷道两侧留顶、底柱，在矿块间留连续矿柱，保证作业安全。

Ph_1 矿层回采时，一个条带矿房回采结束后，应及时对条带采空区进行胶结充填处理，并在条带矿房出矿巷道的顶板处布置若干监测点；Ph_3 矿层矿柱不回收，盘区回采结束后，利用剩余充填料对空区进行部分充填，并及时封闭采空区，留设通气天窗，控制顶板自然冒落时气浪的冲击方向，防止造成危害，采空区与生产区留有连续矿柱隔离，及时封闭空区至生产区及地表的一切通道，并设警示标志以防人员误入。

4）充填工作

回采 Ph_1 矿层时，一个矿房出矿完毕，即开始考虑对采空区进行高标号胶结充填形成人工矿柱，待人工矿柱于 28 天后达到设计强度后，再在人工矿柱保护下回采另一个矿房，并进行低标号胶结充填。

此外，采场充填的关键工序之一是构筑充填挡墙，其厚度不小于 0.35m，一次充填高度视挡墙稳固性而定。由于矿房长度为 59.9m，为了便于充填料浆流动，每个矿房分 5 步进行充填，每次充填长度约 12m。过高的充填浆体压力会对下部封堵造成较大威胁，为减轻浆体压力对充填体挡墙的影响，采场首次充填时，浆体液面距挡墙最低点不超过 3m。充填时，采场内必须派专人观察充填情况，若发现跑浆事故，及时停止充填，并作

堵漏处理。当充填液面达到设计充填标高时通知地表充填制备站结束充填作业。

5）主要技术经济指标

保康白竹磷矿区的盘区生产能力为700t/d，采切比为6.42m/kt，矿石贫化率为3%，回采率为72.3%。

3.2.5 分采充填采矿法

当矿体厚度小于0.8m时，如果只回采矿石，则作业人员无法在采场内进行工作，所以需要分别开采矿石和围岩，使采场工作面高度达到允许作业最小厚度（0.8~0.9m），且爆落的围岩直接作为充填材料进行采空区充填的采矿方法称为分采充填采矿法。该种采矿方法主要包括壁式分采充填采矿法和分层分采充填采矿法，其中前者适用于开采水平与缓倾斜矿床或开采层不高而开采面积大的矿床；后者适用于开采倾斜、急倾斜矿床。

1. 壁式分采充填采矿法

壁式分采充填采矿法可分为沿走向推进壁式分采充填采矿法和逆倾斜推进壁式分采充填采矿法。其中沿走向推进壁式分采充填采矿法的典型方案如图3-39所示。

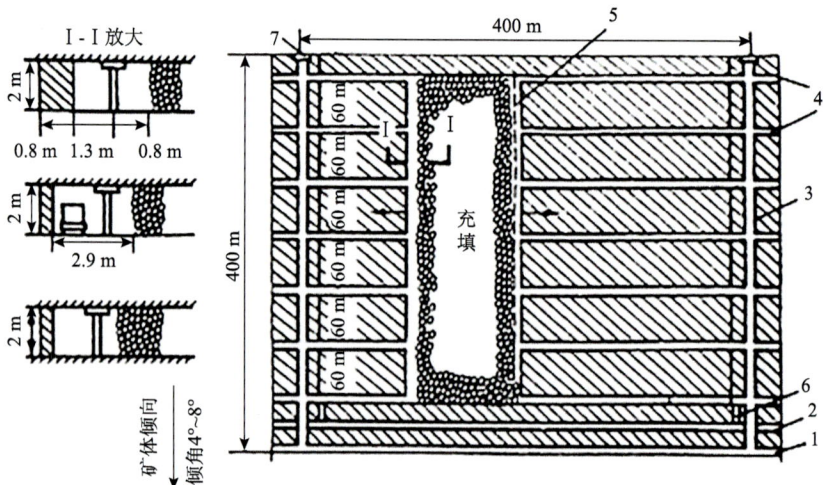

图3-39　沿走向推进壁式分采充填采矿法

1-阶段运输平巷；2-通风平巷；3-上（下）山；4-盘区运输平巷；5-切割巷道；2、6-通风联络道；7-绞车硐室

1）结构参数

盘区沿走向布置，走向长一般为400m，倾斜方向长为400m，回采工作面宽度一般为60m。

2）采准切割

采准工程主要包括掘进阶段运输平巷、通风平巷、上（下）山、盘区运输平巷、通风联络道。切割工作主要包括掘进切割巷道。所有巷道全部布置在脉内，其中通风平巷布置在阶段运输平巷上方，切割巷道沿盘区倾斜方向掘进。

3）回采与充填工作

回采工作主要包括掏槽、凿岩、爆破、搬运、充填等。进行回采工作前需要在壁式工作面掘进一个切割槽，包括割岩机掏槽和爆破掏槽两种方式，然后在其上下方进行凿岩、爆破落矿，爆破的矿岩需要人工选别出有用的矿石，无用的废石直接用作充填材料，利用电耙等设备将其运至充填地点。

2. 分层分采充填采矿法

根据回采方式不同，分层分采充填采矿法又可分为上向水平分层分采充填采矿法、下向水平分层分采充填采矿法、倾斜分层分采充填采矿法。以上向水平分层分采充填采矿法为例进行介绍，其典型方案见图3-40。

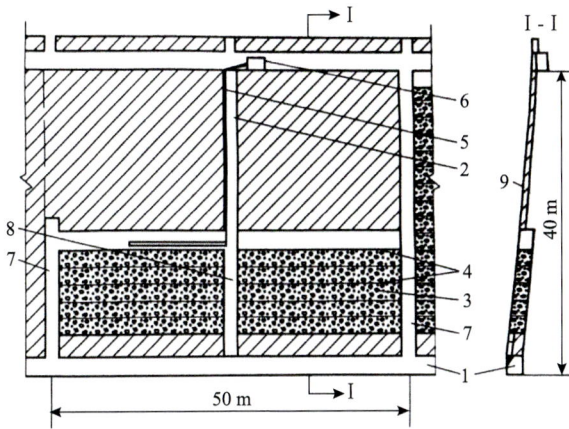

图 3-40　上向水平分层分采充填采矿法
1-阶段运输平巷；2-人行天井；3-充填体；4-混凝土垫层；5-混凝土输送管；
6-混凝土喷射机；7-顺路天井；8-溜井；9-矿脉

1）结构参数

矿块垂直矿体方向布置，阶段高度一般为20～50m，分层高度为1～2m，矿块斜长为40～60m，宽度为1.0～1.5m，顶柱高度为2～4m，底柱高度为2～4m，但当矿石价值及品位高时，可不留底柱，需要利用混凝土底板替代。

2）采准切割

采准工程主要包括掘进阶段运输平巷、人行天井和溜井；切割工程主要包括掘进拉底平巷。其中阶段运输平巷一般沿下盘围岩掘进；矿块中间设置顺路天井，有助于缩短搬运距离，如图3-41所示。

3）回采工作

（1）落矿。

一般采用小直径钻机钻凿深度不超过1.5m的浅孔，孔距0.4～0.6m，孔深0.4～0.6m。炮孔布置方式由矿体厚度决定：当矿体厚度小于0.6m时，炮眼呈"一"字形排列；当矿体厚度大于0.6m时，炮眼呈"之"字形排列。

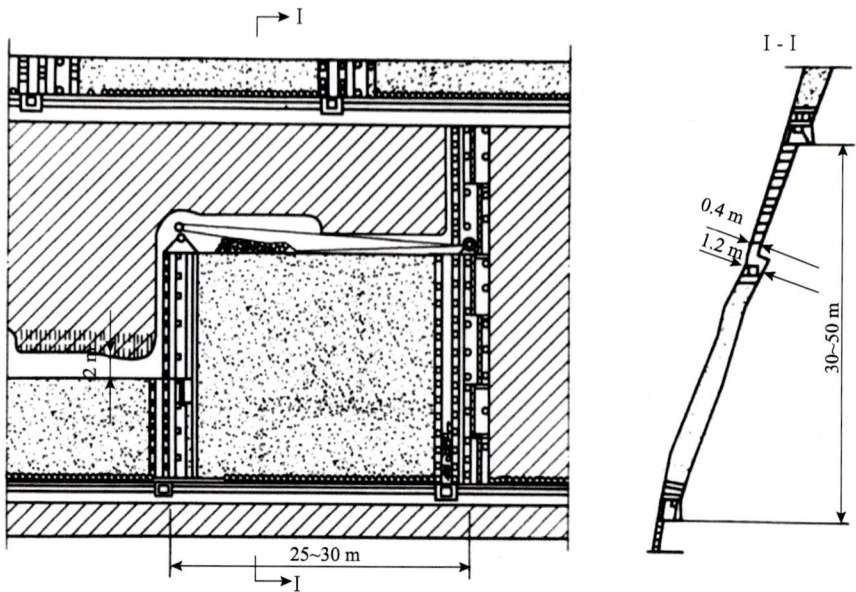

图 3-41　上向分层选别充填法

（2）矿石运搬。

凿岩爆破后利用局部通风机对采场进行通风，待采场炮烟排出后，立即检查顶底板和撬毛，避免顶板事故发生。采用电耙或微型铲运机出矿，小型矿山仍采用人工出矿。

（3）顶板管理。

对于受地质构造破坏影响较大、裂隙节理发育或围岩稳固性中等以下的矿体，为了保证回采作业顺利进行及作业人员人身安全，应针对顶板岩体破坏特征，在回采过程中采取圆木横撑临时支护等顶板管理措施。

4）充填工作

（1）充填准备。

充填准备工作主要包括架设顺路天井和矿石溜井。其中前者一般采用木垛、预制混凝土块或钢板架设；后者选用木材、钢板或块石安装。

（2）围岩崩落。

该采矿方法一般采用干式充填，主要通过凿岩爆破方式崩落围岩进行充填。根据矿石和围岩的稳固情况决定崩落顺序，若矿石破碎、裂隙发育，且易因爆破震动作用而片落时，应先采矿石；否则，先开采下盘围岩进行充填，然后再回采矿石，这样既能减少矿石贫化，又能为开采矿石提供较好的爆破自由面。其中崩落围岩厚度最好刚好充满采空区，这与矿体厚度、岩石松散系数及采空区需要充填的系数有关。围岩崩落厚度可根据式（3-1）进行求解：

$$M_y K_y = \left(M_a + M_y \right) k \tag{3-1}$$

即：

$$M_y = \frac{M_a k}{K_y - k} \tag{3-2}$$

式中，M_y 为采掘围岩的厚度，m；M_a 为矿体厚度，m；K_y 为围岩崩落后的松散系数，K_y =1.4～1.5；k 为采空区需要充填的系数，k =0.75～0.8。

当利用小型电耙出矿时，最小采幅需要控制在 1.0～1.3m；当采用微型无轨铲运机时，最小采幅应大于 1.2m。

（3）采场铺垫。

为了减少矿石损失与贫化，需要落矿之前在充填材料上铺设垫板。当铺设垫板质量不达标而导致废石混入时，矿石贫化率可达到 15%～50%。因此，垫板质量好坏是决定分采充填采矿法成功与否的关键环节。对于垫板，其材料一般有木板、铁板、废运输胶带、水泥砂浆及混凝土等。其中胶带垫层是目前使用较多的垫层，可利用选厂皮带运输机淘汰下来的废旧胶带。另外，实践表明，通过混凝土或砂浆铺的 0.1～0.15m 底板，有助于出矿和防止粉矿丢失。

5）评价

分层分采充填采矿法适用于开采极薄的矿床，尤其是贵重金属矿床。与混采相比，其具有废石混入率低、矿石贫化率低、选矿成本低和废石利用率高等优点，并有回采工序多且复杂、工人劳动强度大、采场生产能力小等缺点。

3. 矿山实例

夹皮沟金矿自 20 世纪 80 年代采用普通分层分采充填采矿法进行回采。针对一些上下盘围岩稳固性差的采场，通过改进采场取料方式（硐室取料）和优化采准工程布置，提出了硐室式分层分采充填采矿法，有效控制了采幅及采场暴露面积，减少了对采场上下盘围岩的破坏，提高了作业安全性和采矿技术经济指标。下面分别介绍这两种分采充填采矿法在夹皮沟金矿中的应用。

夹皮沟矿区的矿石类型以石英脉中含金、黄铁矿为主，多金属硫化物次之，金矿物为自然金。矿体多呈扁豆状产出，矿体走向长 20～110m，厚度 0.69～1.80 m，矿体走向 315°～330°，倾向 45°～60°，倾角 72°～82°。矿床矿体以小而分散为特征，一般延长、延深都不大，脉状产出的Ⅰ-Ⅰ号矿体则比较稳定。

1）普通分采充填采矿法

（1）结构参数与采准切割。

矿块沿矿体走向布置，长度为 40m，高度为 40m，宽度为矿体全厚度，加中间夹石。主要运输巷道沿脉布置，矿石溜井和行人井在矿体上布置，采用"铁溜子"沿脉向上随着采场上采一节一节加高。其中顺路天井用来行人、通风、运输材料等；在行人天井距采场 1/4 处，各布置 1 条矿石溜井和行人井，使运搬距离在 10m 左右。采场留 6 m 底柱，在充填井和人行天井相应标高处掘拉底切割平巷，不留间柱。

（2）回采与充填工作。

自下向上水平分层回采，根据具体围岩条件决定先采矿石还是先采围岩。采用小直径炮孔，间隔装药进行爆破，爆下矿采用人工方式运搬到矿石溜井，爆下岩石铺平就地充填，分层高度控制在 2m 之内，采一层，充一层。回采至距上中段竖直高差 4m 时，矿房回采结束，其余部分作为采场顶柱留好，并进行接顶充填。普通分采充填采矿法回

采工艺见图 3-42。

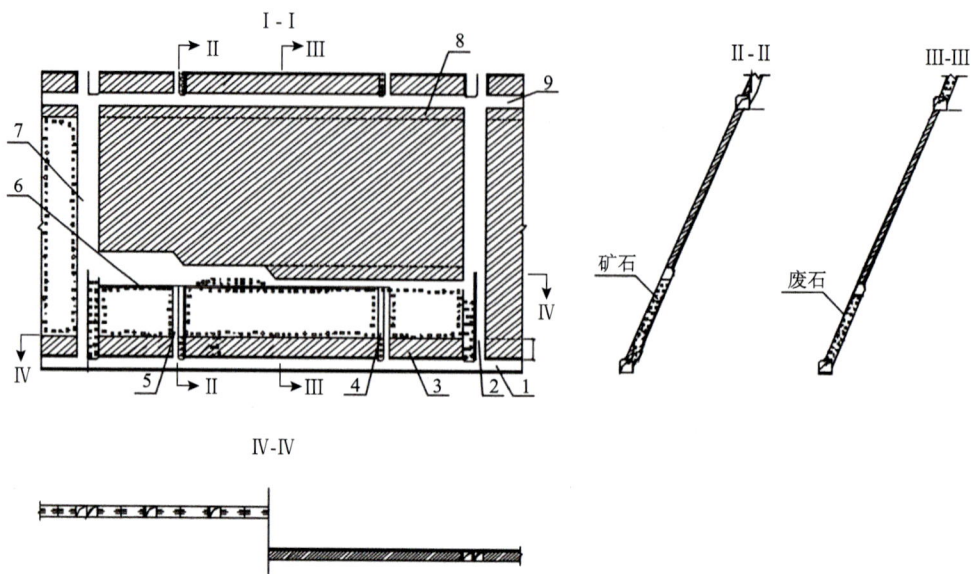

图 3-42　普通分采充填采矿法示意图

1-主要运输巷道；2-行人顺路天井；3-底柱；4-矿石溜井；5-行人井；6-出矿垫板；7-行人天井；8-顶柱；9-回风巷

2）硐室式分采充填采矿法

（1）结构参数与采准切割。

矿块沿矿体走向布置，阶段高度为 50m，矿块长度为 20～80m，宽度为矿体全厚，加中间夹石，最小不小于 0.8m，不留间柱。主要运输巷道布置在脉外，利用每隔 25m 施工的探矿穿脉作为出矿巷，在见矿位置沿脉布置矿石溜井和行人井。行人井通过"铁溜子"逐节加高形成，每节高 0.33m，行人铁溜井内焊横撑作为梯子。采场两端由探矿天井贯通上、下两个中段，其在采矿作业时作为行人通风天井。切割工作有拉切割平巷。硐室式分采充填采矿法回采工艺如图 3-43 所示。

（2）回采工作。

回采高度 2.2m，在落矿之前，充填体上铺设橡胶垫板后再进行凿岩爆破。出矿使用人工进行运搬，充填料整平后要求作业空间 1.5m 左右，然后进行正常的分层回采，分层高度控制在 2.2m 之内，采一层，充一层。

（3）矿柱处理。

在切割平巷底板上下盘安装锚杆、编钢筋网、浇注混凝土，形成人工混凝土假底。只留 2m 底柱，在下中段对应采场上采至底柱高度时，能安全、高效地回收底柱。因为阶段主要运输巷道采用脉外布置，回采时直接采至上中段采场底柱下的人工混凝土假底，之后进行接顶充填，不留顶柱。

（4）充填方式。

采用垂直矿体走向方向在矿体下盘掘进硐室，利用硐室出渣进行采场充填，根据围岩稳固情况设计硐室位置及尺寸，较好地解决了充填材料的来源问题。

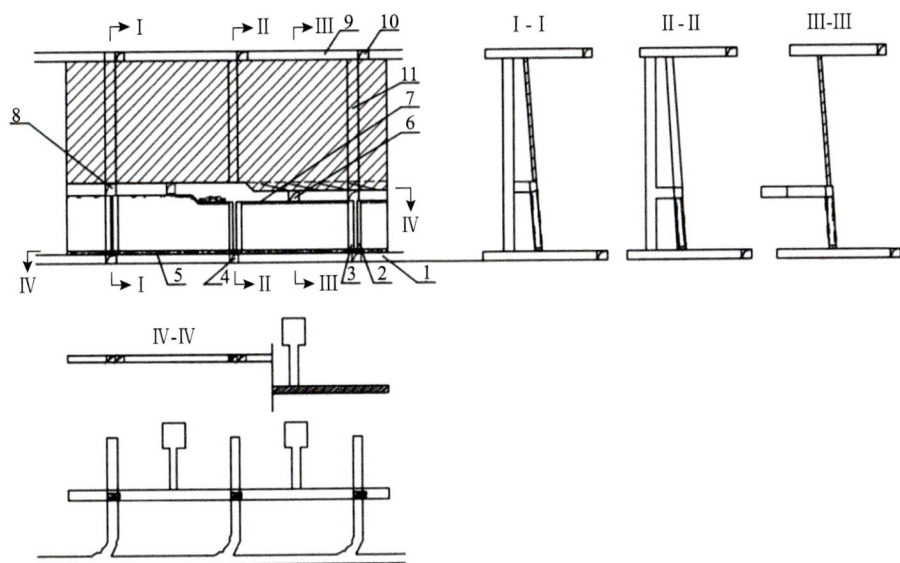

图 3-43 硐室式分采充填采矿法示意图

1-主要运输巷道；2-行人顺路天井；3-矿石溜井；4-出矿穿脉巷道；5-人工混凝土假底；6-充填硐室；7-出矿垫板；
8-联络道；9-回风主巷；10-回风穿脉巷道；11-行人天井

（5）主要技术经济指标。

硐室式分采充填采矿法的矿块生产能力为 40t/d，采切比为 28.3m/kt，采矿损失率为
3.5%，矿石贫化率为 6.8%，凿岩台效为 25t/（台·班），掌子面工效为 2.5t/（工·班）。

3.2.6 空场嗣后充填采矿法

空场嗣后充填采矿法为空场采矿法与充填采矿法联合的一种采矿方法。与空场采矿
法相比，其主要工艺技术如采场结构参数、采准切割及回采工作等均相同，仅是增加了
充填工艺技术。根据回采工艺不同，空场嗣后充填采矿法主要分为阶段空场嗣后充填采
矿法（又称大直径深孔充填采矿法）、分段空场嗣后充填采矿法、条带式房柱嗣后充填采
矿法。其中阶段和分段空场嗣后充填采矿法适用于矿岩中等稳固以上的中厚及其以上急
倾斜矿体；条带式房柱嗣后充填采矿法适用于中等稳固以上的薄及中厚近水平或缓倾斜
矿体。

1. 主要工艺技术

阶段和分段空场嗣后充填采矿法的采矿效率比较高，目前应用比较广泛。当矿床厚
度小于 15m 时，矿块沿走向布置；当矿体厚度大于 15m 时，矿块垂直走向布置。采场结
构参数一般为：长度 15～100m，宽度 5～30m，阶段高度 30～60m，分段高度 10～25m。
另外，对于条带式房柱嗣后充填采矿法，为了便于充填和回采工作，矿体一般划分为盘
区开采，沿倾斜或伪倾斜方向布置条带式工作面，矿房和矿柱尺寸一般为 8～15m，具体
参数根据围岩稳定性情况而定。

与空场采矿法相比，空场嗣后充填采矿法的采准切割工程与其相同，回采方式仍然
采用传统的"隔一采一"或"隔三采一"方式进行回采工作，区别在于矿房之间的矿柱

被充填体替代。当采空区一侧为矿体时，应采用胶结充填方式；当回采矿体两侧为胶结充填体时，采空区可通过胶结或非胶结充填方式进行充填；若充填体需要为相邻回采矿体提供出矿巷道，则应在其底部充填强度较高的10m左右的胶结充填体。

空场嗣后充填采矿法采用凿岩设备（DL421、YZG-90等）、爆破（机械装药等）、回采及放矿设备（遥控铲运机、振动出矿机、T4G装运机等）等，基本上实现了机械化，使得矿体回采效率得到较大幅度提高，同时需要匹配具有相应充填能力的充填系统，优化充填材料参数，使得充填体强度和充填高度能够满足矿山安全需求，从而降低因充填体垮落带来的矿石损失率和贫化率。

待采场出矿工作完成后就开始进行充填准备工作和充填作业。充填准备工作主要包括布置充填管道、砌筑充填挡墙、布置滤水管等，其中可以根据充填方式布置滤水管及脱水构筑物等。当充填方式为胶结充填时，一般在充填体底部充填强度较高的充填料浆，待充填高度超过矿点眉线后，再采用较低强度的充填料浆进行充填。在整个充填过程中，需要重视充填挡墙的强度，一般通过分层多次充填方式进行充填，以防充填体的侧压力和孔隙水压力之和超过充填挡墙的抗压力而造成充填挡墙倒塌现象发生。

2. 矿山实例

贵州息烽磷矿矿区为一陡倾斜中厚矿床，矿体倾角50°～80°，平均70°，设计范围内矿体平均厚度7.40m，呈层状，稳定连续，在无矿地段和厚度不可采地段，矿层基本不分岔。其直接顶板为硅质岩，厚度为4.37～5.08m，与矿层界线清楚，岩石坚硬易碎，为不稳定顶板；间接顶板为白云岩，厚度为7.08～9.51m，稳固。矿石一般较坚硬，矿石容重为2.88t/m³，松散系数为1.6～1.7，安息角为38°～39°，中等稳固。Ⅰa矿层的直接底板为白云岩，较稳固，Ⅰb、Ⅱ、Ⅲ矿体的直接底板为砂岩，中等稳固，但层理发育，易造成顺层滑落。Ⅱ矿体邻近息烽温泉风景区，地表不允许崩落，采空区要进行充填。根据该矿山的矿体特征和开采技术条件选择采用分段空场嗣后充填采矿法。

1）矿块布置与结构参数

矿块沿矿体走向连续布置，矿块长度60m，中段高度60m，矿块宽度为矿体的水平厚度。考虑分段开采，沿着矿块倾向方向将矿块划分为4个分段，分段高度15m。在分段内进一步将矿块划分为采场。采场结构参数：采场高度为15m，采场宽度为20m，采场长度为矿体厚度。分段空场嗣后充填采矿法采场结构如图3-44所示。

2）采准切割

在矿块两侧布置切割天井，各分段在矿块内沿走向布置凿岩平巷，在矿块底板岩层中布置中段（分段）运输巷、采区辅助斜坡道及溜井，中段（分段）运输巷通过切割天井、联络道与采区辅助斜坡道连通，每个分段沿走向布置一条分段巷道，分段巷道通过出矿进路与分段凿岩平巷相连通，出矿进路每隔10m设置一个（切割天井两侧出矿进路间距为15m），长度15m；溜井每隔120m设置一条。

3）回采工作

回采工作包括采场凿岩、采场爆破、采场出矿、顶板管理、采场通风、采场充填等工序。

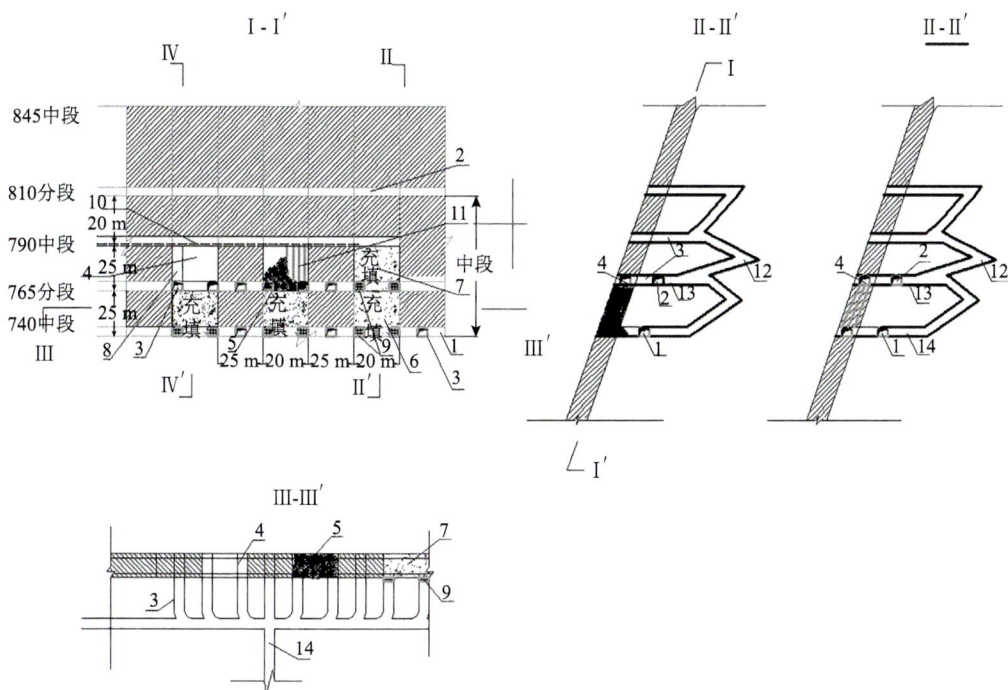

图 3-44 分段空场嗣后充填采矿法采场结构

1-中段运输巷；2-分段运输巷；3-穿脉运输巷；4-脉内凿岩平巷；5-爆堆；6-充填体；7-充填矿房；8-切割（充填）天井；
9-充填挡墙；10-充填管路；11-爆破中深孔；12-斜坡道；13-分段联络道；14-中段运输联络道

（1）采场凿岩。

凿岩工作是在分段凿岩平巷内进行，采用 YG40 气动凿岩机，在分段凿岩平巷中凿下向扇形炮孔，孔径 45mm，孔深 5～12m，孔底距 2m，排距（最小抵抗线）1.4m。

（2）采场爆破。

采用人工装药，一次将炮孔全部打完后，才开始崩矿。每次爆破 1 排，排距约 2m，用导爆索或导爆管分段起爆。

（3）采场出矿。

崩落的矿石自溜到出矿进路，采用 ACY-2 柴油铲运机（$2m^3$）在凿岩平巷里将矿石装入汽车。

（4）顶板管理。

为避免矿房回采结束后发生大面积冒落，可视矿体顶板稳固程度，在顶板围岩较为破碎地段采用锚杆控顶，锚杆机作业；锚杆采用管缝式锚杆，锚杆长度为 1.5～2.0m，网度为 1.0m×1.0m，长短锚杆应交错布置。黏土层厚度较大的区域可采用锚索支护。

（5）采场通风。

新鲜风流由中段（分段）运输巷经出矿进路、分段凿岩巷进入采场，清洗工作面后的污风通过切割天井、回风井，最后通过主要通风机排出地表。

4）充填工作

采用废石胶结充填工艺，在地面建立充填系统，利用充填泵将配制的充填料浆经管

道输送到井下进行充填，形成坚固的胶结充填体。当一个矿房采完后就进行矿房充填，充填和回采工作间隔一个矿房。回采完一个矿房后立即对采空区进行充填，同时回采另一个矿房。

每次充填前，需要用清水冲洗检查管路 3～5min，确保管路畅通且不泄漏后再进行充填。每次充填结束后，也需要用清水冲洗管路 3～5min，直到管路中没有充填料浆为止。

5）主要技术经济指标

贵州息烽磷矿采用分段空场嗣后充填采矿法的采场生产能力为 606.06t/d，回采率为 90%，矿石贫化率为 6%，采矿损失率为 10%，采切比为 8.56m³/kt。

3. 评价

空场嗣后充填采矿法的优点是实现了机械化开采，采矿效率高；回收了矿柱，提高了矿石回采率和降低了矿石贫化率；利用废石、尾砂等矿山固废材料充填采空区，大大减少了环境污染和提高了矿山安全系数。缺点为充填体量大，充填采矿综合成本高。随着矿山安全要求和环境保护压力逐渐增加，空场嗣后充填采矿法的应用趋势会不断增大，因此将会有更多的矿山投入实践。

3.3 崩落采矿法

崩落采矿法的基本特征是用强制（或自然）崩落围岩的方法充填采空区，以控制和管理地压[1]。地表允许塌陷是应用这类采矿方法的前提条件。这类采矿方法有单层崩落采矿法、分层崩落采矿法、分段崩落采矿法、阶段崩落采矿法等，其中分段崩落采矿法又分为无底柱分段崩落采矿法和有底柱分段崩落采矿法两种[2]，单层崩落采矿法又分为长壁式崩落采矿法、短壁式崩落采矿法和进路式崩落采矿法。

崩落采矿法在我国矿山中应用很广，采出的矿石量占地下采出矿石总量的 35%，并且这一占比还有增大的趋势。

3.3.1 单层崩落采矿法

单层崩落采矿法主要用来开采顶板岩石不稳固、厚度一般小于 3m 的缓倾斜矿层，如铁矿、锰矿、铝土矿和黏土矿等。将阶段间矿层划分成矿块，矿块回采按矿体全厚沿走向推进。当回采工作面推进一定距离后，除了保留回采工作所需的空间外，有计划地回收支柱并崩落采空区的顶板，用崩落顶板岩石充填采空区，借以控制顶板压力。

1. 长壁式崩落采矿法

该种采矿法的工作面是壁式的，工作面的长度等于整个矿块的斜长，所以称为长壁式崩落采矿法。现结合庞家堡铁矿的开采设计，介绍该采矿法。

1）开采条件

该矿为浅海沉积赤铁矿床，矿层走向长度 8600m，倾角 25°～35°。矿床由三个矿层

组成,自上而下,第一层矿体厚度为 1~3.5m,第二、第三层矿体较薄,平均厚度都在 1.0m 左右,矿石稳固,硬度系数 $f=8~10$。

第一层和第二层矿体之间有一层硅质板岩,平均厚度 1.2m。第二层和第三层矿体之间也夹有一层硅质板岩,平均厚度 0.8m。硅质板岩片理发育,不稳固,容易片落。

第一层矿体的顶板为黑色页岩,厚度为 6.5~8.0m,不稳固,硬度系数 $f=4~6$。页岩上部为砂岩,厚度为 2~3m,砂岩上部是几十米厚的页岩。

第三层矿体的底板为小白石英岩,硬度系数 $f=12~18$。石英岩下部为黏板岩,硬度系数 $f=10$;黏板岩下部为大白石英岩,均稳固。

矿层基本连续,局部被断层切断,断层对采矿的影响较大。地表为山地,允许崩落。

2)矿块结构参数及采准布置

矿块的采准布置如图 3-45 所示。

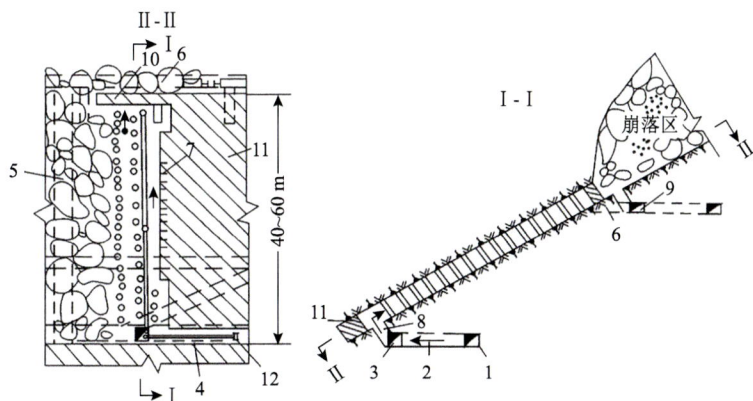

图 3-45 长臂式崩落采矿法矿块的采准布置

1-阶段运输平巷;2-联络道;3-装矿平巷;4-切割平巷;5-切割天井;6-通风安全道;7-炮眼;8-矿石溜井;
9-上部阶段装矿平巷;10-顶柱;11-矿体

阶段高度:阶段高度取决于允许的工作面长度,而工作面长度主要受顶板岩石稳固性和电耙有效运距的限制。在岩石稳定性好,且能保证矿石产量的情况下,考虑加大工作面长度,这样可以减少采准工程量。工作面长度一般在 40~60m。

矿块长度:长壁工作面是连续推进的,对矿块沿走向的长度没有严格要求。加大矿块长度可减少切割上山的工程量,因此,矿块长度一般是以地质构造(如断层)为划分界限,同时考虑为满足产量要求在阶段内所需要的同时回采矿块数目来确定。其变化范围较大,一般为 50~100m,最大可达 300m。

阶段沿脉运输平巷:该巷道可以布置在矿层中或底板岩石中。当矿层底板起伏不平或者由于断层多和地压大,以及同时开采几层矿层时,为了保证运输巷道平直、巷道稳固性强和减少矿柱损失等,经常将运输巷道布置在底板岩石中。

庞家堡铁矿运输平巷为单线双巷,装车巷道布置在稳固性较好的小白石英岩内,可同时为三层矿体服务(庞家堡矿先采第一层矿体,后采第二和第三层矿体);矿石溜井起一定的贮矿作用,缓解采场运搬与巷道装车的矛盾。同时,巷道稳固性好,支护与维护工程量小。

矿石溜井:沿装车巷道每隔 5~6m 向上掘进一条矿石溜井,并与采场下部切割巷道

贯通，断面尺寸为 1.5m×1.5m。暂时不用的矿石溜井，可作临时通风道和人行道。

安全道：采场每隔 10m 左右掘一条安全道，并与上部阶段运输巷道连通，它是上部行人、通风和运料的通道，断面尺寸一般为 1.5m×1.8m。为了保证工作面推进到任何位置都能有一个安全出口，通风安全道之间的距离不应大于最大悬顶距。

3）切割工作

切割工作包括掘进切割平巷和切割上山。

切割平巷：切割平巷既可作为落矿的自由面，也可作为安放电耙绞车和行人、通风的通道，它位于采场下部边界的矿体中，沿走向掘进，并与各个矿石溜井贯通。切割平巷的掘进必须超前回采工作面 10～15m。

切割上山：切割上山的作用是为回采工作开辟必需的工作空间，宽度一般为 2～2.4m，高度为矿层厚度，一般布置在矿块的一侧。

庞家堡铁矿顶板页岩比较破碎、稳定性很差，切割巷道和切割上山在采准期间留 0.3～0.5m 的护顶矿，待回采时挑落。

(a) 直线式

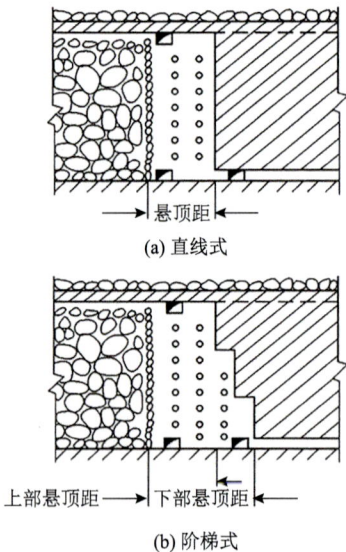

(b) 阶梯式

图 3-46　工作面形式

4）回采工作

A. 回采工作面形式

常见的工作面形式为直线式和阶梯式两种，见图 3-46。

直线式工作面上下悬顶距离相等，有利于地压管理。但在工作面只有一条运矿路线，当采用凿岩爆破崩矿时，回采的各种工序不能平行作业，故采场生产能力较低。如果用风镐落矿和输送机运矿（如黏土矿），采用直线式工作面最为合适。

阶梯式工作面可分为二阶梯与三阶梯，以三阶梯工作面为多。下阶梯一般超前于上阶梯 1.5m（即工作面一次推进距离）。阶梯式工作面的优点是落矿、出矿和支护分别在不同阶梯上平行作业，可缩短回采工作面循环时间，提高矿块的生产能力。缺点是下部悬顶距大，并且根据实际经验，采场最大压力常常在工作面长度的三分之一处（从下面算起）出现，从而增大了管理顶板的困难。

B. 落矿

采用轻型气腿式凿岩机凿孔、浅孔爆破。根据矿层厚度、矿石硬度及工作循环的要求，选取凿岩爆破参数。在布置炮孔时应注意不要破坏顶、底板和崩倒支柱，也不应使爆堆过于分散以保证安全生产、减小损失贫化和有利于电耙出矿。

根据矿层的厚度不同，分别选用"一字形"、"之字形"或"梅花形"炮孔排列。炮孔深度为 1.2～1.8m，稍大于工作面的一次推进距离。推进距离应与支柱排距相适应，以便在顶板压力大时能够按设计及时进行支护。此外，孔深还应考虑工作循环的要求。最小抵抗线长度为 0.6～1.0m，矿石坚硬时取小值。

金属矿山多采用导火线雷管起爆。当炮孔较多时，为了保证爆破安全和准确的起爆顺序，应采用束把点火或带有若干三通的导火母线点火。有的矿山采用导爆管起爆。

C. 出矿

大多数矿山的回采工作面采用电耙出矿。电耙绞车的功率为 14kW 或 30kW，耙斗容积为 0.2～0.3m³。电耙绞车安设在切割巷道或硐室中，随着回采工作面的推进，逐渐移动电耙绞车。

当电耙绞车的安装位置使电耙司机无法观察工作面的耙运情况时，应由专人用信号指挥电耙绞车司机操作，或者直接由电耙司机在工作面根据耙运情况远距离控制电耙绞车。

D. 顶板管理

在长壁式崩落采矿法中顶板管理是一个十分重要的问题，它不仅关系安全生产，而且也在很大程度上影响劳动生产率、支柱消耗量和回采成本等。

随长壁工作面的推进，顶板暴露面积逐渐增大，顶板压力也增大，如不及时处理，可能出现支柱被压坏，甚至引起采空区全部冒落，被迫停产。为了减小工作面空间的压力，保证回采工作正常进行，当工作面推进一定距离后，除了保证正常回采所需要的工作空间用支柱支护外，应该将其余采空区中的支柱全部（或一部分）撤除，使顶板崩落下来，用崩落下来的岩石充填采空区。顶板岩石崩落后，采空区暴露面积减小，因此工作空间顶压也随之减小，形成一个压力降低区，如图 3-47 所示。这种有计划地撤除支柱、崩落顶板充填采空区的工作称为放顶。

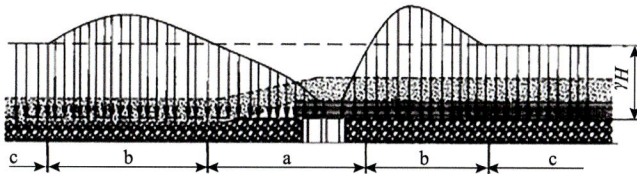

图 3-47 工作面压力分布示意图
a-应力降低区；b-应力升高区；c-应力稳定区

每次放顶的宽度称为放顶距。放顶后所保留的能够维持正常开采工作的最小宽度称为控顶距，一般为 2～3 排的支柱距离。顶板暴露的宽度称为悬顶距，放顶时悬顶距为最大悬顶距，等于放顶距与控顶距之和，最小的悬顶距等于控顶距（图 3-48）。

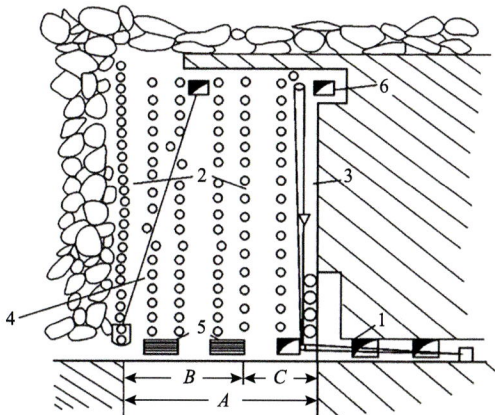

图 3-48 放顶工作示意图
A-悬顶距；B-放顶距；C-控顶距；1-矿石溜井；2-密集支柱；3-回采工作面；
4-撤柱绞车钢丝绳；5-已封闭矿石溜井；6-通风安全口

放顶距及控顶距根据岩石稳固性、支柱类型及工作组织等条件确定。放顶距变化范围较大，为一排到五排的支柱间距。合理的放顶距应在保证安全的前提下，使支护工作量及支柱消耗量最小，使工作面采矿强度及劳动生产率最大，因此，要加强顶板管理工作。此外，必须注意总结与掌握采场地压分布状态和活动规律，以便更好地确定顶板管理中的有关参数。

工作面支护的作用是延缓顶板下沉，防止顶板局部冒落，保证回采工作正常进行。因此，支护应具有一定的刚性和可缩性。也就是说支护应既有一定的承载能力，又可在压力过大时有一定的可缩量，避免损坏。

木支护一般是用削尖柱脚和加柱帽的方法获得一定的可缩量；金属支护则是利用摩擦力或液压装置来获得一定的可缩量。为了防止顶板冒落应及时支护。此外，必须保证支架的架设质量，使所有支架受力均匀。

工作面支护形式有如下几种。

（1）木支护：当顶板完整性较好时，采用带柱帽或不带柱帽的立柱或丛柱支护。支柱直径一般为180~200mm，排距为0.8~1.6m，间距为0.8~1.2m。当顶板矿石破碎时，采用棚子支护；顶板很破碎时，还应在棚子上加背板。

（2）金属支护：金属支护承载能力比木支护大，并能重复使用，但质量大时使用不便。在矿层顶底板形态稳定和厚度变化不大时，可以使用液压掩护式支架。

（3）其他支护：锚杆支护一般与木支护配合使用，可增大支柱间距，减少木材消耗量。木垛支护具有较大的支承面积和支承能力，一般用在暴露面积较大的矿石溜井口和安全出口的两侧。

当回采工作面推进到规定的悬顶距时，暂时停止回采，并按下列步骤进行放顶：

（1）加密控顶距和放顶距交界线上的支柱。将控顶距和放顶距交界线上的一排支柱加密，形成单排或双排的不带柱帽的密集支柱，称为切顶密集支柱排。采场地压大时用双排密集支柱；反之，则用单排支柱。

（2）回收放顶区支柱。如图3-48所示，一般采用安装在上部阶段运输巷道的回柱绞车回收放顶区内的支柱，绞车功率为15~20kW，钢绳直径为20~30mm，平均牵引速度为8~10mm/s。回收顺序是沿倾斜方向自下而上，沿走向方向先远后近（相对工作面而言）。如果顶板条件很坏或地压很大或其他原因，支柱不能回收或不能全部回收时，将残留在采空区的支柱钻一小孔装入炸药，或直接在支柱上捆上炸药将支柱崩倒。

（3）必要时强制崩落顶板。一般情况下，放顶区回柱后，顶板以切顶支柱排为界自然冒落。如顶板不能及时自然冒落，则应预先在切顶密集支柱外0.5m处，逆推进方向打一排倾角60°左右、孔深1.6~1.8m的炮孔进行爆破，强制顶板崩落。

（4）矿块开始回采的第一次放顶与以后各次放顶的情况是不同的。第一次放顶的条件比较困难，因为这时顶板类似两端固定的梁，压力显现比较缓慢，不容易全放下来。而以后各次放顶，顶板类似一端固定的悬臂梁，容易放顶。因此，第一次放顶的悬顶距大，为常规放顶距的1.5~2倍。尤其是当直接顶板比较好时，常产生顶板下不来或冒落高度不够的现象，造成下一次放顶前压力很大，致使工作面冒落。第一次放顶时，应认真做好准备，如加强切顶支柱，必要时采用双排密集支柱切顶，同时加强控顶区的维护；

当顶板不易冒落时，可用爆破进行强制放顶。

（5）放顶时能及时冒落下来的岩层称为直接顶板。直接顶板上部比较稳固的岩层，经过多次放顶后，达到一定的暴露面积才发生冒落，这层顶板称为老顶，如图 3-49 所示。老顶大面积冒落前，会使工作面压力急剧增加，如果管理不善，甚至会将整个工作面压垮。老顶冒落引起长壁工作面地压激烈增长的现象称为二次顶压。二次顶压的显现情况与直接顶板的岩性和厚薄有关。当直接顶板比较厚时，放顶后直接顶板冒落的岩石能支撑老顶，则二次顶压的现象就不太明显；相反，直接顶板较薄，则二次顶压就大，这时应特别注意加强顶板管理，掌握二次顶压的来压规律（时间和距离），采取相应措施，如加强切顶支柱和工作面支柱、及时放顶等。

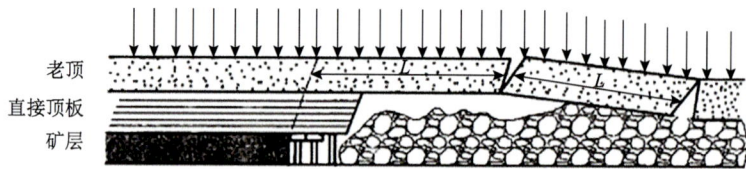

图 3-49　直接顶板与老顶
L-崩矿步距

有时在矿层和直接顶板之间有一层薄而松软的岩石随着回采工作面的推进而自行冒落，这层岩石称为伪顶。伪顶的存在不仅增加矿石的贫化，并且影响支柱的质量，对生产不利。所以，如有伪顶存在，要注意加强顶板管理工作，保证生产安全。

在顶板管理中，除了要做好支护和放顶工作外，还应努力提高工作面的推进速度，因为影响地压活动的诸因素中，除地质条件外，时间因素也是很重要的。实践证明，推进速度快，顶板下沉量小，支柱承受的压力也小，支柱的消耗量也相应减小，这对安全和生产都极为有利。

E. 通风

长壁工作面的通风条件较好，新鲜风流由下部阶段运输巷道经行人井、切割巷道进入工作面。清洗工作面后的污风经上部安全道排至上部阶段运输巷道。走向长度大时，应考虑分区通风。

5）开采顺序

多阶段同时回采时，上阶段应超前下阶段，其超前距离应以上部放顶区的地压已稳定为原则，一般不小于 50m。阶段回采一般多采用后退式。在矿块中工作面的推进方向通常与阶段的回采顺序一致，但矿块中如有断层时，应使工作面与断层面呈一定的交角，尽量避免两者平行。此外，工作面应由断层的上盘向下盘推进，如图 3-50（a）所示，以便工作面推进到断层时，由矿层和岩石托住断层上盘岩体。如推进方向相反，则断层下的岩体作用在支柱上，容易压坏支柱造成冒顶事故，如图 3-50（b）所示。

当开采多层矿时，上层矿的回采应超前于下层矿；待上层矿体采空区地压稳定后，才能回采下一层矿体。庞家堡铁矿的经验是，下层矿体比上层矿体推后三个月采准，推后六个月回采。

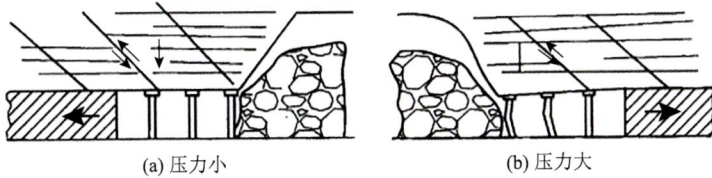

(a) 压力小   (b) 压力大

图 3-50 工作面推进方向与地压的关系

6）劳动组织

由于长壁式崩落采矿法要求工作面及时支护，为了提高矿块的生产能力，加快推进速度，必须保证落矿、出矿和支护三大作业之间很好地配合，在同一个班内常需要同时进行各种作业，故一般采用综合工作队的劳动组织，其一般由 20～40 人组成。

阶梯工作面的落矿、出矿和支护三项作业分别在不同阶梯上平行进行。工作面的作业循环，多采用一昼夜一循环的组织形式，即工作面的每一阶梯上每昼夜各完成一次落矿、出矿和支护作业。

2. 短壁式崩落采矿法

矿层的顶板稳固性较差时，采用长壁工作面不容易控制顶板地压。此时，可在上下阶段巷道之间，沿矿层的走向掘进分段巷道，用分段巷道划分工作面，将工作面长度缩小，形成短壁，以利于顶板管理。工作面长度多在 25m 以下，这样布置工作面的壁式崩落法称为短壁式崩落采矿法。

图 3-51 是短壁式崩落采矿法示意图，其回采作业与长壁式崩落采矿法基本相同。上部短壁工作面超前于下部，上部短壁工作面采下的矿石经过分段巷道和上山运到阶段运输巷道，装车运走。采场采用电耙运搬，分段巷道和上山多用电耙，也可采用矿车转运。

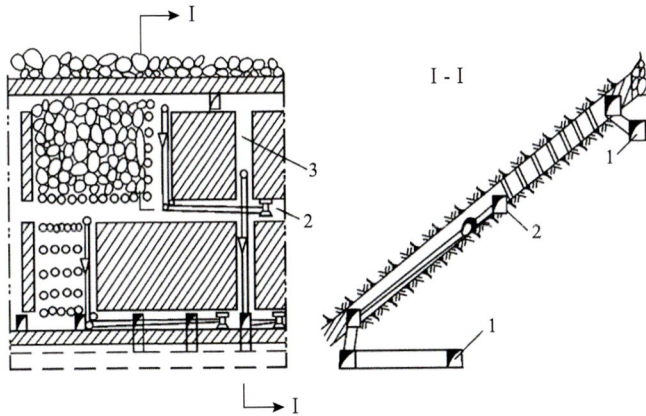

图 3-51 短壁式崩落采矿法示意图
1-阶段运输巷道；2-分段巷道；3-上山

3. 进路式崩落采矿法

如果矿层稳定性很差，不允许采用短壁工作面回采时，则可采用进路式崩落采矿法。如图 3-52 所示，进路式崩落采矿法的特点是将矿块用分段巷道或上山划分成沿走向的小

分段或沿倾向的条带，从分段巷道或上山向两侧（或一侧）用进路进行回采。

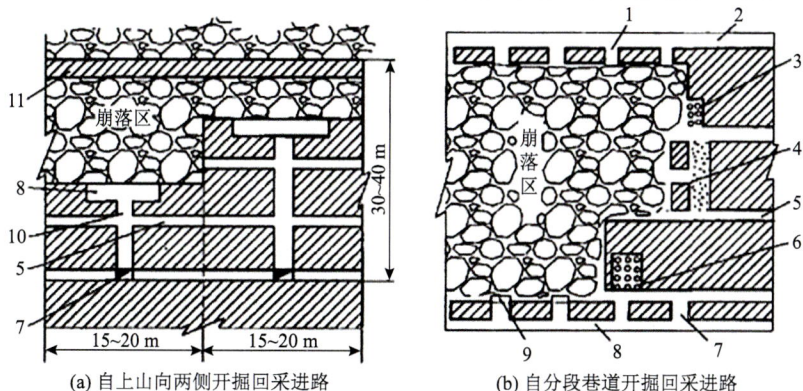

(a) 自上山向两侧开掘回采进路   (b) 自分段巷道开掘回采进路

图 3-52　进路式崩落采矿法示意图

1-安全口；2-回风巷道；3-窄进路；4-临时矿柱；5-分段巷道；6-宽进路；7-矿石溜井；8-阶段运输巷道；
9-隔板；10-上山；11-顶柱

进路的宽窄视顶板岩石稳固性而定。顶板岩石很不稳固时，采用宽度为 2.0～2.5m 的窄进路；顶板条件稍好时，可将进路加宽到 5～7m，以提高工作面的生产能力。进路采完后放顶。有时为了降低贫化及改善进路的支护条件，在进路靠已采区的一侧留有宽度为 1.0～1.5m 的临时矿柱，矿柱在放顶前回收。

4. 单层崩落采矿法评价

单层崩落法是开采顶板岩石不稳固、厚度小于 3m、倾角小于 30° 的层状矿体的有效采矿方法。应用这种方法时，地表必须允许崩落。

长壁崩落采矿法的采准工作和工作面布置比较简单，因此，同其他在相同条件下可用的采矿方法比，它是一种生产能力大、劳动效率高、贫化损失小、通风条件好的采矿方法。这种方法在国内外金属和非金属矿得到比较广泛的应用。其缺点是目前支护材料仍以木材为主，坑木消耗量大（每千吨矿石消耗量常常大于 $10m^3$），支护工作劳动强度大，顶板管理复杂。

短壁式崩落采矿法工作面短小，灵活性大，但矿块的生产能力和劳动生产率均低于长壁式崩落采矿法。该方法适用于地质条件复杂，地压较大的条件。如果地质条件复杂和地压过大，采用短壁崩落采矿法也不可能时，可用进路式崩落采矿法回采。

该方法的改进方向主要在于：研究和掌握地压活动规律，改进顶板管理工作，研究坑木代用，尤其是应用机械化的金属支架，如液压自行掩护支架，以减轻体力劳动，提高安全程度和工作面的推进速度；应研制新型工作面运搬机械，特别是能用于底板起伏不平的运搬机械，改进现有的运搬机械，如采用多耙头串式电耙，以提高工作面的运搬能力。

我国矿山应用单层崩落采矿法的主要技术经济指标见表 3-5。

表 3-5　我国矿山应用单层崩落采矿法的主要技术经济指标

项目	矿山					
	庞家堡铁矿	焦作黏土矿	王村铝土矿	湘潭锰矿	湖田铝土矿	明水黏土矿
采矿方法	长壁式	长壁式	长壁式	短壁式	短壁式	长壁式
采切工作量/（m/kt）	30～40	—	9.51		28.5～41.3	10
矿块生产能力/（t/d）	100～150	120	200	—	100（两个短壁面）	200～230
采矿工效率/[t/（工·班）]	5.8	5.5	5.4～5.7	2.55～3.0	4.0	4.6
坑木消耗/（m³/kt）	10～11	12	8.34	21	12.6	8.6
炸药消耗/（kg/kt）	0.3	0.02～0.03	0.196	0.34	0.72	
损失率/%	22～30	17	15	10	20.4	15
贫化率/%	4.6～5.5		5.0		8.0	5
矿石成本/（元/t）	13.20	3.28	—	21.5	8.5（工作面作业成本）	—
坑木回收率/%	34.6	80	90			65
坑木复用率/%	24.5	60			80	55

3.3.2　无底柱分段崩落采矿法

无底柱分段崩落采矿法自 20 世纪 60 年代中期在我国开始使用以来在金属矿山获得迅速推广，特别是在铁矿山的应用更为广泛，目前已占地下铁矿山矿石总产量的 80% 左右。

同有底柱分段崩落采矿法相比，该方法的基本特征是分段下部不设由专门出矿巷道所构成的底部结构，分段的凿岩、崩矿和出矿等工作均在回采巷道中进行。因此，大大简化了采场结构，给使用无轨自行设备创造了有利条件，并可保证工人在安全条件下作业[3]。

1. 矿块布置及结构参数

无底柱分段崩落采矿法典型方案见图 3-53。一般以一个放矿溜井服务的范围划分为一个矿块，根据矿体厚度和出矿设备的有效运距确定矿块布置形式。一般情况下，矿体厚度小于 15m 时，矿块沿走向布置；否则，矿块垂直走向布置。

对于有自燃和泥水下灌危害的矿山，可将厚矿体划分成具有独立系统的分区进行回采，以减少事故的影响范围；当矿体水平面积很大时，为了增加工作点，也要将矿体划为分区回采。

无底柱分段崩落采矿法的阶段高度一般为 60～120m，当矿体倾角较缓，赋存形态不规整及矿岩不稳固时，阶段高度可取低一些。分段高度和进路间距是主要结构参数。为了减少采准工作量和降低矿石成本，在凿岩能力允许和不降低回采率的条件下，可加大分段高度和进路间距。我国矿山采用的分段高度一般为 10～15m；进路间距一般略小于分段高度，常用 8～15m。依据放矿理论，分段高度与进路间距、进路宽度及崩矿步距之间关系密切，必须根据矿山具体情况进行结构参数的优化设计。

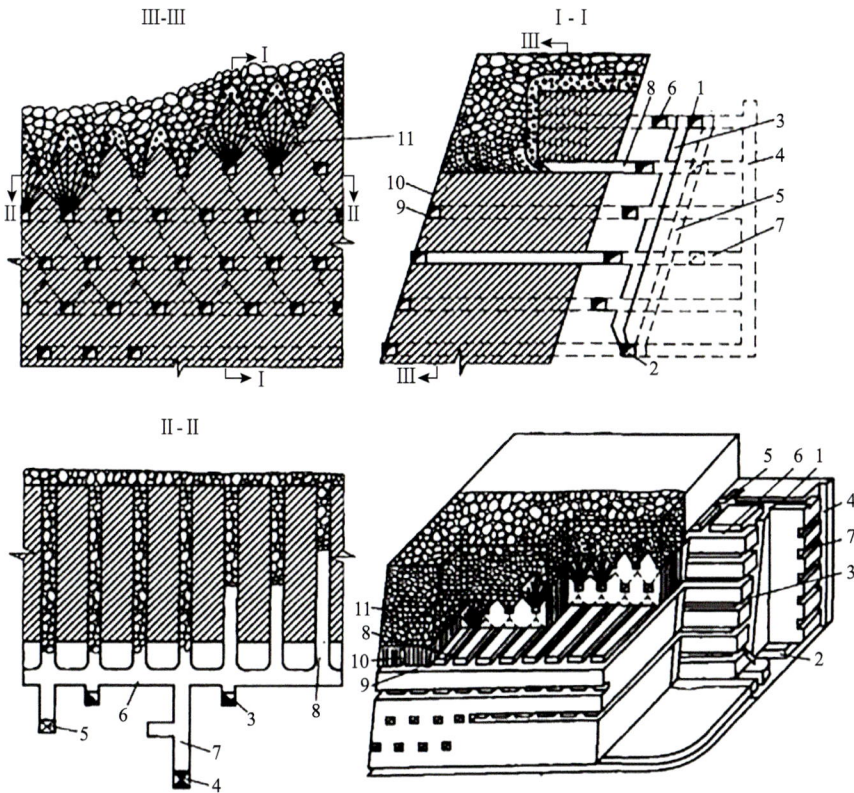

图 3-53 无底柱分段崩落采矿法典型方案

1、2-上、下阶段沿脉运输平巷；3-矿石溜井；4-设备井；5-通风行人天井；6-分段运输平巷；7-设备井联络道；8-回采巷道；9-分段切割平巷；10-切割天井；11-上向扇形炮孔

放矿溜井的间距主要取决于出矿设备的类型。使用小型铲运机（铲斗容积≤1.5m³）时，合理运距不超过 250m；当矿块垂直矿体走向布置时，溜井间距一般为 60～80m；当矿块沿走向布置时，溜井间距一般为 80～100m；当采用大型铲运机（铲斗容积≥4.0m³）出矿时，溜井间距可增大到 90～150m。溜井间距也与溜井的通过矿量有关，要避免一个溜井承担矿量过大而磨损过大，导致提前报废而影响生产。

2. 采准切割布置

1）阶段沿脉运输平巷布置

阶段沿脉运输平巷一般布置在下盘岩石中，在其下阶段矿体回采错动范围之外。当下盘岩石不稳固而上盘岩石稳固时，也可布置在上盘岩石中。

2）溜井布置

原则上每个矿块只布置一个溜井。当有多种矿石产品时，需布置多个溜井；当矿体中有较多的夹石需要剔除或脉外掘进量大时，可以每 1～2 个矿块设一个废石溜井。当采用装运机出矿而矿体厚度大于 50m，或者采用铲运机出矿而矿体厚度大于 100m 时，需在矿体内布置溜井，在回采过程中，应做好各分段的降段封井工作。

溜井一般布置在脉外，这样生产上灵活、方便。溜井受矿口的位置应与最近的装矿

点保留一定的距离，以保证装运设备有效运行。

溜井应尽量避免与卸矿巷道相通，见图 3-54（a）。可用小的分支溜井与巷道相通，如图 3-54（b）所示，这样在上下分段同时卸矿时，互相干扰小，也有利于风流管理。

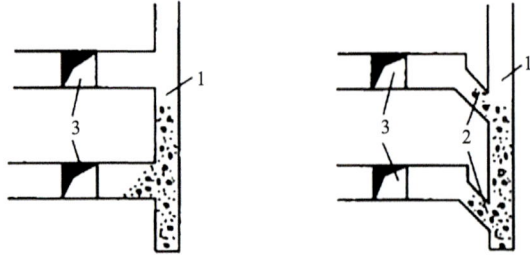

(a) 卸矿巷道与溜井直接相通   (b) 卸矿巷道通过小分支溜井与溜井相通

图 3-54　卸矿巷道与溜井的结构
1-主溜井；2-分支溜井；3-分段运输联络道

当开采厚大矿体时，大部分溜井都布置在矿体内。当回采工作后退到溜井附近，本分段不再使用此溜井时，应将溜井口封闭，以防止上部崩落下来的覆盖岩石冲入溜井。封闭时，溜井口要扩大出一个平台以托住封井用的材料，使其经受外力作用后不致产生移动。封闭最下层用钢轨装成格筛状，上面铺几层圆木，最上面覆盖 1～2m 厚的岩碴。有的矿山为了节省钢材和木材，以及改善溜井处的矿石回采条件，改用矿石混凝土充填法封闭溜井。首先将封闭段溜井内矿石放到要封闭的水平，其次再用混凝土充填一段（1m），最后用混凝土加矿石全段充填。封井工作要保证质量，否则一旦爆破冲击使封井的材料及上部的岩碴一起塌入溜井中，将会给生产带来严重的影响。因此，在条件允许情况下，溜井应尽量布置在脉外，以减少封井工作。当脉外溜井位于崩落带内时，开采下部分段也要注意溜井的封闭。

当矿体倾角较缓时，应尽量采用倾斜溜井，以减小脉外运输联络道的长度，也避免因下部分段运输距离加大而降低装运设备的生产能力。

方形溜井断面尺寸一般为 2m×2m，圆形溜井断面直径一般为 2m。

3）设备井和斜坡道布置

为了运送设备、人员和材料，一般采用设备井和斜坡道两种运送方案。

（1）设备井。

设备井目前有两种装备方法：①一种是在同一设备井中安装两套提升设备。当运送人员或较少材料时，用电梯轿厢；当运送设备时，用慢动绞车，并将轿厢钢绳靠在设备井的一侧，轿厢停在最下分段水平。②另一种是分别设置设备井和电梯井，设备井安装大功率绞车运送整体设备。前一种方法适用于设备运送量不大的矿山；对设备运送频繁的大型矿山，可采用后一种方法。而矿量不大的小型矿山和大型矿山中某些孤立的小矿体，可装备简易设备井，解决设备、人员和材料的运送问题。

设备井应布置在本阶段的崩落界线以外，一般布置在下盘围岩中。只有在矿体倾角大、下盘围岩不稳固而上盘围岩稳固，以及为了便于与主要巷道联络时才将设备井布置在上盘围岩中。当矿体走向长度很大时，根据需要沿走向每 300m 布置一条设备井。

设备井的断面应根据运送设备的需要确定。大庙铁矿电梯设备井的断面布置如图 3-55 所示。设备井通常兼作入风井。

（2）斜坡道。

在无底柱分段崩落采矿法中，随着铲运机的运用，分段与阶段运输水平常用斜坡道连通。斜坡道一般采用折返式，如图 3-56 所示。

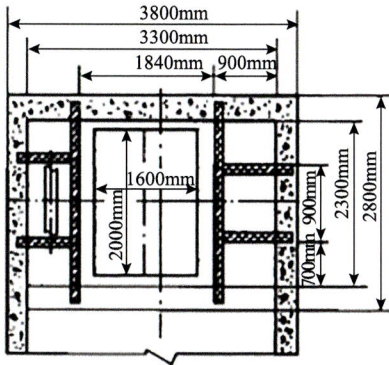

图 3-55　电梯设备井断面布置

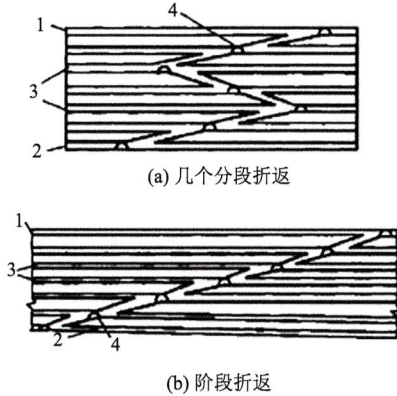

(a) 几个分段折返

(b) 阶段折返

图 3-56　折返式斜坡道示意图

1、2-阶段运输巷道；3-分段运输巷道；4-联络道

根据进入分段的开口位置不同，将折返式斜坡道分为图 3-56（a）和（b）两种方式。图 3-56（a）中的斜坡道进口沿走向变动范围小，有利于双侧退采，但折返次数多，开掘工作复杂。

斜坡道的间距为 250～500m，坡度根据用途不同取 10%～15%。仅用于联络通行和运送材料等可取较大坡度（15%～25%）。路面可用混凝土、沥青或碎石铺设。

斜坡道断面尺寸主要根据无轨设备（铲运机）外形尺寸和通风量确定。巷道宽度等于设备宽度加 0.9～1.2m；巷道高度等于设备高度加 0.6～0.75m。

丰山铜矿掘成地表折返式主斜坡道，坡度为 14%～17%，分段支斜坡道坡度为 20%，断面尺寸为 3.2m×4.2m（适应 LK-1 型铲运机）。

（3）回采巷道的布置。

回采巷道的间距对矿石的损失贫化、采准工作量和回采巷道的稳固性都有一定的影响。在一般条件下，回采巷道间距主要根据充分回收矿石要求确定，目前国内多采用 8～15m。如果崩落矿石粉矿多、湿度大和流动性差，此时流动带宽度小，可采用较小的间距。

回采巷道的断面主要取决于回采设备的作业尺寸、矿石的稳固性及掘进施工技术水平等。当采用 YGZ-90 型凿岩机凿岩和小型铲运机出矿时，回采巷道的最小宽度为 3m，最小高度为 2.8m；当采用液压凿岩设备和大型铲运机时，回采巷道的宽度多为 3.6～4.5m，高度多为 3.0～3.8m。在矿石稳固性允许的情况下，适当加大回采巷道的宽度，有利于设备的操作和运行，还有利于提高矿石的流动性，并可减少矿石堵塞，提高出矿能力；如果沿巷道全宽均匀装矿，则可扩大矿石流动带，改善矿石的回收条件。在保证设备运行方便的条件下，回采巷道的高度小一些好，有利于减少端部（正面）矿石残留。

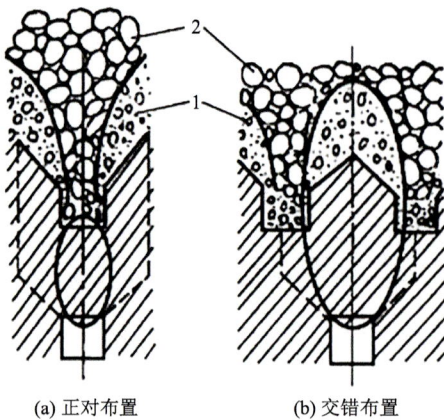

(a) 正对布置　　(b) 交错布置

图 3-57　回采巷道布置方式与矿石回收关系
1-矿石；2-岩石

回采巷道的断面形状以矩形为好，有利于在全宽上均匀出矿。拱形巷道不利于巷道边部矿石流动，使矿石的流动面变窄，并易发生堵塞，增大矿石损失。如果矿石的稳固性差，需要采用拱形时，应适当减小回采巷道间距。

为了使重载下坡和便于排水，回采巷道应有 3‰的坡度。

回采巷道布置将直接影响损失贫化。如果上下分段的回采巷道正对布置，如图 3-57（a）所示，纯矿石放出体的高度很小，即纯矿石的放出量大大降低。上下分段回采巷道应严格交错布置，如图 3-57（b）所示，使回采巷道呈菱形，以便将上分段回采巷道间的脊部残留矿石尽量回收。在同一分段内，回采巷道之间应相互平行。

当矿体厚度大于 15m 时，回采巷道一般垂直走向布置。垂直走向布置回采巷道，对控制矿体边界、探采结合、多工作面作业、提高回采强度等均为有利。

当矿体厚度小于 15m 时，回采巷道一般沿走向布置，如图 3-58 所示。

根据放矿理论，放出漏斗的边壁倾角一般都大于 70°。因此，回采巷道两侧小于 70°范围的崩落矿石在本分段不能放出而形成脊部残留。当回采巷道沿走向布置时，下盘残留矿石在下分段无法回收，成为永久损失。为减少下盘矿石损失，可适当降低分段高度，或者使回采巷道紧靠下盘，有时甚至可以直接布置在下盘围岩中。

当矿体厚度较大、垂直走向布置进路时，也要防止因矿体倾角不足而产生大量的下盘矿石损失。

（4）分段运输联络道的布置。

分段运输联络道用来联络回采巷

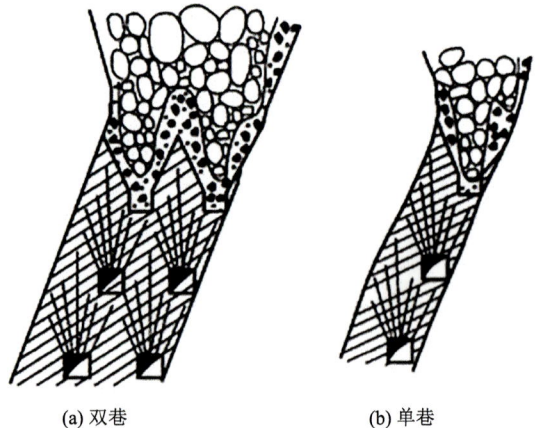

(a) 双巷　　　　(b) 单巷

图 3-58　回采巷道沿脉布置

道、溜井、通风天井和设备井，以形成该分段的运输、行人和通风系统。其断面形状和规格与回采巷道大体相同，但与风井和设备井连接部分可根据需要确定断面规格。一般设备井联络道断面规格为 3.0m×2.8m，风井联络道断面规格为 2m×2m。

当矿体厚度较大、回采巷道垂直走向布置时[图 3-59（a）]，分段运输联络道可布置在矿体内，也可布置在围岩中。布置在矿体内的优点是掘进时有矿石产出、减少回采巷道长度，以及在没有岩石溜井的情况下可以减少岩石混入量。缺点是各回采巷道回采到分段运输联络道附近时，为了保护联络道，常留有 2～3 排炮孔距离的矿石层作为矿柱暂

时不采。此矿柱留到最后，以运输联络道作为回采巷道再加以回采。采至回采巷道与运输联络道交叉处，由于暴露面积大，稳固性变差，易出现冒落。为了保证安全，难以按正常落矿步距爆破，只能以大步距进行落矿（一次爆破一条回采巷道所控制的宽度），故矿石损失很大。另外，分段运输联络道一般也是通过主风流的风道，分段回采后期，分段运输联络道因回采崩落，风路被堵死，通风条件更加恶化。

因此，分段运输联络道一般采用脉外布置[图 3-59（b）]；又由于溜井和设备井多布置在下盘围岩中，多采用下盘脉外布置。

矿体倾角不够陡时，如果条件允许，可将分段运输联络道布置在上盘脉内，采用自下盘向上盘的回采顺序。靠下盘开掘切割立槽，可减少下盘矿石损失，而且上盘脉内运输联络道与回采巷道交叉口处损失的矿石还可在下分段回收。

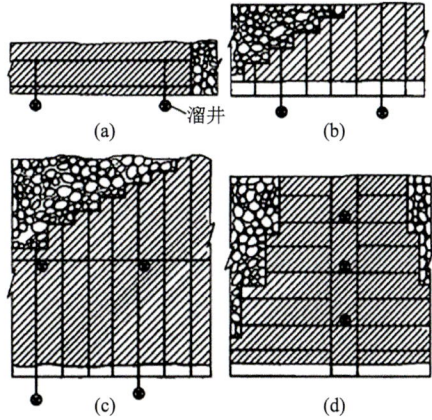

图 3-59　分段运输联络道分布形式

当开采极厚矿体时，由于受巷道通风与运输效率的限制，沿矿体厚度方向每隔 50～70m 布置一条运输联络道[图 3-59（c）]，从上盘侧开始，以向运输联络道逐条推进的顺序回采。为了增加同时工作面数目，条件合适时，亦可在上、下盘两侧分别布置脉外联络道和溜井，从矿体中间开始，同时退向上、下盘两侧回采。

对于有自燃和泥水下灌危害的矿山，可将厚矿体划分成具有独立系统的分区[图 3-59（d）]进行回采，以减小事故的影响范围。此外，当矿体水平面积很大（如梅山铁矿）时，为了增加回采工作地点，增大矿石产量，也可将其划分成分区进行回采。

3. 切割工作

在回采前必须在回采巷道的末端形成切割槽，作为最初的崩矿自由面及补偿空间。

回采巷道沿走向布置时，爆破往往受上、下盘围岩的夹制作用。为了保证爆破效果，常用增大切割槽面积或每隔一定距离重开切割槽的方法。切割槽开掘方法有以下三种。

1）切割平巷与切割天井联合拉槽

该种拉槽法如图 3-60 所示。沿

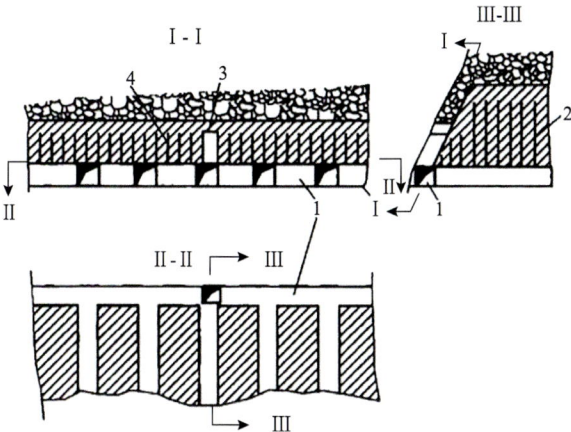

图 3-60　切割平巷与切割天井联合拉槽
1-切割平巷；2-回采炮孔；3-切割天井；4-切割炮孔

回采边界掘进一条切割平巷贯通各回采巷道端部，然后根据爆破需要，在适当的位置掘进切割天井；在切割天井两侧，自切割平巷钻凿若干排平行或扇形炮孔，每排 4～6 个炮

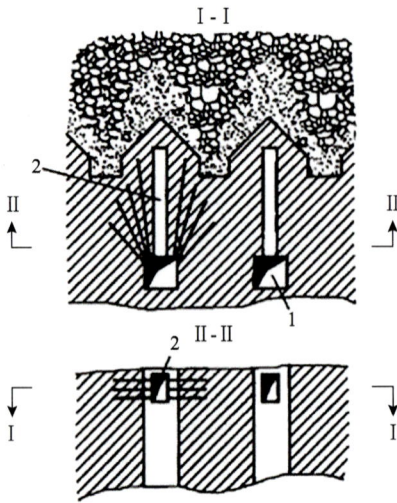

图 3-61　切割天井拉槽
1-回采巷道；2-切割天井

孔；以切割天井为自由面，一侧或两侧逐排爆破形成切割槽。这种拉槽法比较简单，切割槽质量容易保证，在实际中应用广泛。

2）切割天井拉槽

这种拉槽法如图 3-61 所示。不便于掘进切割平巷时，只在回采巷道端部掘进切割天井，断面一般为 1.5m×2.5m 的矩形。天井矩形断面的里边距回采巷道端部留有 1～2m 距离，以利于凿岩；天井的长边平行于回采巷道中心线；在切割天井两侧各打三排炮孔，微差爆破，一次成槽。

该方法灵活性较大、适应性强，且不受相邻回采巷道切割槽质量的影响。沿矿体定向布置回采巷道时，多用该法开掘切割槽；垂直矿体走向布置回采巷道时，由于开掘天井太多，该方法的应用不如前者广泛。

3）炮孔爆破拉槽

该种拉槽法的特点是不开掘切割天井，故有"无切割井拉槽法"之称。不便于掘进切割天井时，在回采巷道或切割平巷中钻凿若干排角度不同的扇形炮孔，一次或分次爆破形成切割槽。

楔形掏槽一次爆破拉槽法如图 3-62（a）所示。这种方法是在切割平巷中钻凿 4 排角度逐渐增大的扇形炮孔，然后用微差爆破一次形成切割槽，这种拉槽法在矿石不稳固或不便于掘进切割天井的地方使用最合适。

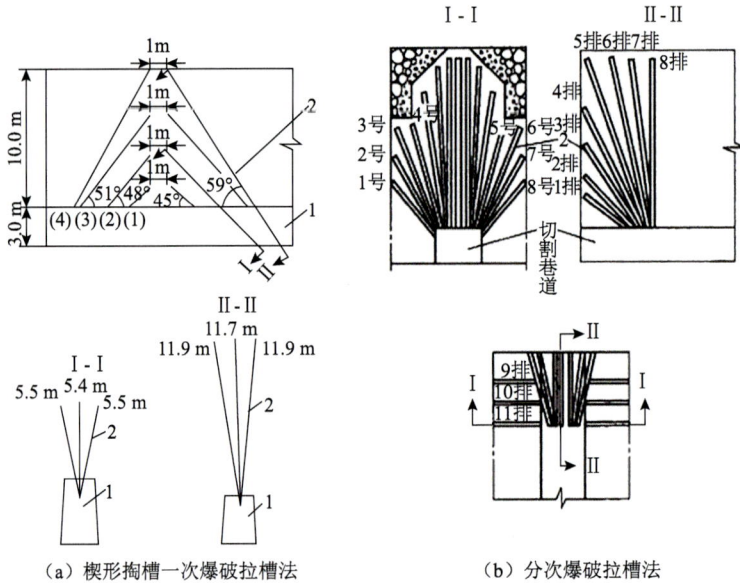

（a）楔形掏槽一次爆破拉槽法　　（b）分次爆破拉槽法

图 3-62　炮孔爆破拉槽法
1-切割巷道；2-炮孔

分次爆破拉槽法如图 3-62（b）所示。在回采巷道端部 4～5m 处钻凿 8 排扇形炮孔，每排 8 个孔，按排分次爆破，这相当于形成切割天井。此外，为了保证切割槽的面积和形状，还布置 9、10、11 三排切割孔，其布置方式相当于切割天井拉槽法。该拉槽法也适用于矿石比较破碎的情况，在实际中应用不多。

4. 回采工作

回采工作包括落矿、出矿和通风。

1）落矿

落矿包括落矿参数的确定、凿岩和爆破等。

（1）落矿参数。

落矿参数包括炮孔扇面倾角、扇形炮孔边孔角、崩矿布距、孔径、最小抵抗线长度和孔底距等。

（a）炮孔扇面倾角（端壁倾角）。炮孔扇面倾角指的是扇形炮孔排面与水平面的夹角，可分为前倾和垂直两种。前倾布置时，倾角通常为 70°～85°，这种布置方式可以延迟上部废石细块提前渗入，装药较方便，且当矿石不稳固时，有利于防止放矿口处被爆破破坏。炮孔扇面倾角垂直时，炮孔方向易于掌握，但垂直孔装药条件较差。当矿石稳固、围岩块度较大时，大多采用垂直布置形式。

（b）扇形炮孔边孔角。扇形炮孔边孔角如图 3-63 所示。边孔角决定着分间的具

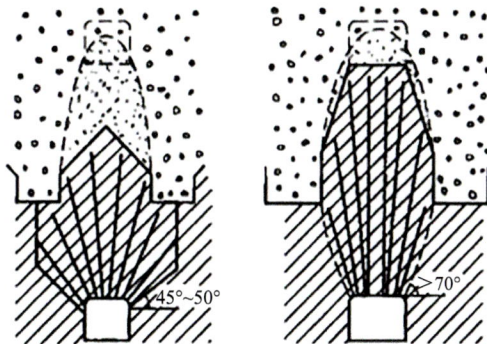

图 3-63　扇形炮孔布置图

体形状，边孔角越小分间越接近方形，因而可以减小炮孔长度。但边孔角过小，会使很多靠边界的矿石处于放矿移动带之外，在爆破时这里容易产生过分挤压而使边孔爆破效果差。此外，45°以下的边孔孔口容易被矿堆埋住，爆破前清理矿堆的工作量大且不安全。相反，增大边孔角使炮孔长度增大，对凿岩工作不利，但可以避免产生上述问题。根据放矿时矿岩移动规律，边孔角最大值以放出漏斗边壁角为限。

我国目前凿岩设备多用 50°～55°边孔角，有的更大些。国外有的矿山采用 70°以上的边孔角，与此同时增大进路宽度（达 5～7m），形成所谓放矿槽，在放矿槽的边壁上可不残留矿石。如能良好地控制放矿，将有利于降低矿石损失贫化。

（c）崩矿步距。崩矿步距是指一次爆破崩落矿石层的厚度，一般每次爆破 1～2 排炮孔。崩矿步距（L）与分段高度（H）和回采巷道间距（B）是无底柱分段崩落法三个重要的结构参数，对放矿时的矿石损失贫化有较大的影响。

放矿时，矿石层是由上分段的残留体和本分段崩落的矿石两部分构成的。由图 3-64 可以看出，矿石层形状与数量主要取决于 H、B 与 L。改变 H、B 和 L，可使崩落矿石层形状与放出体形状相适应，以期求得最好的矿石回收指标。所谓最好的矿石回收指标，

是指依据此时的矿石回采率与贫化率计算出来的经济效益最大。符合经济效益最大要求的结构参数，就是一般所说的最佳结构参数。

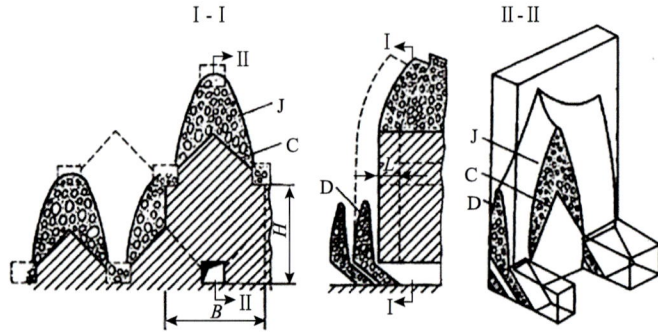

图 3-64　崩落矿石层形状与结构参数
J-脊部残留；D-端部残留；C-端壁

根据无底柱分段崩落采矿法放矿时的矿石移动规律，最佳结构参数实质上是指 H、B 与 L 三者最佳的配合。也就是说三个参数是相互联系和相互制约的，其中任何一个参数不能离开另外两个参数独立存在最佳值。例如，最优崩矿步距是指在 H 与 B 既定条件下，三者最佳配合确定的 L 值。

无底柱分段崩落采矿法放矿的矿石损失贫化除了与结构参数有关之外，还与矿块边界条件有关，有时后者还可能是矿石损失贫化的主要影响因素。因此，在分析矿石损失贫化时，必须注意边界条件问题。

在既定 H 与 B 的条件下，崩矿步距过大时，岩石仅从顶面混入，截止放矿时的端部残留较大；反之，步距过小时，端（正）面岩石先混入，阻截上部矿石的正常放出。无论崩矿步距过大还是过小，都使纯矿石放出量减少。尽管从总体考虑，无底柱分段崩落采矿法的采场结构中上分段残留矿量可在下分段部分回收，前个步距残留矿量有可能在后个步距部分回收，但步距过大或过小都会使矿石损失贫化指标变坏。

（d）孔径、最小抵抗线长度和孔底距。无底柱分段崩落采矿法采用接杆深孔凿岩，常用的钻头直径为 51～75mm。根据矿石性质不同，最小抵抗线长度取 1.5～2.0m；一般可按 $w/d=30$ 左右计算最小抵抗线（其中 w 为最小抵抗线长度，d 为炮孔直径）。但这种布置的缺点是孔口处炮孔过于密集。为了使矿石破碎均匀，有的矿山采用减小最小抵抗线长度，加大孔底距（a），使 $a \times w$ 不变（即增多炮孔排数）的办法，获得良好的爆破效果。

如某矿将原来最小抵抗线长度为 1.8m 的扇形炮孔改为两排交错布置的扇形炮孔，最小抵抗线长度减小二分之一，孔底距增大一倍，结果大块率显著降低，爆破效果良好。从理论上讲，这种布置可使爆破能均匀分布，爆破作用时间延长，从而改善了爆破效果。

在矿石松软、节理发育、炮孔容易变形条件下，采用大直径深孔对装药有利。

（2）凿岩。

凿岩设备目前主要为 FJY-24 型圆盘台架配以 YCZ-90 型凿岩机，凿岩效率为18000～20000m/a；有的矿山用 CTC/400-2 型双臂凿岩台车配以 YCZ-90 型凿岩机，凿岩效率为 27000～30000m/a。此外，近些年大中型矿山大量应用进口液压凿岩设备，如ATLAS 生产的 SimbaH 系列液压凿岩机，凿岩效率可达 70000～100000m/a。

（3）爆破。

无底柱分段崩落采矿法的爆破只有很小的补偿空间，属于挤压爆破。爆破后的矿石块度关系到装运设备的效率和二次破碎工作量。

为了避免扇形炮孔孔口装药过于密集，装药时，除边孔与中心孔装药较满外，其余各孔的装药长短如图3-65所示。

提高炮孔的装药密度是提高爆破效果的重要措施。它不仅可以增大炸药的爆破威力，充分利用炮孔，而且可以改善爆破质量。

使用装药器装粉状炸药是提高装药密度的有效措施。国内目前使用最多的装药器有 FZY-10 型与 AYZ-150 型两种。

使用装药器装药时的返粉现象不仅浪费炸药，而且药粉污染空气，刺激人的呼吸器官，有损身体健康。装

图 3-65　扇形炮孔装药示意图

药返粉是目前还没有彻底解决的问题。如果输药管的直径、工作风压、炸药的粒度和湿度选取适当，操作配合协调，返粉率可控制在 5% 以下。

2）出矿

出矿就是用出矿设备将回采巷道端部的矿石运到矿石溜井。主要出矿设备有铲运机、装运机与装矿机等。铲运机出矿的优点是运距大、行走速度快、出矿效率较高，近年来广泛应用。目前国内主要用电动铲运机出矿，其中铲斗容积为 0.75m³、1.5m³、2.0m³ 和 4.0m³ 的电动铲运机使用较多。一些出矿点比较分散的矿山，用柴油驱动铲运机出矿。柴油驱动铲运机比电动铲运机灵活，但需解决空气净化问题，必须加强通风，需要有大量的风流来冲淡有害气体。目前少数矿山还保留 ZYQ-14 型气动装运机出矿，它的优点是设备费用较低、最小工作断面较小（2.8m×3.0m），但拖有风管，运距较短（一般不超过 50m）。此外，中小型矿山常用装矿机出矿，即用装矿机将矿石装入矿车，用电机车牵引矿车至矿石溜井卸矿，实现采场运搬。还有一些矿山采用蟹爪式装载机配自卸汽车出矿。

出矿在同一分段水平内，装矿顺序是逆风流方向，即先装风流下方的回采巷道，这样可减少二次破碎的炮烟对出矿工作面的污染。出矿时，用铲斗从右向左循环装矿，这样不仅可以保证矿流均匀、矿流面积大，而且操作者易于观察矿堆情况。

无底柱分段崩落采矿法的矿岩接触面积较大，加强出矿管理意义重大。出矿管理主要包括下列几项内容：

（1）确定合理的放矿控制点，对本分段有回收条件的出矿步距，按低贫化放矿方式控制放矿，即放到见覆盖层废石为止；对本分段不具备回收条件的出矿步距，放矿到截止品位。

（2）统计正常出矿条件下的放出矿石量和品位变化的关系，绘出曲线图。曲线图中应同时画出对应的矿石损失，贫化曲线，以便从矿石数量和矿石品位两个方面实施放矿控制，正确判定放矿的进展情况。

（3）在分段采矿的平面图上，标出每个步距的放出矿石量和矿石品位及矿石损失贫化数值。依据上两个分段的图纸，参照上面矿石损失的数量和部位，结合本分段的回采

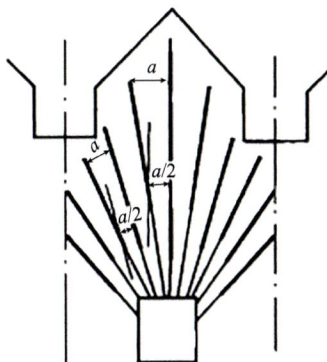

计划图，编制出本分段放矿计划图，图中标明各个步距的计划放出矿量和矿石品位。

（4）放出矿石的品位，特别是每次放矿后期的矿石品位，要实施快速分析。目前有不少矿山接到矿石试样后需要 2～3 班才能送回分析结果，分析时间太长，不利于放矿控制。

国内已生产出适于在井下进行快速测定品位的 X 射线荧光分析仪，有的矿山已将其应用于井下，实现品位的快速测定。

3）通风

无底柱分段崩落采矿法回采工作面为独头巷道，无法形成贯穿风流；工作地点多，巷道纵横交错很容易形成复杂的角联网路，风量调节困难；溜井多而且溜井与各分段连通，卸矿时扬出大量粉尘，严重污染风源。如果管理不善，容易造成井下粉尘浓度高，污风串联，损害工人的身体健康。因此，加强通风管理是无底柱分段崩落采矿法的一项极为重要的工作。

在考虑通风系统和风量时，应尽量使每个矿块都有独立的新鲜风流，并要求每条回采巷道的最小风速在有设备工作时不低于 0.3m/s，其他情况下不低于 0.25m/s。条件允许时，尽可能采用分区通风方式。

回采工作面只能用局扇通风。如图 3-66 所示，局扇安装在上部回风水平，新鲜风流由本阶段的脉外运输平巷经通风井进入分段运输联络道和回采巷道。清洗工作面后，污风由铺设在回采巷道及回风天井的风筒引至上部水平回风巷道，并利用安装在上部水平回风巷道内的两台局扇并联抽风。

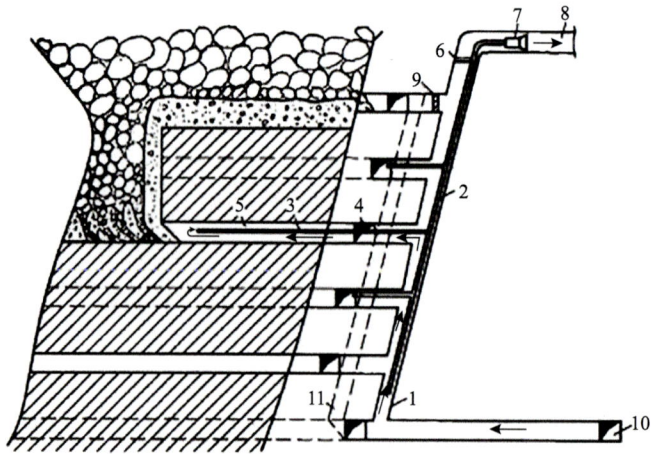

图 3-66　回采工作面局扇通风系统图

1-通风天井；2-主风筒；3-分支风筒；4-分段运输联络道；5-回采巷道；6-隔风板；
7-局扇；8-回风巷道；9-密闭墙；10-运输平巷；11-矿石溜井

这种通风方式的缺点是风筒的安装拆卸和维修工作量大，对装运工作也有一定的影响，因此，有的矿山不能坚持使用。但是靠全矿主风流的扩散通风解决不了工作面的通风问题。

为了避免在天井内设风筒，应利用局扇将矿块内的污风抽至密闭墙内，如图 3-67 所示，污风再由回风天井的主风流带至上部回风水平。

在无底柱分段崩落采矿法中，工作面通风是一个重大技术课题，彻底解决该问题有待进一步研究。

5. 回采顺序

无底柱分段崩落采矿法上下分段之间
和同一分段内的回采顺序，对于矿石的损
失贫化、回采强度和工作面地压等均有很
大影响。

同一分段在沿走向方向可以采用从中
央向两翼回采或从两翼向中央回采，也可
以从一翼向另一翼回采。走向长度很大时
也可沿走向划分成若干回采区段，多翼回
采。分区越多，翼数也越多，同时回采工
作面就越多，越有利于提高开采强度，但
通风、上下分段的衔接和生产管理复杂。

当回采巷道垂直走向布置和运输联络
道在脉外时，回采方向应向设备井后退。

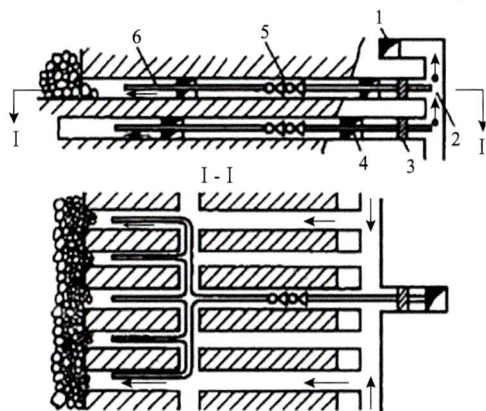

图 3-67 带密闭墙的局部通风系统
1-回风巷道；2-回风天井；3-密闭墙；4-运输联络道；
5-局扇；6-风筒

当地压大或矿石不够稳固时，应尽量避免采用由两翼向中央的回采顺序，以防止出
现如图 3-68 所示的现象，即使最后回采的 1～2 条回采巷道承受较大的压力。

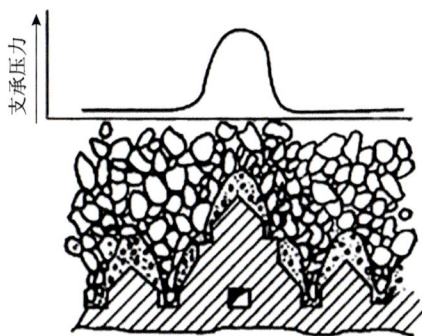

图 3-68 最后的回采巷道压力增高示意图

在垂直走向上，回采顺序主要取决于运
输联络道、设备井和溜井的位置。当只有一
条运输联络道时，各回采巷道必须向联络道
后退。当开采极厚矿体时，可能有几条运输
联络道，这时应根据设备井的位置，确定回
采顺序，原则上必须向设备井后退。

分段之间的回采顺序是自上而下，上
分段的回采必定超前于下分段。确定超前
距离时，应保证下分段回采出矿时，矿岩
的移动范围不影响上分段的回采工作；同
时要求上面覆岩落实后再回采下分段。

6. 覆盖岩层的形成

为了形成崩落采矿法正常回采条件和防止围岩大量崩落发生安全事故，一般在崩落
矿石层上面覆以岩石层。岩石层厚度要满足两点要求：第一，放矿后岩石能够埋没分段
矿石，否则形不成挤压爆破条件，使崩下的矿石将有一部分落在岩石层之上，增大矿石
损失贫化；第二，一旦大量围岩突然冒落，确实能起到缓冲的作用，以保证安全。据此，
一般覆岩厚度约为两个分段高度。

根据矿体赋存条件和岩石性质的不同，覆岩有以下几种形成方法。

（1）如矿体上部已用空场采矿法回采（如分段矿房采矿法、阶段矿房采矿法、留矿
法等），下部改为无底柱分段崩落采矿法时，可在采空区上、下盘围岩中布置深孔或药室，

在回采矿柱的同时，崩落采空区围岩，形成覆盖层。

（2）由露天开采转为地下开采的矿山，可用药室或深孔爆破边坡岩石，形成覆盖岩层。

（3）围岩不稳固或水平面积足够大的盲矿体，随着矿石的连续回采，围岩自然崩落，形成覆盖岩层。

（4）新建矿山开采围岩稳定的盲矿体时，常需要人工强制放顶。按形成覆盖岩层和矿石回采工作先后不同，可分为集中放顶、边回采边放顶和先放顶后回采三种放顶方式。

（a）集中放顶形成覆盖岩层。如图3-69所示，这种方法是利用第一分段的采空区作补偿空间，在放顶区侧部布置凿岩巷道，在其中钻凿扇形深孔，当几条回采巷道回采完毕后，爆破放顶深孔形成覆盖岩层。这种方法的放顶工作集中，放顶工艺简单，不需要运出部分废石，也不需要切割。但由于需要暴露大面积岩层之后才能放顶，放顶工作的可靠性与安全性较差。

（b）边回采边放顶形成覆盖岩层。如图3-70所示，在第一分段上部掘进放顶凿岩巷道，在其中钻凿与回采炮孔排面大体相一致的扇形深孔，并与回采一样形成切割槽。以矿块作为放顶单元，边回采边放顶，逐步形成覆盖岩层。这种放顶方法，工作安全可靠，但放顶工艺复杂，回采与放顶必须严格配合。

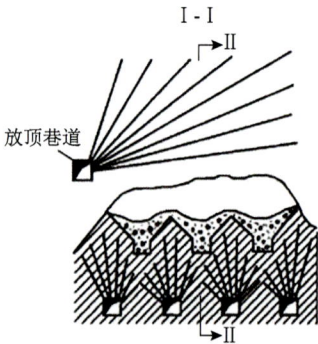

图 3-69　集中放顶

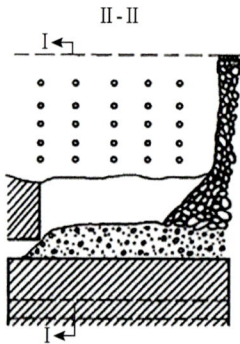

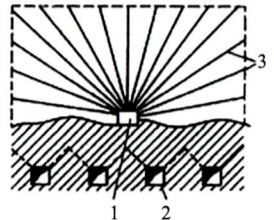

图 3-70　边回采边放顶
1-放顶凿岩巷道；2-回采巷道；3-放顶炮孔

另一种将放顶与回采合为一道工序的方案如图3-71所示，在回采巷道中钻凿相间排列的深孔和中深孔，用深孔控制放顶高度（可达20m），用中深孔控制崩矿的块度和高度。

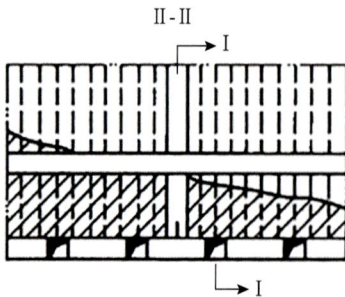

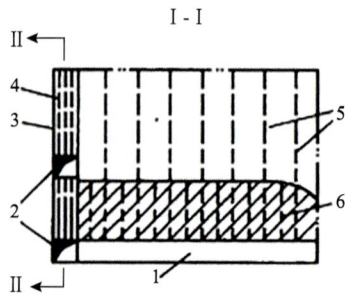

图 3-71　放顶和回采共用一条巷道
1-回采巷道；2-切割平巷；3-切割天井；4-切割炮孔；5-深孔；6-中深孔

（c）先放顶后回采形成覆盖岩层。回采之前，在矿体顶板围岩中，掘进一层或两层放顶凿岩巷道，并在其中钻凿扇形炮孔（最小抵抗线长度可比回采时大些），用崩落矿石的方法崩落围岩，形成覆盖岩层，如图 3-72 所示。

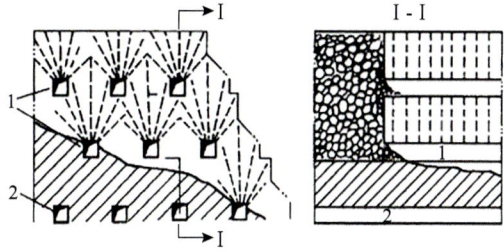

图 3-72　先放顶后回采
1-放顶凿岩巷道；2-回采巷道

这种放顶方法第一分段的回采就在覆盖岩层下进行，回采工作安全可靠，但放顶工程量大，而且要运出部分废石。

上述三种放顶方法中，先放顶后回采工作可靠，但放顶工程量大，并需运出部分废石，经济效益差，目前矿山很少使用；集中放顶工作简单，无须运出崩落废石，但放顶可靠性差；边回采边放顶兼有前两者的优点，相比之下是较好的放顶方式。

采用矿石垫层。将矿体上部 2～3 个分段的矿石崩落，实施松动出矿，放出崩矿量的 30% 左右，余者暂留空区作为垫层。随着回采工作的推进，围岩暴露面积逐渐增大，围岩暴露时间也在增长，待达到一定数量之后，围岩将开始自然崩落，并逐渐增加崩落高度，形成足够厚度的岩石垫层。岩石垫层形成后放出暂留的矿石垫层，进入正常回采阶段。

目前采用这种方法形成覆盖岩层的矿山较多，其显著优点是放顶费用最低，但要实施严格放矿管理。此外，对采空区岩石崩落情况要进行可靠的观测。

我国镜铁山铁矿成功地使用了矿石垫层。该矿一号矿体上部出露地表，用无底柱分段崩落法回采上面 2～3 个分段，留有矿石垫层，随着回采工作向下推进，上盘暴露面积增大，最后发生自然崩落，形成了岩石垫层。

7. 评价

无底柱分段崩落采矿法在我国金属矿山广泛应用，其中铁矿山采用得最多。

1）适用条件

无底柱分段崩落采矿法结构简单，适用范围大。实践证明，该方法适用于如下条件：

（1）地表与围岩允许崩落。

（2）矿石稳固性在中等以上，回采巷道不需要大量支护。随着支护技术的发展，近年来广泛应用喷锚支护后，对矿石稳固性要求有所降低，但必须保证回采巷道的稳固性，否则回采巷道破坏，将造成大量矿石损失。

下盘围岩应在中等稳固以上，以利于在其中开掘各种采准巷道；上盘岩石稳固性不限，当上盘岩石不稳固时，与其他大量崩落采矿法方案比较，使用该法更为有利。

（3）可用于急倾斜或缓倾斜的厚矿体，也可用于规模较大的中厚矿体。

（4）需要剔除矿石中的夹石或分级出矿时，采用该法有利。

2）主要优缺点

无底柱分段崩落采矿法的优点主要包括以下几方面：

（1）安全性好。各项回采作业都在回采巷道中进行；在回采巷道端部出矿，一般大块都可流进回采巷道中，二次破碎工作比较安全。

（2）采场结构简单，回采工艺简单，容易标准化，适于采用高效率的大型无轨设备。

（3）机械化程度高。

（4）由于崩矿与出矿以每个步距为最小回采单元，当地质条件合适时，有可能剔除夹石和进行分级出矿。

无底柱分段崩落法的缺点主要包括以下几方面：

（1）回采巷道通风困难。这是回采巷道独头作业，无法形成贯穿风流造成的。这个问题采矿方法本身不改变结构是无法解决的，必须建立良好的通风系统，同时采用局部通风和消尘设施。

（2）采场结构与放矿方式不当时，矿石损失贫化较大。这是因为回采巷道之间脊部残留体较大，该残留矿量不能充分回收时，造成较大的矿石损失。此外，每次崩矿量小，岩石混入机会多，因此容易造成较高的岩石混入率。

3）技术指标

部分矿山无底柱分段崩落采矿法的主要技术经济指标见表3-6。

表 3-6 部分矿山无底柱分段崩落采矿法的技术经济指标

矿山名称	采用的设备及效率				技术经济指标			
	凿岩设备		出矿设备		采掘比/（m/kt）	采矿工效/[t/（工·班）]	回收率/%	贫化率/%
	型号	效率/[m/（台·班）]	型号	效率/[m/（台·班）]				
梅山铁矿	Simba H1354	80	Toro 400E Toro 1400E	550 830	2.1	57.4	82	18
镜铁山铁矿	Simba H1354	70	Toro 400E	390	2	41.9	80	20
程潮铁矿	Simba H252	60	Toro 400E	390	5.1	49.1	82	24.87
弓长岭铁矿	YGZ-90	38	WJ-2	150	3.9	37.8	80	25
北洺河铁矿	QZG80A	40	Toro 400E	420	5.3	94.3	80.01	18.86
小官庄铁矿	YGZ-90	40	922E	135	12.4	29.4	70.62	30.15

4）改进途径

为了提高开采强度、减小采掘比和有效控制采场地压，近年来无底柱分段崩落采矿法逐渐向增大分段高度与回采巷道间距方向发展。例如，镜铁山铁矿与西石门铁矿都加大了分段高度与回采巷道间距，前者分段高度 20m，回采巷道间距 20m，矿石回采率85.23%，矿石贫化率 11.15%；后者分段高度 24m，回采巷道间距 12m，矿石回采率84.31%，矿石贫化率 20.74%。梅山铁矿深部开采中分段高度与回采巷道间距均取 15～20m。瑞典基律纳铁矿分段高度 30m，回采巷道平均间距为 25m。

加大分段高度和回采巷道间距，增大了一次崩矿量和纯矿石放出量，并有利于提高

出矿设备的生产能力。但由于炮孔深度较大，对凿岩设备要求严格。目前凿岩工作多用进口液压凿岩设备，装药设备尚不配套，这成为影响参数增大的主要因素。

研究表明，放矿过程中矿石与废石的混杂主要发生在放矿口附近。为此，可适当限制废石的放出数量，将本分段必须混杂废石才能放出的矿石暂时残留于采场内，转移到下一分段以纯矿石形式回收。仅当不具备转移条件时，才放到截止品位。采用这种低贫化放矿方式，当矿体赋存条件好时，可在回采率不降低的条件下大幅度降低矿石贫化率。镜铁山铁矿实施低贫化放矿方式的试验采场，回采到第三分段时，矿石贫化率降为 6.8%，取得了良好的技术经济效果。

3.3.3 阶段崩落采矿法

阶段崩落采矿法的回采高度等于整个阶段高度。根据落矿方式的不同可将其分为阶段强制崩落采矿法与阶段自然崩落采矿法两种。

1. 阶段强制崩落采矿法

1）阶段强制崩落采矿法一般方案

阶段强制崩落采矿法可分为两种方案：一种是设有补偿空间的阶段强制崩落采矿法，另一种为连续回采的阶段强制崩落采矿法。

设有补偿空间的阶段强制崩落采矿法典型方案如图 3-73 所示。该方案采用水平深孔爆破，补偿空间设在崩落矿块的下面。当采用垂直扇形深孔（或中深孔）爆破时，可将补偿空间开掘成立槽形式。

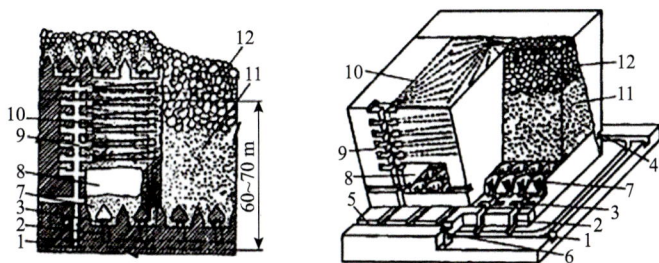

图 3-73　设有补偿空间的阶段强制崩落采矿法典型方案

1-阶段运输巷道；2-矿石溜井；3-耙矿巷道；4-回风巷道；5-联络道；6-行人通风小井；7-漏斗；8-补偿空间；9-天井和凿岩硐室；10-深孔；11-矿石；12-岩石

设有补偿空间方案为自由空间爆破，补偿空间体积为同时爆破矿石体积的 20%～30%。该种方案多以矿块为单元进行回采，出矿时采用平面放矿方案，力求矿岩界面匀缓下降。

连续回采的阶段强制崩落采矿法典型方案如图 3-74 所示。该方案可以沿阶段或分区连续进行回采，常常没有明显的矿块结构。一般都采用垂直深孔挤压爆破，采场下部一般都设有底部结构，在俄罗斯还有端部出矿的方案。在阶段强制崩落采矿法的使用中，连续回采的阶段强制崩落法使用范围逐渐扩大。

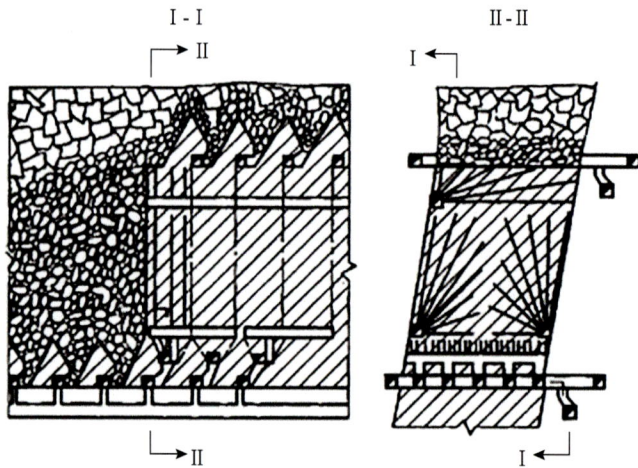

图 3-74　连续回采的阶段强制崩落采矿法典型方案

阶段强制崩落采矿法的采准、切割、回采及确定矿块尺寸的原则，基本上与有底柱分段崩落采矿法相同。下面简述我国矿山使用阶段强制崩落采矿法的情况。

2）矿块结构参数

当矿体厚度小于或等于 30m 时，矿块一般沿矿体走向布置，矿块长度为 30～50m 时，宽度等于矿体厚度。反之，矿块垂直矿体走向布置，矿块长度和宽度均取 30～50m。当矿体倾角较缓时，阶段高度为 40～50m；当矿体倾角较陡时，阶段高度为 60～70m。底柱高度为 12～14m。

3）采准切割工作

采准工作包括掘进运输巷道、电耙道、放矿溜井、行人通风天井、凿岩天井和硐室等。切割工作主要包括辟漏、拉底和开掘补偿空间。当采用自由空间爆破落矿时补偿空间为崩落矿石体积的 20%～30%；当采用挤压爆破且矿石不稳固时补偿空间为崩落矿石体积的 15%～20%。如果采用水平深孔落矿，由于拉底高度不大，可用浅眼挑顶的方法形成补偿空间。如果采用垂直深孔挤压爆破方案时，补偿空间的形成与有底柱分段崩落采矿法相同。当矿石稳固时，可以在整个矿房水平面上进行连续拉底；当矿石不够稳固时，往往在矿块拉底空间上留有一些临时矿柱来减少暴露面积，这些临时矿柱可在崩落矿房的同时崩落。

4）回采工作

落矿有水平深孔、垂直深孔和药室三种方案。多采用水平深孔落矿，较少采用药室落矿方案。根据补偿空间的大小，可采用微差爆破在矿块全高一次崩落矿石，也可分次爆破。崩落的矿石在覆盖岩石下用电耙出矿。

5）适用条件和优缺点

阶段强制崩落采矿法适用于以下条件。

（1）矿体厚度大时，使用阶段强制崩落采矿法较为合适。矿体倾角大时，厚度一般不小于 15m 为宜；倾斜与缓倾斜矿体的厚度应更大些，此时放矿漏斗多设在下盘岩石中。

由于放矿的矿石层高度大，下盘倾角小于 70°时，就应该考虑设置间隔式下盘漏斗；

当下盘倾角小于 50°时，应设密集式下盘漏斗，否则下盘矿石损失过大。

（2）开采急倾斜矿体时，上盘岩石稳固性最好能保持矿石没有放完之前不崩落，以免放矿时产生较大的损失贫化。这一点有时是使用阶段崩落采矿法与分段崩落采矿法的分界线。

倾斜、缓倾斜矿体的上盘最好能随放矿自然崩落，否则需人工强制崩落。

下盘稳固性根据脉外采准工程要求确定，一般中等稳固即可；稳固性稍差时，采准工程需要支护。

（3）设有补偿空间方案对矿石稳固性要求高些，矿石须中等稳固；连续回采方案由于采用挤压爆破，可用于不够稳固的矿石中。

（4）矿石价值不高，也不需要分采，不含较大的岩石夹层。

（5）矿石没有结块、氧化和自燃等性质。

（6）地表允许崩落。

总之，矿体厚大、形状规整、倾角陡、围岩不够稳固、矿石价值不高、围岩含有品位，是采用阶段强制崩落采矿法的最优条件。

阶段强制崩落采矿法主要有同分段崩落采矿法相比较，阶段强制崩落采矿法具有采准工程量小，劳动生产率高，采矿成本低与作业安全等优点；但也具有生产技术与放矿管理要求严格、大块产出率高及矿石损失较大等缺点。此外，适用条件远不如分段崩落采矿法灵活。

2. 阶段自然崩落采矿法

1）概述

阶段自然崩落采矿法的基本特征是，整个阶段上的矿石在大面积拉底后借自重与地压作用逐渐自然崩落，并能碎成碎块。自然崩落采矿法的矿石经底部出矿巷道放出，在阶段运输巷道装车运走。自然崩落采矿法结构示意图如图 3-75 所示。

崩落过程中，仅放出已崩落矿石的碎胀部分（约三分之一），并保持矿体下面的自由空间高度不超过 5m，以防止大规模冒落和形成空气冲击。待整个阶段高度上崩落完毕之后，再进行大量放矿。

大量放矿开始后，上面覆盖岩层随着崩落矿石的下移也自然崩落下来，并充填

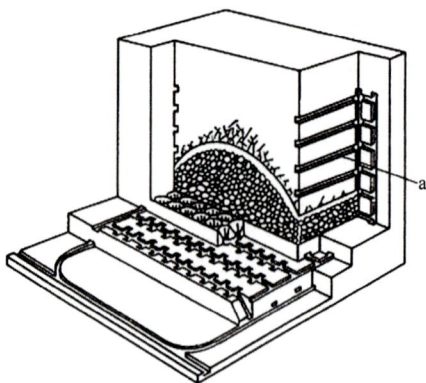

图 3-75 自然崩落采矿法结构示意图
a-切帮巷道

采空区。崩落矿石在放出过程中由于挤压碰撞还可进一步破碎。

为了控制崩落范围和进程，可在崩落界限上开掘切帮巷道，以削弱拟崩落区同周边矿岩的联系。若是仅用切帮巷道不能控制崩落边界时，还可以在切帮巷道中钻凿炮孔，爆破炮孔切割边界。

矿石自然崩落过程，以矿块回采的阶段自然崩落采矿法为例加以说明。如图 3-76 所示，在矿块下部拉底后，矿石失去了支撑，矿石暴露面在重力和地压作用下首先在中间部分出现裂隙产生破坏，而后自然崩落下来。当矿石崩落形成平衡拱时，便出现暂时稳定，矿石停止崩落。为了控制矿石崩落进程，需要破坏拱的稳定性，使矿石继续自然崩落。在实际生产中经常采用沿垂直方向移动平衡拱支撑点 A、B 的办法。为此，开掘切帮巷道，并使该部分首先破坏崩落下来，从而使平衡拱随之向上移动，同时不超过设计边界。

在使用和设计阶段自然崩落采矿法时，矿石自然崩落的难易程度简称可崩性。可崩性迄今尚没有一个比较完善的指标和确定方法。早年根据工程地质调查所得的矿石节理裂隙及矿石物理力学性质等，运用类比推理方法，将矿石可崩性分为三级和四级。后来又在岩心采取率指标的基础上提出岩石质量指标（RQD）。所谓岩石质量指标，就是不小于 4in[①] 长的岩心段累加总长度与钻孔长度的比值。岩石质量指标越大，说明岩石越完整，可崩性越差；反之，可崩性越好。美国有的矿山根据岩石质量指标把可崩性等级分为 10 级，称之为可崩性指数。可崩性指数等于 10 时，可崩性最差。还有的矿山根据 RQD 数值将岩性分为 5 级描述（图 3-77）。

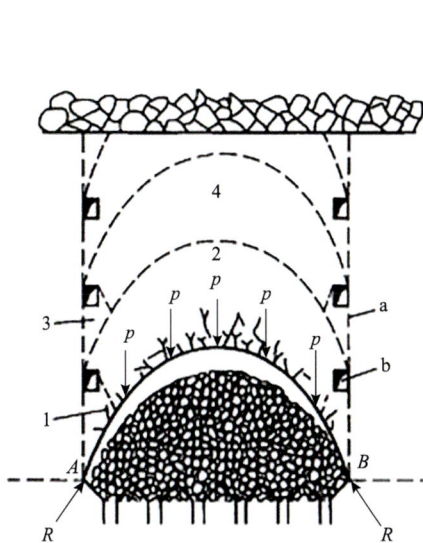

图 3-76　矿块自然崩落进程示意图

a-控制崩落边界；b-切帮巷道；1～4-崩落顺序；p-围岩地压；R-崩落拱拱脚初始边界

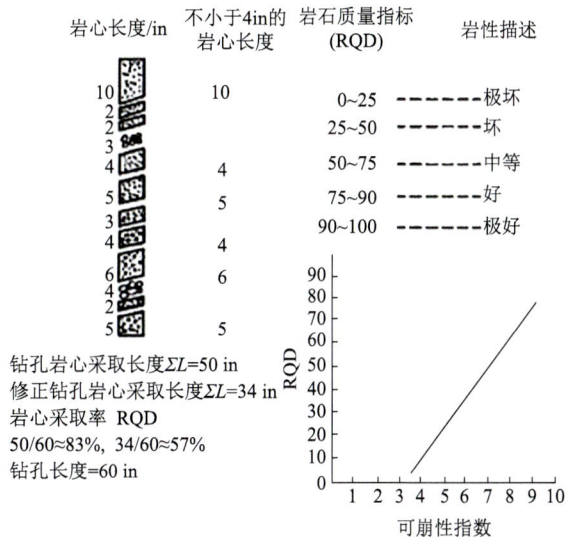

图 3-77　RQD 指标与矿石可崩性

用 RQD 表示岩性有很大的局限性，用于确定矿石可崩性不是一种可靠方法。在实际中常常同时运用多种方法综合分析判定矿石可崩性，其中实地调查和类比方法仍占有重要地位。

近年来美国应用地震能吸收法确定矿石可崩性，取得了较好的结果。其原理是，根据矿石对人工地震波传播中振幅衰减的变化情况，判定矿石的可崩性。

阶段自然崩落采矿法方案可分为两种：一种为矿块回采方案，另一种为连续回采方案。

---

① 1in=2.54cm。

2）矿块回采阶段自然崩落采矿法简述

矿块回采阶段自然崩落采矿法如图 3-78 所示。阶段高度一般为 60～80m，个别矿山达 100～150m。矿块平面尺寸取决于矿石性质与地压，当矿石很破碎和地压大时取 30～40m，其他条件下取 50～60m。

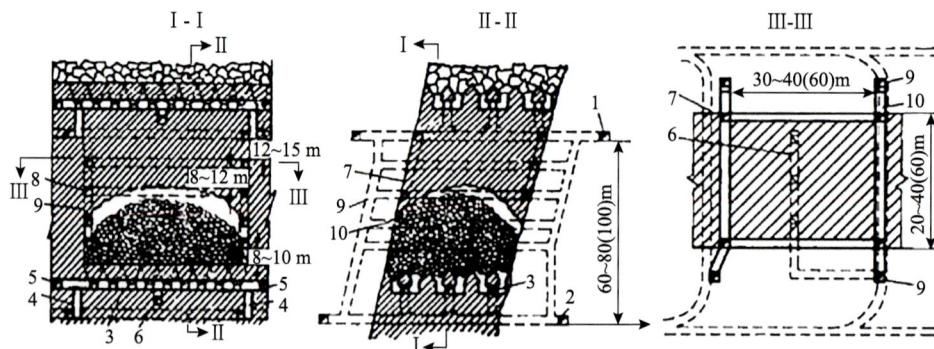

图 3-78　矿块回采阶段自然崩落采矿法

1、2-上、下阶段运输巷道；3-耙矿巷道；4-矿石溜井；5-联络道；6-回风巷道；7-切帮天井；

8-切帮平巷；9-观察天井；10-观察人行道

在矿块四个边角处掘进四条切帮天井：自切帮天井底部起每隔 8～10m 高度（阶段上、下部分可加大到 12～15m）沿矿块的周边掘进切帮天井。当边角处不易自然崩落时，还可以辅以炮孔强制崩落。

在距矿块四角 8～12m 的地方掘进观察天井。再从观察天井掘进观察人行道，用于观察矿石崩落进程。

矿块拉底时，如果矿块沿矿体走向方向布置，从矿块中央向两端拉底；如果矿块垂直走向方向布置，由下盘向上盘拉底。用炮孔分块爆破，以免上盘过早崩落。

3）连续回采阶段自然崩落采矿法

为了增大同时回采的采场数目，可将阶段划分为尺寸较大的分区，按分区进行回采。在分区的一端沿宽度方向掘进切割巷道，再沿长度方向拉底，拉底到一定面积后矿石便开始自然冒落。随着拉底不断向前扩展，矿石自然崩落范围也向前推进，矿石顶板面逐渐形成一个斜面（图 3-79），并以斜面形式推进。如果切割巷道尚不能有效切割、控制崩落边界，还可以采用炮孔爆破方法进行切帮。

图 3-79 是美国一个大型矿山使用的方案，阶段高度 100m，出矿巷道用混凝土支护，漏孔负担面积 11m×11m，放矿口尺寸为 3m×3m。用电耙出矿，矿石被直接耙进矿车中，电耙绞车功率为 110kW。

4）阶段自然崩落采矿法的评价

（1）适用条件。

（a）矿石稳固性。最理想的条件是具有密集的节理和裂隙的中等坚硬矿石，当拉底到一定面积之后能够自然崩落成大小合乎放矿要求的矿石块。设有补偿空间方案对矿石稳固性要求高些，矿石须中等稳固；连续回采方案由于采用挤压爆破，可用于不够稳固的矿石中。

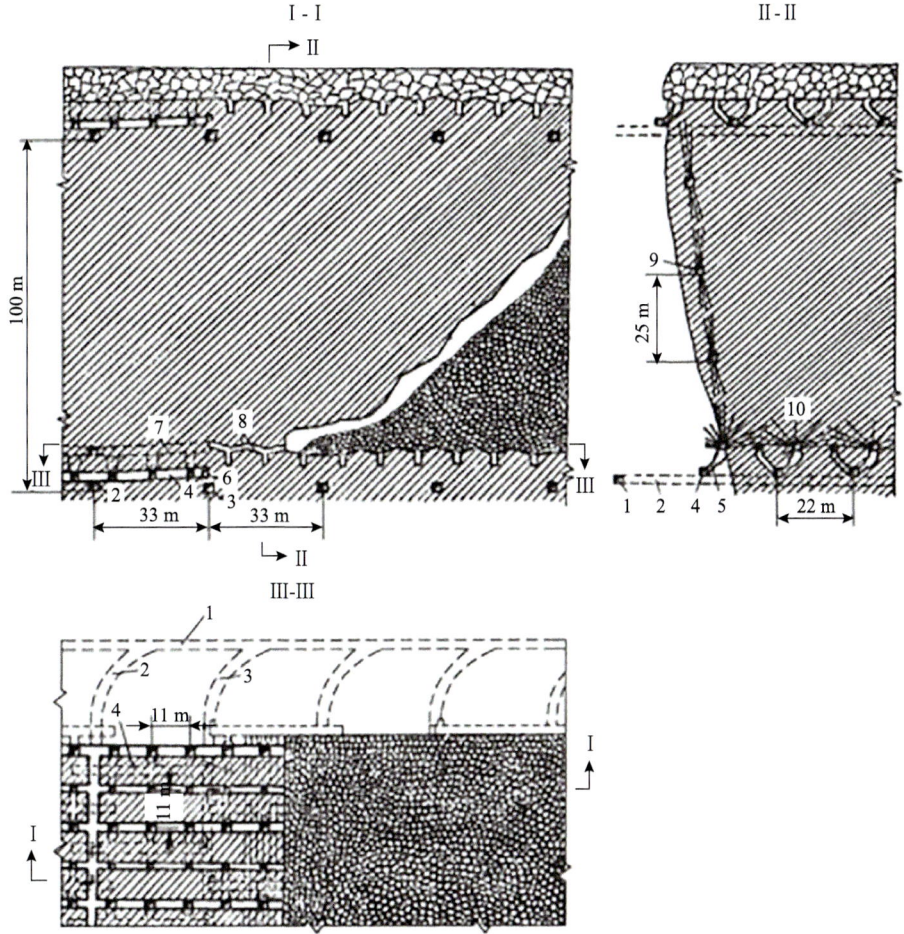

图 3-79 连续回采阶段自然崩落采矿法

1-阶段沿脉运输巷道；2-穿脉运输巷道；3-通风巷道；4-耙矿巷道；5-漏斗颈；6-通风小井；7-拉底巷道；
8-联络道（形成漏斗用）；9-凿岩巷道；10-拉底深孔

（b）矿体厚度。矿体厚度一般不小于 30m，倾斜与缓倾斜矿体的厚度应更大些，此时出矿口多设在下盘岩石中。由于放矿的矿石层高度大，下盘倾角小于 70°时，就应该考虑设置间隔式下盘漏斗；当下盘倾角小于 50°时，应设密集式下盘漏斗，否则下盘矿石损失过大。

（c）围岩稳固性。开采急倾斜矿体时，上盘岩石稳固性最好能保持矿石没有放完之前不崩落，以免放矿时产生较大的损失贫化；开采倾斜、缓倾斜矿体时，上盘最好能随放矿自然崩落下来，否则需人工强制崩落；下盘岩石稳固性根据脉外采准工程要求确定，一般中等稳固即可，如果稳固性差，则采准工程需要支护。

（d）矿石价值。矿石的价值不高，也不需要分采，且不含有较大的岩石夹层。

（e）矿石没有结块，氧化和自燃等性质。

（f）地表允许崩落。国外有的矿山在崩落界限的周边布置一些凿岩巷道，自凿岩巷道中钻凿炮孔，除用炮孔控制崩落外，还对难以自然崩落部分用爆破强制崩落，这样便扩大了自然崩落法的使用范围。

（2）优缺点。

阶段自然崩落采矿法具有采准工程量小、劳动生产率高、采矿成本低与作业安全等优点；但也具有生产技术与放矿管理要求严格、大块产出率高及矿石损失较多等缺点。

阶段自然崩落采矿法在我国使用很少，铜矿峪矿是我国唯一大规模成功应用阶段自然崩落采矿法的矿山。该方法在我国应用较少除矿床地质条件因素外，主要由于我国缺少这方面的经验。阶段自然崩落采矿法若应用得当，则是生产能力大和生产成本最低的方法，其中连续回采阶段自然崩落采矿法是厚大矿体最有发展前景的高效采矿方法之一，在矿石价值不高、矿石节理裂隙发育的厚大矿体的开采中，应积极推广使用。

3. 顶板崩落高度监测

在回采过程中，矿体在崩透地表之前，相当于在空场条件下放矿，如果放矿速度过快，将可能使崩落顶板与存窿面之间留有较大的空间，一旦上部矿岩突然大范围崩落，极有可能产生空气冲击波，对坑内人员、设备和底部结构产生巨大影响。因此，需要监测阶段崩落采矿法开采过程中的崩落高度，为制定合理的放矿策略提供依据。顶板崩落高度监测通常包括以下几种。

（1）传统方法：传统的监测方法一般通过人工观察和测量来获取顶板崩落高度。这种方法简单粗暴，存在人工观测误差较大、不能连续监测等问题。

（2）高精度仪器监测：现代矿山常用的顶板崩落高度监测方法是利用高精度仪器进行监测。常用的仪器包括全站仪、激光测距仪等。这些仪器能够实时准确测量顶板的高度，并能输出数据进行记录和分析。

（3）嵌入式传感器监测：近年来，随着物联网技术的发展，嵌入式传感器逐渐应用于矿山工作环境的监测中。通过在顶板或者其他适当位置安装传感器，可以实时监测顶板的位移和振动情况，并通过无线通信技术将数据传输至监测系统，实现远程监测和控制。

4. 阶段崩落采矿法控制出矿

出矿管理的目的是获得较好的矿石损失贫化指标，因而严格地控制放矿截止品位就显得很重要。而目前国内对出矿品位的获得主要是依靠取样进行化学分析，这种方法速度慢，而且放矿周期又短，出矿品位变化大。因此，取样化验满足不了现场生产的要求。所以，在实际生产中，通常不得不依靠出矿工人和工程技术人员的经验，根据放出矿石的颜色、容重和块度等情况的变化，用肉眼或感觉来识别矿石的贫化程度，这是不准确的。

目前，国外一些金属矿山利用矿石的物理化学特性制成一些仪器。例如，携带式同位素荧光分析仪，可以在工作面对矿石进行快速分析。这样就有可能很好地控制放矿截止品位，也就有可能获得较好的损失贫化指标。

3.3.4 覆岩下放矿的基本规律

覆岩下放矿的基本规律即放矿过程中崩落矿岩的移动规律。只有掌握了这一规律，才能结合矿体赋存条件（矿体倾角、厚度、规整程度等），设计出最合理的崩落法采矿方

案，确定合理的结构参数，编制完善的放矿制度，最大限度地降低矿石的损失与贫化，取得最好的经济效果。

1. 基本概念

矿石崩落后成为松散介质，堆于采场。打开漏口闸门后，采场内崩落的矿岩借助重力向漏口下移，并从漏口流出，如图 3-80 所示。设从漏口放出散体 Q，散体 Q 在原矿岩堆里占据的位置所构成的形体称为放出体。在 Q 的放出过程中，由近及远引起一定范围的散体向放出口方向移动。散体在移动过程中发生二次松散，使其体积增大。当由二次松散增大的体积量与放出量 Q 相等时，散体堆的内部移动暂时停止。这时发生移动的范围所构成的形体称为瞬时松动体。在放矿过程中，随着放出量 Q 的增大，瞬时松动体不断扩大；停止放矿后，随着时间的推移和受各种机械挠动的影响，松动体边界仍不断扩大，最终形成移动带（图 3-81）。当移动带内散体密度大体上恢复到固有密度时，散体移动（沉实）最终停止，达到稳定状态。

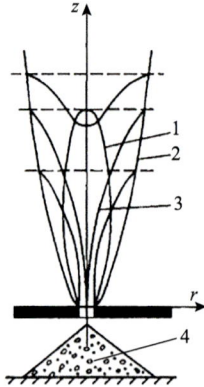

图 3-80　散体移动过程示意图　　　　　　图 3-81　移动带形成过程
1-放出体；2-松动范围；3-放出漏斗；4-散体 Q；z、r-垂直坐标、水平径向坐标　　1-移动界线；2-瞬时松动体；3-放出体

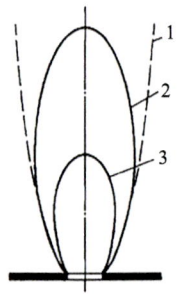

在松动范围内，每一水平层面上，靠近漏口轴线的部位散体颗粒移动速度较快，离轴线越远散体颗粒移动速度越慢。因此，原来位于同一水平层面的颗粒，移动后形成漏斗状凹坑（图 3-80），称之为放出漏斗。放出漏斗形状随其形成的层面高度而变化，当层面高度小于放出体高度时，漏斗最低点颗粒已被放出，称之为破裂漏斗；当层面高度等于放出体高度时，漏斗最低点颗粒刚好到达放出口，称之为降落漏斗；当层面高度大于放出体高度时，放出漏斗处于整体移动过程中，称之为移动漏斗。

2. 单孔放矿时崩落矿岩移动规律

1）崩落矿岩移动概率方程

崩落矿岩是一种结构复杂的多空隙散体，遇有适宜的空间条件便借助重力作用发生移动，忽略移动中瞬时松散的影响，可将其简化为连续流动的随机介质。在此条件下，假设某段时间从漏口放出单位体积的散体，则在每一水平层面上，散体下移的总量均为单位体积。根据图 3-80 所示的放出漏斗的形状，每一层面上每一位置的颗粒移动概率可

简化为服从正态分布，概率密度函数为

$$P(r,\ z) = \frac{1}{2\pi\sigma^2}\exp\left(\frac{r^2}{2\sigma^2}\right) \tag{3-3}$$

由实验测得：$\sigma^2 = \frac{1}{2}\beta z^\alpha$，代入式（3-3），得出散体移动概率密度方程：

$$P(r,\ z) = \frac{1}{\pi\beta z^\alpha}\exp\left(-\frac{r^2}{\beta z^\alpha}\right) \tag{3-4}$$

式中，α、β 为散体流动参数；z、r 为垂直坐标与水平径向坐标。

2）崩落矿岩移动规律方程

（1）散体移动速度方程。

设从漏口单位时间放出 q 散体（q 为常数），在高为 z 的层面上，散体颗粒垂直下移速度为

$$v_z = -qP(r,\ z) = -\frac{q}{\pi\beta z^\alpha}\exp\left(-\frac{r^2}{\beta z^\alpha}\right) \tag{3-5}$$

按管型场（无源无汇）连续流动条件，可推得径向移动速度 v_r，由此得出速度场方程：

$$\begin{cases} v_z = -\dfrac{q}{\pi\beta z^\alpha}\exp\left(-\dfrac{r^2}{\beta z^\alpha}\right) \\ v_r = -\dfrac{\alpha qr}{2\pi\beta z^{\alpha+1}}\exp\left(-\dfrac{r^2}{\beta z^\alpha}\right) \end{cases} \tag{3-6}$$

（2）颗粒移动迹线方程。

由物理学可知，在颗粒移动迹线上，任意一点 $(r,\ \theta,\ z)$ 的切线与颗粒在该点的移动速度方向共线（图 3-82），故有

$$\frac{\mathrm{d}z}{\mathrm{d}r} = \frac{v_z}{v_r} \tag{3-7}$$

代入式（3-6）积分，得颗粒移动迹线方程：

$$\frac{r^2}{z^\alpha} = \mathrm{const}\ 或\ \frac{r^2}{z^\alpha} = \frac{r_0^2}{z_0^\alpha} \tag{3-8}$$

由式（3-8）可见，迹线线形取决于 α 值，当 $\alpha=1$ 时为抛物线；当 $\alpha=2$ 时为直线。一般地，$1<\alpha<2$，故迹线通常介于抛物线与直线之间。

（3）放出漏斗方程。

考查 z_0 层面上 $A_0(r_0,\ \theta_0,\ z_0)$ 点颗粒的移动过程，式（3-6）已给出下移速度 v_z，沿

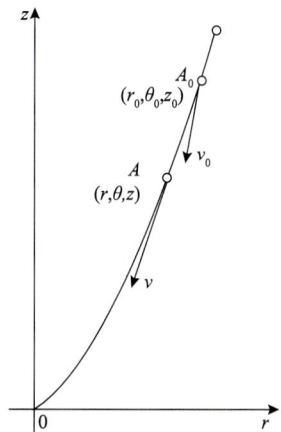

图 3-82　移动迹线与移动方向关系

迹线积分得

$$z^{\alpha+1} = z_0^{\alpha+1} - \frac{\alpha+1}{\pi\beta}Q\exp\left(-\frac{r_0^2}{\beta z_0^\alpha}\right) \tag{3-9}$$

式中，Q 为放出体体积，$Q = qt$。

将式（3-8）代入式（3-9），整理得放出漏斗方程：

$$r^2 = \beta z^\alpha \ln\frac{(\alpha+1)Q}{\pi\beta\left(z_0^{\alpha+1}-z^{\alpha+1}\right)} \tag{3-10}$$

令 $r=0$ 得放出漏斗最低点高度：

$$z_{\min} = \sqrt[\alpha+1]{z_0^{\alpha+1}-\frac{(\alpha+1)Q}{\pi\beta}} \tag{3-11}$$

可见，随着漏口放出量的增加，漏斗最低点高度不断降低。当 $Q = \frac{\beta\pi z_0^{\alpha+1}}{\alpha+1}$ 时，$z_{\min}=0$，放出漏斗最低点到达漏孔。此时再增大 Q，漏斗最低点不存在（已被放出）。$z_{\min}>0$ 时的放出漏斗即降落漏斗；而最低点被放出的放出漏斗即破裂漏斗。如果 z_0 层面是矿岩接触界面，则降落漏斗的出现标志着纯矿石回收的结束；再继续放出，则岩石混入矿石，进入贫化矿回收阶段。

（4）放出体方程。

设 K 为某一时刻的放出体表面，则按定义 K 所包围的散体体积应等于漏口放出量 Q，K 曲面上所有的颗粒点刚好到达漏口 $z_{\min}=0$ 处。因此，令 $z_{\min}=0$，代入式（3-11），再去掉 r_0、z_0 脚标并整理，得 K 曲面方程：

$$r^2 = \beta z^\alpha \ln\frac{(\alpha+1)Q}{\pi\beta z^{\alpha+1}} \tag{3-12}$$

设放出体高度为 H，则当 $Z=H$ 时，$r=0$，代入式（3-12）得到放出量与放出高度关系式：

$$Q = \frac{\beta}{\alpha+1}\pi H^{\alpha+1} \tag{3-13}$$

将式（3-13）代入式（3-12）得放出体方程：

$$r^2 = (\alpha+1)\beta z^\alpha \ln\frac{H}{z} \tag{3-14}$$

3）废石混入过程与混入量

放矿过程中的废石混入是矿石贫化的主要原因，而混入废石的来源既取决于矿岩接触面条件，又取决于放出体形态。如图 3-83 所示，在放出体与矿岩接触面相切时，纯矿石放出量达到最大值；此时再继续放出，放出体伸入废石堆，进入贫化矿放出阶段。

贫化矿中混入的废石量等于放出体伸入废石堆中的体积。假定放出体和顶面、侧面两个矿岩接触面同时相切，由式（3-14）积分可得来自顶面的废石量 Q_{yd}：

$$Q_{yd} = \frac{\beta}{\alpha + 1} \pi \left(H^{\alpha+1} - h^{\alpha+1} \right) - \pi \beta h^{\alpha+1} \ln \frac{H}{h} \qquad (3\text{-}15)$$

来自侧面的废石量 Q_{yc} 为

$$Q_{yc} = \int_{Z_M}^{Z_D} K(z) \left(\frac{\pi}{2} - \arcsin t - t\sqrt{1 - t^2} \right) dz \qquad (3\text{-}16)$$

式中，H 为放出体高度；h 为矿石层高度；$K(z) = (\alpha + 1)\beta z^\alpha \ln \frac{H}{z}$；

$t = \dfrac{D}{\sqrt{K(z)}}$，$D$ 为漏口到侧面矿岩接触面的距离；Z_D、Z_M 为放出

体与侧面矿岩接触面的上、下切点的高度，其中 $Z_D < h$。

放出体内的废石总体积为 $Q_y = Q_{yd} + Q_{yc}$，则体积岩石混入率为

$$y = \frac{Q_y}{Q} \times 100\% \qquad (3\text{-}17)$$

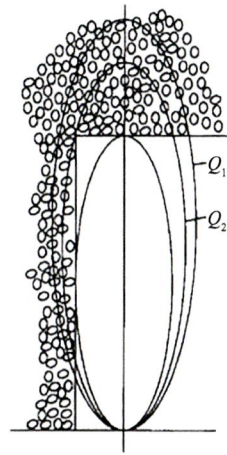

图 3-83　废石的来源

式中，Q 为放出体体积。

若继续放出，使放出体体积由 Q_1 增大至 Q_2 时，此段时间的放出量 $\Delta Q = Q_2 - Q_1$，称为当次放出量；Q_1 与 Q_2 之间的废石体积量 ΔQ_y 称为当次放出的废石量，$y_d = \dfrac{\Delta Q_y}{\Delta Q} \times 100\%$ 称为当次体积废石混入率。

当矿岩接触面为其他形状时，也可用类似的方法查找混入废石的来源与求算体积废石混入率。

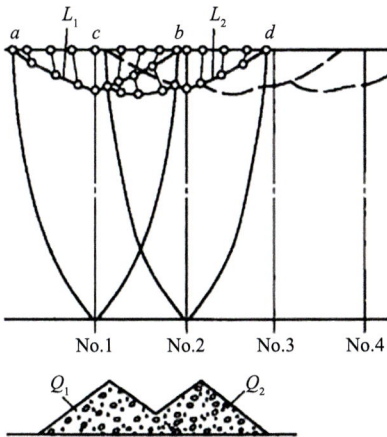

图 3-84　多漏口放矿时矿岩接触面移动状态

3. 多漏孔放矿时崩落矿岩移动规律

1）多漏孔放矿问题

多漏口放矿时矿岩接触面的移动受到相邻漏口放矿影响。如图 3-84 所示，先从 No.1 漏口放出矿石 Q_1，矿岩接触面形成放出漏斗 L_1 后，再从相邻 No.2 漏口放出 Q_2。若 No.1 漏口未放出，No.2 漏口上方也形成放出漏斗 L_2，可实际上 No.2 漏口是在 No.1 漏口放矿完毕并已形成放出漏斗 L_1 后放出的，所以矿岩接触面 cb 部分的移动产生叠加，使两漏口之间的矿岩接触面平缓下降。

以此类推，多漏口均匀放出时[图 3-85（a）]，放矿初期矿岩接触面保持平缓下移；下移到某一高度 (H_g) 后，开始出现凹凸不平。随着矿岩界面下降，凹凸不平现象越来越明显。当矿岩界面到达漏口水平时，在漏口间形成脊部残留，此时脊部残留高度为岩石开始混入高度 (H_p)。此后进入贫化矿放出阶段，一直放到截止品位（或截止体积岩石混

入率）时停止放矿。停止放矿时的脊部残留高度（H_c）小于岩石开始混入高度。脊部残留体的最高位置出现在四孔之间[图 3-85（b）]。

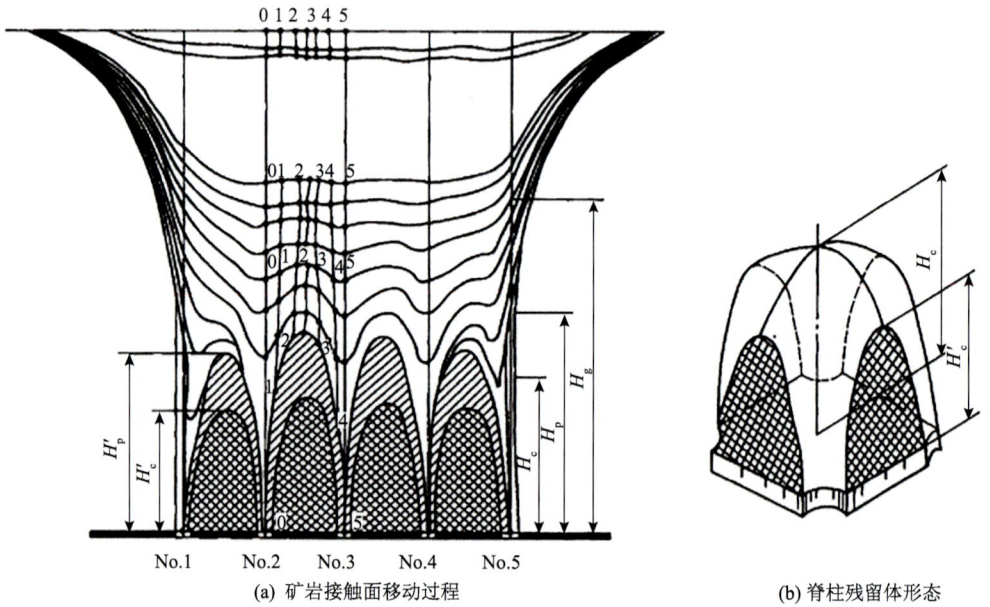

(a) 矿岩接触面移动过程
(b) 脊柱残留体形态

图 3-85 多漏口均匀放矿时矿岩接触面的移动过程

H'_p-贫化放矿过程中两漏斗间脊部残留体高度；H'_c-截止放矿时两漏斗间脊部残留体高度

综上所述，多漏孔放矿包括三个基本问题：

（1）矿岩界面移动过程，其中包括岩石混入过程。

（2）矿石残留体，即漏口之间矿石残留的空间位置、形态和数量。

（3）矿石放出体，即从各漏口放出的矿石在原采场矿石堆中所占的空间位置和形状。

2）矿岩界面移动过程与矿石残留体的计算

（1）颗粒移动方程。

在统计意义上，放出体表面颗粒同时到达漏口。因此，不计散体在移动过程中的密度变化，若 Q_1 大小的放出体经时间 t 放出，Q_2 经时间 $t + \Delta t$ 放出，则在 Δt 时间内，位于 Q_2 表面上的颗粒点，应全部移到 Q_1 曲面上（图 3-86）。将 Q_1、Q_2 这类散体移动中所经历的放出体称为移动体，则移动体表面上的颗粒点存在过渡关系。

在直角坐标系下，放出体方程式（3-14）可改写成：

$$x^2 + y^2 = (\alpha + 1)\beta z^\alpha \ln \frac{H}{z} \tag{3-18}$$

由此可得放出体高度和放出体体积：

$$H = z \exp\left(\frac{x^2 + y^2}{(\alpha + 1)\beta z^\alpha}\right) \tag{3-19}$$

$$Q = \frac{\beta}{\alpha + 1}\pi H^{\alpha + 1} = \frac{\beta}{\alpha + 1}\pi z^{\alpha + 1} \exp\left(\frac{x^2 + y^2}{\beta z^\alpha}\right) \tag{3-20}$$

在直角坐标系下，移动迹线方程（3-20）变为

$$
\begin{cases}
x = \left(\dfrac{z}{z_0} \right)^{\frac{\alpha}{2}} x_0 \\[3mm]
y = \left(\dfrac{z}{z_0} \right)^{\frac{\alpha}{2}} y_0
\end{cases}
\tag{3-21}
$$

在移动带内任取一点 $A_0\left(r_0,\ \theta_0,\ z_0 \right)$，设通过 A_0 点的移动体体积为 Q_0，当从漏斗放出散体量 Q_f 时，A_0 点上的颗粒移到 $A\left(x,\ y,\ z \right)$ 点位置，若通过 A 点的放出体体积为 Q（图 3-87），根据移动体的过渡关系，应有

$$
Q_0 - Q_f = Q
\tag{3-22}
$$

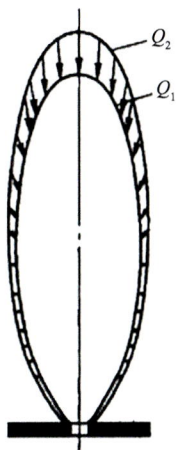

图 3-86 移动体过渡

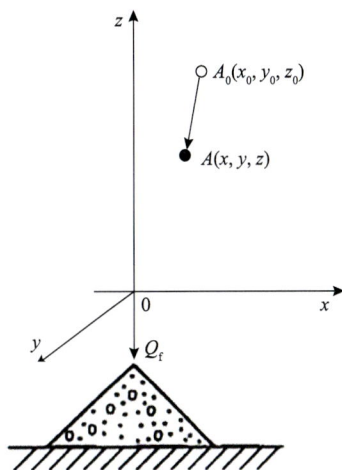

图 3-87 颗粒点移动示意图

将式（3-22）两边同时除以 Q_0，并代入式（3-20）与式（3-21）中的关系式，得

$$
1 - \frac{Q_f}{Q_0} = \frac{Q}{Q_0} = \left(\frac{z}{z_0} \right)^{\alpha+1}
\tag{3-23}
$$

将式（3-23）代入式（3-21）整理，得颗粒点移动方程：

$$
\begin{cases}
z = \left(1 - \dfrac{Q_f}{Q_0} \right)^{\frac{1}{\alpha+1}} z_0 \\[4mm]
x = \left(1 - \dfrac{Q_f}{Q_0} \right)^{\frac{\alpha}{2(\alpha+1)}} x_0 \\[4mm]
y = \left(1 - \dfrac{Q_f}{Q_0} \right)^{\frac{\alpha}{2(\alpha+1)}} y_0
\end{cases}
\tag{3-24}
$$

式中，Q_f 为漏斗放出散体量，m^3；Q_0 为表面过点 $A_0(x_0, y_0, z_0)$ 位置的放出体体积，m^3，亦称为 A_0 点打孔量，由式（3-25）计算：

$$Q_0 = \frac{\beta}{\alpha + 1} \pi z_0^{\alpha+1} \exp\left(\frac{x_0^2 + y_0^2}{\beta z_0^{\alpha}}\right) \tag{3-25}$$

（2）矿岩接触面移动过程的计算方法。

利用式（3-24）容易计算矿岩接触面的移动过程。方法是在矿岩接触面上设置一系列计算点，根据每个漏孔的当次放出量，先用移动方程计算出移动范围内各点移动后的新位置，再根据各点的新位置圈定绘出矿岩接触面在当次放出后的移动情况。每次放出都如此计算，便可绘出矿岩接触面在放出过程中的整个移动过程。由于矿岩接触面的最终位置构成矿石残留体的外表面，由式（3-24）计算即可得出矿石脊部残留体形态，如图 3-88 所示。

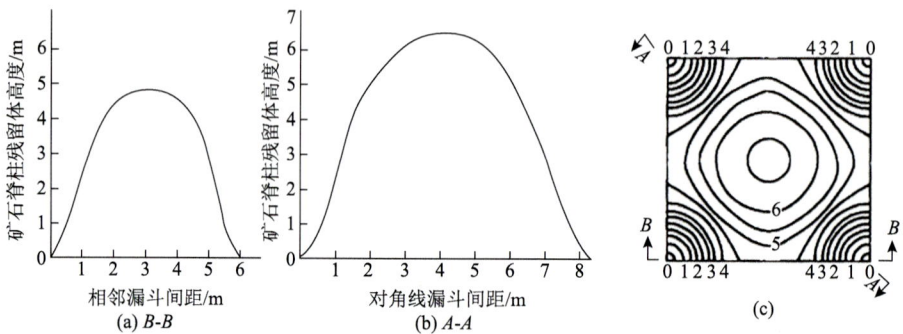

图 3-88　用移动方程计算的矿石残留体形态
（c）中等高线高程单位均为 m

（3）多漏口放矿时的放出体。

若已知颗粒移动后的位置和出矿口出矿量，利用颗粒移动方程还可逆向求出颗粒移动前的原始位置，为此将式（3-24）改写为

$$\begin{cases} z_0 = \left(1 + \dfrac{Q_f}{Q}\right)^{\frac{1}{\alpha+1}} z \\[2mm] x_0 = \left(1 + \dfrac{Q_f}{Q}\right)^{\frac{\alpha}{2(\alpha+1)}} x \\[2mm] y_0 = \left(1 + \dfrac{Q_f}{Q}\right)^{\frac{\alpha}{2(\alpha+1)}} y \end{cases} \tag{3-26}$$

式（3-26）称为逆移动方程。

由移动方程与逆移动方程便可计算出多孔放矿时的放出体。方法是：在采场中规则地设置计算颗粒点，用移动方程计算这些颗粒点的移动与被放出过程，记录每一漏口放出颗粒的编号，根据放出颗粒点的原始位置，就可确定出每一漏口的放出体形态。这种计算方法不受漏口轮流放出次数的限制，适用于各种放矿方法，但计算工作量较大，需借助计算机完成。

当漏口轮流放出次数不是很多时，可用逆移动方程计算放出体形态。用逆移动方程计算是根据颗粒点移动后的位置求算移动前的位置，漏口轮流放出次数越少，优点越突出，尤其是依次全量放矿时，用逆移动方程不仅简便而且准确。图 3-89 是用逆移动方程圈绘放出体的例子。设先从 No.1 漏口放出矿石，放出体为 Q_1，移动范围为 Q_s；接着从 No.2 漏口放出 Q_2（Q_2 为最大的纯矿石放出量），考查当前放出体 Q_2 表面上 0、1、2、3、4、…、13 各点，其中 No.1 漏口移动带 Q_s 范围内的计算点 6、5、4、3、2、1、0、13、…、10，并不是采场放矿前的位置，而是经 No.1 孔放矿移动后的位置。用逆移动方程求出这些点在 No.1 漏口放矿前的原始位置 6′、5′、4′、3′、2′、1′、0′、13′、…、10′。把这些原始位置连接起来得出 Q_2'，Q_2' 即 No.2 漏口的放出体。

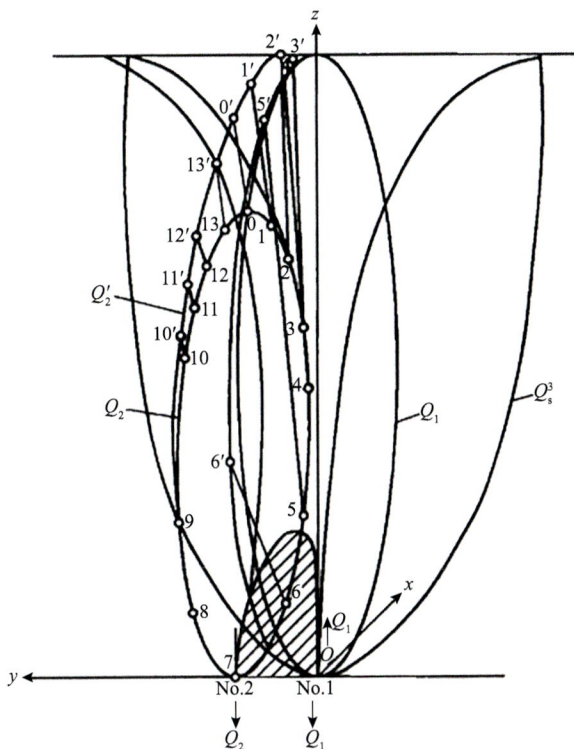

图 3-89　多孔放出时放出体形态圈绘方法

此外，在图 3-89 中，位于放出体 Q_1、Q_2' 之内的矿石已被放出，而位于 Q_1 与 Q_2' 之间的矿石则移动到 No.1 漏口与 No.2 漏口之间，残留于采场而形成脊部残留体。由图 3-89 中残留体与放出体的关系可见，采场内漏口之间残留的矿量由两部分组成，一部分为就地存留，另一部分为搬迁存留，后者往往构成残留体的主要部分。

4. 受边界条件影响的崩落矿岩移动方程

上述研究是在无限边界条件下进行的，因此得出的结论与结果只适用于无限边界条件。例如，对于矿体倾角较小（<50°）的上盘破碎矿体，采用有底柱崩落采矿法时的放矿就可以归属为无限边界条件下的放矿。在生产实际中，绝大多数采场的放矿受到边界

条件的影响，主要有半无限（断壁）边界条件和倾斜壁边界条件。

1）半无限边界条件

半无限边界条件的典型例子是无底柱分段崩落端部放矿。此时沿进路方向的移动概率密度方程为

$$P(x,z) = \frac{1}{A\sqrt{\pi\beta z^\alpha}}\exp\left\{-\frac{[x-g(z)]^2}{\beta z^\alpha}\right\} \tag{3-27}$$

垂直进路方向的移动概率密度方程为

$$P(y,z) = \frac{1}{\sqrt{\pi\beta_1 z^{\alpha_1}}}\exp\left\{-\frac{y^2}{\beta_1 z^{\alpha_1}}\right\} \tag{3-28}$$

式中，A 为端壁切余系数，$A = \frac{1}{2} + \frac{1}{\sqrt{\pi}}\int_0^{\frac{K}{\sqrt{\beta}}}\exp(-u^2)\mathrm{d}u$，其中 K 为实验常数，u 为放出

体轴心偏移端壁量；α、β 为沿进路方向散体流动参数；$g(z) = Kz^{\frac{\alpha}{2}}$；$\alpha_1$、$\beta_1$ 为垂直进路方向散体流动参数。

从漏孔放出散体量 Q_f 可用式（3-29）计算：

$$Q_f = \frac{\sqrt{\beta\beta_1}A\pi}{\omega+1}z_H^{\omega+1} \tag{3-29}$$

式中，z_H 为放出高度（垂直高度）；$\omega = (\alpha + \alpha_1)/2$。

颗粒移动方程为

$$\begin{cases} z = \left(1-\dfrac{Q_f}{Q_0}\right)^{\frac{1}{\omega+1}}z_0 \\[2mm] x = \left(1-\dfrac{Q_f}{Q_0}\right)^{\frac{\alpha}{2(\omega+1)}}x_0 \\[2mm] y = \left(1-\dfrac{Q_f}{Q_0}\right)^{\frac{\alpha_1}{2(\omega+1)}}y_0 \end{cases} \tag{3-30}$$

式中，Q_0 为点 $(x_0,\ y_0,\ z_0)$ 的达孔量，由式（3-31）计算：

$$Q_0 = \frac{\sqrt{\beta\beta_1}A\pi}{\omega+1}z_0^{\omega+1}\exp\left\{\frac{y_0^2}{\beta_1 z_0^{\alpha_1}} + \frac{[x_0-g(z_0)]^2}{\beta z^\alpha}\right\} \tag{3-31}$$

式中，Q_f 为漏斗放出矿量。

用方程组（3-30）可以模拟无底柱分段崩落采矿法多分段、多回采巷道、多步距的放矿过程，据此对采场结构参数与放矿制度进行优化。

2）倾斜壁边界条件

在崩落法采矿中，当矿体倾角大于崩落矿岩的自然安息角且小于 90°时，崩落矿岩的移动受到倾斜边壁的影响。这类边界条件为倾斜壁边界条件。

根据倾斜边壁对下降速度分布曲线的切割程度，将斜壁放矿条件移动压域分三个区段，分别称为无影响区、过渡区与受斜壁控制区，如图 3-90 所示。

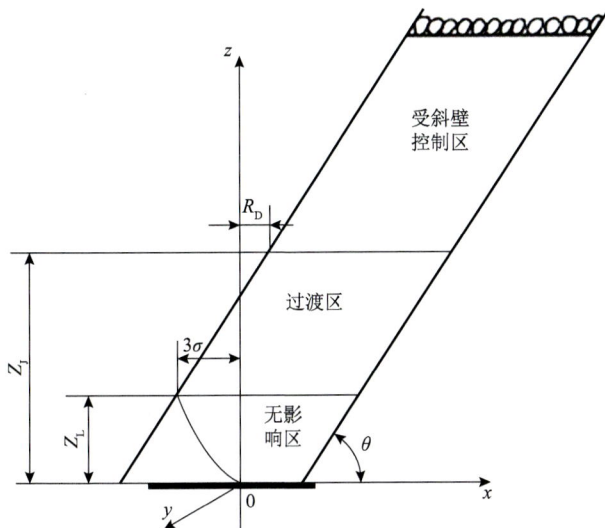

图 3-90　斜壁放矿条件移动区域划分

斜壁边界散体移动概率密度方程为

$$P(x,\ y,\ z)=\begin{cases} \dfrac{1}{\pi\beta z^{\alpha}}\exp\left(-\dfrac{x^2+y^2}{\beta z^{\alpha}}\right) & z\leqslant z_{\mathrm{L}} \\[3mm] \dfrac{1}{\pi\sqrt{\beta\beta_1}A_1 z^{\omega_1}}\exp\left[-\dfrac{y^2}{\beta_1 z^{\alpha}}-\dfrac{(x-g)^2}{\beta_1 z^{\alpha_1}}\right] & z_{\mathrm{L}}\leqslant z\leqslant z_{\mathrm{J}} \\[3mm] \dfrac{1}{\pi\sqrt{\beta\beta_2}A_2 z^{\omega_2}}\exp\left[-\dfrac{y^2}{\beta_2 z^{\alpha}}-\dfrac{(x-u)^2}{\beta_2 z^{\alpha_2}}\right] & z>z_{\mathrm{J}} \end{cases}\qquad（3\text{-}32）$$

式中，$\omega_1=\dfrac{\alpha+\alpha_1}{2}$；$\omega_2=\dfrac{\alpha+\alpha_2}{2}$；$g=\dfrac{R_{\mathrm{D}}+R_{\mathrm{g}}}{(z_{\mathrm{J}}-z_{\mathrm{L}})^{\alpha}}(z-z_{\mathrm{L}})^{\alpha}$；$u=R_{\mathrm{D}}+R_{\mathrm{g}}+(z-z_{\mathrm{J}})\cot\theta$；$\theta$ 为

斜壁倾角；A_1、A_2 为斜壁切余系数；R_{D} 为斜壁面影响因素；R_{g} 为斜壁面影响参数，等于层面移动概率最大值点（简称流轴）到斜壁面的距离；α、β、α_1、β_1、α_2、β_2 为三个区段的散体流动参数；z_{J} 为受壁面控制影响起始高度。

其中：

$$A_1=\frac{1}{2}+\frac{1}{\sqrt{\pi}}\int_0^{\phi_1}\exp\left(-u^2\right)\mathrm{d}u$$

$$A_2=\frac{1}{2}+\frac{1}{\sqrt{\pi}}\int_0^{\phi_2}\exp\left(-u^2\right)\mathrm{d}u$$

$$\phi_1 = \frac{x_D - z\cot\theta + g}{\sqrt{\beta_1 z^{\alpha_1}}}$$

$$\phi_2 = \frac{R_g}{\sqrt{\beta_2 z^{\alpha_2}}}$$

颗粒移动迹线方程可写成：

$$\begin{cases} \dfrac{y^2}{z^\alpha} = \dfrac{y_0^2}{z_0^\alpha} \\ x = x_0 + \displaystyle\int_{x_0}^x \Omega_x \mathrm{d}z \end{cases} \qquad (3\text{-}33)$$

式中，x_0、y_0、z_0 为颗粒原始位置坐标；Ω_x 由式（3-34）计算：

$$\Omega_x = \begin{cases} \dfrac{\alpha x}{2z} & z \leqslant z_L \\ \dfrac{\alpha_1(x-g)}{2z} + g' + \left[c - g' + \dfrac{\alpha_1}{2z}(x_D - zc + g) \right](1-\eta_1)\mathrm{e}^{\phi_1} & z_L \leqslant z \leqslant z_J \\ \dfrac{\alpha_2(x-u)}{2z} + c + \dfrac{\alpha_2 R_g}{2z}(1-\eta_2)\mathrm{e}^{\phi_2} & z > z_J \end{cases} \qquad (3\text{-}34)$$

其中：

$$g' = \alpha \frac{R_D + R_g}{(z_J - z_L)^\alpha}(z - z_L)^{\alpha-1}$$

$$c = \mathrm{ctg}\,\theta$$

$$\eta_1 = \frac{1}{A_1\sqrt{\pi\beta_1 z^{\alpha_1}}} \int_{-x_D + zc}^x \exp\left[-\frac{(x-g)^2}{\beta_1 z^{\alpha_1}} \right]\mathrm{d}x$$

$$\eta_2 = \frac{1}{A_2\sqrt{\pi\beta_2 z^{\alpha_2}}} \int_{-x_D + zc}^x \exp\left[-\frac{(x-u)^2}{\beta_2 z^{\alpha_2}} \right]\mathrm{d}x$$

$$\phi_1 = \frac{(x-g)^2 - (x_D - zc + g)^2}{\beta_1 z^{\alpha_1}}$$

$$\phi_2 = \frac{(x-u)^2 - R_g^2}{\beta_2 z^{\alpha_2}}$$

放出漏斗方程为

$$\begin{cases} Q_f = -\displaystyle\int_{z_0}^z \frac{1}{P(x,\ y,\ z)}\mathrm{d}z \\ y = \left(\dfrac{z}{z_0}\right)^{\frac{\alpha}{2}} y_0, \quad x = x_0 + \displaystyle\int_{x_0}^x \Omega_x \mathrm{d}z \end{cases} \qquad (3\text{-}35)$$

式中，t 为放出时间；x、y、z 为颗粒移动后新位置坐标值。

放出体方程为

$$\begin{cases} x^2 + y^2 = \beta z^\alpha \ln \dfrac{(\alpha+1)Q_{\mathrm{f}}}{\pi \beta z^{\alpha+1}} & z \leqslant z_{\mathrm{L}} \\[3mm] \displaystyle\int_{z_{\mathrm{L}}}^{x} A_1 z^{\omega_1} \exp\left[\dfrac{(x-g)^2}{\beta_1 z^{z_1}}\right] \mathrm{d}z = (Q_{\mathrm{f}} - Q_{\mathrm{L}}) \dfrac{1}{\pi\sqrt{\beta\beta_1}} \exp\left(-\dfrac{y_{\mathrm{L}}^2}{\beta z_{\mathrm{L}}^\alpha}\right) & z_{\mathrm{L}} < z \leqslant z_{\mathrm{J}} \\[3mm] \left(x = x_{\mathrm{L}} + \displaystyle\int_{z_{\mathrm{J}}}^{z} \Omega_x \mathrm{d}z\right) \\[3mm] \displaystyle\int_{z_{\mathrm{J}}}^{z} A_2 z^{\omega_2} \exp\left[\dfrac{(x-u)^2}{\beta_2 z^{\alpha_2}}\right] \mathrm{d}z = (Q_{\mathrm{f}} - Q_{\mathrm{J}}) \dfrac{1}{\pi\sqrt{\beta\beta_2}} \exp\left(-\dfrac{y_{\mathrm{J}}^2}{\beta z_{\mathrm{J}}^\alpha}\right) & z > z_{\mathrm{J}} \\[3mm] \left(x = x_{\mathrm{J}} + \displaystyle\int_{z_{\mathrm{J}}}^{z} \Omega_x \mathrm{d}z\right) \end{cases} \quad (3\text{-}36)$$

孔达量方程为

$$Q_0 = Q_{\mathrm{L}} - \pi\sqrt{\beta\beta_1} \exp\left(\frac{y_0^2}{\beta z_0^\alpha}\right) \int_{z_0}^{z_{\mathrm{J}}} A_1 z^{\omega_1} \exp\left[\frac{(x-g)^2}{\beta_1 z^{\alpha_1}}\right] \mathrm{d}z \quad z_{\mathrm{L}} < z \leqslant z_{\mathrm{J}} \quad (3\text{-}37)$$

$$Q_0 = Q_{\mathrm{J}} - \pi\sqrt{\beta\beta_2} \exp\left(\frac{y_0^2}{\beta z_0^\alpha}\right) \int_{z_0}^{z_{\mathrm{J}}} A_2 z^{\omega_2} \exp\left[\frac{(x-u)^2}{\beta_2 z^{\alpha_2}}\right] \mathrm{d}z \quad z > z_{\mathrm{J}} \quad (3\text{-}38)$$

式中，Q_{L}、Q_{J} 为 A_i 点移到 $z=z_{\mathrm{L}}$ 和 $z=z_{\mathrm{J}}$ 层面时的达孔量。

以放出漏斗方程计算矿岩接触面的位置变化，可给出废石漏斗的形态及其在采场中的空间位置。在放矿结束时，废石漏斗的边界即矿石残留体的外表面，从废石漏斗的最终形态便可看出矿石残留于采场的部位及其残留量。采场残留的矿石并非全是原地停留，其中大部分只是未移到放矿口。为判断放出矿石与残留矿石的原始位置，可由放出体方程按放出量计算放出体边界，根据放出体在崩落矿岩堆里的位置与形态分析放出与未被放出矿岩的原始位置，进入放出体内的矿石全被放出，之外的矿石留于采场。此外，放矿过程中放出体与废石漏斗同时增大，当放出体与放矿前的矿岩接触面相切时，废石漏斗到达放出口，此时放出体的体积等于纯矿石放出量。若再继续放出，废石漏斗被漏口平面切割，矿石混着废石放出。这时计算放出体体积在废石堆中的扩展速率与其整个体积扩展速率之比，就可得出废石混入的强度。总之，放出体与颗粒移动方程配合，不仅可为认识斜壁条件下崩落矿岩移动规律提供直观图像，而且可用于查明混入废石的来源、放出矿石的原始位置、矿岩接触面的移动过程与矿石残留体形态等，从而帮助人们分析矿石损失贫化过程和估计损失贫化数值，进而分析采场结构与崩落矿岩移动规律的适应性。

5. 矿石损失贫化的控制方法

1）矿石损失贫化的形式

矿石损失形式主要有两种：一种为脊部残留，另一种为下盘残留（损失）（图 3-91）。

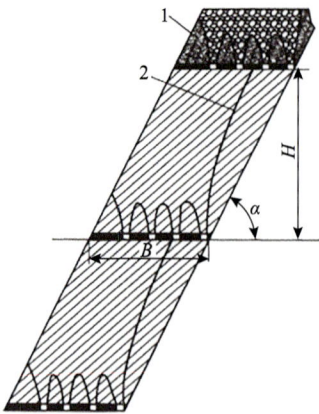

图 3-91　崩落法放矿时的矿石损失形式
1-脊部残留；2-下盘残留（损失）

根据矿体倾角（α）、水平厚度（B）与矿层高度（H）等的不同，脊部残留的一部分或大部分可在下分段（或阶段）有再次回收的机会，当放矿条件好时可有多次回收机会。下盘损失是永久损失，没有再次回收的可能。同时未被放出的脊部残留进入下盘残留区后，最终也将转变为下盘永久损失。因此，下盘损失是矿石损失的基本形式。所以，减少矿石损失的措施主要是减少下盘损失。

2）贫化前下盘矿石损失量估算

矿石损失与贫化过程及其数量关系常常是不可分割的。例如，如果存在覆盖岩石大量混入条件，由于放出矿石量受截止品位的限制，矿石损失将增大。在放矿过程中矿石贫化受截止品位的限制，其数值变化范围是有限的。而矿石损失值的变化范围却很大。就崩落采矿法放矿而言，在符合截止品位要求的前提下，应力求提高矿石的回采率。

如图 3-92 所示，下盘残留量可分为两种情况[图 3-92（a）和（b）]估算。

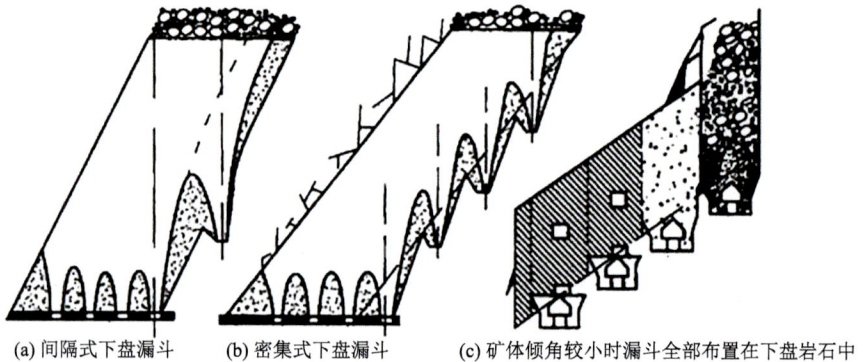

(a) 间隔式下盘漏斗　　(b) 密集式下盘漏斗　　(c) 矿体倾角较小时漏斗全部布置在下盘岩石中

图 3-92　下盘漏斗布置形式

当 $\dfrac{H}{B} \leqslant \tan\alpha$ 时，下盘残留矿量 V_1 为

$$V_1 = \frac{HS}{2}\left(\frac{H}{\tan\alpha} + 2r\right) - \frac{Q_f}{2} \tag{3-39}$$

式中，S 为沿走向方向的放矿漏斗间距；r 为放矿口半径；Q_f 为放出体体积，$Q_f = \dfrac{\beta}{\alpha+1}\pi H_f^{\alpha+1}$；其他符号见图 3-93。

当 $\dfrac{H}{B} > \tan\alpha$ 时，下盘残留矿量 V_2 为

$$V_2 = V_1' + (H-h)(B-R)S \tag{3-40}$$

式中，V_1' 为高度为 h 范围内的矿石残留体积，计算方法同 V_1；R 为对应高度 h 的放出（降落）漏斗半径，R 值可用放出漏斗方程估算。

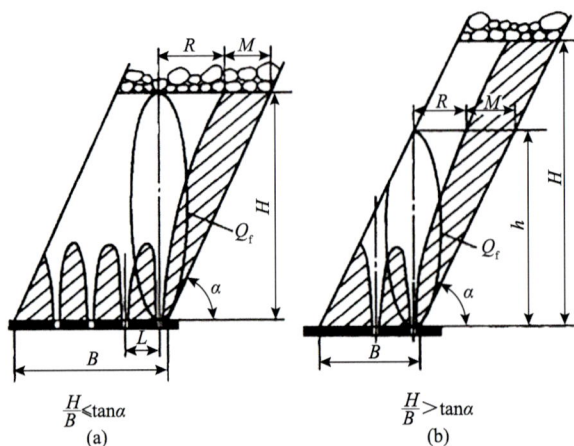

图 3-93　贫化前下盘损失量估算图
M-下盘残留体宽度；L-崩矿步距；R-降落漏斗半径

由式（3-40）可知，贫化前下盘残留量主要取决于矿体下盘倾角 α、矿体厚度 B 和矿层高度 H 等。由实验得出的下盘残留量与 α、B、H 的关系见图 3-94。

3）减少矿石损失的常用技术措施

（1）开掘下盘岩石。紧靠下盘的漏斗中心线尽量移向下盘，甚至将整个漏斗布置在岩石中，开掘一部分岩石，在经济上也是合理的。由图 3-95 可以看出，随着放出漏口中心移向下盘，可以多回收很多矿石。但开掘单位工程多回收的矿石量逐渐减少，因此要根据最大盈利原则，结合具体条件确定合理的下盘漏斗开掘位置。

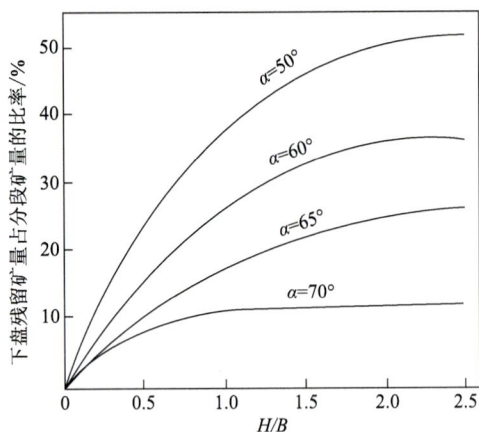

图 3-94　下盘残留量与有关参数的关系

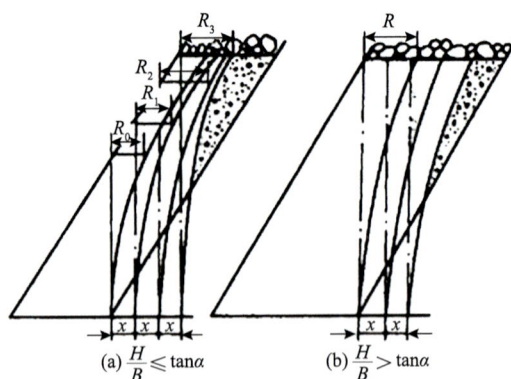

图 3-95　开掘下盘岩石

（2）在下盘岩石中布置漏斗。当下盘面倾角 $\alpha \leqslant 45°$ 时，采用密集式下盘漏斗；$\alpha = 45° \sim 65°$ 时，采用间隔式下盘漏斗，可根据矿体下盘倾角与阶段高度布置 3 列。

（3）选择合理的结构参数。当矿体倾角与厚度一定时，矿石下盘损失主要取决于分

段（或阶段）高度 H 与放矿漏斗间距 S。一般地，减小 H 与 S，可以降低矿石损失率，但开掘工程量增大，同时当出矿截止品位一定时，矿石贫化率可能略有增加。因此需要依据矿石损失贫化和工程开掘费用，按最大盈利额原则确定合理的结构参数。

在矿体下盘倾角很陡（无下盘损失或下盘损失很小）的情况下，在放矿条件允许时，应力求增大放矿的矿层高度，减少产生矿石贫化的次数。矿石隔离层下放矿就是基于这一见解提出的。所谓矿石隔离层就是在新崩落的分段（或阶段）之上保留一定厚度的矿石层不放，使每个出矿口可以在无矿石贫化的情况下放出所负担的全部矿石，待放到最后一个分段（或阶段）时再放出隔离层矿石。矿石隔离层高度应等于或稍小于邻近漏口相切放出体高度。

（4）崩落采矿法放矿时矿石损失贫化计算。

崩落采矿法在崩矿与放矿中都有矿石损失贫化发生，回采时的损失贫化称为一次矿石损失贫化，放矿时的损失贫化称为二次矿石损失贫化。因此应分别计算矿石损失贫化值，以利于矿石损失贫化的分析。

由于二次矿石损失贫化是在一次矿石损失贫化发生之后出现的，一次损失贫化之后的矿石量与品位是二次损失贫化前的原始矿石量与品位。故一次、二次与总的矿石损失贫化三者之间的数量关系是

$$\begin{cases} P = P_1 + P_2 - P_1 P_2 \\ Y = Y_1 + Y_2 - Y_1 Y_2 \\ H_k = H_{k1} H_{k2} \end{cases} \qquad (3\text{-}41)$$

式中，P、P_1、P_2 为总的、一次、二次矿石贫化率；Y、Y_1、Y_2 为总的、一次、二次岩石混入率；H_k、H_{k1}、H_{k2} 为总的、一次、二次矿石回采率。

一般情况下，P_1、Y_1、H_{k1} 根据崩矿设计计算，P、Y、H_k 根据出矿统计确定。放矿过程中产生的二次矿石损失贫化参数（P_2、Y_2、H_{k2}）可根据已知总的矿石贫化值与一次矿石损失贫化值计算。

参 考 文 献

[1] 张世雄. 固体矿物资源开发工程[M]. 2 版. 武汉: 武汉理工大学出版社, 2010.

[2] 顾晓薇, 任凤玉, 战凯. 采矿学[M]. 3 版. 北京: 冶金工业出版社, 2021.

[3] 张世雄, 任高峰. 固体矿床采矿学[M]. 武汉: 武汉理工大学出版社, 2016.

第 4 章
钻 爆 技 术

本章主要介绍常用的露天爆破、井巷掘进爆破和地下采场爆破技术及参数计算、爆破施工的基本要求。

4.1 露天爆破技术

4.1.1 露天深孔台阶爆破

台阶爆破是工作面以台阶形式推进的爆破方法。按孔径、孔深的不同，分为深孔台阶爆破和浅孔台阶爆破。通常，将炮孔孔径大于 50mm、炮孔深度（简称孔深）大于 5m 的钻孔称为深孔。反之，则称为浅眼。规范的教科书会用炮孔和炮眼来区别深孔爆破和浅眼爆破[1,2]。

露天深孔台阶爆破广泛用于矿山、铁路、公路和水利水电等工程。据不完全统计，我国近年来露天开采的产量比例如下：铁矿石占 90%，有色金属矿石占 52%，化工原料占 70.7%，建筑材料近 100%。

随着深孔钻机和装运设备的不断改进，以及爆破技术的不断完善和爆破器材的日益发展，深孔爆破的优越性更加明显。主要表现在以下几方面：

（1）深孔爆破配合大型设备，尤其是与牙轮钻机、大型电铲、电动轮汽车等配套使用，大大提高了开采效率和矿石产量。

（2）深孔爆破有利于使用先进的爆破技术，如毫秒爆破、宽孔距小抵抗线爆破、挤压爆破、预裂爆破和光面爆破等技术的广泛应用，显著改善了破碎质量，降低了有害效应。

（3）深孔爆破提高了钻孔延米爆破量，降低了采矿（石）的综合成本等技术经济指标。

（4）近年来，露天深孔爆破多采用机械化装药，大大降低了爆破作业劳动强度。

1. 台阶要素

深孔爆破的台阶要素如图 4-1 所示。

图 4-1 中 H 为台阶高度；W_d 为前排钻孔的底盘抵抗线，定义为炮孔轴心线至坡底线的水平距离；L 为钻孔长度；l_e 为装药长度；l_d 为堵塞长度；h 为超深；α 为台阶坡面角；

a 为孔距；B 为在台阶面上从钻孔轴心线至坡顶线的安全距离。为了达到良好的爆破效果，必须正确确定上述各项台阶要素。

2. 钻孔形式

露天深孔爆破的钻孔形式一般为垂直钻孔和倾斜钻孔两种（图 4-2），水平钻孔很少使用。但在地下爆破工程中常会采用水平钻孔。

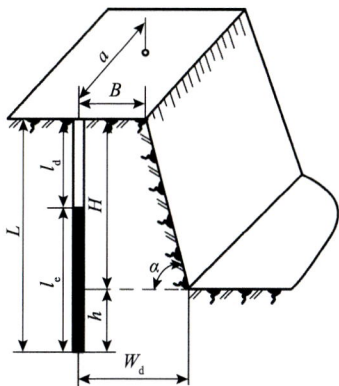

图 4-1　台阶要素图

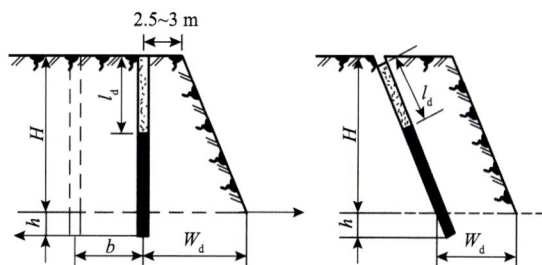

图 4-2　露天深孔布置
b-排距

垂直钻孔和倾斜钻孔的使用条件与优缺点列于表 4-1。

表 4-1　垂直钻孔与倾斜钻孔比较

深孔布置形式	垂直钻孔	倾斜钻孔
采用情况	在开采工程中大量采用，特别是大型矿山	光面爆破、预裂爆破、最终边坡、中小型矿山、石材开采、建筑、水电、道路、港湾及软质岩石开挖工程
优点	①适用于各种地质条件（包括坚硬岩石）的深孔爆破；②钻凿垂直钻孔的操作技术比倾斜钻孔简单；③钻孔速度比较快	①布置的抵抗线比较均匀，爆破破碎的岩石不易产生大块和残留根坎；②梯段比较稳固，梯段坡面容易保持；③爆破软质岩石时，能取得很好的效果；④爆破堆积岩块的形状比较好，而爆破质量并未降低
缺点	①爆破岩石大块率比较多，常常留有根坎；②梯段顶部经常产生裂缝，梯段坡面稳固性比较差	①钻凿倾斜钻孔的技术操作比较复杂，容易发生卡钻事故；②在坚硬岩石中不宜采用；③钻凿倾斜钻孔的速度比垂直钻孔慢；④装药不顺，常会堵孔，炮孔利用率低

3. 布孔方式

1）深孔台阶平面布孔方式

布孔方式有单排布孔和多排布孔两种。多排布孔又分为方形、矩形及三角形（梅花形）3 种，如图 4-3 所示。

方形布孔具有相等的孔距和抵抗线，各排中对应炮孔呈竖直线排列。

矩形布孔的孔距大于抵抗线，各排中对应炮孔同样呈竖直线排列。

三角形布孔时可以取抵抗线和孔距相等，也可以取抵抗线小于孔距，后者更为常用。为使爆区两端的边界获得均匀整齐的岩石面，三角形排列在端部常常需要补孔。

从能量均匀分布的观点看，等边三角形布孔更为理想。

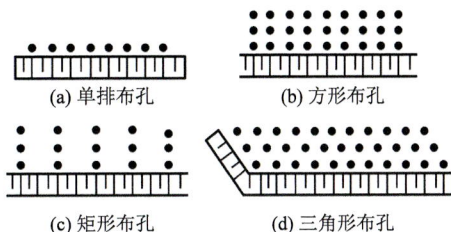

(a) 单排布孔 　　　 (b) 方形布孔
(c) 矩形布孔 　　　 (d) 三角形布孔

图 4-3　深孔布置方式

2）铁路、公路路堑爆破的布孔方式

铁路、公路路堑爆破与露天矿台阶爆破不同，其特点是地形变化大，大多在条形地带施工，开挖深度不大，布孔条件较为复杂，通常有以下两种布孔方法[3]。

（1）半壁路堑开挖布孔方式。

半壁路堑开挖亦称单侧边坡开挖，多以纵向台阶法布置，即平行线路方向钻孔。对于高边坡半壁路堑，应采用分层布孔（图 4-4）。

当进行复线扩建路堑时，可采用浅层横向台阶纵向推进法布孔，边坡用预裂爆破（图 4-5）。爆破时，主药包必须控制好药量（即弱性松动爆破）。并对现有铁路做好防护工作，防止爆破抛掷岩块砸坏原有铁路。如果上述方法对安全行车有影响，则需要预先拨道或临时改道。

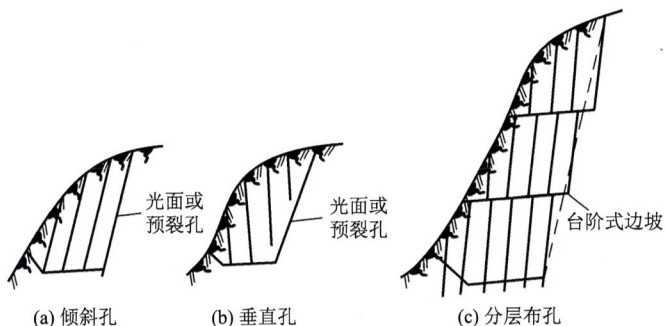

(a) 倾斜孔　　(b) 垂直孔　　(c) 分层布孔

图 4-4　半壁路堑布孔

图 4-5　复线扩建路堑开挖法

（2）全路堑开挖布孔方式。

全路堑开挖由于开挖断面小，爆破易影响边坡的稳定性。最好采用纵向浅层开挖，每层深 6～8m。对于上层边孔可沿着边坡布置倾斜孔进行预裂爆破，下层靠边坡的垂直孔深度应控制在边坡线以内，如图 4-6 所示。若开挖断面较大，如双线路堑，仍可采用单层开挖，一般采用横向台阶布孔法。

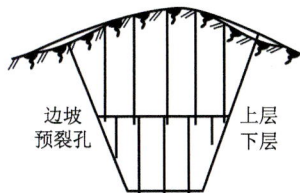

图 4-6　单线全路堑分层开挖法

4. 爆破参数

露天深孔爆破参数包括孔径、孔深、超深、底盘抵抗线、孔距、排距、堵塞长度和单位炸药消耗量等[4]。

1）孔径与孔深

露天深孔爆破的孔径主要取决于钻机类型、台阶高度和岩石性质。我国大型金属露天矿多采用牙轮钻机，孔径 250～310mm；中小型金属露天矿及化工、建材等非金属矿山则采用潜孔钻机，孔径 100～200mm；铁路、公路路基土石方开挖常用的钻孔机械的孔径为 76～170mm。一般来说钻机选型确定后，其钻孔孔径就已确定下来。国内常用的深孔孔径有 76～80mm、100mm、150mm、170mm、200mm、250mm、310mm 多种。

孔深由台阶高度和超深来确定。

垂直钻孔长度：

$$L = H + h \qquad (4\text{-}1)$$

倾斜钻孔长度：

$$L = H / \sin \alpha + h \qquad (4\text{-}2)$$

2）台阶高度与超深

台阶高度的确定应考虑为钻孔、爆破和铲装创造安全与高效率的作业条件，它主要取决于挖掘机的铲斗容积和矿岩开挖技术条件。目前，我国深孔爆破常用的台阶高度为 H=10～15m。随着大型露天矿采用的穿孔、装载、运输设备不断更新，迅速向大型化发展的今天，台阶高度有进一步增高的可能。

超深 h 是指钻孔超出台阶底盘标高的那一段孔深，其作用是降低装药中心的位置，以便有效克服台阶底部阻力，避免或减少留根底，以形成平整的底部平盘。

根据实践经验，超深可用式（4-3）确定：

$$
\begin{aligned}
h &= (0.15 \sim 0.35) W_d \\
h &= (0.12 \sim 0.30) H \\
h &= (8 \sim 12) d
\end{aligned}
\qquad (4\text{-}3)
$$

式中，d 为炮孔孔径，m。

当岩石松软时超深取小值，岩石坚硬时超深取大值，国内矿山的超深一般为 0.5～3.6m。如底盘岩石需要保护时，则不可留超深或留一定厚度的保护层。

3）底盘抵抗线

（1）根据钻孔作业的安全条件：

$$W_d \geqslant H \cot \alpha + B_s \qquad (4\text{-}4)$$

式中，W_d 为底盘抵抗线，m；α 为台阶坡面角，一般为 60°～75°；H 为台阶高度，m；B_s 为从钻孔轴心线至坡顶线的安全路离，对大型钻机，B_s 一般为 2.5～3.0m。

（2）按台阶高度和孔径计算：

$$W_d = (0.6 \sim 0.9) H \qquad (4\text{-}5)$$

$$W_d = k \cdot d \qquad (4\text{-}6)$$

式中，k 为系数，见表 4-2；d 为炮孔孔径，mm。

表 4-2　*k* 值范围

k 值	装药直径		
	200mm	250mm	310mm
清碴爆破 *k* 值	30～35	24～48	35.5～41.9
压碴爆破 *k* 值	22.5～37.5	20～48	19.4～30.6

（3）按每孔装药条件（巴隆公式）：

$$W_{\mathrm{d}} = d\sqrt{\frac{7.85\rho\lambda}{qm}} \qquad (4\text{-}7)$$

式中，d 为炮孔孔径，dm；ρ 为装药密度，g/mL；λ 为装药系数，$\lambda = 0.7 \sim 0.8$；q 为单位炸药消耗量，kg/m³；m 为炮孔密集系数（即孔距与排距之比），一般 $m = 1.2 \sim 1.5$。

以上说明底盘抵抗线受许多因素影响，变动范围较大。除了要考虑上述因素外，控制台阶坡面角也是调整底盘抵抗线的有效途径。

（4）孔距和排距

孔距 a 是指同一排深孔中相邻两钻孔轴心线间的距离，按式（4-8）计算：

$$a = mW_{\mathrm{d}} \qquad (4\text{-}8)$$

式中，m 为炮孔密集系数。

炮孔密集系数 m 值通常大于 1.0，在宽孔距、小抵抗线爆破中则为 2～3 或更大。但是第一排孔往往由于底盘抵抗线过大，应选用较小的密集系数，以克服底盘的阻力。

排距 b 是指多排孔爆破时相邻两排钻孔间的距离，它与孔网布置和起爆顺序等因素有关。计算方法如下：

采用等边三角形布孔时，排距与孔距的关系为

$$b = a \cdot \sin 60° = 0.866 \cdot a \qquad (4\text{-}9)$$

式中，b 为排距，m；a 为孔距，m。

多排孔爆破时，孔距和排距是一个相关的参数。在给定的孔径条件下，每个孔都有一个合理的负担面积：

$$S = a \cdot b \text{ 或 } b = \sqrt{\frac{S}{m}} \qquad (4\text{-}10)$$

式（4-10）表明，当合理的炮孔负担面积 S 和炮孔密集系数 m 已知时，即可求出排距 b。

（5）堵塞长度 l_{d}。

合理的堵塞长度和良好的堵塞质量，对改善爆破效果和提高炸药利用率具有重要作用[5]。

合理的堵塞长度应能降低爆炸气体能量损失、增加爆炸气体在孔内的作用时间和减少空气冲击波、噪声和飞石的危害。

堵塞长度 l_{d} 按式（4-11）确定：

$$l_\text{d} = (0.7 \sim 1.0)W_\text{d} \tag{4-11}$$

垂直钻孔取（0.7～0.8）W_d，倾斜钻孔取（0.9～1.0）W_d 或：

$$l_\text{d} = (20 \sim 30)d \tag{4-12}$$

应该指出的是堵塞长度与堵塞质量、堵塞材料密切相关。堵塞质量好和堵塞物的密度大也可减小堵塞长度。

矿山大孔径深孔的堵塞长度一般为 5～8m，当采用尾砂堵塞时，堵塞长度也可以减小到 4～5m。

（6）单位炸药消耗量 q。

影响单位炸药消耗量的主要因素有岩石的可爆性、炸药特性、自由面条件、起爆方式和块度要求。因此，选取合理的单位炸药消耗量往往需要通过多次试验或长期生产实践来验证。各种爆破工程都有根据自身生产经验总结出来的合理的单位炸药消耗量。例如，冶金矿山单位炸药消耗量一般在 0.1～0.35kg/t。对于水利水电工程的岸坡开挖、铁路和公路的路基开挖等，为了将部分岩石向坡下抛出，也可将单位炸药消耗量增加 10%～30%。在设计中单位炸药消耗量可以参照类似矿岩条件下的实际单位炸药消耗量选取，也可以按表 4-3 选取。表 4-3 中的数据以 2 号岩石乳化炸药为标准。

表 4-3　单位炸药消耗量 q 值

岩石硬度系数 f	3～4	5	6	8	10	12	14	16	20
$q/$（kg/m^3）	0.35	0.40	0.45	0.50	0.55	0.60	0.65	0.70	0.80

（7）每孔装药量。

单排孔爆破或多排孔爆破第一排孔的每孔装药量按式（4-13）计算：

$$Q = q \cdot a \cdot W_\text{d} \cdot H \tag{4-13}$$

式中，q 为单位炸药消耗量，kg/m^3；a 为孔距，m；H 为台阶高度，m；W_d 为底盘抵抗线，m。

多排孔爆破时，从第二排孔起，以后各排孔的每孔装药量按式（4-14）计算：

$$Q = k \cdot q \cdot a \cdot b \cdot H \tag{4-14}$$

式中，k 为考虑受前面各排孔的矿岩阻力作用的增加系数，$k = 1.1 \sim 1.2$；b 为排距，m。

我国部分露天矿深孔爆破参数见表 4-4。

表 4-4　我国部分露天矿深孔爆破参数

矿山名称	水厂铁矿	南芬铁矿	歪头山铁矿	大冶铁矿	南京吉山铁矿	海州露天煤矿	大连石灰石矿	南京白云石矿	兰尖铁矿
矿岩种类	块状磁铁矿	硅酸铁	二层铁	矽卡岩大理岩	磁铁闪长岩	页岩、砂页岩	白云岩	白云岩	钛磁铁矿
	层状磁铁矿	绿泥角闪岩	角闪片岩、石英岩	花岗闪长岩		砂岩			
	混合花岗岩			磁铁矿		砂砾岩			辉长橄榄岩

矿山名称	水厂铁矿	南芬铁矿	歪头山铁矿	大冶铁矿	南京吉山铁矿	海州露天煤矿	大连石灰石矿	南京白云石矿	兰尖铁矿
岩石硬度系数 f	>14	16～20	12～16	8～12	12～14	4～6	6～8	6～8	12～14
	12～14			10～12		7～8			
	8～10	8～10	8～12	10～14		9～10			
孔径/mm	250	310	250	170～200	200	180	250	150	250
台阶高度/m	12	12	12	12	12	9	12～13	12	15
						8～9			
						8			
底盘抵抗线/m	7～8	12	10	6	7	7.0	9～10	6～7	6～7
	7～8			6		6.5			
	7～9	12	11	6		6.0			
排距/m	5～6	6.5	4	3.5～4	5		6～6.5	4.0	6.5
	5.5～6			4～4.5		5.5			
	6～7	7.5	5	3～3.5		5.0			
孔距/m	7.5～8.5	5～6.5	7～10	3.5～4	8	7.0	10～11	6～7	10
	8～9			3～3.5		6.0			
	9～10	5.5～7.5	7.5～11	3～3.5		5.5			
炮孔密集系数（前排/后排）	1.1/1.5	0.42/1.0	0.7/2.5	0.6/1.0	1.1/1.6	1.0	1.1/1.7	1/1.6	1.5
	1.1/1.4			0.5/0.8		0.9/1.1			
	1.1/1.4	0.46/1.0	0.7/2.2	0.5/1.0		0.8/1.1			
孔深/m	14～15	14.5～15.5	14.5～15	14.5～15.5	14	11	14.5～15.5	14～14.5	16～18
	13.5～14.5			14.5～15		10.5～11.5			
	13.5～14.5	13.5～14.5	13.5～14	14.5～15		11			
堵塞高度/m	4.5～5.5	6～7	6～8	7～8	5.5～6.5	6.0	6～6.5	4～5	7～8
	5.5～6.5			7～8		5.5			
	6～6.5	6～7	7～8	7～8		5.0			
后排孔药增加系数	1.2	1.15～1.2	不增加	1.3～1.5	1.2	1.2	不增加	1.2	不增加
	1.2			1.3～1.5		1.2			
	1.2	1.15～1.2	不增加	1.3～1.5		1.3			

续表

矿山名称	水厂铁矿	南芬铁矿	歪头山铁矿	大冶铁矿	南京吉山铁矿	海州露天煤矿	大连石灰石矿	南京白云石矿	兰尖铁矿
单位炸药消耗量/（kg/m³）	0.5～0.6	1.2	0.68	0.5～0.6	0.4	0.2	0.3～0.4	0.4～0.5	0.5～0.6
	0.4～0.6			0.5～0.6		0.3			
	0～0.35	0.88	0.4	0.8		0.35			
延米爆破量/（t/m）	130～140	117	110～120	37～40	90	96	160～165	50～60	150
	140～150			37～40		70			
	150		110	37～40		54			

注：兰尖铁矿为混装乳化炸药爆破参数。

邯长线铁路东戌车站深孔爆破设计参数见表4-5。东戌车站土石方量为28.5万 m³，岩层为石灰岩，f=6～8，台阶高度不超过10m。采用 YQ-150B 潜孔钻机钻孔，孔径150mm，单位炸药消耗量取 0.5kg/m³。

表 4-5　邯长线铁路东戌车站深孔爆破设计参数

项目	台阶高度 H							
	5～6m	7～8m	9～10m	11～12m	13～14m	15～16m	17～18m	19～20m
超深 h/m	1.2	1.5	1.8	2.0	2.2	2.5	2.8	3.0
孔深 L/m	6.2～7.2	8.5～9.5	10.8～11.8	13～14	15.2～16.2	17.5～18.5	19.8～20.8	22～23
底盘抵抗线 W_d /m	5.0	5.2	5.4	5.6	5.8	6.0	6.2	6.5
炮孔密集系数 m	0.82	0.81	0.79	0.78	0.77	0.75	0.74	0.72
孔距 a/m	4.1	4.2	4.3	4.4	4.5	4.6	4.6	4.7
前排每孔装药量 Q/kg	56	82	110	142	176	210	250	300
装药长度 l_e /m	3.1	4.5	6.1	7.8	9.8	11.6	13.9	16.7
堵塞长度 l_d /m	3.5	4.5	5.2	5.7	5.9	6.4	6.4	5.8
堵塞比 l_d / W_d	0.7	0.87	0.96	1.02	1.02	1.06	1.03	0.89
排距 b=0.87a/m	3.6	3.6	3.7	3.8	3.9	3.9	4.0	4.1
后排每孔装药量 Q/kg	49	68	91	115	142	163	193	226
后排孔装药长度 $l_{e后}$ /m	2.7	3.8	5.1	6.4	7.9	9.1	10.7	12.5
后排孔堵塞长度 $l_{d后}$ /m	4.0	4.2	6.2	7.1	7.8	8.9	9.6	10

确定露天深孔爆破参数时，除参照上述国内外有关资料外，尚可通过实验室模型试验、计算机数值模拟和生产实际不断完善，以达到最优的爆破效果。

$$l_{\mathrm{d}} = (0.7 \sim 1.0)W_{\mathrm{d}} \tag{4-11}$$

垂直钻孔取（0.7～0.8）W_{d}，倾斜钻孔取（0.9～1.0）W_{d} 或：

$$l_{\mathrm{d}} = (20 \sim 30)d \tag{4-12}$$

应该指出的是堵塞长度与堵塞质量、堵塞材料密切相关。堵塞质量好和堵塞物的密度大也可减小堵塞长度。

矿山大孔径深孔的堵塞长度一般为 5～8m，当采用尾砂堵塞时，堵塞长度也可以减小到 4～5m。

（6）单位炸药消耗量 q。

影响单位炸药消耗量的主要因素有岩石的可爆性、炸药特性、自由面条件、起爆方式和块度要求。因此，选取合理的单位炸药消耗量往往需要通过多次试验或长期生产实践来验证。各种爆破工程都有根据自身生产经验总结出来的合理的单位炸药消耗量。例如，冶金矿山单位炸药消耗量一般在 0.1～0.35kg/t。对于水利水电工程的岸坡开挖、铁路和公路的路基开挖等，为了将部分岩石向坡下抛出，也可将单位炸药消耗量增加10%～30%。在设计中单位炸药消耗量可以参照类似矿岩条件下的实际单位炸药消耗量选取，也可以按表4-3选取。表4-3中的数据以2号岩石乳化炸药为标准。

表 4-3　单位炸药消耗量 q 值

岩石硬度系数 f	3～4	5	6	8	10	12	14	16	20
$q/（\mathrm{kg/m^3}）$	0.35	0.40	0.45	0.50	0.55	0.60	0.65	0.70	0.80

（7）每孔装药量。

单排孔爆破或多排孔爆破第一排孔的每孔装药量按式（4-13）计算：

$$Q = q \cdot a \cdot W_{\mathrm{d}} \cdot H \tag{4-13}$$

式中，q 为单位炸药消耗量，$\mathrm{kg/m^3}$；a 为孔距，m；H 为台阶高度，m；W_{d} 为底盘抵抗线，m。

多排孔爆破时，从第二排孔起，以后各排孔的每孔装药量按式（4-14）计算：

$$Q = k \cdot q \cdot a \cdot b \cdot H \tag{4-14}$$

式中，k 为考虑受前面各排孔的矿岩阻力作用的增加系数，$k = 1.1 \sim 1.2$；b 为排距，m。

我国部分露天矿深孔爆破参数见表4-4。

表 4-4　我国部分露天矿深孔爆破参数

矿山名称	水厂铁矿	南芬铁矿	歪头山铁矿	大冶铁矿	南京吉山铁矿	海州露天煤矿	大连石灰石矿	南京白云石矿	兰尖铁矿
矿岩种类	块状磁铁矿	硅酸铁	二层铁	矽卡岩大理岩	磁铁闪长岩	页岩、砂页岩	白云岩	白云岩	钛磁铁矿
	层状磁铁矿	绿泥角闪岩	角闪片岩、石英岩	花岗闪长岩		砂岩			辉长橄榄岩
	混合花岗岩			磁铁矿		砂砾岩			

表 4-2 *k* 值范围

k 值	装药直径		
	200mm	250mm	310mm
清碴爆破 *k* 值	30～35	24～48	35.5～41.9
压碴爆破 *k* 值	22.5～37.5	20～48	19.4～30.6

（3）按每孔装药条件（巴隆公式）：

$$W_d = d\sqrt{\frac{7.85\rho\lambda}{qm}} \tag{4-7}$$

式中，d 为炮孔孔径，dm；ρ 为装药密度，g/mL；λ 为装药系数，$\lambda = 0.7 \sim 0.8$；q 为单位炸药消耗量，kg/m³；m 为炮孔密集系数（即孔距与排距之比），一般 $m = 1.2 \sim 1.5$。

以上说明底盘抵抗线受许多因素影响，变动范围较大。除了要考虑上述因素外，控制台阶坡面角也是调整底盘抵抗线的有效途径。

（4）孔距和排距

孔距 a 是指同一排深孔中相邻两钻孔轴心线间的距离，按式（4-8）计算：

$$a = mW_d \tag{4-8}$$

式中，m 为炮孔密集系数。

炮孔密集系数 m 值通常大于 1.0，在宽孔距、小抵抗线爆破中则为 2～3 或更大。但是第一排孔往往由于底盘抵抗线过大，应选用较小的密集系数，以克服底盘的阻力。

排距 b 是指多排孔爆破时相邻两排钻孔间的距离，它与孔网布置和起爆顺序等因素有关。计算方法如下：

采用等边三角形布孔时，排距与孔距的关系为

$$b = a \cdot \sin 60° = 0.866 \cdot a \tag{4-9}$$

式中，b 为排距，m；a 为孔距，m。

多排孔爆破时，孔距和排距是一个相关的参数。在给定的孔径条件下，每个孔都有一个合理的负担面积：

$$S = a \cdot b \text{ 或 } b = \sqrt{\frac{S}{m}} \tag{4-10}$$

式（4-10）表明，当合理的炮孔负担面积 S 和炮孔密集系数 m 已知时，即可求出排距 b。

（5）堵塞长度 l_d。

合理的堵塞长度和良好的堵塞质量，对改善爆破效果和提高炸药利用率具有重要作用[5]。

合理的堵塞长度应能降低爆炸气体能量损失、增加爆炸气体在孔内的作用时间和减少空气冲击波、噪声和飞石的危害。

堵塞长度 l_d 按式（4-11）确定：

矿山名称	水厂铁矿	南芬铁矿	歪头山铁矿	大冶铁矿	南京吉山铁矿	海州露天煤矿	大连石灰石矿	南京白云石矿	兰尖铁矿
单位炸药消耗量/(kg/m³)	0.5~0.6	1.2	0.68	0.5~0.6	0.4	0.2	0.3~0.4	0.4~0.5	0.5~0.6
	0.4~0.6			0.5~0.6		0.3			
	0~0.35	0.88	0.4	0.8		0.35			
延米爆破量/(t/m)	130~140	117	110~120	37~40	90	96	160~165	50~60	150
	140~150			37~40		70			
	150		110	37~40		54			

注：兰尖铁矿为混装乳化炸药爆破参数。

邯长线铁路东戌车站深孔爆破设计参数见表4-5。东戌车站土石方量为28.5万 m^3，岩层为石灰岩，$f=6\sim8$，台阶高度不超过10m。采用YQ-150B潜孔钻机钻孔，孔径150mm，单位炸药消耗量取0.5kg/m³。

表 4-5　邯长线铁路东戌车站深孔爆破设计参数

项目	台阶高度 H							
	5~6m	7~8m	9~10m	11~12m	13~14m	15~16m	17~18m	19~20m
超深 h/m	1.2	1.5	1.8	2.0	2.2	2.5	2.8	3.0
孔深 L/m	6.2~7.2	8.5~9.5	10.8~11.8	13~14	15.2~16.2	17.5~18.5	19.8~20.8	22~23
底盘抵抗线 W_d/m	5.0	5.2	5.4	5.6	5.8	6.0	6.2	6.5
炮孔密集系数 m	0.82	0.81	0.79	0.78	0.77	0.75	0.74	0.72
孔距 a/m	4.1	4.2	4.3	4.4	4.5	4.5	4.6	4.7
前排每孔装药量 Q/kg	56	82	110	142	176	210	250	300
装药长度 l_e/m	3.1	4.5	6.1	7.8	9.8	11.6	13.9	16.7
堵塞长度 l_d/m	3.5	4.5	5.2	5.7	5.9	6.4	6.4	5.8
堵塞比 l_d/W_d	0.7	0.87	0.96	1.02	1.02	1.06	1.03	0.89
排距 $b=0.87a$/m	3.6	3.6	3.7	3.8	3.9	3.9	4.0	4.1
后排每孔装药量 Q/kg	49	68	91	115	142	163	193	226
后排孔装药长度 $l_{e后}$/m	2.7	3.8	5.1	6.4	7.9	9.1	10.7	12.5
后排孔堵塞长度 $l_{d后}$/m	4.0	4.2	6.2	7.1	7.8	8.9	9.6	10

确定露天深孔爆破参数时，除参照上述国内外有关资料外，尚可通过实验室模型试验、计算机数值模拟和生产实际不断完善，以达到最优的爆破效果。

5. 装药结构

装药结构是指炸药在装填时的状态。在露天深孔爆破中，装药结构分为连续装药结构、分段装药结构、孔底间隔装药结构和混合装药结构。

1）连续装药结构

炸药沿着炮孔轴向方向连续装填。当孔深超过 8m 时，一般布置两个起爆药包（弹），一个布置于距孔底 0.3～0.5m 处，另一个布置于药柱最顶端 0.5m 处。其优点是操作简单；缺点是药柱偏低，在孔口未装药部分易产生大块。

2）分段装药结构

将深孔中的药柱分为若干段，用空气、岩碴或水隔开（图 4-7）。其优点是提高了装药高度，减少了孔口部位大块率的产生；缺点是施工麻烦，提高了钻爆成本。

3）孔底间隔装药结构

在深孔底部留出一定长度不装药，以空气作为间隔介质；此外用水或柔性材料作为间隔。在孔底实行空气间隔装药亦称孔底气垫装药（图 4-8）。

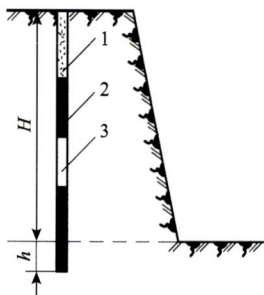

图 4-7　空气分段装药
1-堵塞；2-炸药；3-空气

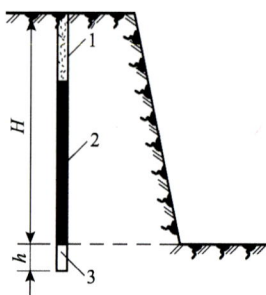

图 4-8　孔底空气间隔装药
1-堵塞；2-炸药；3-空气

孔底空气间隔装药中，空气的作用是：

（1）降低爆炸冲击波的峰值压力，减少炮孔周围岩石的粉碎性破坏。

（2）岩石受到爆炸冲击波的作用后，还受到爆炸气体所形成的压力波和来自炮孔孔底的反射波作用。当这种二次应力波的压力超过岩石的极限破裂强度（表示裂隙进一步扩展所需的压力）时，岩石的微裂隙将得到进一步扩展。

（3）延长应力的作用时间。冲击波作用于堵塞物或孔底后又返回到空气间隔中，由于冲击波的多次作用，应力场得到增强的同时，也延长了应力波在岩石中的作用时间（作用时间增加 2～5 倍），若空气间隔置于药柱中间，炸药在空气间隔两端所产生的应力波峰值相互作用可产生一个加强的应力场。

正是由于空气间隔的上述 3 种作用，岩石破碎块度更加均匀。

如果是水间隔，由于水是不可压缩介质，具有各向压缩换向并均匀传递爆炸压力的特征，在爆炸作用初始阶段不仅是炮孔孔壁，而且充水孔壁同样受到冲击载荷作用，峰值压力下降较缓；到爆炸作用后阶段，伴随爆炸气体膨胀做功，水中积蓄的能量释放加强了岩石的破碎作用。

如果孔底有柔性材料间隔（柔性垫层可用锯末等低密度、高孔隙率的材料做成，其

孔隙率可达到 50%以上），孔内炸药爆炸后所产生的冲击波和爆炸气体作用于孔壁产生径向裂隙和环状裂隙的同时，通过柔性垫层的可压缩性及对冲击波的阻滞作用，大大减小了对炮孔底部的冲击压力，减少了对孔底岩石的破坏。这种装药结构主要用于对孔底以下基岩需要保护的水利水电工程。

应该指出的是在分段装药结构和孔底间隔装药结构的应用中，必须合理地确定间隔长度、间隔位置、应用条件。

4）混合装药结构

混合装药结构是指孔底装高威力炸药，上部装普通炸药。这种装药结构可以有效克服根底现象，同时也减少了钻孔超深。

6. 起爆顺序

尽管多排孔布孔方式只有方形、矩形和三角形，但是起爆顺序却变化无穷，归纳起来有以下几种。

1）排间顺序起爆

它亦称逐排起爆（图 4-9）。此种起爆顺序又分为排间全区顺序起爆和排间分区顺序起爆。主要优点是设计、施工简便，爆堆比较均匀整齐。

2）排间奇偶式顺序起爆

从自由面开始，由前排至后排逐步起爆，在每一排均按奇数孔和偶数孔分成两段起爆（图 4-10）。其优点是实现孔间毫秒延期，能使自由面增加。爆破方向交错，岩块碰撞机会增多，破碎较均匀，减振效果好。适用于压碴较少或3～4排孔的爆破。缺点是向前推力不足。

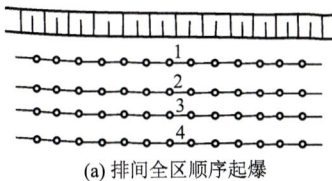

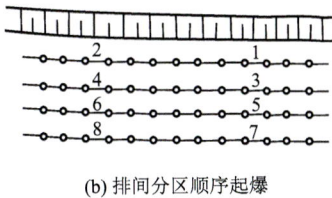

(a) 排间全区顺序起爆

(b) 排间分区顺序起爆

图 4-9　排间顺序起爆

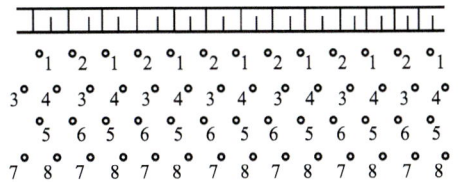

图 4-10　排间奇偶式顺序起爆

3）波浪式顺序起爆

即相邻两排炮孔的奇偶数孔相连，同段起爆，爆破顺序犹如波浪。其中多排孔对角相连，称为大波浪式（图 4-11）。它的特点与奇偶式相似，但可减少毫秒延期段数，且推力较奇偶式大，破碎效果较好。

(a) 小波浪式　　　　　　　　　　　　(b) 大波浪式

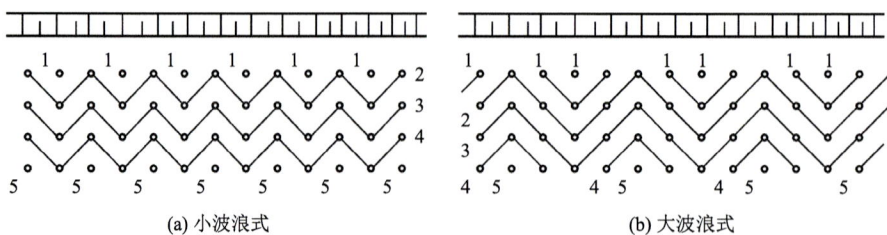

图 4-11　波浪式顺序起爆

4）V 字形顺序起爆

即前后排孔同段相连，其起爆顺序似 V 字形（图 4-12）。起爆时，先从爆区中部爆出一个 V 字形的空间，为后段炮孔的爆破创造自由面，然后两侧同段起爆。该起爆顺序的优点是岩石向中间崩落，加强了碰撞和挤压，有利于改善破碎质量。由于碎块向自由面抛掷作用小，多用于挤压爆破和掘沟爆破。

5）梯形顺序起爆

即前后排同段炮孔连线似梯形（图 4-13）。该种起爆顺序碰撞挤压效果好，爆堆集中，适用于拉槽路堑爆破。

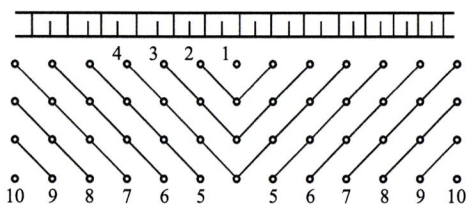

图 4-12　V 字形顺序起爆　　　　　　图 4-13　梯形顺序起爆

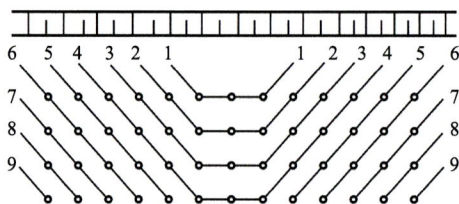

6）对角线顺序起爆

亦称斜线起爆，从爆区侧翼开始，同时起爆的各排炮孔均与台阶坡顶线斜交，毫秒爆破为后爆炮孔相继创造了新的自由面。其主要优点是在同一排炮孔间实现了孔间延期，最后一排炮孔也是逐孔起爆，因而减少了后冲，有利于下一爆区的穿爆工作。适用于开沟和横向挤压爆破（图 4-14）。

7）径向顺序起爆

如图 4-15 所示，这种起爆顺序有利于爆破挤压。

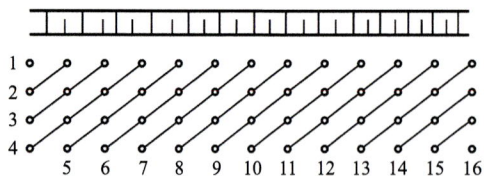

图 4-14　对角线顺序起爆　　　　　　图 4-15　径向顺序起爆

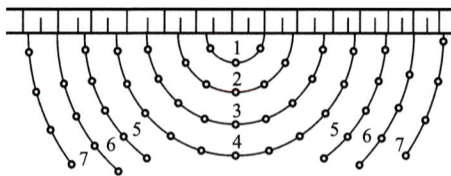

8）组合式顺序起爆

组合式顺序起爆如图 4-16 所示，即两种以上起爆顺序的组合。

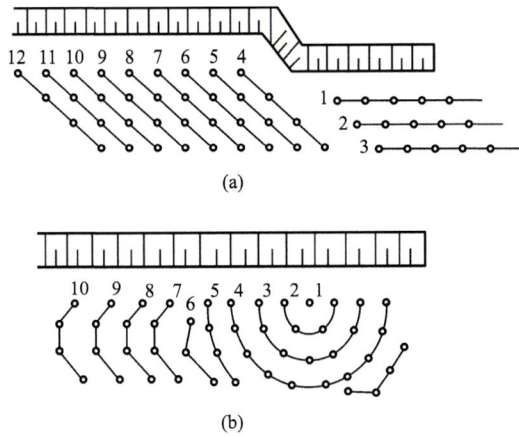

图 4-16　组合式顺序起爆

7. 技术设计

1）工程地质概况

包括赋存条件、矿岩物理力学性质、爆破区域环境。

2）矿山或路堑开采技术设计

（1）台阶要素、钻孔形式、钻机类型、布孔方式的确定。

（2）爆破参数的确定：孔径与孔深、超深、底盘抵抗线、孔网参数（孔距、排距、密集系数）、堵塞长度。

（3）装药结构的确定。

（4）药量计算：单位炸药消耗量、每孔装药量及总药量。

（5）起爆方法选择、炮孔起爆顺序及网路设计。

（6）材料消耗，以及主要技术经济指标。

（7）安全范围的确定、人员与设备的撤离方案、应急预案设计。

（8）附图：包括台阶三面（或两面）投影图、装药结构图、起爆网路图、爆区平面图、安全警戒范围图。

8. 施工工艺

露天深孔台阶爆破施工工艺流程如图 4-17 所示。

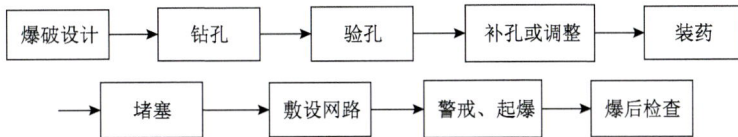

图 4-17　露天深孔台阶爆破施工工艺流程图

9. 降低大块产出率和根底率措施

露天深孔台阶爆破普遍存在着大块（不满足铲装或破碎要求的岩块）产出率和根底率偏高的问题，不仅影响铲装效率，加速设备的磨损，而且增加了二次破岩的工作量，

提高了采矿成本。

大块的标准主要取决于铲装设备和初始破碎设备的型号与尺寸，因此，其标准的制定是因时、因地而异的。

1）产生部位和原因分析

大量的统计资料表明，大块主要产自台阶上部和台阶的坡面；同一爆区软、硬岩的分界处；爆区的后部边界。其原因如下：

（1）为了克服底盘抵抗线的阻力，炸药主要置于炮孔的中、底部，使其沿炮孔轴线方向的炸药能量分布不均。孔口部分能量不足，岩石破碎不均匀。

（2）台阶前部，即邻近台阶坡面的一定范围内，岩石受前次爆破的破坏，原生弱面张裂，甚至被切割成"块体"，爆破时这部分"块体"易整体震落，形成大块。

（3）同一爆区硬岩和软岩分界部分，有时从爆区表面就可看到大块条带，易于震落。

（4）爆区的后部与未爆岩石相交处（沿爆破塌落线）也会产生一些因爆破而震落的大块。

根底是指爆破后难以挖掘的凸出采掘工作面一定高度的硬坎、岩埂。对于台阶高度为 12m 的矿山，凸出采掘工作面标高 1.5m 以上的硬坎、岩埂即根底。

根底产生的原因是孔网参数选择不当，起爆顺序和毫秒间隔时间不合理，底部装药不足等。

2）降低大块率、根底率的措施

降低大块率、根底率的措施是多方面的，归纳起来有正确的设计、严格的施工和科学的管理。

（1）正确的设计。

就是要确定合理的爆破参数，特别要注意以下几方面：①选准前排孔底盘抵抗线；②控制最后排孔的装药高度；③控制合理的超深和余高；④选取与岩石特性相匹配的炸药，增强底部炸药威力；⑤选取合理的毫秒延期间隔时间；⑥爆区有明显结构面时，要根据岩体结构面特征决定装药结构和起爆顺序；⑦在适宜地点采用大孔距、小抵抗线爆破和压碴爆破。

（2）严格的施工。

严格的施工不仅要严格爆破的施工，而且要严格布孔和穿孔作业的施工。钻孔作业是爆破的先头作业，它的好坏直接影响爆破效果，对于深度不合格的炮孔，一定要补足深度后方可装药爆破。

特别要注意记录钻孔过程中的空洞、软夹层等不良地质情况，以便工程师在装药前给出处理方案。

（3）科学的管理。

爆破技术和科学的管理是一个有机整体。前者是基础，后者是保证。在爆破管理上要实行分层管理，逐层考核，责任到人。严格执行质量管理体系和质量监控网络。

10. 大区多排孔毫秒爆破技术

毫秒爆破是指相邻炮孔或排间孔及深孔内以毫秒级的时间间隔顺序起爆的一种爆破技术。大区和多排孔可以表示毫秒爆破的规模。在矿山多用爆破区域范围（爆破量），在

铁路、公路土石方工程中利用爆破排数来衡量爆破规模的大小。

大区多排孔毫秒爆破的特点：

（1）爆破规模大、爆破技术复杂、难度大；

（2）参加爆破施工的人数较多，工期较长，对施工组织和管理要求更高；

（3）由于爆破规模大，爆破有害效应（爆破震动、空气冲击波、噪声、飞石等）相对更严重些，要求采取更加严密的防护措施。

毫秒爆破的作用原理和参数选择可参考前面有关章节内容。

11. 宽孔距、小抵抗线毫秒爆破技术

宽孔距、小抵抗线爆破是在保持炮孔负担面积不变的前提下，加大孔距、减少抵抗线，即增大密集系数的一种爆破技术。该项技术早期由瑞典 U·兰格福斯（Langfors）提出，20 世纪 80 年代开始在我国也进行了研究和推广，至今已取得明显的效果。国内外研究表明：该项爆破技术无论是在改善爆破质量，还是降低单位炸药消耗量、增大延米爆破量方面都表现出巨大的潜力。

1）宽孔距、小抵抗线爆破机理

（1）增大爆破漏斗角，形成弧形自由面，为岩石受拉伸破坏创造有利条件。

在炮孔负担面积不变的情况下，减小最小抵抗线，则爆破漏斗角随之增大（图 4-18）。由于每个爆破漏斗角增大，就为后排孔爆破创造了一个弧形且含有微裂隙的自由面。实验表明：弧形自由面比平面自由面的反射拉伸应力作用范围大，有利于促进爆破漏斗边缘径向裂隙的扩展，破碎效果好。

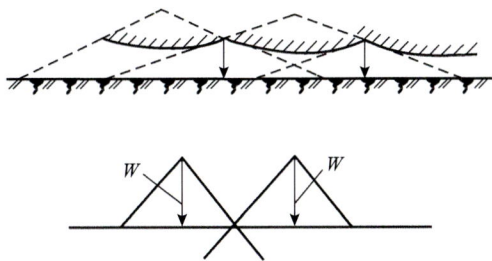

图 4-18　爆破漏斗角

（2）防止爆炸气体过早泄气，提高炸药能量利用率。

由于孔距增大，爆炸气体不会因相邻炮孔之间的裂隙过早贯通而逸散，提高了炸药能量利用率。

（3）炮孔间应力叠加作用减弱。

使单孔的径向裂隙、环状裂隙得到充分发育，而将相邻炮孔连心线上的应力加强作用充分利用，而把连心线中间、两边产生的应力降低区推出界外，有利于改善岩石的破碎质量。

（4）增强辅助破碎作用。

抵抗线减小、弧形自由面的存在，既可以使拉伸碎片获得较大的抛掷速度，又可以延缓爆炸气体过早逸散的时间，使其有较大的能量推移破碎的岩体，有利于岩块相互碰撞，增强辅助破碎作用。

2）密集系数 m 的选取

关于密集系数 m 的选取，目前尚无统一的计算公式，可根据类似工程的成功案例或本工程的试验值选取。一般认为 $m=2\sim6$ 都可取得良好的爆破效果，个别情况 $m=6\sim8$ 也是可行的。但是，在工程实施上有两点需要特别注意：

（1）保证穿孔质量（孔位、孔深）。

（2）定好第一排孔的 m 至关重要，通常先定好第一排炮孔的参数，确保不留根底；然后再依次布置 m 增大的第二排、第三排等炮孔。

3）工程实例

表 4-6 列出了镇江船山石灰石矿采用的宽孔距、小抵抗线爆破参数。

表 4-6 镇江船山石灰石矿侧向宽孔距、小抵抗线爆破参数

台阶高度/m	孔深/m	超深/m	装药高度/m	填高/m	底盘抵抗线/m	布孔参数		起爆参数		
						a/m	b/m	a'/m	b'/m	m
12	14.5	2.0	<10	>4.5	4.0	7	6	12.25	3.5	3.5
12	14.5	2.0	<10	>4.5	4.0	7	6	12.25	3.5	3.5
12	15.0	2.5	<10	>5.0	4.2	6.5	5.5	11.25	3.25	3.46

注：a' 表示起爆孔距；b' 表示起爆排距。

镇江船山石灰石矿是我国大型露天化工矿山，主要生产石灰石和建材用石，台阶高度 12m，穿孔用 KQ-150 型潜孔钻打 75°倾斜孔，孔径 170mm。采用侧向宽孔距、小抵抗线毫秒爆破（图 4-19）取得良好效果，块度均匀，根底率降低。

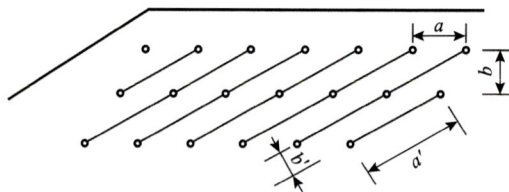

图 4-19 侧向宽孔距布孔

a-布孔孔距；b-布孔排距；a'-起爆孔距；b'-起爆排距

12. 预装药技术

在多排孔大区微差爆破时，为了解决装药时间集中、空间紧张、任务重和需要大批劳动力的问题，可以采用预装药技术。所谓预装药就是在大量深孔爆破时，在全部炮孔钻完之前，预先在验收合格的炮孔中装药或炸药在孔内放置时间超过 24h 的装药作业。这样就可以把集中装药变为分散装药，减轻工人的劳动强度，而且也可以解决炸药厂（或混装车）的均衡生产问题，同时也解决了透孔工作量，降低了废孔率和穿爆成本。采用预装药作业时，应遵守以下规定：

（1）应制定安全作业细则并经爆破工作领导人审批；

（2）预装药爆区应设专人看管，并插红旗作为警示标志，无关人员和车辆不可以进入预装药区；

（3）预装药时间不宜超过 7 天；

（4）雷雨季节露天爆破不宜进行预装药作业；

（5）高温、高硫区不应进行预装药作业；

（6）预装药所使用的雷管、导爆管、导爆索、起爆药柱等起爆器材应具有防水防腐性能；

（7）正在钻孔的炮孔和预装药孔之间应有 10m 以上的安全隔离区；

（8）预装药炮孔应在当班进行堵塞，填塞后应主要观察炮孔内装药长度的变化。由炮孔引出的导爆管端口应可靠密封，预装药期间不应连接起爆网路。

4.1.2　露天浅眼台阶爆破

露天浅眼台阶爆破与露天深孔台阶爆破的基本原理是相同的，工作面都是以台阶的形式向前推进，不同点仅仅是孔径、孔深比较小，爆破规模比较小。浅眼台阶爆破的施工机具简单，一般采用手持式或带气腿的风动凿岩机即可，易于操作，施工组织比较容易。

浅眼台阶爆破主要用于矿山采矿、采石及平整地坪，开挖路堑、沟槽，开挖基础等，是目前我国铁路、公路、水利水电、人防工程和小型矿山开采的常用爆破方法。

1. 炮眼排列

浅眼台阶爆破的炮眼排列分为单排眼和多排眼两种，单排眼多用于一次爆破量较小的爆破。多排眼排列又可分为平行排列和交错排列，如图 4-20 所示。

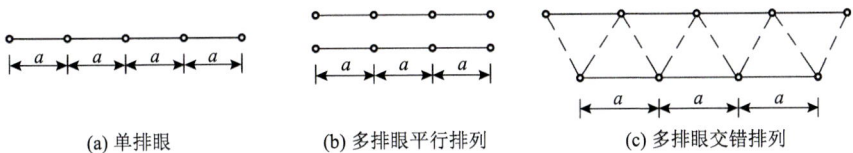

(a) 单排眼　　　　(b) 多排眼平行排列　　　　(c) 多排眼交错排列

图 4-20　炮眼布置形式

2. 爆破参数

爆破参数应根据施工现场的具体条件和类似工程的成功经验选取，并通过实践检验修正，以取得最佳参数值。

1）炮眼孔径 d

采用浅眼凿岩设备孔径多为 36～42mm，药卷直径为 32mm 或 35mm。

2）炮眼深度和超深

$$L = H + h \tag{4-15}$$

式中，L 为炮眼深度，m；H 为台阶高度，m；h 为超深，m。

浅眼台阶爆破的台阶高度 H 一般不超过 5m。超深 h 一般取台阶高度的 10%～15%，即：

$$h = (0.10 \sim 0.15)H \tag{4-16}$$

如果台阶底部辅以倾斜炮眼，台阶高度尚可适当增加
（图 4-21）。

3）炮眼间距 a

$$a = (1.0 \sim 2.0)W_d \qquad （4-17）$$

或：

$$a = (0.5 \sim 1.0)L \qquad （4-18）$$

4）底盘抵抗线 W_d

$$W_d = (0.4 \sim 1.0)H \qquad （4-19）$$

图 4-21　小台阶炮眼图
1-垂直炮眼；2-倾斜炮眼

在坚硬难爆的岩石中或台阶高度较高时，计算时应取较小的系数。

5）单位炸药消耗量 q

与深孔台阶爆破的单位炸药消耗量相比，浅眼台阶爆破的单位炸药消耗量应大一些。

4.2　井巷掘进爆破

由于山体或埋深较大，一些不能敞开在地表进行的爆破工程称为地下爆破工程，所对应的爆破技术工法也统称为地下爆破技术。地下爆破因为爆破目的和条件不同，又分为不同门类。

地下采矿，需从地表面开凿一系列的通道才能到达深埋地下的矿体，实施采矿作业。在地表从上往下掘进的垂直通道称为竖井，而倾斜通道称为斜井，与地表没有直接连通的井称为盲井；在岩体或矿层中从下向上掘进的垂直通道称为天井。在岩体或矿层中开凿的水平通道称为平巷（水平巷道），而一端直通地表、成为地面与地下进出通道的平巷称为平硐。

地下开凿的、与各种通道相连的工作间，如大型库房、水泵房、车场等，地铁站、地下油库、地下机库、水电站地下厂房等，统称为地下硐室或硐库。

山坡露天矿开采，常采用在山上打矿岩下放溜井，再由山下平硐运出地面的方案，称为平硐溜井开拓系统。

在交通运输工程中，为穿越山岭掘进的通道为隧道。隧道较矿山巷道而言的特点是断面面积大、施工环境复杂、服务年限长、质量要求高。

水利工程的地下工程建设，常见的是开凿引水导洞和地下厂房硐室。引水导洞一般断面较小，而地下厂房硐室则往往属于超大型硐库。

上述工程可称为地下空间工程，其所使用的爆破工法亦统称为地下爆破技术。

地下爆破依据施工特点的不同又分为平巷掘进爆破、井筒掘进爆破、硐库开挖爆破、隧道掘进爆破和地下采矿崩矿爆破等。

4.2.1 平巷掘进爆破

平巷掘进爆破的特点是只有一个自由面，即掘进工作面，夹制作用大，钻孔数目多，炸药单位消耗量大。在一个工作面内布孔既要考虑高效破岩成巷，又要考虑实现设计断面、保护保留围岩[6]。炮孔深度小于 2.5m 时，称为浅孔掘进爆破，采用浅孔凿岩设备；炮孔深度为 2.5～5.0m 时，称为深孔掘进爆破，采用专用凿岩台车钻孔。炮孔孔径为 38～50mm。

1. 工作面和炮孔布置

平巷掘进在工作面内布孔，各炮孔位置不同，作用不同，分为掏槽孔、辅助孔（又称崩落孔）和周边孔。周边孔又可分为顶孔、底孔和帮孔。各类炮孔布置如图 4-22 所示。

掏槽孔。用于爆出新的自由面，使后续爆破成为两个自由面条件下的爆破，可极大地改善后续其他炮孔爆破的爆破效果。掏槽孔通常布置在开挖断面的中央偏下方，或者布置在工作面利于形成新自由面的软岩部位。

辅助孔，又称崩落孔。用来进一步扩大掏槽空间，持续为后续爆破提供新的自由面和创造更好的爆破条件，同时也是崩落岩石、形成巷道空间的主要炮孔。辅助孔均匀布置在掏槽孔和周边孔之间。

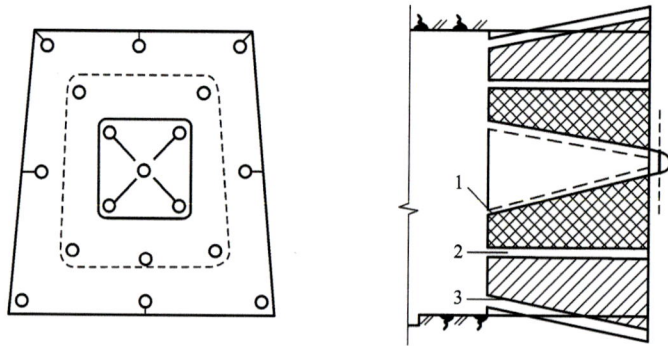

图 4-22　各种炮孔
1-掏槽孔；2-辅助孔；3-周边孔

周边孔，又称轮廓孔。控制爆破后的巷道断面规格、形状，实现设计的轮廓要求，同时要保护保留围岩，实现尽量小的超欠挖。周边孔沿设计轮廓线布置。

由于掏槽孔是在一个自由面条件下的爆破，其破岩最为困难，因此单孔用药量最多，其次是辅助孔，周边孔用药量最少。若以辅助孔的装药量为单孔平均装药量，则掏槽孔药量应增大 15%～20%，而周边孔药量应减少 10%～15%。

各类炮孔的起爆顺序：先起爆掏槽孔，其次起爆辅助孔，最后起爆周边孔。当辅助孔有多层、多排时，靠近掏槽空腔的先起爆，按由近及远依次顺序起爆；当周边孔不能同时起爆时，通常其起爆顺序为先起爆顶孔，其次起爆帮孔，最后起爆底孔。

平巷掘进爆破只有一个自由面，四周岩石夹制力很大，爆破条件困难。因此，掏槽孔的布置极为重要，其掏槽效果的好坏直接影响爆破效果和循环进尺，是爆破成巷的关

键，必须精心设计、精心施工，才能达到预期的爆破效果。

1）掏槽孔的形式

根据巷道断面、岩石性质和地质构造等条件，掏槽孔的排列形式种类繁多，归纳起来有 3 种：倾斜孔掏槽、垂直孔掏槽（平行空孔直线掏槽）和混合式掏槽（倾斜、垂直并用）。

（1）倾斜孔掏槽。

倾斜孔掏槽的特点是掏槽孔与工作面斜交。通常分为单向掏槽、锥形掏槽和楔形掏槽。

（a）单向掏槽。各掏槽孔平行排列成一行，并朝一个方向倾斜。适用于软岩或具有层理、节理、裂隙或软夹层的岩石。可根据自然弱面存在的情况分别采用顶部掏槽、底部掏槽或侧向掏槽；掏槽孔倾角 50°～70°，孔距 0.3～0.6m。与此相邻的第二排孔也做相同的适当倾斜，形成半楔形组，掏槽可靠性更高。如图 4-23 所示。

（b）锥形掏槽。各掏槽孔以几乎相等的角度向槽底一点集中，但相互不贯通，爆破后形成锥形槽腔，如图 4-24 所示。锥形掏槽分为三角锥形、圆锥形等，其掏槽效果好，尤其适用于 $f>8$、断面<4m² 的坚韧岩石巷道。但锥形掏槽各掏槽孔角度不同，人工钻孔很困难，只能采用凿岩台车才可以方便地实现各种角度的钻孔，因此锥形掏槽多用于井筒掘进，而普通平巷掘进应用较少。锥形掏槽孔有关参数视岩石性质而定，施工中可参考表 4-7 选取。表 4-7 中的参数适用于孔深小于 2m 的浅孔爆破。

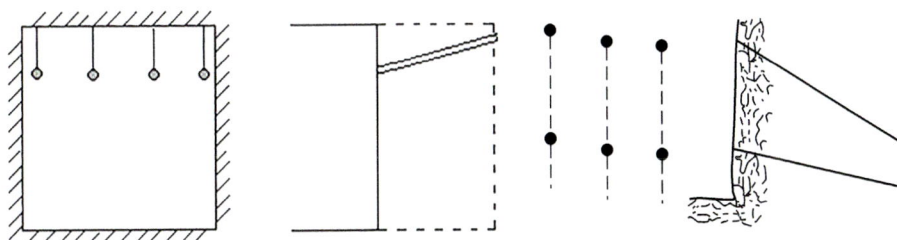

图 4-23　单向掏槽

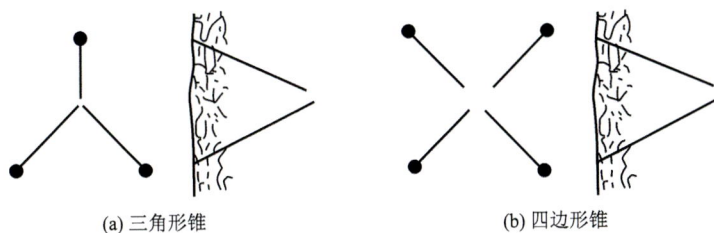

(a) 三角形锥　　　　　(b) 四边形锥

图 4-24　锥形掏槽

表 4-7　锥形掏槽孔主要参数

岩石硬度系数 f	炮孔倾角/ (°)	相邻炮孔孔距/m	
		孔口间距	孔底间距
2～6	75～70	1.00～0.90	0.4

岩石硬度系数 f	炮孔倾角/(°)	相邻炮孔孔距/m	
		孔口间距	孔底间距
6~8	70~68	0.90~0.85	0.3
8~10	68~65	0.85~0.80	0.2
10~13	65~63	0.80~0.70	0.2
13~16	63~60	0.70~0.60	0.15
16~18	60~58	0.60~0.50	0.10
18~20	58~55	0.50~0.40	0.10

（c）楔形掏槽。采用两排炮孔，成对沿预设槽腔两侧对称布置，倾斜指向槽底一条直线，孔底互不贯通，爆后形成楔形槽腔。岩石坚硬或掘进断面较大，可采用双楔形、多楔形（统四排以上炮孔，称复式楔形）掏槽，如图 4-25 所示。双楔形掏槽效率和炮孔利用率高，但孔数多，钻孔成本高，因此难爆岩体采用双楔形或多楔形掏槽，而破碎易爆岩体用单楔形掏槽。楔形掏槽有垂直楔形掏槽（形成的槽腔与水平面垂直）和水平楔形掏槽（形成的槽腔与水平面平行）之分，前者打孔方便，使用广泛；后者在岩层具有水平层理、节理或巷道宽时才使用。实际工程中常见垂直楔形掏槽，这也是倾斜掏槽中应用最广的一种掏槽形式。

(a) 垂直楔形掏槽　　(b) 水平楔形掏槽　　(c) 双楔形掏槽

图 4-25　楔形掏槽（左为正视图，右为俯视图）

楔形掏槽中，每对掏槽孔孔距为 0.2~0.6m，孔底间距为 0.1~0.2m。掏槽孔与工作面交角为 55°~75°。当岩石在中硬以上、断面大于 4m² 时，可采用表 4-8 所列的参数。岩石坚硬难爆时，宜采用双楔形掏槽。

表 4-8　楔形掏槽的主要参数

岩石硬度系数 f	炮孔与工作面夹角/(°)	两排炮孔孔口间距/m	炮孔数目/个（对）
2~6	75~70	0.6~0.5	4（2）
6~8	70~65	0.5~0.4	4~6（2~3）
8~10	65~63	0.4~0.35	6（3）
10~12	63~60	0.35~0.30	6（3）
12~16	60~58	0.30~0.20	6（3）
16~20	58~55	0.20	6~8（3~4）

倾斜孔掏槽的优缺点如下：优点是易将槽腔内岩石抛出，从而形成凹槽，且所需炮孔数相对较少。缺点是炮孔深度受巷道宽度和高度限制，且底部夹制作用大，炮孔利用

率较低。在小断面中掘进，这种影响尤为突出。这一缺点在垂直孔掏槽中得到克服。

（2）垂直孔掏槽。

垂直孔掏槽亦称平行空孔直线掏槽或直孔掏槽，其特点是：所有的掏槽孔均垂直于工作面，且孔距小、相互平行，其中有一个或几个不装药的空孔，作为装药孔爆破时的辅助自由面和破胀补偿空间。通常有缝形掏槽、桶形掏槽和螺旋形掏槽等形式。

（a）缝形掏槽，又称龟裂掏槽。其特点是各掏槽孔相互平行，布置在一条直线上，装药孔与空孔间隔布置，爆破后装药孔与空孔贯通，在炮孔范围形成一条不太宽的条缝，如图 4-26 所示。掏槽孔数目取决于巷道断面大小和岩石硬度系数，在中硬以上岩石中，一般布 3~7 个孔，孔距 8~15cm。空孔直径可与装药孔直径相同，也可取 50~100mm 的大直径空孔。此种掏槽方式最适于工作面有较软的夹层或接触带相交的情况，将掏槽孔布置在较软或接触带附近的部位。

（b）桶形掏槽，亦称角柱形掏槽。各掏槽孔互相平行，按一几何形状对称布置，爆后形成的槽腔呈圆柱体或角柱体。一般桶形掏槽布置 5~7 个，其中 1~4 个为空孔，其他为装药孔，如图 4-27 所示。空孔直径可与装药孔直径相同，也可取 75~100mm 的大直径空孔，如图 4-28 所示。大直径空孔可形成较大的人工自由面和补偿空间，孔距可适当增大，有利于获得大的掏槽空腔。在坚硬难爆岩石中掏槽，宜采用大直径空孔。桶形掏槽应用范围广，大、中、小断面均可采用，其掏槽体积大，有利于辅助孔的爆破，是垂直孔掏槽中工程应用最多一种形式。

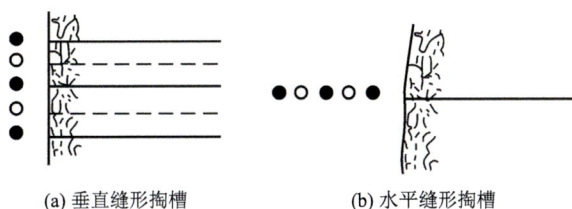

(a) 垂直缝形掏槽　　　(b) 水平缝形掏槽

图 4-26　缝形掏槽

●-装药孔；○-空孔

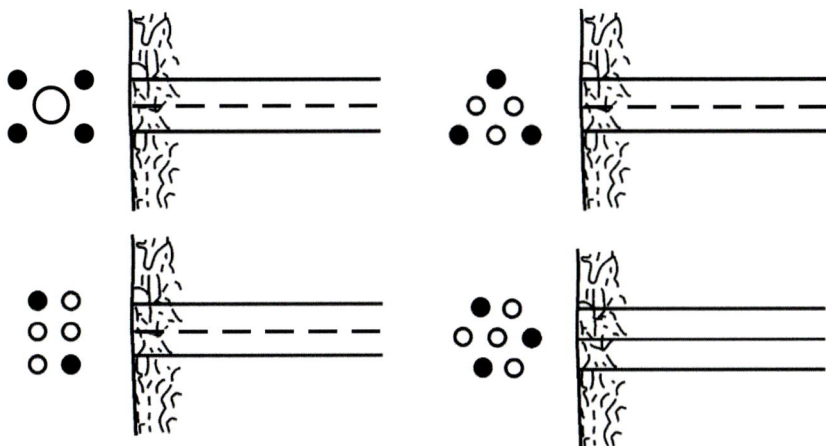

图 4-27　桶形掏槽

●-装药孔；○-空孔

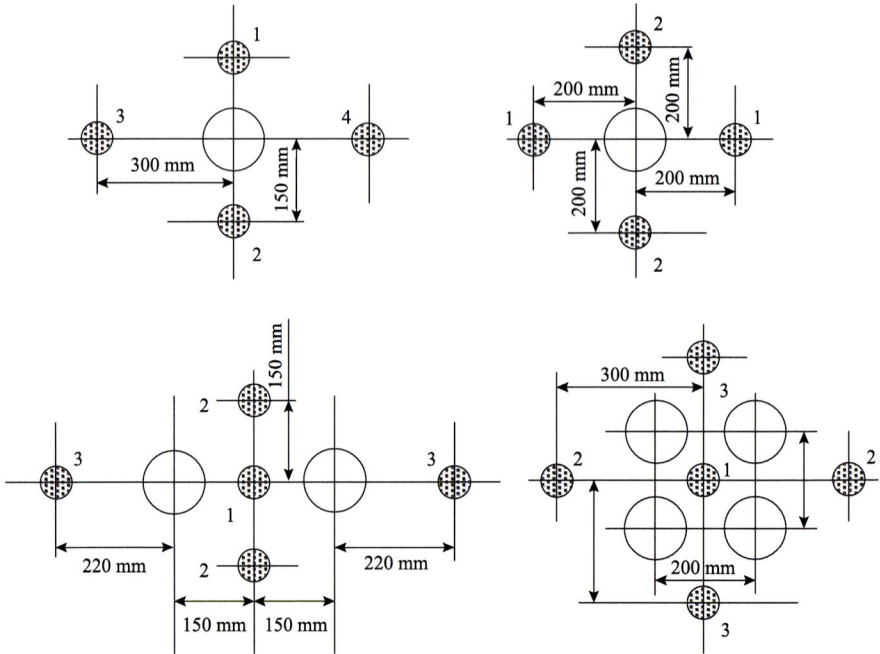

图 4-28 大直径空孔角柱形掏槽
◉-装药孔；○-空孔；1～4-起爆顺序

垂直孔掏槽中空孔数目、空孔直径及空孔到装药孔的最近距离对掏槽效果影响很大。一般空孔直径一定时，孔距过大，空孔与装药孔不易贯通，易出现"冲炮"现象；孔距过小，爆破作用过强，有时会将相邻炮孔中的炸药"挤实"，使其密度过高而拒爆。一般装药孔与空孔的间距取为（1～2）d（d 为空孔直径）。为了增强爆渣的外抛作用，可将空孔打深些，在其孔底布置半卷或一卷炸药，待所有掏槽装药孔起爆后再起爆，以便将爆渣推出槽腔。

（c）螺旋形掏槽。所有装药孔围绕中心空孔，距空孔距离依次递增呈螺旋状布置，并从距空孔距离最近开始，按由近及远顺序起爆，爆后形成非对称柱体槽腔。1、2、3、4 顺序起爆的装药孔与中间孔的距离分别是取空孔直径的 1～1.8 倍、2～3.5 倍、3～4.8 倍、4～5.5 倍，对难爆岩石可增加 1、2 个空孔，以增大自由面和补偿空间，空孔比装药孔可略深 20～30cm，以便在孔底装入少量炸药（200～300g）作清渣药包，在所有掏槽孔爆破之后起爆以利于槽腔抛碴。空孔可以是小直径，也可以是大直径（图 4-29）。螺旋形掏槽适用于较均质岩石。

（d）渐进式螺旋掏槽。渐进式螺旋掏槽是由螺旋形掏槽发展而来，是一种新型的直孔掏槽开挖方法。其特点是所有掏槽孔围绕中心空孔，以中心空孔为参照，孔距由近及远、孔深从浅到深，呈螺旋渐进形式布置；且从距空孔距离最近开始依次顺序起爆。其孔深变化一般为：最先起爆的 1 段炮孔，距中心空孔最近，孔深最小，为中空孔深的 1/4～1/5；随后 2 段炮孔比 1 段炮孔深 40～70cm；3 段炮孔深又比 2 段炮孔深 40～70cm；依次类推，到最后一段其孔深应与中空孔深基本相同。如图 4-30 所示。这种掏槽方法，所需掏槽孔少，炸药单位消耗量低，作业时间短，爆破效率高。

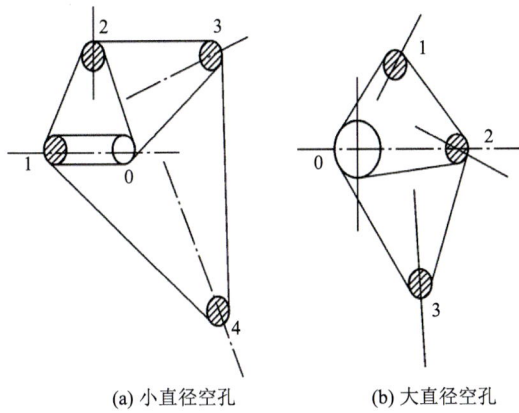

(a) 小直径空孔　　　　　(b) 大直径空孔

图 4-29　螺旋形掏槽示意图

0～4-起爆顺序

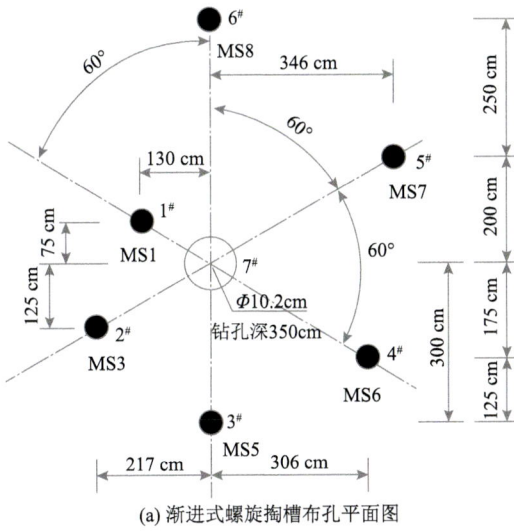

(a) 渐进式螺旋掏槽布孔平面图

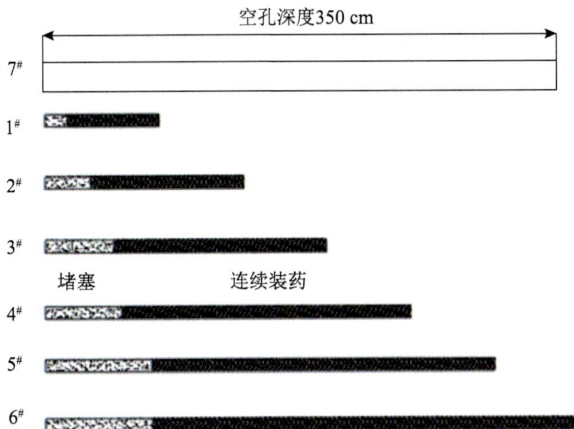

(b) 渐进式螺旋掏槽孔炮孔展开示意图

图 4-30　渐进式螺旋掏槽示意图

垂直孔掏槽的优缺点如下：优点是炮孔垂直工作面布置，方式简单，钻孔方便，深度不受巷道断面限制，装药孔以相邻空孔为最小抵抗线破碎方向，破碎均匀，炮孔利用率高；缺点是爆破成槽腔相对要困难些，且炮孔数目和炸药消耗量偏多。常在大断面掘进中使用。

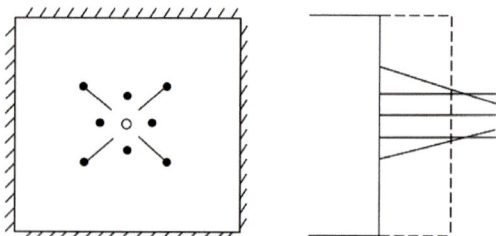

图4-31 桶形与锥形混合式掏槽示意图

（3）混合式掏槽。

混合式掏槽是指在同一个掘进工作面内既采用倾斜孔掏槽又采用垂直孔掏槽，一般在特别难爆或巷道断面大的情况下使用，见图4-31。

2）各炮孔布置原则

掘进工作面一般首先布置掏槽孔。掏槽孔是井巷掘进爆破各类炮孔爆破条件最差、最难爆、最重要的炮孔，其自由面少、炮孔密度大、超深大、钻孔质量要求高。一般应选择布置在最易施工操作和有利于后续爆破的位置，以及工人钻孔、装药最方便省力的高度。因此，对小断面巷道一般掏槽孔布置在工作面的中下部，甚至靠巷道底板，使掏槽孔和周边孔底孔之间不再布置辅助孔；大断面巷道整个掏槽空间一般设计在开挖工作面几何中心偏下方，掏槽中心距底板约1.4m为宜。为了有利于后续爆破，掏槽孔应比其他孔深10%~20%。

其次，布置周边孔。为便于打孔，周边孔沿巷道设计轮廓线内侧布置，孔距0.5~1.0m，孔口距巷道轮廓线0.1~0.2m；为确保崩落设计范围岩石，不欠挖，周边孔均应外摆3°~5°，使孔底落在设计轮廓线外约0.1m处。周边孔的底孔爆破条件相对较差，布孔时应注意：①孔距适当减小，一般为0.4~0.7m；②底孔孔口高出巷道底板0.1~0.2m，向下倾斜钻孔，使孔底低于底板0.1~0.2m，需抛碴时，还应将炮孔加深0.2m左右；③底孔装药量应适当加大，介于掏槽孔和辅助孔之间，装药长度为孔深的50%~70%，抛碴爆破时，每孔增加1~2个药卷。

最后，布置辅助孔。辅助孔以掏槽孔爆破所形成的槽腔为中心，分层均匀布置在掏槽孔和周边孔之间，一般孔距0.4~0.8m，排距为孔距的90%~100%。

工作面的炮孔布置如图4-32所示。

2. 爆破参数确定

平巷掘进爆破参数主要指炮孔孔径、炮孔深度、炮孔数目和单位炸药消耗量等[7]。

1）炮孔孔径 d

一般而言，炮孔孔径大，药卷直径大，装药多，能使炸药能量相对集中，爆速和爆炸稳定性均相应得到提高，破岩能力强。但炮孔孔径过大、单孔装药量过多，会导致凿岩速度显著下降，孔网参数大，孔数少，爆炸能分布不均，破碎块度大、巷道周壁平整性难控制、对保留围岩破坏性大，对已成巷稳定性影响大。因此，平巷掘进爆破炮孔宜小、不宜大，但过小会使钻孔成本增加，传爆可靠性低或没有合适的成品药卷。此外，平巷掘进爆破每循环爆破量小、用药少，通常采用有固定规格、尺寸、质量的卷药。所

以，炮孔孔径的确定主要依所用药卷直径而定。

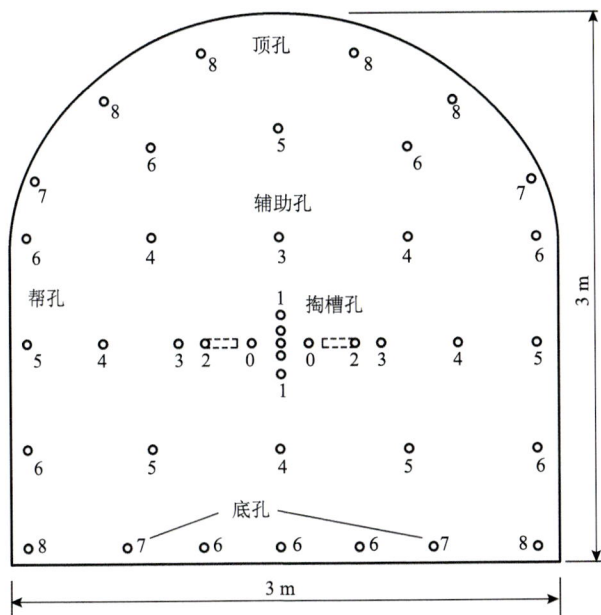

图 4-32　工作面炮孔布置示意图

○-炮孔；0～8-起爆顺序

目前，普通平巷掘进爆破多采用直径为 32mm、35mm 的硝铵类炸药卷，尤以 32mm 最多。大断面掘进和采用凿岩台车及高效率凿岩机时，一般采用 38～45mm 的大直径药卷来进行爆破，以提高爆破率和降低爆破材料的消耗。一般说来，炮孔直径 d 的确定就是要保证药卷能流畅顺利地放入孔内，可按式（4-20）确定：

$$d = d_0 + (5 \sim 8) \text{ mm} \tag{4-20}$$

式中，d_0 为药卷直径，mm。

因此，普通平巷掘进爆破所用药卷直径为 32～35mm，匹配的炮孔直径为 38～42mm。

2）孔深 L

孔深是指孔底到工作面的垂直距离。

孔深的大小，不仅影响着掘进工序的工作量和完成各工序的时间，而且影响爆破效果和掘进速度。它是决定每班掘进循环次数的主要因素。为了实现快速掘进，在提高机械化程度、改善循环技术和改进工作组织的前提下，应力求加大孔深并增多循环次数。在采用手持式和气腿式凿岩机钻孔的条件下，采用普通型孔径（40～42mm）时，其孔深可按表 4-9 选取，若采用小孔径（34～35mm）时，以浅孔为宜。在相同岩性条件下，巷道断面面积大的孔深可取大一些。试验表明：孔深在 1.5m 时，炮孔利用率达 90% 以上；孔深在 1.8m 以上时，炮孔利用率仅 80% 左右。掏槽孔应比一般炮孔深 0.15～0.25m，岩石坚硬取大值。

表 4-9 普通型孔径的炮孔深度 （单位：m）

岩石硬度系数 f	掘进断面	
	≤12m²	>12m²
1.6~3	2.0~3.0	2.5~3.5
4~6	1.5~2.0	2.2~2.5
7~20	1.2~1.8	1.5~2.2

3）炮孔数目

炮孔数目与掘进断面、岩石性质、炮孔孔径、炮孔深度和炸药性能等因素有关。确定炮孔数目的基本原则是在保证爆破效果的前提下，尽可能地减少炮孔数目。通常可按式（4-21）估算：

$$N = 3.3 \cdot \sqrt[3]{f S^2} \tag{4-21}$$

式中，N 为炮孔数目，个；f 为岩石硬度系数；S 为巷道掘进断面面积，m²。

式（4-21）没有考虑炸药性能、药卷直径和炮孔深度等因素对炮孔数目的影响。

4）单位炸药消耗量

单位炸药消耗量的大小取决于炸药性能、岩石性质、巷道断面、炮孔孔径和炮孔深度等因素。在实际工程中，大多采用经验公式和参考国家定额标准来确定。

（1）修正的普氏系数公式具有下列简单的形式：

$$q = 1.1k_0\sqrt{\frac{f}{S}} \tag{4-22}$$

式中，q 为单位炸药消耗量，kg/m³；f 为岩石硬度系数；S 为巷道掘进断面面积，m²；k_0 为考虑炸药爆力的校正系数，$k_0 = 525/p$，p 为所用炸药的爆力，mL。

（2）井巷掘进的单位炸药消耗量定额如表 4-10 所示。所用炸药为 2 号岩石硝铵炸药。

表 4-10 井巷掘进单位炸药消耗量定额 （单位：kg/m³）

掘进断面面积	岩石硬度系数 f				
	2~3	4~6	6~10	12~14	15~20
4~6m²	1.05	1.50	2.15	2.64	2.93
6~8m²	0.89	1.28	1.89	2.33	2.59
8~10m²	0.78	1.12	1.69	2.04	2.32
10~12m²	0.72	1.01	1.51	1.90	2.10
12~15m²	0.66	0.92	1.36	1.78	1.97
15~20m²	0.64	0.90	1.31	1.67	1.85

确定了单位炸药消耗量后，根据每一掘进循环爆破的岩石体积，按式（4-23）计算出每循环所需要的总药量：

$$Q = qV = qSL\eta \tag{4-23}$$

式中，V 为每循环爆破岩石体积，m^3；S 为巷道掘进断面面积，m^2；L 为炮孔深度，m；η 为炮孔利用率，一般取 0.8～0.95。

3. 平行空孔直线掏槽爆破有关问题

无论是国内还是国外，在平巷掘进中，广泛采用平行空孔直线掏槽爆破。

1）平行空孔直线掏槽爆破过程

平行空孔直线掏槽爆破过程分为两个阶段：第一阶段是装药炮孔爆破在爆炸冲击波的作用下使岩石破碎，并向空孔方向运动；第二阶段是由于爆炸气体的膨胀作用破碎岩石沿槽腔向自由面方向运动、抛掷。

直线掏槽槽腔内碎石沿轴向抛掷速度在孔口部位最大，在孔底部位最小，由孔口到孔底呈逐渐减小的变化。抛掷速度与抛掷量有关，而抛掷量的多少直接影响着掏槽效果。

为改善掏槽效果，可以采取多项技术措施。例如，确定合理孔深；增大孔底装药量；增加空孔直径或数目等。

2）空孔的作用

空孔的作用有两个：一是作为装药炮孔爆破时的辅助自由面；二是作为破碎体的补偿空间，理想的情况是只有当装药孔和空孔之间的距离恰当，爆破作用所产生的破碎体完全抛出槽腔，才能取得良好的掏槽效果。

当空孔与装药孔的间距过小时，槽腔内破碎体中空隙体积所占比例相对就大些，爆炸气体外泄的通道就多，既增加爆炸气体的损失率，也可能崩坏周边炮孔。如果空孔与装药孔的间距过大，装药孔将无法提供足够的能量使岩石破碎并产生一定速度的抛掷。

所以，空孔与装药孔之间的距离不能过小，也不能过大。其最佳间距应能使炸药能量利用率最高、单位炸药消耗量最低、槽腔内破碎岩石抛掷率最高。

4.2.2 井筒掘进爆破

井筒泛指竖井和斜井，也包括盲井，通常由井颈、井身和井窝组成。

地下矿山为使矿体与地表相通，首先要掘进一系列的井巷，称为开拓。按井巷形式不同，可将开拓分为平硐开拓、竖井开拓、斜井开拓和联合开拓[8]。根据多年来对金属矿山、非金属矿山、铀矿山、化工矿山和建材矿山的不完全统计，各种形式的开拓工程所占比例列于表 4-11。其中竖井开拓应用最为广泛。

表 4-11　各种开拓形式所占比例　　　　　　　　　（单位：%）

类型	平硐开拓	竖井开拓	斜井开拓	联合开拓
比例	28	38	11	23

在地下矿山，竖井（立井）是通向地表的主要通道，是提取矿石和岩石、升降人员、运输材料和设备及通风、作为排水的咽喉。

在长、大隧道的开挖工程中，为缩短工期往往需要掘进竖井、斜井以增加工作面和改善通风条件。在水利、水电工程中，永久船闸输水系统、抽水蓄能电站也都需要掘进竖井。

所谓竖井就是服务于各种工程在地层中开凿的直通地面的竖直通道，而斜井是在地层中开凿的直通地面的倾斜巷道。盲井是不能直接通达地表的地下井筒。按其倾斜程度不同可分为盲竖井、盲斜井[9]。

盲竖井、盲斜井设计所需资料及有关规定与竖井、斜井相同。不同之处在于盲竖井、盲斜井的井架、卷扬机硐室和其他辅助硐室均布置在井下，因此对工程地质和水文地质的要求比竖井、斜井要严格，但是就爆破技术来说二者没有太大差别。

1. 竖（立）井工作面炮孔布置

竖井一般采用圆形断面，其优点是承压性能好、通风阻力小和便于施工。炮孔呈同心圆布置。同心圆数目一般为 3～5 圈，其中最靠近开挖中心的 1～2 圈为掏槽孔，最外一圈为周边孔，其余为辅助孔。

1）掏槽孔的形式

掏槽孔的形式最常用的有以下两种。

（1）圆锥形掏槽。

圆锥形掏槽与工作面的夹角（倾角）一般为 70°～80°，掏槽孔比其他炮孔深 0.2～0.3m。各孔底间距不得小于 0.2m[图 4-33（a）]。

（2）直孔桶形掏槽。

圈径通常为 1.2～1.8m，炮孔数目为 4～7 个。在坚硬岩石中爆破时，为减少岩石夹制力，除了选用高威力炸药和增加装药量以外，尚采用二级或三级掏槽，即布置多圈掏槽，并按圈分次爆破，相邻每圈间距为 0.2～0.4m，由里向外逐圈扩大加深[图 4-33（b）～（d）]，各圈孔数分别控制在 4～9 个。

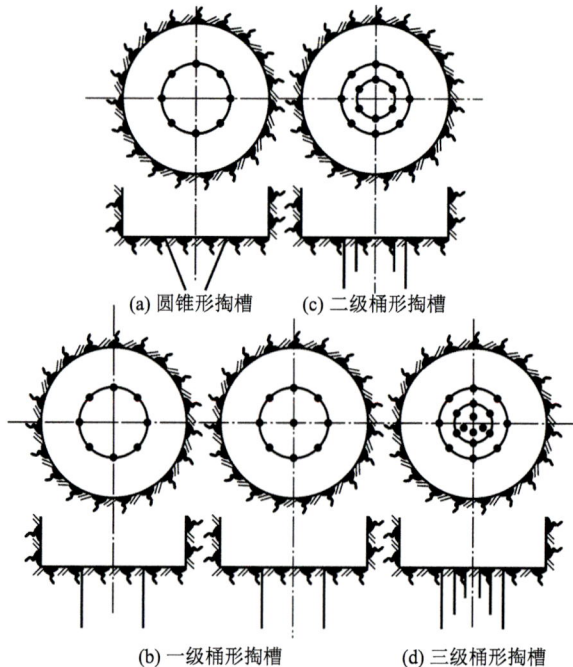

(a) 圆锥形掏槽　　(c) 二级桶形掏槽

(b) 一级桶形掏槽　　(d) 三级桶形掏槽

图 4-33 竖井掘进的掏槽形式

为改善岩石破碎和抛掷效果，也可在井筒中心钻凿 1～3 个空孔，空孔深度较其他炮孔深 0.5m 以上，并在孔底装入少量炸药，最后起爆。

采用圆锥形和直孔桶形掏槽时，掏槽圈径和炮孔数目可参考表 4-12 选取。

表 4-12　掏槽圈径和炮孔数目

掏槽参数		岩石硬度系数 f				
		1～3	4～6	7～9	10～12	13～16
掏槽圈径/m	圆锥形掏槽	1.8～2.2	2.0～2.3	2～2.5	2.2～2.6	2.2～2.8
	桶形掏槽	1.8～2.0	1.6～1.8	1.4～1.6	1.3～1.5	1.2～1.3
炮孔数目/个		4～5	4～6	5～7	6～8	7～9

2）辅助孔和周边孔布置原则

辅助孔介于掏槽孔和周边孔之间，可布置多圈，其最外圈与周边孔距离应满足光爆层要求，以 0.5～0.7m 为宜。其余辅助孔的圈距取 0.6～1.0m，按同心圈布置，孔距 0.8～1.2m。

周边孔布置有以下两种方式：

（1）采用光面爆破，将周边孔布置在井筒轮廓线上，孔距取 0.4～0.6m。为便于打孔，炮孔略向外倾斜，孔底偏出轮廓线 0.05～0.1m。

（2）采用非光面爆破时，则将炮孔布置在距井帮 0.15～0.3m 的圆周上，孔距 0.6～0.8m。炮孔向外倾斜，使孔底落在掘进面轮廓线略外些。与光面爆破相比，井帮易出现凸凹不平、岩壁破碎、稳定性差问题。

2. 竖井爆破参数确定

1）炮孔孔径

炮孔孔径在很大程度上取决于使用的钻孔机具和炸药性能。

采用手持式凿岩机，在软岩和中硬岩石中孔径为 39～46mm，孔深为 2m。随着钻机机械化程度的提高，孔径和孔深都有增大的趋势。例如，采用伞式钻架（由钻架和重型高频凿岩机组成的风液联动导轨式凿岩机具），钻头直径为 35～50mm，孔深为 3.5～4.0m。

2）炮孔深度

影响炮孔深度的主要因素有以下几种：

（1）钻孔机具。手持式凿岩机孔深以 2m 为宜，伞式钻架孔深 3.5～4.0m 效果最佳。

（2）掏槽形式。目前我国大多采用直孔掏槽，最大孔深为 4.4m，国外也在 5m 左右，当孔深超过 6m 以后，钻速显著下降，孔底岩石破碎不充分，岩块大小不均，岩帮也难以平整。

（3）炸药性能。对于药卷直径为 32mm 的岩石类炸药，一个雷管只能引爆 6～7 个药卷，最大传爆长度为 1.5～2.0m（相当于 2.5m 左右的孔深）。若药卷过长，必然引起爆轰不稳定，甚至拒爆，因此，进行爆破时，应改善炸药的爆炸性能或采用多点起爆、导爆索并敷起爆等。

（4）井筒直径。一般来讲，井筒直径越大，掏槽效果越好，炮孔深度可取大值。

炮孔深度的确定，可在充分考虑上述影响因素的同时，按计划要求的月进度依式（4-24）进行计算：

$$I = \frac{L_y \cdot n_1}{24 \cdot n \cdot \eta_1 \cdot \eta} \qquad (4-24)$$

式中，I 为按月进度要求的炮孔深度，m；L_y 为计划的月进度，m；n 为每月掘井天数，依掘砌作业方式而定，平行作业可取 30 天，单行作业在采用喷锚支护时为 27 天，在采用混凝土或料石永久支护时为 18～20 天；n_1 为每循环小时数；η 为炮孔利用率，一般为 0.8～0.9；η_1 为循环率，一般可取 80%～90%。

例如，某新副井计划月进度为 115m，采用掘砌顺序作业，即在每循环中顺序完成掘砌工作。因此，月掘进天数为 30 天，取循环时间为 12h，循环率为 85%。考虑岩石较硬和炸药威力较低，炮孔利用率取 0.85，则炮孔深度应为

$$I = \frac{115 \times 12}{24 \times 30 \times 0.85 \times 0.85} \approx 2.65\text{m}$$

为充分发挥大凿岩机的生产能力和提前超额完成生产任务，取炮孔深度 $I = 2.8\text{m}$。

3）炮孔数目

炮孔数目 N 的确定通常先根据单位炸药消耗量进行初算，再根据实际统计资料用工程类比法初步确定，作为布置炮孔时的依据，然后再依据炮孔布置情况，适当加以调整并最终确定。

根据单位炸药消耗量进行估算时，可用式（4-25）进行计算：

$$N = \frac{q \cdot S \cdot \eta \cdot m'}{\alpha_p \cdot G} \qquad (4-25)$$

式中，q 为单位炸药消耗量，kg/m³；S 为井筒的掘进断面，m²；η 为炮孔利用率；m' 为每个药包的长度，m；G 为每个药包的质量，kg；α_p 为炮孔平均装药系数，当药包直径为 32mm 时，取 0.6～0.72，当药包直径为 35mm 时，取 0.6～0.65。

例如，某新副井井筒掘进断面 $S=26.4\text{m}^2$，单位炸药消耗量 $q = 1.8\text{kg/m}^3$，炮孔利用率为 0.85，每个药包的长度为 0.2m，每个药包的质量为 0.15kg，炮孔平均装药系数取 0.72。则炮孔的估算数目：

$$N = \frac{1.8 \times 26.4 \times 0.85 \times 0.2}{0.72 \times 0.15} \approx 75\text{个}$$

4）单位炸药消耗量

影响单位炸药消耗量的主要因素有岩石坚固性、岩石结构构造特性、炸药威力等。井筒断面越大，单位炸药消耗量越低。

单位炸药消耗量的确定方法如下所述：

（1）参照国家颁布的预算定额选定。

（2）试算法。根据以往经验，先布置炮孔，并选择各类炮孔的装药系数，依次求出各炮孔的装药量、每循环的炸药量和单位炸药消耗量。

（3）类比法。参照类似工程选取（表4-13）。

表 4-13 部分井筒的爆破参数

井筒名称	掘进断面/m²	岩石性质	炮孔深度/m	炮孔数目/个	掏槽方式	炸药种类	药包直径/mm	雷管种类	爆破进尺/m	炮孔利用率/%	单位炸药消耗量/（kg/m³）
凡口新副井	27.3	石灰岩 $f=8\sim10$	2.8	80	锥形	甘油与硝铵炸药	32	毫秒	2.1	81	1.96
铜山新大井	29.2	花岗岩、长岩、大理岩 $f=4\sim6$、$8\sim10$	3~3.8	62	直孔	含20%~30%三硝基甲苯（TNT）和2%TNT的硝铵	32	毫秒	平均2.5	75	1.67
安庆铜矿副井	29.2	页岩，角页岩，细砂岩	2~2.3	70~95	锥形	硝铵黑	32	毫秒、秒差	2.7~3.3	77	3.14
凤凰山新副井	26.4	大理岩 $f=8\sim10$	4.3~4.5	104	复锥	2号岩石硝铵炸药	32	秒差	1.5~1.7	75	2.15
桥头河2号井	26.4	石灰岩 $f=6\sim8$	1.8	65	锥形	40%硝化甘油炸药	35	毫秒	1.6	88	1.97
万年2号风井	29.2	细砂岩，砂质泥岩 $f=4\sim6$	4.2~4.4	56	直孔	铵梯炸药	45	毫秒	3.8	89	2.28
金山店主井	24.6	$f=10\sim14$	1.3	60	锥形	2号岩石硝铵炸药	32	毫秒	0.8	70	1.79
金山店西风井	24.6	$f=10\sim14$	1.5	64	锥形	2号岩石硝铵炸药	32	毫秒	1.1	85	1.79
凡口矿主井	26.4	石灰岩 $f=8\sim10$	1.3	63	锥形	2号岩石硝铵炸药	32	秒差	1.1	85	1.70
程潮铁矿西副井	15.5	$f=12$	2.0	36	锥形	硝化甘油炸药	35	秒差	1.7	93	1.22

3. 竖井爆破的起爆网路

竖井掘进爆破大多采用电雷管起爆网路或导爆管雷管起爆网路；对于孔深大于2.5m的炮孔，也可采用电雷管—导爆索复式起爆网路，或者每孔多发雷管多点起爆网路。

在电雷管起爆网路中，广泛采用并联网路和串并联网路，而串联网路由于工作条件差易发生拒爆现象，在竖井掘进中极少采用。

起爆电源大多采用地面220V或380V的交流电。在并联网路中，随着雷管并联组数目的增加，起爆总电流也增大，必须采用高能量的起爆电源。

4. 斜井掘进爆破

斜井爆破法与平巷爆破法相比有诸多相似之处，不同之处是斜井倾斜10°~25°，甚至35°，给钻孔、爆破、装岩、排水等工序都带来了难度。斜井掘进作业的特点如下：

（1）以大扒斗、大箕斗、大提升机和大矸石仓（简称"三大一仓"）为主的斜井作业线逐步完善，经验证明，斜井中的"三大一仓"是提高掘进速度的有效途径。

（2）爆破工艺必须与斜井机械化配套相适应。钻孔机具多用凿岩台车，直径为42～50mm；根据国内目前钻孔机具和爆破器材的现状，大力推广使用中深孔（孔深2～3.0m）、全断面一次光面爆破和抛碴爆破。

5. 天井反向掘进爆破

天井是矿山用于连接上下两个开采水平，提升下放设备、材料、通风、行人及勘探矿体等的通道。若专门用于放矿的天井，也称溜井。

由于天井用途不同，其断面形状和尺寸也不相同。断面形状一般为矩形和圆形。断面尺寸为1.5m×1.5m～3.0m×3.0m。

1）浅孔爆破法

天井自下而上的掘进称反向掘进，工人站在人工搭筑的工作台上进行钻孔、爆破作业。工作台每循环架设一次，工作台与工作面距离为2～2.5m。采用上向式凿岩机打孔。

炮孔数目计算和炮孔布置原则与水平巷道掘进相同。

炮孔深度为1.6～1.8m，炮孔数目为2.5～3.5 个/m^2。掏槽方式常用直孔或半楔形掏槽，如图4-34所示。

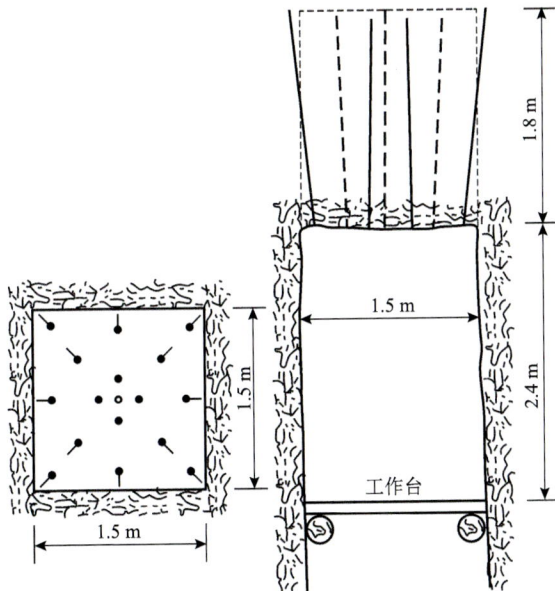

图4-34　浅孔爆破法

这种方式在掘进高天井时，通风、提升条件差，工效低且不安全，仅在掘进盲短天井或在岩层破碎地带及掘进某些特殊形式的天井时应用。

2）深孔爆破法

用深孔钻机自上而下或自下而上沿天井全高钻凿一组平行深孔，然后分段，自下而上依次爆破，形成所需的断面和一定高度的天井。

掘进过程中，工人不进入天井内作业，其优点是工作安全、作业条件好，是近期掘进天井行之有效的一种方法。

（1）炮孔布置。

炮孔布置与竖井掘进时的炮孔布置相同，也有掏槽孔、辅助孔、周边孔之分。不同之处是掏槽孔布置方式有两种，即以空孔为自由面的掏槽方式和以工作面为自由面的漏斗掏槽（漏斗爆破）法，前者应用较为广泛。由于天井断面较小，爆破时岩石夹制力较大，在以空孔为自由面的掏槽中大多采用小直径深孔、大直径空孔的直孔掏槽，以利于提高爆破效果（图 4-35）。其炮孔布置应根据岩性、孔径、掏槽方式及天井断面大小确定。

在分段爆破时，第一段掏槽孔至空孔的距离要小一些，以确保岩渣清除干净，一般为空孔直径的 2.6～5 倍。

每段掏槽孔的深度（h）按式（4-26）计算：

$$h = \frac{973 D d_t^2}{a_t(D+d) - 0.8(D^2 + d_t^2)} \qquad (4\text{-}26)$$

式中，d_t 为掏槽孔孔径，m；D 为空孔直径，m；a_t 为掏槽孔至空孔中心的距离，m。

当 $D = d_t$ 时，取 $a_t = 3.2 d_t$ 时、$h = 200 d_t$。

漏斗爆破法是在天井内穿凿若干大直径炮孔，炮孔位置应根据大直径的爆破漏斗试验结果和天井断面大小与形状来确定。一般方形断面的天井至少布置 5 个深孔。爆破时以单孔爆破漏斗方式掏槽，然后按一定顺序分段起爆，每段只爆一个孔，并为下一个孔的爆破开创自由面（图 4-36）。

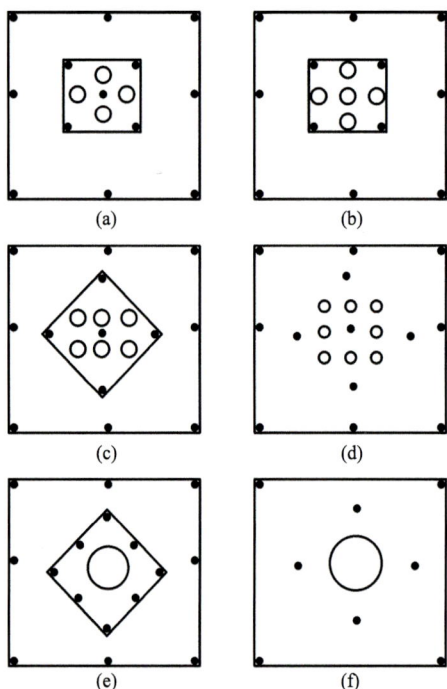

图 4-35　反井掘进一些典型掏槽方式

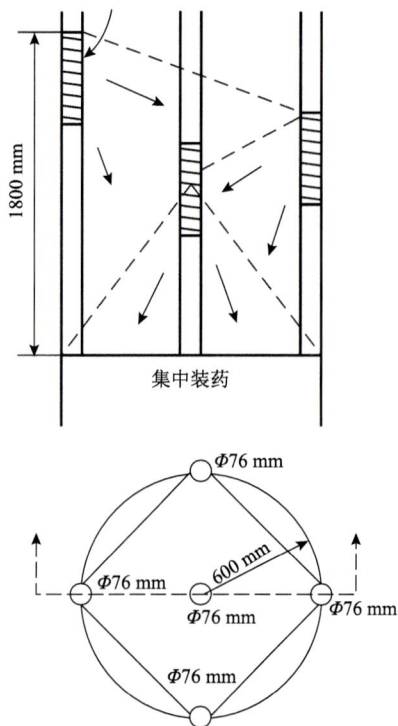

图 4-36　漏斗爆破法

（2）炮孔孔径。

孔径依钻机类型而定，一般为 50～150mm。

（3）炮孔数目。

一般根据类似矿山经验和试验结果确定，也可采用式（4-27）计算：

$$N = \frac{K \cdot q \cdot S_t}{r} \qquad （4-27）$$

式中，K 为断面系数，参考表 4-14；r 为每 1m 炮孔装药量，kg/m；S_t 为天井断面，m^2；q 为单位炸药消耗量，kg/m^3。

表 4-14　断面系数

断面尺寸/（m×m）	2×2	1.2×1.5	1.5×1.5
K	1.0	1.04	1.2

（4）分段高度。

深孔爆破法掘进天井时，虽然是一次钻完炮孔全部深度，但由于岩石爆破后产生膨胀，为了保证每次爆破所需的补偿空间，要采取分段爆破。分段高度取决于岩石性质、天井断面、孔径大小等因素。一般情况下，岩石易爆时，段高较大；岩石难爆时，段高则较小。例如，云南某铁矿采用深孔爆破法掘进天井时，由于该矿的岩石节理、裂隙发育、爆破性好，同时又采用直径为 100～110mm 的深孔，在长度为 15m 以内的天井，采用一次起爆；长度在 15～25m 的天井，分两段爆破；长度在大于 25m 的天井分 3 段爆破，爆破效果良好。在爆破条件较好时，天井长度在 20～40m，一次起爆也获得了满意的效果。

4.3　地下采场爆破

4.3.1　地下采场深孔爆破

地下采场深孔爆破可分为两种，即中深孔爆破和深孔爆破。国内矿山通常把钎头直径为 51～75mm 的接杆凿岩炮孔称为中深孔，而把钎头直径为 95～110mm 的潜孔钻机钻凿的炮孔称为深孔。实际上，随着凿岩设备、凿岩工具的改进，二者的界限有时并不显著。所以，孔径为 75mm 或 100～120mm、孔深大于 5m 的统称为深孔。深孔崩落矿石的特点是效率高、速度快、作业条件安全，广泛地应用于厚矿床的崩矿[10,11]。

随着大量崩矿采矿方法的应用，深孔大爆破在黑色和有色金属矿山得到了广泛应用。爆破规模日趋增大。爆破方法也逐步完善。目前，我国深孔大爆破规模不等，一次炸药消耗量为十吨至几十吨。1968 年 9 月铜官山矿就进行了一次炸药量为 200t、崩落矿石量为 72.5 万 t 的地下大爆破。一次使用的雷管数量多达几百发至几千发。桃林铅锌矿最大的一次爆破，消耗炸药量 125t，雷管总数达 1.1 万发。

1. 深孔布置

深孔布置方式有两种：平行布孔和扇形布孔。平行布孔是在同一排面内深孔互相平行，深孔间距在孔的全长上均相等[12]，如图 4-37（a）所示。扇形布孔是在同一排面内，深孔排列呈放射状，深孔间距自孔口到孔底逐渐增大，如图 4-37（b）所示。平行布孔与扇形布孔相比的优点是：①炸药分布合理，爆落矿石块度比较均匀；②每 1m 深孔崩矿量大。其缺点是：①凿岩巷道掘进工作量大；②每钻凿一个炮孔就需移动一次钻机，辅助时间长；③在不规则矿体中布置深孔比较困难；④作业安全性差。

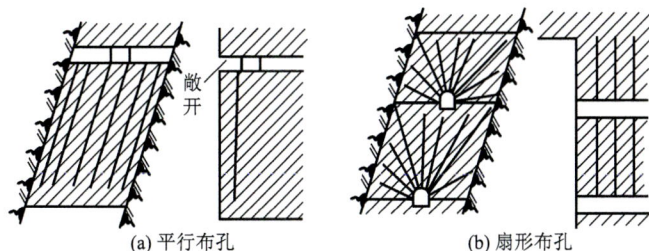

(a) 平行布孔   (b) 扇形布孔

图 4-37　深孔布置

扇形布孔的优缺点与平行布孔的优缺点相反。从二者的比较中可以看出，平行布孔虽然比扇形布孔有一定优点，但其缺点更多，特别是凿岩巷道掘进工作量大是其致命弱点。因此，只是在开采坚硬的矿体时才采用该布孔方法。

深孔排面的方向按照采矿方法的要求不同，分为水平、垂直、倾斜 3 种。由于我国广泛采用扇形布孔，下面仅就水平扇形布孔、垂直扇形布孔、倾斜扇形布孔分别进行介绍。

1）水平扇形布孔

水平扇形布孔的排面多为近似水平，为了便于排粉，炮孔均上仰 6°～8°。水平扇形布孔形式也很多，以 40m×16m 的规则采场为例，其形式如表 4-15 所示。具体形式的选择应根据矿体赋存条件、矿岩性质、采矿方法和凿岩设备确定。水平深孔的作业地点可在凿岩天井或凿岩硐室中，前者掘进工作量小，但作业条件不安全，每次爆破后维护量大，后者则相反。接杆凿岩所需空间小，大多采用凿岩天井；而潜孔凿岩所需的空间大，一般采用凿岩硐室。采用凿岩硐室时，硐室要尽量错开布置，避免硐室之间垂直距离过小，影响稳固性[13]。

表 4-15　水平扇形布孔方案比较

凿岩天井或硐室位置	图例	优点	缺点	应用范围
下盘中央		①凿岩天井或硐室掘进工作量少；②总孔深小	不易控制矿体边界、易丢矿	接杆和潜孔凿岩均可应用
对角		①控制边界整齐、不易丢矿；②总孔深小；③工作面多，施工灵活	①凿岩天井或硐室掘进工作量大；②交错处难控制	用于接杆和潜孔凿岩的深孔

凿岩天井或硐室位置	图例	优点	缺点	应用范围
一角		①掘进工作量小； ②安全	大块率高	用于潜孔凿岩的深孔
中央		掘进工作量小	①不易控制矿体边界，易丢矿； ②总孔深大	用于接杆凿岩的深孔，且岩石稳固
中央两侧		①孔浅； ②大块率低； ③凿岩工作面多，施工灵活性大	①不易控制矿体边界，易丢矿； ②凿岩工作量大	用于接杆凿岩的深孔，且岩石稳固

2）垂直扇形布孔

垂直扇形布孔的排面为垂直或近似垂直。按照深孔方向不同，其可分为上向扇形布孔和下向扇形布孔。

3）倾斜扇形布孔

倾斜扇形布孔用于矿体倾角大于 25°、厚度为 6~25m、矿岩中等以上稳固、采用重力运矿的采矿法。深孔排面与上盘垂直或呈钝角（图 4-38）。

2. 爆破参数

1）深孔孔径

深孔孔径的大小对凿岩劳动生产率和爆破效果影响很大。影响孔径的主要因素是使用的凿岩设备和工具、炸药的威力、岩石特征。

采用接杆凿岩时，孔径主要取决于连接套直径和必需的装药体积，孔径一般为 50~75mm，以 55~65mm 较多。采用潜孔凿岩时，因受冲击器的制约，孔径较大，为 90~120mm，以 95~105mm 居多。在矿石节理裂隙发育、炮孔容易变形情况下，采用大直径深孔则是比较合理的。

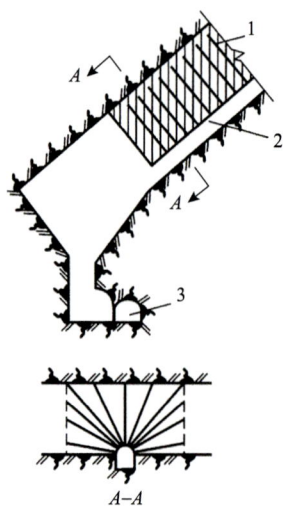

图 4-38　倾斜扇形深孔布置
1-深孔；2-凿岩天井；3-电耙道

2）孔深

孔深对凿岩速度、采准工作量影响很大，随着孔深增加，凿岩速度下降，深孔偏斜增大，施工质量变差。但是，随着孔深增加，凿岩巷道之间的距离加大，因而采准工作量降低。选择孔深主要取决于凿岩机类型、矿体赋存条件、矿岩性质、采矿方法和装药方式等因素[14]。目前，使用 YT23 型（7655）凿岩机时，孔深一般为 6~8m，最大不超过 10~12m；使用 YG-80 和 BBC-120F 凿岩机时，孔深一般为 10~15m，最大不超过 18m；使用 BA-100 和 YQ-100 潜孔凿岩机时，孔深一般为 10~20m，最大不超过 25~30m。

3）最小抵抗线、孔距和密集系数

最小抵抗线就是排距，即爆破每个分层的厚度。

孔距是排内深孔之间的距离。对于扇形深孔来说，其常用孔底距和孔口装药处的垂直距离表示。如图 4-39 所示，孔底距 $b_大$ 是指较浅的深孔孔底至相邻深孔的垂直距离。孔口距 $b_小$ 是指堵塞较深的深孔装药处至相邻深孔的垂直距离。前者用于布置深孔时控制孔网密度，后者用于装药时控制装药量。

密集系数是孔间距与最小抵抗线的比值。

$$m = \frac{a}{W} \tag{4-28}$$

式中，m 为密集系数；a 为孔距；m；W 为最小抵抗线，m。

对于扇形深孔来说，密集系数常用孔底密集系数和孔口密集系数表示。孔底密集系数是孔底距与最小抵抗线的比值；孔口密集系数是孔口距与最小抵抗线的比值。

以上 3 个参数直接决定深孔的孔网密度，其中最小抵抗线反映了排与排之间的孔网密度；孔距反映了排内深孔的孔网密度；而密集系数则反映了它们之间的相互关系。以上参数的确定，直接关系到矿石的破碎质

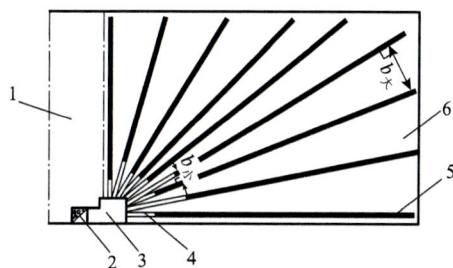

图 4-39　扇形孔装药处的孔口及孔底距离
1-间柱；2-采区天井；3-凿岩硐室；4-炮孔未装药部分；
5-炮孔装药部分；6-矿房

量，影响着每米孔崩矿量、凿岩和出矿劳动生产率、爆破器材消耗、矿石的损失和贫化，以及其他一些技术经济指标。

以下分别叙述上述 3 个参数的确定方法。

（1）密集系数。

目前，密集系数的选取是根据经验来确定。通常，平行孔的密集系数为 0.8～1.1，以 0.9～1.1 居多。扇形孔的孔底密集系数为 0.9～1.5，以 1～1.3 居多；孔口密集系数为 0.4～0.7。选取密集系数时，矿石越坚固，要求的块度越小，应取小值；否则，应取较大值[15]。

（2）最小抵抗线。

目前，确定最小抵抗线主要有以下 3 种方法。

（a）当平行布孔时，仍可按巴隆公式[式（4-7）]计算：

$$W_d = d\sqrt{\frac{7.85\rho\lambda}{qm}}$$

式中，d 为炮孔孔径，dm；ρ 为装药密度，kg/dm³；λ 为装药系数，$\lambda = 0.7～0.8$；q 为单位炸药消耗量，kg/m³；m 为炮孔密集系数。

式（4-7）是平行布孔的最小抵抗线，如果是扇形布孔最小抵抗线也可利用式（4-7）计算，但应将式中的密集系数和装药系数改为平均值 m_{cp} 和 τ_{cp}，平均密集系数一般为 1～

1.25；平均装药系数可根据实际资料选取。

（b）根据最小抵抗线和孔径的比值选取：由式（4-7）可知，当单位炸药消耗量和密集系数一定时，最小抵抗线和孔径成正比。实际资料表明，最小抵抗线和孔径的比值一般按以下原则确定：①坚硬的矿石，$W/d=23\sim30$；②中等坚硬矿石，$W/d=30\sim35$；③较软矿石，$W/d=35\sim40$。

当装药密度越高、炸药的威力越大时，则该比值越大；相反，则该比值越小。

（c）根据矿山实际资料选取。目前，矿山采用的最小抵抗线数值见表4-16。

表 4-16　最小抵抗线与炮孔直径关系

d/mm	W/m	d/mm	W/m
50～60	1.2～1.6	70～80	1.8～2.5
60～70	1.5～2.0	90～120	2.5～4

以上3种方法，后两种采用较多，也可同时采用，通过相互比较来确定。

（3）孔距。

根据最小抵抗线和密集系数计算。

4）单位炸药消耗量

单位炸药消耗量的大小直接影响岩石的爆破效果，其值大小与岩石的可爆性、炸药性能和最小抵抗线有关。通常，参考表4-17选取，也可根据爆破漏斗试验确定。

表 4-17　地下深孔单位炸药消耗量

岩石硬度系数 f	3～5	5～8	8～12	12～16	>16
一次爆破单位炸药消耗量/（kg/m³）	0.2～0.35	0.35～0.5	0.5～0.8	0.8～1.1	1.1～1.5
二次爆破单位炸药消耗量所占比例/%	10～15	15～25	25～35	35～45	>45

平行深孔每孔装药量 Q_p 为

$$Q_p = q \cdot a \cdot W \cdot L_p = q \cdot m \cdot W^2 \cdot L_p \qquad （4-29）$$

式中，L_p 为深孔长度，m。

扇形深孔每孔装药量因其孔深、孔距均不相同，通常先求出每排孔的装药量，然后按每排孔的总长度和总堵塞长度求出每1m孔的装药量，最后分别确定每孔装药量。每排孔装药量为

$$Q_{排} = q \cdot W \cdot S_p \qquad （4-30）$$

式中，S_p 为每排深孔的负担面积，m²。

我国冶金、有色金属矿山的一次炸药单位消耗量一般为0.25～0.6kg/t；二次炸药单位消耗量为0.1～0.3kg/t，二次炸药单位消耗量较高的矿山反映其大块产出率较高，个别矿山甚至超过一次炸药单位消耗量，属于不正常现象。

表4-18列出了我国部分地下矿山深孔爆破参数。

表4-18 部分地下矿山深孔爆破参数

矿山名称	矿石硬度系数f	深孔排列方式	深孔孔径/mm	最小抵抗线/m	孔底距/m	孔深/m	一次单位炸药消耗量/(kg/t)	二次单位炸药消耗量/(kg/t)	每米深孔崩矿量/(t/m)
胡家峪铜矿	8~10	上向垂直扇形	65~72	1.8~2.0	1.8~2.2	12~15	0.35~0.40	0.15~0.25	5~6
篦子沟铜矿	8~12	上向垂直扇形	65~72	1.8~2.0	1.8~2.0	<15	0.442	0.183	5
铜官山铜矿	3~5	水平或上向垂直扇形	55~60	1.2~1.5	1.2~1.8	3~5	0.25	0.16	6~8
云锡松树脚锡矿	10~12	上向垂直扇形	50~54	1.3	1.3~1.5	5~8	0.245	0.267	6.33
红透山铜矿	8~12	水平扇形	90~110	3.5	3.8~4.5	10~25	0.21	0.60	15~20
狮子山铜矿	12	水平扇形	90~110	2.0	2.5	15~20	0.45~0.50	0.1~0.2	11~12
易门铜矿风山坑	4~8	水平扇形或束状	105~110	2.5~3.0	2.5~4.0	<30	0.45	0.0213	10~15
易门铜矿狮山坑	4~6	水平扇形或束状	105	3.2~3.5	3.3~4.0	5~20	0.25	0.074	16~26
狮子山铜矿	12~14	垂直扇形	90~110	2.0~2.2	2.5	10~15	0.40~0.45	0.10~0.20	11~12
东川因民铜矿	8~10	垂直扇形	90~110	1.6~2.0	2.0~2.5	<15	0.445	0.0643	7.9
红透山铜矿	8~10	水平扇形	50~60	1.4~1.6	1.6~2.2	6~8	0.18~0.20	0.40	4~5
青城子铅矿	8~10	倾斜扇形	65~70	1.5	1.5~1.8	4~12	0.25	0.15	5~7
金岭铁矿	8~12	上向垂直扇形	60	1.5	2.0	8~10	0.16	0.246	6
程潮铁矿	2~6	上向垂直扇形	56	2.5	1.2~1.5	8~10	0.218	0.01	8
中国核工业集团有限公司794矿	8~10	垂直扇形中深孔	65	1.2	1.8	4~12	0.75	0.01	3
中国核工业集团有限公司719矿	8~12	垂直扇形	70 75	1.2	0.8~1 1.8~2.2	1.8~1.5 35~40	0.45 1.08~0.9	0.01	
兰家金矿（长春）	11~12	水平、下向炮孔	38~42	0.85	0.85 （孔距）	2~3 2~4	0.5		2.14

3. VCR 法

1）原理

VCR 法是垂直深孔球状药包落矿阶段矿房采矿法的简称。1975 年首次利用该方法在加拿大列瓦克（Levack）镍矿成功地回采了矿柱，之后又利用该方法在加拿大、美国、欧洲及我国一些矿山应用推广。目前，该方法不仅用于矿柱回采，也用于矿房回采。

VCR 法的理论基础是美国 C.W.利文斯顿爆破漏斗理论，他以岩石爆破漏斗试验为基础，得出药包最佳深度比，使得该方法成为研究爆破现象的有力工具[16]。加拿大 L.C.朗（Lang）在利文斯顿爆破漏斗的基础上提出：如果爆破漏斗的作用方向不是指向地表，而是在矿山巷道或采场顶板的上向垂直孔内装入球状药包，爆破后形成一个倒置的爆破漏斗。在这种情况下，重力和摩擦力不但不会产生有害影响，恰好相反，重力会促使破碎带内岩石冒落，加大爆破漏斗尺寸。此外，在漏斗破碎带以外，还存在一个杏仁状的应力集中带。破碎带内岩石冒落以后，未冒落的岩石又构成新的自由面，这些岩石也会辟开和冒落，从而冒落区逐步向上发展。冒落带的高度因岩性和地质构造而异，一般要超过球状药包最佳设计埋深的数倍。这种全新的爆破漏斗概念导致了一种新的地下崩矿方法——VCR 法的诞生。

VCR 法的典型采矿示意图如图 4-40 所示。

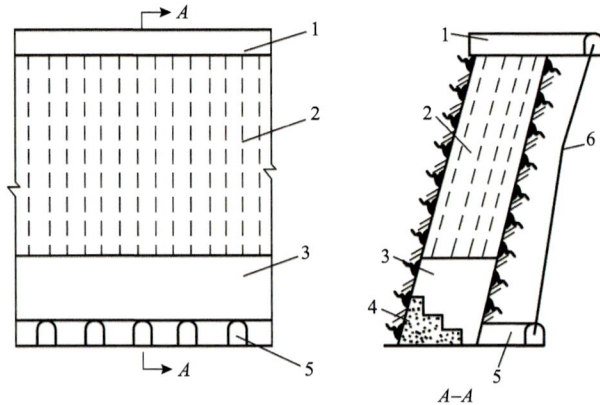

图 4-40 典型采矿示意图
1-凿岩巷道；2-大孔径深孔；3-拉底空间；4-充填台阶；5-装矿巷道；6-运输巷道

2）工艺

（1）VCR 法应用步骤。

（a）在矿块中钻凿一个或多个大孔径炮孔；

（b）在每个炮孔中装入一个大球状药包或近似球体的药包并填塞。药包的理想埋深是它起爆后能获得最优的漏斗爆破效果；

（c）药包爆炸时，借助气体压力破碎岩石，在矿体中形成倒漏斗；

（d）从矿房运出漏斗中的破碎矿石。

在 VCR 法中，炮孔孔径为 165mm，通常钻孔偏斜不超过 2%。孔距 3m，排距 1.2m。每层爆高 3m，药包高度 0.6～1.0m。最后距上水平 9m 时，可将 3 层的药包同时爆破。

球状药包的长径比不应大于 6。国内多采用 CLH 型或 HD 型高能乳化炸药。CLH 型乳化炸药是高密度（$1.35\sim1.55\text{g/cm}^3$）、高爆速（$4500\sim5500\text{m/s}$）、高体积威力（2 号岩石铵梯炸药为 100mL 时，其相对体积威力为 $150\sim200$），简称"三高"乳化炸药。目前，已在凡口铅锌矿、金厂峪金矿、铜陵有色金属集团控股有限公司狮子山铜矿、凤凰山铜矿的 VCR 法中获得广泛应用。

（2）装药工艺。

（a）清孔并用测量绳量测孔深；

（b）用绳将孔塞放入孔内，按爆破设计的位置固定好；

（c）孔塞上面堵塞一定高度的岩屑；

（d）装入下半部炸药；

（e）装入起爆药包；

（f）装入上半部炸药；

（g）用砂或水袋堵塞至设计规定的位置；

（h）连接起爆网路，通常采用电力起爆法、电力起爆和导爆索起爆法、导爆索和非电导爆管起爆法。

每个深孔只装一层药包进行爆破的称为单层爆破，药包的最佳埋置深度因矿石性质和炸药特性不同而异，各矿山应根据小型爆破漏斗试验的结果，按几何相似的原理进行立方根关系换算求得最佳埋置深度，并在实践中不断调整，以取得最好的爆破效果。一般中硬矿石最佳埋置深度为 $1.8\sim2.5\text{m}$，每次崩下矿石层厚度为 3m 左右。同层药包可采用同时起爆，但为降低地震和空气冲击波的影响，可采用毫秒爆破，毫秒延期间隔时间为 $25\sim50\text{ms}$，起爆顺序从深孔中部向边角方向进行。为了减少分层爆破次数，每孔一次可装 $2\sim3$ 层，按一定顺序起爆称为多层起爆。无论是单层起爆还是多层爆破，必须有足够的爆破补偿空间。

3）VCR 法所用爆破方法的优点

（1）工人不必进入敞开的回采空间，安全性好；

（2）破碎块度比较均匀，所需炸药消耗量较少；

（3）采准工作量小。

4）VCR 法的发展

VCR 法把高风压潜孔钻机凿岩技术、新型"三高"炸药（高密度、高爆速、高体积威力）、毫秒爆破技术和球形药包爆破漏斗理论融为一体，充分体现了其先进性，是 20 世纪 70 年代以来地下采矿技术的重大进展之一。

经过 50 余年的发展，VCR 法已不仅仅是一种回采矿柱的崩矿方法，而发展成为大孔径深孔采矿法，即用 VCR 法拉槽，而后用大孔径深孔侧向崩矿的采矿方法。

4. 地下深孔挤压爆破

在中厚和厚矿体的崩矿中，常使用多排孔微差挤压爆破[17]。此时除正确选用爆破参数和工艺外，还须注意以下几点以期得到良好的爆破效果。

（1）每次爆破的第一排孔的最小抵抗线要比正常排距大些，对于较坚固的矿石最小

抵抗线要增大 20% 左右，对于不坚固的矿石最小抵抗线要增大 40% 左右，以避开前次爆破后向后拉裂的影响。由于第一排孔最小抵抗线增大，其所用装药量也要相应增大（25%~30%），可用增大孔径或孔数、提高装药密度或采用高威力炸药来达到此目的。

（2）在一定范围内增大一次爆破层厚度可改善爆破效果。但是爆破层太厚，随着爆破排数的增加，破碎的矿石块越来越被挤实，最后起爆的几排炮孔完全没有补偿空间可供破碎膨胀，结果将使最后几排深孔受到破坏。矿石过度挤压，可能造成放矿困难，甚至放不出来。一次爆破层厚度可根据矿床赋存条件、矿石性质、爆破参数、挤压条件等因素来确定。一般中厚矿体的挤压爆破可用 10~20m 爆破层厚度；厚矿体的挤压爆破可用 15~30m 爆破层厚度。

我国几个矿山的地下挤压爆破参数列于表 4-19 表中。

表 4-19　地下挤压爆破参数

矿山名称	矿体厚度/m	矿石硬度系数 f	崩矿参数					挤压条件	一次崩矿厚度/m
			深孔排列方式	单位炸药消耗量/（kg/t）	孔径/mm	孔深/m	最小抵抗线/m		
篦子沟矿	30~50	8~2	垂直扇形深孔	0.446	65~74	10~15	1.8	向相邻松散矿石挤压	15~18
易门铜矿狮子坑	20~30	4~6	垂直及水平扇形深孔		105~110	15		向相邻松散矿石挤压	20
								两侧有松散矿石，向两侧挤压	30
胡家峪矿	15	8~10	垂直扇形深孔	0.479	65~72	12~15	1.8	向相邻松散矿石挤压	6~13

（3）多排孔微差挤压爆破的炸药单位消耗量比普通的微差爆破高一些，一般为 0.4~0.5kg/t。装药不可过量，否则将造成过度挤压。扇形炮孔的装药不可过长，否则不利于对爆炸能的利用，故孔口装药端的相互间距不应小于 80% 的最小抵抗线，而孔口不装药的长度应不小于最小抵抗线的 1.2 倍。

（4）多排孔微差挤压爆破排间间隔时间应比普通微差爆破长 30%~60%，以便使前排孔爆破的岩石产生位移，形成良好的空隙槽，为后排创造补偿空间，发挥挤压作用。一般崩落矿石产生位移移动时间为 15~20ms，挤压爆破的排间间隔时间必须大于此值。通常对坚硬的脆性矿石可取小的微差间隔时间，对松软的塑性矿石则可取长些的间隔时间。

（5）爆破后松散矿石压实后，密度较高。为使下一次爆破得到足够的补偿空间和提高炸药爆炸的能量利用率，必须在下一次爆破前进行松动放矿，放矿量为前次崩落矿量的 20%~30%。

（6）补偿系数。补偿空间的容积 V_B 与崩落矿石原体积 V 之比称为补偿系数 B_X：

$$B_X = \frac{V_B}{V} \times 100\% \tag{4-31}$$

挤压爆破的补偿系数一般为 10%～30%。

4.3.2 地下采场浅眼爆破

地下采场浅眼爆破与井巷掘进爆破同样都属于浅眼爆破，不同点是采场浅眼爆破有两个自由面，爆破的面积和爆破量都比较大[18]。

1. 炮眼排列

地下采场浅眼爆破与露天浅眼爆破的最大区别是炮眼方向，露天采矿多用垂直向下的炮眼，而地下采场炮眼按其方向来分有上向炮眼和水平炮眼，分别如图 4-41 和图 4-42 所示。其中上向炮眼应用较多。爆破工作面以倒台阶形式向前推进，炮眼在工作面的布置有方形（矩形）排列和三角形排列（图 4-43）两种方式。方形（矩形）排列一般用于矿石比较坚硬、矿岩不易分离、采幅较宽的矿体。三角形排列时，炸药在矿体中的分布比较均匀。崩落矿石块度的大小较一致。当采幅较窄时，效果更为显著。

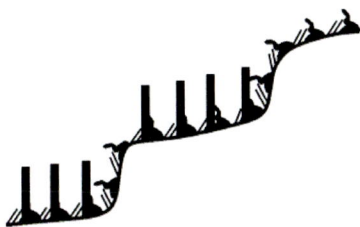

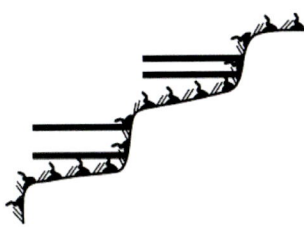

图 4-41 上向炮眼　　　图 4-42 水平炮眼　　　图 4-43 井下崩矿的炮眼排列

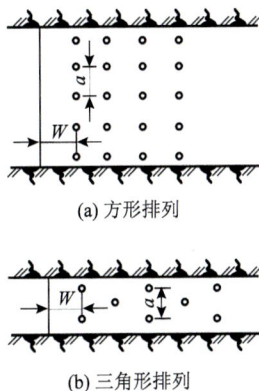

2. 爆破参数

1）炮眼直径

影响炮眼直径的因素除了井巷掘进章节中提到的内容之外，尚与矿床赋存条件有关。我国炮眼落矿广泛采用 32mm 的药卷直径，其相应的炮眼直径为 38～42mm。不少有色金属矿山曾使用 25～28mm 的小直径药卷爆破，在控制采幅宽度、减少损失贫化方面取得了较显著的效果。

2）炮眼深度

炮眼深度与矿体、围岩性质、矿体厚度及其边界形状等因素有关。例如，采用浅眼留矿采矿法时，当矿厚大于 1.5m，矿岩稳固时，炮眼深度常为 2m 左右，个别矿山采厚矿体时炮眼深度达 3～4m；当矿厚小于 1.5m 时，随着矿厚不同，炮眼深度变化于 1.0～1.5m。在开采薄矿脉时，炮眼深度与眼径一般取小值。

3）最小抵抗线和炮眼间距

采场浅眼爆破时，最小抵抗线就是炮眼的排距。炮眼间距是排内炮眼之间的距离。

这两个参数的大小对爆破效果影响很大。一般说来,最小抵抗线越大,炮眼间距也越大,则爆下的矿石大块率增大。如果最小抵抗线和炮眼间距过小,矿石被过度破碎,既浪费了爆破器材,又给易氧化、易黏结、易自燃的矿石装运工作带来困难。

通常,最小抵抗线 W 和炮眼间距 a 按式(4-32)、式(4-33)选取:

$$W = (25 \sim 30) \, d \qquad\qquad (4\text{-}32)$$

$$a = (1.0 \sim 1.5) \, W \qquad\qquad (4\text{-}33)$$

式中,d 为炮眼直径,m。

系数依岩石性质而定,岩石坚硬,取较小值;反之,取大值。

4)单位炸药消耗量

单位炸药消耗量除了与矿石性质、炸药性能、炮眼孔径、炮眼深度有关外,还与矿床赋存条件有关。一般说来,矿体厚度越小,炮眼越深,单位炸药消耗量越大。表4-20列出的经验数值是在使用2号岩石铵梯炸药时获取的。

表 4-20 采取浅眼落矿用单位炸药消耗量

岩石硬度系数 f	<8	8~10	10~15
单位炸药消耗量/(kg/m³)	0.26~1.0	1.0~1.6	1.6~2.6

采矿时一次爆破装药量 Q 与采矿方法、矿体赋存条件、爆破范围等因素有关。由于影响因素多,难以用一个包括全部因素的公式计算[19],通常只根据单位炸药消耗量和欲崩落矿石的体积进行计算,即:

$$Q_c = q \cdot B_m \cdot L_j \cdot \bar{l} \qquad\qquad (4\text{-}34)$$

式中,Q_c 为一次爆破装药量,kg;q 为单位炸药消耗量,kg/m³;B_m 为矿体厚度,m;L_j 为一次落矿总长度,m;$\bar{l}$ 为平均炮眼深度,m。

参 考 文 献

[1] 汪旭光. 中国工程爆破新进展[J]. 河北科技大学学报, 2009, 1: 1-7.

[2] 唐辉明. 工程地质学基础[M]. 北京: 化学工业出版社, 2012.

[3] 陈建平, 高文学. 爆破工程地质学[M]. 北京: 科学出版社, 2005.

[4] 李彤华, 唐春海, 赵明特, 等. 现代爆破理论及其新进展[J]. 南方国土资源, 1997(2): 79-84.

[5] 罗勇, 沈兆武. 炮孔填堵对爆破作用效果的研究[J]. 工程爆破, 2006, 12(1): 16-18.

[6] 单仁量, 黄宝龙, 蔚振廷, 等. 岩巷掘进准直眼掏槽爆破模型试验研究[J]. 岩石力学与工程学报, 2012, 31(2): 256-264.

[7] 康宁. 集中药包药量计算公式的研讨[J]. 工程爆破, 2003, 1: 22-26.

[8] 戴俊. 爆破工程[M]. 北京: 机械工业出版社, 2005.

[9] 李夕兵. 凿岩爆破工程[M]. 长沙: 中南大学出版社, 2011.

[10] 中国力学学会工程爆破专业委员会. 爆破工程[M]. 北京: 冶金工程出版社, 1992.

[11] 顾毅成. 爆破工程施工与安全[M]. 北京: 冶金工业出版社, 2004.

[12] 林大泽, 黄风雷, 浣石. 硐室大爆破[M]. 长沙: 湖南科技技术出版社, 1996.

[13] 李玉通. 宜昌南站硐室爆破技术研究[D]. 北京: 中国地质大学(北京), 2008.

[14] 赵兴东. 露天爆破钻孔施工工艺研究[J]. 有色矿冶, 2002, 18(6): 5-7.

[15] 于亚伦. 工程爆破理论与技术[M]. 北京: 冶金工业出版社, 2008.

[16] 王毅刚, 岳宗洪. 工程爆破的发展现状与新进展[J]. 有色金属, 2009, 5: 40-43.

[17] 庞旭卿. 工程爆破[M]. 成都: 西南交通大学出版社, 2011.

[18] 王运敏. 中国采矿设备手册[M]. 北京: 科学出版社, 2007.

[19] 周志鸿, 马飞, 张文明, 等. 地下凿岩设备[M]. 北京: 冶金工程出版社, 2004.

第 5 章
露天与地下转换开采

5.1 露天转地下开采

国内露天转地下开采的矿山有山东金岭铁矿、安徽铜官山铜矿、福建连城锰矿、四川泸沽铁矿、湖北大冶铁矿、湖北黄麦岭磷矿等。国外露天转地下开采的矿山较多，涉及的有金属、非金属矿山和煤矿等。

大冶铁矿东露天采场曾是大冶铁矿的主要采场，由象鼻山、狮子山、尖山三个矿体组成，在 1950 年开始露天开采，经过近半个世纪的施工开采，随开采深度的增加，开采难度增大，若继续采用露天开采，无论是从技术上还是从经济上都是不合理的，经过技术经济比较，在 21 世纪初，转入地下开采。大冶铁矿露天采场鸟瞰图见图 5-1，转地下后采用无底柱分段崩落法进行爆破回采，其巷道平面布置如图 5-2 所示。

图 5-1　大冶铁矿露天采场鸟瞰图

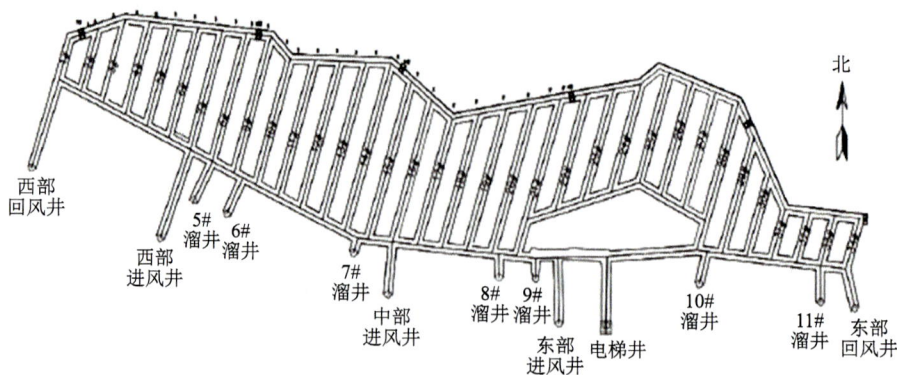

图 5-2　-108m 水平地下采场布置图

5.1.1 露天转地下开采的开拓系统

因为露天开拓系统已先期形成，露天转地下开采的开拓系统主要指地下开拓系统。应当强调的是，在设计地下开拓系统时，应尽可能地利用或结合露天开拓系统，以减少投资。

根据露天和地下采矿工艺联系的紧密程度，露天转地下开采的开拓系统可分为露天和地下独立开拓系统、局部联合开拓系统、露天与地下联合开拓系统三种类型[1]。

1）露天和地下独立开拓系统

在深部矿体储量大、服务时间长，或者在露天开采深度大、露天采场的底平面狭窄、采场边坡稳定性差、难以保证井巷工程出口安全的情况下，地下开拓工程一般布置在露天采场之外，成为独立的开拓系统。它具有两套生产系统，相互干扰小，露天开采结束后无须继续维护边坡等优点。缺点是两套开拓系统的基建投资大，基建时间长。

白银厂铜矿和冶山铁矿在 20 世纪 60 年代由于露采设备供应困难被迫提前转入地下开采时，曾采用这种开拓方式，如图 5-3 所示。

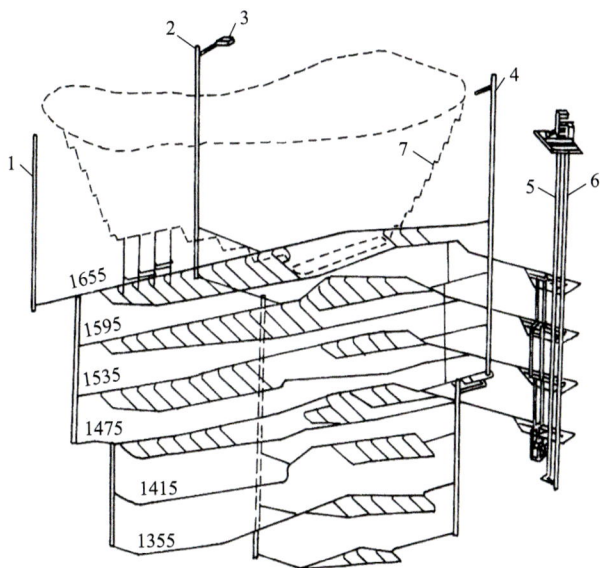

图 5-3　白银厂露天转地下独立开拓系统
1-西风井；2-北风井；3-扇风机房；4-东风井；5-主井；6-副井；7-露天矿；
1355 表示该水平的海拔高度为 1355m，也称为 1355 水平，余同

国内外实践表明，除了在矿床地质与地形条件特殊的情况下采用这种开拓系统外，一般很少采用该种开拓系统。

2）局部联合开拓系统

露天开采到设计境界后，下部矿体的储量不多，服务年限较短，通常自露天坑底的非工作帮掘进平硐、斜井或竖井形成地下矿体的开拓系统。图 5-4 为平硐—斜坡道开拓地下矿体的系统，矿石经露天开拓系统运到选厂，具有井巷工程量和基建投资少，投产快，可充分利用已建的露天开拓运输系统的优点。缺点是井巷施工与露天生产同步进行，干扰较大。

3）露天与地下联合开拓系统

露天和地下开采的矿石都从地下井巷运出。如图 5-5 所示，露天采用斜井和石门开拓，地下采用盲竖井开拓。露天采下的矿石用汽车经石门运到斜井，用斜井的箕斗运到地面，运输线路的长度比用汽车运输缩短了一半，降低了运输费用。这种方案的优点是：露天矿开拓运输系统简单、线路短，在露天开采深度大于 100m 时，利用石门斜井开拓可使运距缩短 50%～60%，大大降低了运输费用；可加大露天矿最终边坡角，减少剥离量和基建投资；可利用地下巷道排水和疏干矿床，改善露天矿的生产条件；可缩短露天转地下开采的过渡期，能较快达到地采的设计生产能力。

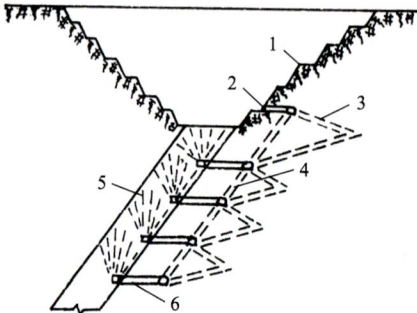

图 5-4　局部联合开拓系统
1-露天边帮；2-平硐；3-斜坡道；4-溜井；5-深孔；6-装矿横巷

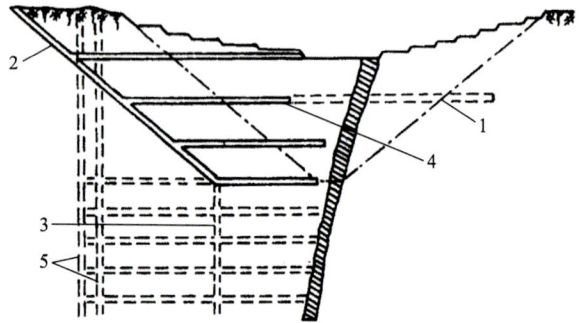

图 5-5　共用地下井巷运输的联合开拓
1-露天最终边界；2-斜井；3-盲斜井；4-石门；5-竖井

5.1.2　过渡期地下回采方案及露天转地下开采的过渡期限

1）过渡期地下回采方案

过渡期地下回采方案是指在露天转地下开采的过渡期间，地下开采第一阶段与露天坑底之间矿体的回采方案。建议采用充填采矿法方案，可用废石或胶结材料充填采空区。

2）露天转地下开采的过渡期限

为了保证矿山能持续稳产过渡，应及时设计与编制过渡方案，确定合理的建设期限。矿床开采总体设计若已确定为露天转地下开采，应对整个矿床开采的全过程进行统筹规划。具体的过渡开采设计则往往是在露天开采的中后期进行。露天开采 10 年以内的矿山，从露天矿建设开始就应及时研究向地下开采的过渡。

目前国内外露天转地下开采的过渡期限一般为 7～12 年[1]。

5.2　地下转露天开采

某些矿山由地下开采转为露天开采后，提高了矿山的生产效率，一些矿山的生产效率得到了数倍、甚至几十倍的增强，其规模和效益也得到了扩大和增强。当然矿山由于地下开采转露天开采的生产环境条件及生产工程结构的变化，在露天开采境界范围内存

在较多成因不明、形态各异的采空区，对露天作业人员及生产设备造成较大的安全隐患，也会出现一些地下开采时没有的安全隐患问题。

5.2.1 地下转露天开采的确定原则

地下转露天开采主要适用于以下几种特殊情况：①地下开采矿石损失较大，转为露天开采以减少矿量损失；②由于地表黄泥滑落，泥水下灌，威胁地下生产人员的安全，或者是由于矿石含硫量过高，易于发生内生火灾等安全技术上不适于地下开采的矿山；③继续用地下开采不能满足产量要求，经济效益不佳；④投产前地质勘探的程度不够，或者由于设计失误而进行了地下开采，随着勘探程度的提高，实践表明更适合露天开采的矿山；⑤随着露天开采技术的发展和装备水平的提高，从地下开采转为露天开采具有更好的经济效益；⑥有时用于回收地下开采留下的矿柱；⑦继续采用地下开采会带来很多安全隐患。

贵州瓮福磷矿穿岩洞矿段矿体埋藏较深，覆盖层较厚，19#勘探线以北 1180m 标高以上的矿量采用地下开采，回采率较低，预计不到 50%，如继续采用地下开采，将会产生永久损失。对穿岩洞矿段的开采方式进行了详细的技术经济比较，结果表明，露天开采具有采选资源储量利用率高、生产能力大、管理简单、相同开采范围内可以获得利润总额及净利润多、动态计算财务净现值较高、开采容易、便于分采分运、可靠性高、工人劳动条件好、安全性好、适应性强、矿山需要的人员少等突出优点[2,3]。

另外，由于地下开采形成采空区的最大暴露面积为 3500m^2，最大采空区体积为 4800m^3。地下开采范围内地表的山体塌陷、开裂，从地表开裂塌陷现场观察，地表最大陷落深度达 10m 左右，山体开裂裂缝从几厘米到几米不等，最大的裂缝宽度达 6m 左右，且在此范围内裂缝纵横交错，灌木林较茂密，人员进入其中随时有掉入裂缝的危险，见图 5-6。

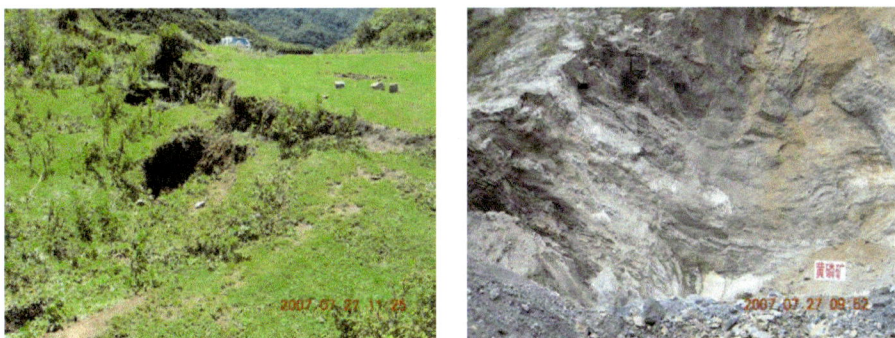

图 5-6　地表塌陷图

综合考虑，所以对该矿停止目前的地下开采，改为露天开采。

5.2.2 地下转露天开采的采矿工艺

瓮福磷矿穿岩洞矿段位于白岩背斜南段倾没端，东翼矿体及岩层倾角较陡，总体为 55°～76°，其中露采部分倾角 10°～50°，西翼倾角较缓，一般为 25°～35°，其中露天采场部分倾角 17°～26°。矿段地质构造简单，构造破碎带不发育，对矿体破坏较大的逆断层

F28 沿背斜轴部将矿体切割，断层垂直断距 10～63m。矿床内同时赋存 a、b 两层矿，a 层矿平均厚度 18.17m，b 层矿平均厚度 15.54m，中间夹层为 G，平均厚度 3.83m。矿石类型为白云质磷块岩，$f=6～9$，中等稳固，顶板为薄层状含磷白云岩，中间夹层为中层状含硅质团块白云岩，底板为白云岩夹薄层泥质白云岩或黏土岩，$f=10～14$，稳固性较好。矿段水文地质条件中等偏简单，地表水与地下水联系不密切，地下水补给条件差，岩层属弱富水，岩溶不太发育，以溶蚀裂隙充水为主，涌水量较小。矿岩物理力学参数见表 5-1。

表 5-1　矿岩物理力学参数

矿岩名称项目	f	容重/(t/m³)	松散系数	自然安息角/(°)
顶底板岩石（含夹层 G）	10～14	2.70	1.80	37
a 层矿	6～9	2.90	1.69	37
b 层矿	6～9	2.81	1.66	34

开采范围内矿体南北长 1650m，东西宽 1200m，矿体厚度稳定连续。矿段内为地表地形标高为 1400～1200m 的渐缓山地，矿段东部边沿地形逐渐抬高至 1550m 左右，再往东变为平地，标高为 1300～1400m。

为了最大限度地利用采空区排废石，减少外部排土场占地面积，对露天采场进行强制分区强化开采，因此沿背斜轴部略偏西的位置将露天采场分为东西两个部分，即东采场和西采场（或东翼与西翼）。露天开采最终境界地表范围是 17～23#勘探线。矿体开采范围东翼 18～23#勘探线，底部为 996m 标高以上；西翼 17～23#勘探线，底部为 972m标高以上。

根据矿体赋存条件，设计采用沿矿体顶板拉开段沟，采剥工作面分别向两侧推进，纵向移运矿岩，采剥工作自上而下水平分层，b 层矿、夹层 G 和 a 层矿沿倾向依次超前穿孔爆破、分采分运、推土机推运集堆、前装机铲装，废石剥离采用预先爆破松动液压铲铲装，内外排弃废石相结合的采剥方法。

根据境界确定原则和境界要素圈定的露天开采地表境界南北长 1920m，东西宽1230m。露天开采境界主要技术参数见表 5-2。

表 5-2　露天开采境界主要技术参数

序号	项目	单位	境界参数		
			东采场	西采场	全矿段
1	露天采场顶部周界（长×宽）	m×m	1160×250	1920×1050	1920×1300
2	露天采场底部周界（长×宽）	m×m	460×25	790×25	960×25
3	采场顶部最高标高	m	1452	1440	1452
4	采场底部最低标高	m	996	972	972
5	最大开采深度	m	456	468	480

由于北部 17～19#勘探线间存在大量的地下采空区，在此区域内的露天采场边坡的形成及稳定性受到一定影响，部分地段的边坡自然形成可能有困难，需要采取人工加固

措施。地下开采时岩层错动，造成岩层节理裂隙扩张与增加，使岩层破碎程度加剧，对破碎岩层的边坡加固措施主要是砌筑挡土墙、混凝土框架护坡等，形成人工边坡。

地下转露天开采的过渡阶段，一般采用分期或分区建设。根据该磷矿的资源条件、开采技术条件、规模效益及社会对资源的需求情况，拟定原矿建设规模为露天开采 350 万 t/a。如果有需要，只要增加部分设备，稍加改造，矿山规模即可达到年产原矿 400 万 t 的生产能力。

5.2.3 地下转露天开采的空区治理

地下开采中往往会留下大量的地下采空区，在露天开采初期剥离时，需考虑井下已形成的采空区对露天剥离设备、人员等构成的安全隐患，如何处理好井下采空区对上部作业的影响，首先必须清楚井下采空区的范围、形态、形成时间、地表的表现形式，然后才能针对井下采空区开展相应的工作以保证设备、人员、边坡的安全。

考虑到矿山由地下开采转为露天开采的过渡问题，一般治理方案应遵循以下原则：①治理方案必须安全可靠，要尽量因地制宜，且简单易操作，控制成本；②露天开采与采空区治理同步进行，整体规划，分区进行；③优化效率，缩短周期，减小采空区治理对露天开采的影响。

国内外在采空区近区开采的实践表明，为确保采空区近区开采安全，首先应对采空区进行处理，在开采过程中必须进行安全监测。在采空区未处理前，应在采空区周围设置安全警示标志，圈定采空区范围，并严禁无关人员和设备进入。在制定采空区近区开采方案前，一定要摸清采空区的大小和形态，这是安全开采的先决条件。采空区近区开采时要有安全监测设施，及时预报预测安全隐患，为安全开采提供技术保障措施。

一般情况下，井下采空区发生大的地压活动之前都有一定的征兆，如地音、地震强度的变化、岩体变形加剧等，通过对这些变化的监控，可以对地压活动进行一定程度的预报。目前监测手段较多，较为常用的有岩体声发射监测定位仪、水准测量、多点位移计、压力计、巷道断面收敛测量及光应力计等监测手段。

地下开采转露天开采过程中，地下空区的处理方法分为四大类：一是巷内强制崩落充填采空区，这种方法适用于地下巷道系统完善、人员便于进出、通风条件良好、围岩稳固情况下的空区处理。二是在地表进行露天深孔爆破强制放顶处理采空区，这种方法适用于地下采空区复杂、不便于人员进出、通风条件不好、围岩稳固性差、走向长度大、宽度较小时的空区处理。三是采用顶板覆岩硐室爆破法强制处理地下采空区，这种方法适用于上部覆岩较厚、岩层稳定、宽度较大的空区处理。四是将选矿厂排出的尾矿输送到地下采空区进行充填。

5.3　露天与地下同时联合开采

与露天或地下独立开采不同，露天与地下同时联合开采的应力场更加复杂。露天和

地下同时采矿导致原岩应力受到破坏，岩体内应力产生二次重分布，可能导致露天采场边坡不稳定，地下采矿也会不断破坏工作面周边岩石的稳定性。

5.3.1 联合开采情况简介

露天与地下同时联合开采是指矿山从开始生产并在以后相当长的时期内，采用露天与地下联合的方法进行开采。其优点是：能最大限度地强化矿床开采；露天与地下的开拓基建工程能相互结合，减少投资和生产费用；投产与达产的时间短；有利于露天矿的废石排放和环境保护。缺点是：由于在露天边坡下面进行地下开采并形成采空区，降低了边坡岩体的稳定性；地下采矿使露天矿岩体内产生裂缝，给露天凿岩爆破工作带来困难，降低了露天生产效率；在露天坑底保留大量保安矿柱或采用胶结充填，增加了矿石损失和采矿成本，降低了技术经济指标。

从矿山设计开始就要研究露天与地下同时开采的相互影响及其配合协调关系，研究总的矿山能力及其平衡，确定露天与地下开采的最优境界，研究露天与地下的开拓运输系统和可能的联合开拓方案，全面综合研究通风、排水、公共设施和安全等问题。

5.3.2 联合开采的开拓系统

由于露天与地下开采均有较长的服务年限，露天的开采深度较大且与地下矿山同时建设，生产初期均采用独立的开拓运输系统。

地下井巷工程建在露天坑之外，其出口往往与露天坑的地面运输相结合。在露天开采向深部发展后，两个开拓运输系统就有可能相结合，可显著降低深凹露天矿的矿岩运距与费用。因此，在同时联合开采的开拓设计中，要研究露天地面开拓系统转为露天与地下工程联合开拓的问题，进行减少边坡剥离量与增加地下井巷工程量的计算比较，以及不同运输系统方案的能力和运输费用的比较，研究由露天运输转为露天地下联合开拓运输的最优深度等，根据各矿的特点和技术水平通过技术经济比较后确定最终方案。

湖北丰山铜矿采用露天与地下同时联合开采，其露天开采已于 2000 年底闭坑，自2001 年全部转为地下开采。丰山铜矿开拓系统分露天开拓系统和坑下开拓系统[4]。

5.3.3 联合开采地下采矿方法确定

由于在地下开采所形成的岩石移动带的上部长期进行露天开采作业，为了保证露天作业的安全，只允许缓倾斜矿体在留设境界顶柱后，用房柱采矿法或充填采矿法回采。对倾斜和急倾斜矿体，只能用充填采矿法回采。矿岩稳固时，采用空场法嗣后充填，井下开采应从下向上进行；矿岩中等稳固时，可采用分段充填采矿法或上向水平分层充填采矿法；矿岩均不稳固时，采用下向胶结充填采矿法。如果不采用胶结充填而用废石或尾砂充填，就要保留大量矿柱，要等到露天开采结束后才能回采这些矿柱。如果地下长期用空场法或不充填的崩落采矿法开采，可能会给上方的露天生产造成危害。露天与地下同时联合开采时常用的地下采矿方法如下：

（1）嗣后废石充填的阶段矿房采矿法。

（2）嗣后胶结充填的阶段矿房采矿法。

（3）下向胶结充填采矿法。适用于构造发育，矿体与围岩均不稳固的富矿体的开采。

5.4 转换开采安全影响因素分析

在露天开采转为地下开采的过程中，不可避免会出现露天开采和地下开采同时进行的情况。按采矿界一般的认识，凡是同时进行露天开采和地下开采，统一安排露天和地下工程的施工，就可认为是露天与地下同时联合开采。露天采剥的过程中，凿眼、爆破等工作产生的振动，影响地下开采的正常进行；同时，地下开采形成的采空区会对露天采剥造成一定的安全隐患，露天边坡在不同开采距离上的沉降和变形是不同的，开采长度越大，地表沉降和变形越大。

5.4.1 露天开采对地下工程的影响

露天开采施工对地下开采的影响主要体现在露天边坡爆破，在靠近最终边帮的位置，要注意控制爆破的药量和爆孔间距的设置，避免对边坡面及影响范围内的地下空区产生大的震动，从而造成灾害事故的发生。

5.4.2 露天边坡稳定性影响分析

1. 露天转地下开采边坡稳定性问题

地下采矿对露天边坡稳定性影响的主要因素为地下爆破和采空区暴露面积。

露天转地下开采过程中，爆破地震波从地下转入地上进行传播，其应力波经过多次反复的折射反射。对于该方面的研究尚属较新领域，近年来关于边坡爆破震动传播的研究，国内外学者多采用现场测试和数值模拟等进行。

露天转地下开采边坡爆破动力特性研究表明，边坡爆破震动速度的放大效应以垂直方向振动速度放大为主，水平方向次之。同时不仅在高边坡中存在明显的放大效应，在露天转地下开采过程中的洞室开挖时，也在掌子面对应地表上方发现了爆破地震波的放大效应。

断层作为岩质边坡稳定性的主控因素，应力波传播到断层时，更容易造成断层张开或滑移，引起岩体边坡失稳。研究表明：①当爆破震动强度较低时，即爆破震动强度小于等于 1.5 cm/s 时，断层带抗剪强度参数衰减以累积弱化作用为主。当爆破震动强度较高时，即在爆破震动强度达 2.2 cm/s 时，断层带力学参数弱化表现出以附加荷载作用为主的惯性破坏特点。②当断层带爆破震动次数为 4500 次时，断层带抗剪强度破坏以黏聚力衰减为主，当断层带爆破震动次数为 6000 次时，断层带抗剪强度破坏以内摩擦角衰减为主。③断层带抗剪强度参数整体随着含水量的增加逐渐减小，且随着爆破累积荷载次数的增加，含水量对断层带内摩擦角的损伤贡献率逐渐大于断层带黏聚力。④对于黏聚力的影响因素中爆破震动次数的影响>爆破震动强度的影响>断层带厚度和含水量的影

响，而对于内摩擦角的影响因素中爆破震动次数的影响>爆破震动强度的影响>含水量和断层带厚度，爆破震动次数对于黏聚力的损伤有决定性作用，而断层带的内摩擦角的衰减是爆破震动次数和震动强度共同作用的结果。

2. 地下转露天开采边坡稳定性问题

目前对露天转地下及单一的露天矿开采边坡稳定性研究较多，但对地下转露天矿山开采时采空区对露天边坡的影响研究较少。在地下开采转为露天开采的过程中，由于前期先进行了地下开采，岩质边坡受到的影响不仅包括前期已经形成的地下采空区次生应力场的影响，还包括地上露天开采所引起的工程边界条件和应力场的改变。边坡开采域内应力场发生了变化、岩体的整体强度会降低、各层覆岩顺序也会产生变化，直接导致地下开采采空区影响到上部露天边坡。

在地下开采转为露天开采的过程中，露天开采边坡会受到地下井工开采和地上露天开采两种开采方式的影响，这使得边坡岩体产生了更加剧烈的变形，稳定状态越来越差，形成一个非常复杂的动态变化系统。在此基础上，边坡的稳定性受到应力变化路径影响，露天开采和地下开采之间的空间位置关系也会影响围岩的稳定性。

在边坡开挖前，先进行地下开挖，经过相当长的一段时间，岩体重新达到稳定，地下采空区的变形也基本趋于稳定，但是在地下采动影响域内原岩应力状态产生了变化，并形成了新的不同的应力区域。在进行边坡开挖和边坡稳定性分析时，就必须考虑地下采空区的形态、规模及空间位置等因素的影响。

与无采空区边坡相比，靠近边坡的地下采空区对边坡稳定性的影响较大，主要表现在：①采空区周围出现明显应力集中现象，应力形式主要为压应力；而且当应力云图通过采空区时，出现明显的应力跳跃现象。②有采空区边坡岩体水平及垂直位移明显大于无采空区边坡。③有采空区边坡岩体的塑性区分布范围随着开挖的进行有减小的趋势，但坡面上出现明显的拉伸破坏区。

5.4.3 露天坑底安全矿柱厚度的确定

确定露天坑底与地下采空区顶板的安全矿柱厚度，是为露天采剥工作提供安全稳定的作业条件，也是要保证地下采空区顶板的稳定性。影响地下采空区顶板稳定性的因素很多，一般分两大类：一是内在因素，包括地下采空区顶板的厚度、跨度及形态，岩石的性质，岩层产状、节理、裂隙状况，以及岩石的物理力学指标等；二是外在因素，包括地下采空区内水流搬运的机械破坏作用等。综合来说，影响地下采空区顶板稳定的外因主要有 4 个方面，即顶板的完整程度、顶板形态（水平或拱形）、顶板的厚度及地下空区的跨度。

国内外对采空区最小顶板安全厚度的计算方法有许多，主要方法有解析法、经验法、数值模拟法三大类。

（1）解析法。解析法主要有结构力学梁理论计算法、极限平衡分析法等。解析法在计算过程中大多做了很多假设，对影响安全顶板厚度因素的考虑也不够全面。

（2）经验法。主要有松散系数理论法（坍塌填塞法）、普氏拱理论法、荷载传递交汇法、工程类比法、厚跨比法等方法。若优先考虑安全生产，经验法所计算得出的最小

安全顶板厚度普遍较厚。

（3）数值模拟法。数值模拟法就是利用相关软件对工程进行模拟，这些软件分为有限差分软件、边界单元软件、有限单元软件和离散元软件。数值模拟法的特点是考虑的因素较全面，通过计算可以得到直观、可视化的结果。经过近年来的迅速发展，数值模拟法已经成为岩石力学广泛应用的研究手段。

在国内外，许多含地下采空区的露天矿生产过程中总结了最小安全顶板厚度（表 5-3和表 5-4）。

表 5-3　国外某些矿山的最小安全顶板厚度

矿山名称	岩石硬度系数 f	采空区		顶板安全厚度/m
		跨度/m	面积/m²	
克里沃罗格矿	4～10	15～25	200～600	20～30
海达尔岗斯基矿	8～10	25～30	100～500	15～20
柴良诺失斯基矿	8～16		200～2100	14～16
尼基托夫斯基矿	8～10	20～25		15～30
依也尔雅可夫斯基矿	14～16	20～30	400～500	10
哈达尔甘斯克矿	8～15	< 10	100～500	10～15
		10～15	500～1000	15～20
尼吉多夫斯克矿	8～10	< 10	100～150	15
		10～20	100～500	30
		20～30	100～500	35

表 5-4　国内某些矿山的最小安全顶板厚度

矿山名称	岩石硬度系数 f	采空区		顶板安全厚度/m
		跨度/m	面积/ m²	
滦川钼业露天矿	18～19	10～15	380～780	3～23
凤凰山铜矿	8～12	20～30	120～300	8～13
大宝山铜铁矿	6～8	10～40	500～800	9～36
紫金山金矿	6～12	10～20	300～650	8～24
丰山铜矿	6～8	20～30	200～300	14～15

5.5　工程实例

湖北省黄麦岭磷化工有限责任公司露天采矿场于 1972 年开始进行人工开采，1982年实现机械化开采，并建成 30 万 t/a 的采矿能力，1993 年建成为 100 万 t/a 的现代化大型化工矿山，采出矿石送选矿厂选矿。按照原化学工业部化学矿山规划设计院（现中国

寰球工程公司华北规划设计院）提供的湖北省黄麦岭矿肥结合工程采选初步设计和施工图设计，露天采场开采年限为 23 年，开采深度为东坑 240m，西坑 160m。130m 标高以上为山坡开采，东、西部同步下降，从 130m 标高以下以 40#勘探线为界分为西、东两坑开采。西坑坑底为 24～40#勘探线，坑底标高 60m，长 680m，宽 31m；东坑坑底为 46～54#勘探线，坑底标高 25m，长 500m，宽 31m。先采西坑，后采东坑，西坑作东坑开采的内部排土场，内排土场容积估算为 700 万 m³。

目前西坑已经闭坑，被规划用作磷石膏的排放堆场。

湖北省黄麦岭磷化工有限责任公司目前采矿的开采方式为露天开采，由于露天设计开采境界内的剩余储量已所剩无几，原设计圈定的露天开采储量开采完毕后，根据中南大学所完成的《黄麦岭磷化工有限责任公司露天转地下开采安全平稳接替技术方案研究》成果，黄麦岭矿段深部、南部及方家冲矿段申请扩界后，开采方式将变为地下开采[5]。

5.5.1 矿区地质概况

黄麦岭磷矿区属孝感磷矿的一部分，位于秦岭褶皱系的桐柏—大别中间隆起中段，大悟褶皱束的大磊山穹隆的南西翼，为前震旦纪沉积变质磷灰岩矿床，矿区 I 号和 II 号工业磷矿层赋存于元古界红安群七角山组下段（Ptq_1）含磷岩系中。

黄麦岭磷矿区由黄麦岭矿段与方家冲矿段组成。黄麦岭磷矿段西起晏家桥（12#勘探线），东到徐家河（74#勘探线），全长 3400m，宽几米至 200m；方家冲矿段北起徐家河，中经方家冲水库，南止周家冲，全长 3000m，下含磷层地表宽 10～90m。

根据开采方式的不同，可将黄麦岭磷矿区（以下简称黄麦岭矿区）划分为两个部分：正在开采的露天采场（以下简称"露采"）和将要开采的地采范围（以下简称"地采"）。露采属于黄麦岭磷矿采矿权范围，地采包括黄麦岭矿段深部磷矿层和方家冲矿段徐家河磷矿采矿权范围。包括黄麦岭矿段的 10～74#勘探线和方家冲矿段 74～94#勘探线，标高 –350～+240m，（其中 20～58#勘探线之间为露天转地下结合部分，故该段设计最高标高为露天采场坑底标高，即 25m 标高）。矿区范围拐点坐标见表 5-5。

表 5-5　开采范围拐点坐标表

点号	坐标值		点号	坐标值	
	X	Y		X	Y
1	3484100.01	38509911.58	8	3481423.01	38511616.58
2	3483918.01	38510733.58	9	3481179.01	38511468.58
3	3483819.01	38511284.58	10	3481533.51	38511384.58
4	3483578.01	38511330.58	11	3481684.01	38511285.08
5	3483412.01	38511709.58	12	3482350.01	38511258.58
6	3482822.67	38511912.96	13	3482990.01	38510171.58
7	3482218.51	38511805.38	14	3483490.01	38509521.58

地采南北长约 3.0km、东西宽 0.4～2.6km、面积约 2.89km²。黄麦岭矿区露采和地采边界在剖面图上的分布情况见图 5-7。

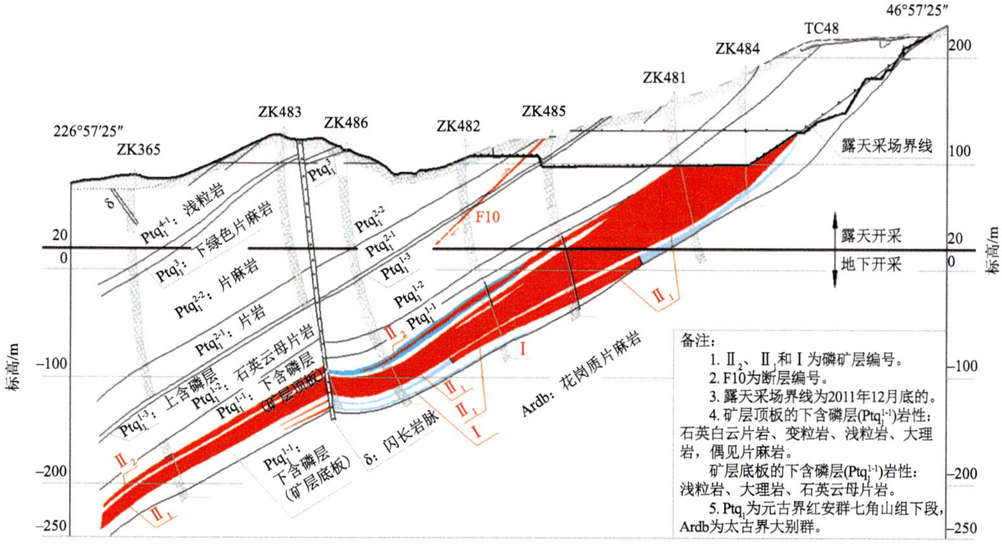

图 5-7　黄麦岭矿区岩矿层产出特征剖面示意图（48 线改编）

矿区地下水富水性均较弱，从上至下分为第四系冲—洪积层弱孔隙水、浅部基岩弱风化裂隙水和下含磷层及顶板溶孔—裂隙承压水，上部两个含水层接受大气补给，随季节性变化，最下部含水层受季节变化不明显，径流条件较差。矿区主要含水层动储量小，补给量不丰富，构造破碎带的导水性差，未来开采不会造成重大的突然涌水。

矿区内地质构造简单，断裂基本查明，较大断裂构造共 16 条，最大者是 F5 和 F15 断层。仅 F5 断层对岩层有一定的破坏作用，但沿断层面多数被闪长岩脉充填，且与围岩胶结好，破碎带宽度不大，岩石较完整，不容易发生漏水现象。F15 断层和其余构造破碎带的富水性及导水性均较差，仅少数断裂带在小范围内与上下含水岩层沟通；区内断裂构造在自然条件下富水性较弱、导水性较差。方家冲水库、徐家冲水库坝体完好，经观察未发现坝下各岩层有渗透迹象，且库区无导水断裂存在，岩层透水性较差，因此水库水对地下水的补给甚微。地下开采时矿坑的主要充水因素是下含磷层及顶板溶孔—裂隙承压水。综上所述，区内水文地质条件属中等类型。

黄麦岭矿段矿床由下部 I 矿层和上部 II 矿层及其夹石层组成。I 矿层是次要矿层，规模小，变化大，不连续，零星分布，常有分支复合，矿层总厚度一般为 2～6m。II 矿层是矿段主要矿层，规模大，呈层状或似层状，常有分支复合，总厚度一般为 5～30m。

矿床顶部（II 矿层顶板）主要岩性为含磷石英云母片岩，其次为含磷浅粒岩、含磷变粒岩及半石墨片岩，偶见大理岩；矿床底部（I 矿层底板）主要岩性为含磷浅粒岩，其次为含磷变粒岩、条带状含磷变粒岩、石英云母片岩、大理岩，地表常见 1～2m 的含磷锰土。其中含磷岩石厚度一般为 1～3m，局部较厚，有时尖灭，使 I 矿层直接与下伏花岗片麻岩不整合接触；I、II 矿层间的夹石主要岩性为大理岩，其次为石英云母片岩、含磷浅粒岩、含磷变粒岩、条带状含磷变粒岩等，厚度一般为 4～8m。

方家冲矿段比黄麦岭矿段在矿石类型及其夹层的岩石特征方面变化较大，袭用黄麦岭矿段矿层对比的原则，本矿段仅有 I、II₁ 磷矿层。I 矿层零星分布，规模小，变化大，

为次要矿层，常有分支，厚度为 0.12～8.88m。II₁矿层：为主要矿层，呈似层状或透镜状，常有分支复合尖灭，总厚度为 0.67～45.64m。

矿层的间接底板为花岗片麻岩，I 矿层的直接底板主要为含磷浅粒岩、大理岩、白云石英片岩等；II₁矿层顶板主要为含磷或不含磷的石英白云片岩、变粒岩、浅粒岩、大理岩，偶见片麻岩；I、II₁矿层间的夹石主要岩性为大理岩，含磷锰土、变粒岩（或浅粒岩），偶见石英白云岩。厚度为 2.8～65m，一般为 3～8m。

纵观全区，矿岩层一般稳固性较好不需支护，但当掘进到云母片岩或断层破碎带胶结不好，以及节理裂隙发育地段时，应视实际情况予以支护，以确保安全生产。

矿体厚度大于 12m（C 类）的矿量占了 72%，是绝对的大多数，而该类矿体中倾角在 25°～40°的又占了大多数，经统计全矿区 I 矿层矿体平均厚度约为 3.96m，II 矿层矿体平均厚度为 15.17m，矿体平均倾角 38°。

5.5.2 采矿方法

湖北省黄麦岭磷化工有限责任公司目前采矿的开采方式为露天开采，由于露天设计开采境界内的剩余储量已所剩无几，原设计圈定的露天开采储量开采完毕后，黄麦岭矿段深部、南部及方家冲矿段申请扩界后，开采方式将变为地下开采。

黄麦岭磷矿区位于秦岭褶皱系的桐柏—大别中间隆起中段，大悟褶皱束的大磊山穹隆的南西翼，为前震旦纪沉积变质磷灰岩矿床。开采范围内矿体分布标高-350～200m，除 20～58#勘探线露天开采范围外，矿体埋藏深。区内最低浸蚀基准面标高约 60m，矿体倾角 16°～60°，矿层沿走向呈弧形分布，沿倾向一般较稳定，自地表向深部呈有规律的变陡或变缓。72%的矿体厚度大于 12m，倾角为 24°～60°，属缓倾斜至急倾斜薄至中厚矿体。矿、岩按普氏系数岩石分类属坚固—非常坚固型。

无废采矿是采矿发展的必然趋势。采用充填采矿法，矿物回采率高，贫化率小，以及可在"三下"开采矿体，资源利用率高；能有效控制地压，防止地面塌陷、开裂、山体崩塌等引发地质灾害、大量减少矿井涌水量；采空区可以用废石来充填，地面无须构筑大面积的尾矿库，改善矿区周围环境和避免企业与当地社区不必要的矛盾和冲突。由于充填采矿法开采在矿产资源利用、矿山安全文明生产及保护环境、创造和谐社会方面的巨大优越性，充填采矿法越来越受到人们的重视，在大多数西方发达国家，采用充填采矿法开采已经作为一种强制性的规定。在国内，随着国家对矿产资源保护和环境保护力度越来越大，采用充填采矿法开采，在不久也必将成为一种强制性的法规。由于工艺技术也在充填采矿法不断改进与发展的过程中得到创新与发展，特别是 20 世纪 80 年代以来，实现了采场机械化回采和充填，充填采矿法已从一种低产、低效采矿法发展成为一种高产、高效采矿法。

上向水平分层充填采矿法，以矿体厚度大于 12m 的矿块为例，该方案矿块长 50m，其中矿房长 46m，矿柱长 4m，矿块垂直走向布置。为省采切工程量，一个中段划分为 4 个分段开采，分段高 12.5m，分段平巷脉外布置。在每个矿块的 II 层矿脉内靠顶板布置充填回风井 1 条，另外，在 I 矿层底板布置泄水井一条。每 4 个矿块在下盘脉外布置长、短溜井各一条作为矿、废石溜井。每个中段沿走向每隔 800～900m 在矿体下盘脉

外布置一条采场斜坡道。每条分段平巷承担 3~4 个分层的回采工作，在采场中布置 4m×4m 点柱作永久支护，矿柱中心距 14m。当矿体厚度小于 12m 时，采场布置同上述厚矿体，不同的是，若矿体水平厚度小于 12m 时，采场中可不留点柱。采场浅孔凿岩，电动铲运机出矿，距离稍远的地方采用柴油铲运机出矿。

充填采矿法开采的回收率高及可以少留保安矿柱，设计开采范围内可多采出矿石量 1321 万 t，可延长矿山服务年限 6.61 年；由于贫化率低、采出矿石品位高 0.32%，每年多产磷精矿 1.51 万 t、硫精矿 0.32 万 t，增加销售收入 1123 万元；在投资方面，因为需建设充填系统，增加投资约 2500 万元，但由于可以节省尾矿库和井下排水设施的投资，总的可比投资反而减少 8273 万元；开采成本方面，由于增加充填环节，采矿直接成本多 2415 万元，但由于中段服务年限延长，每年的开拓工程量减少，每年巷道掘进费用节省 766 万元，由于排水量减少，每年节约排水费 63 万元，节约尾矿排放和尾矿库运行管理费用 624 万元，总的可比成本多 962 万元。虽然开采成本增加，但由于服务年限延长和销售收入增加，设计开采范围内，矿山总收益现值多 20910 万元，因此充填采矿法开采经济上是合理的。充填采矿法开采符合国家产业政策和行业发展方向，在矿山安全生产方面具有独特的优势，可以带来的巨大的环境、社会效益。根据黄麦岭磷矿露天转地下开采范围内的资源储量、开采技术条件，通过把上向水平分层充填采矿法和分段空场采矿法进行比较，确定采用上向水平分层充填采矿法，采矿方法见图 5-8。

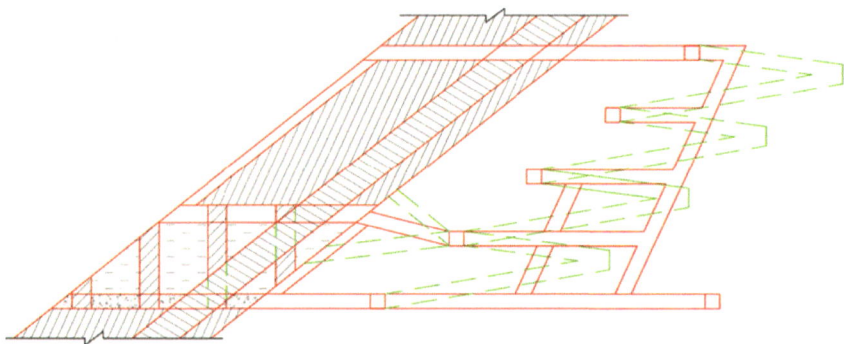

图 5-8　黄麦岭磷矿露天转地下开采采矿方法图

1. 回采顺序

设计开采走向范围为黄麦岭矿段 10~74#勘探线及方家冲矿段 74~94#勘探线，考虑到黄麦岭矿段 10~20#勘探线范围内勘探程度低，主要为 I 矿体，厚度薄、规模小、变化大、不连续，方家冲矿段 82#勘探线以南，以及徐家河水库须留保安矿柱，剩余能采的矿量不多，加上这段勘探程度为详查级别，勘探程度不高，矿体厚度变薄，若采用从两翼向中央退采的开采顺序，则基建采场布置在上述两个不利区段内，需要将整个中段开拓系统全部完成后才能布置采场。矿体薄，所需的采场数量多，勘探程度低，基建探矿工程量大，因此矿山基建工程量大，基建时间长，不易达产，考虑到该项目在建设时间上的紧迫性，设计推荐采用从中央向两翼推进的前进式开采顺序。综合考虑基建工程量、投产时必需的三级矿量及构建完整的中段开拓运输、通风排水系统要求，沿走向

中段基建范围为矿区中部 20~82#勘探线，生产时中段巷道分别向两翼延伸到矿区的端部，同时进行必要的生产补勘，进一步探明两翼端部矿体，提高矿体控制程度。

推荐的采矿方法为上向分层充填采矿法，在同一中段内矿体沿倾向采用由下向上的开采顺序，中段之间开采顺序有两种方式可以考虑，即由上到下逐中段开采和由下到上逐中段开采顺序，设计基于下述理由推荐采用由下向上逐中段开采顺序：

（1）设计拟推荐的采矿方法为点柱式上向水平分层充填采矿法，其开采顺序是由下向上分层开采，如采用由上向下逐中段开采顺序，需在每个中段底部留护顶矿柱或浇筑人工假顶，将增加矿石损失和开采成本。

（2）采用由下向上逐中段开采顺序，不必在每个中段建排水系统，而只需在底部中段建集中排水系统，大量减少井下排水设施建设费用。

（3）露天转地下开采，需要在露天底部留隔离矿柱，矿柱留得太多，矿石损失加大；矿柱留得太少，又无法满足安全需要，矿柱的厚度不好把握。如采用由下往上逐中段开采顺序，暂不用考虑境界矿柱的留设问题，可以通过在地面设地面变形监测系统，通过实际数据分析采矿对地面的影响，再考虑境界保安矿柱留设，在保证安全的前提下，尽可能多地采出矿石资源。

（4）采用由下向上逐中段开采顺序，前期基建在下面，露天采矿在上面，后期接替时，采矿在上部中段，基建在下部中段，生产和基建在空间上是错开的，基建与生产干扰少。

（5）虽然采用由上向下逐中段开采顺序可以节省部分基建工程量，缩短建设时间，但从生产的稳定性出发，主副井筒、辅助斜坡道及进、回风井最终都必须到一定标高，节省的基建工程量有限，而中段接替期间多中段同时生产，生产组织管理和通风系统复杂，总的井巷工程量增加。

2. 开采分期及首采中段

设计开采范围内矿体的标高为-350~200m，由于采用由下向上逐中段开采顺序，如果不分期，则基建中段需布置在-350m水平，基建工程量太大，基建时间过长，部分巷道维护时间长，维护费用高，矿山排水扬程和矿石提升高度大为增加，显然是不经济的。另外，从勘探情况看，-200m 以下各中段的地质矿量中，333 级别的资源量占了较大的比例，说明地质资源性风险较大，如果一次基建到-350m 中段，可能会造成投资上的浪费，-200m 标高以下的矿体走向长度短，要达到生产规模需多中段生产，增加了生产组织的复杂程度，故设计考虑分期开采。

根据矿量的分布情况，从保持一定时间生产稳定考虑，设计考虑了以-150m 水平为界和以-100m 水平为界两个分期建设方案。沿矿体倾向，各中段采用由下向上的开采顺序，即沿倾向依-150m、-100m、-50m、0m、50m 中段逐次往上开采。中段内各分层亦采用由下向上的开采顺序。沿矿体走向，各矿块采用由中间向两翼前进式开采。

矿块构成要素：①中段高度为50m。②分段高度。每个中段划分 3 个分层开采，分段高度 12.5m。③分层高度。第一个分层高度为 4.5m，其余分层高度为 4m。④盘区尺寸。沿矿体走向每 800~900m 划分一个盘区，在盘区中央矿体下盘脉外布置一条采场斜坡道。⑤矿块尺寸。矿块长 50m，其中矿房长 46m，间柱长 4m，不留顶底柱。在采场

中留点柱作永久支护,点柱尺寸 4m×4m,矿柱中心距 14m。当矿体水平厚度小于 12m 时,采场中可不留点柱。

3. 采准切割

经统计全矿区 Ⅰ 矿层矿体平均厚度为 3.96m,Ⅱ 矿层矿体平均厚度为 15.17m,两层矿之间夹层厚度为 6m。平均倾角 38°。采准、切割工程布置如下。

1)采准工程

(1)采场斜坡道:在盘区中央矿体下盘脉外布置一条采场斜坡道,不支护,掘进断面直线段和弯道加宽段面积分别为 $13.09m^2$、$14.17m^2$。斜坡道一侧设躲避硐室,在曲线段间距小于 15m,直线段间距小于 30m。

(2)分段平巷:布置在矿体下盘脉外,不支护,掘进断面面积 $13.09m^2$。

(3)采场溜井:每 4 个矿块(即走向长 200m)在下盘脉外布置矿、废石溜井各一条,溜井倾角 65°,直径 3m,不支护,掘进断面面积 $7.07m^2$。

(4)充填回风井:在每个矿房中央,Ⅱ 矿层内靠顶板布置充填回风井 1 条,不支护,掘进断面面积 $3.14m^2$。

(5)泄水井:每个矿块在 Ⅰ 矿层底板靠矿体布置泄水井一条,不支护,掘进断面面积 $3.14m^2$。

(6)溜井联络道:垂直分段平巷布置,为分段平巷至溜井之间的联络通道,不支护,掘进断面面积 $13.01m^2$。

(7)分层联络道:为分段平巷通达矿体每一分层的联络通道,不支护,掘进断面面积 $13.01m^2$。

(8)充填回风联络道:布置在矿块顶部,连接充填回风井与上中段回风平巷,不支护,掘进断面面积 $5.17m^2$。

2)切割工程

切割平巷:在每一个矿房中央,第一个分层矿体内布置一条切割平巷,掘进断面面积 $16.8m^2$,不支护。

4. 回采

(1)凿岩爆破:采用浅孔落矿,凿岩用 HT81 型液压掘进凿岩台车,炮孔孔径 42～76mm,炮孔深度 3.4m,炮孔间距 0.8m×1.0m,凿岩设备效率 240m/(台·班)。炸药采用 2 号岩石乳化炸药,非电导爆系统起爆。爆破后需加强通风,以尽快排出爆破炮烟。

(2)撬毛:爆破通风后即进行撬毛作业。

(3)出矿:根据距离远近,采用 DCY-4 电动铲运机和 CY-4 柴油铲运机出矿。采场矿石由铲运机装运卸入采场矿石溜井,经溜井下放到中段装矿石门,由振动放矿机卸入石门胶带。

(4)采场通风:新鲜风流从中段无轨设备通道经过盘区斜坡道、分段平巷、分层联络道进入采场,冲洗工作面后,污风经充填回风井进入上中段回风巷道。在工作面布置局扇辅助通风,局扇安装在分段平巷与分层联络道的连接处。

（5）充填：中段的第一个分层回采结束后，浇注人工假底，人工底柱高度 3m，采用 1∶4 灰砂比胶结充填。其他分层充填分为下部普通充填和上部浇面胶结充填，其中上部浇面胶结充填高度 0.3～0.5m，采用 1∶5 灰砂比，下部普通充填采用 1∶5 灰砂比，并尽可能将掘进废石用于分层下部非胶结充填，以减少提升出地表的废石量。分层充填前在分层联络道内安装挡墙，封闭充填分层，充填体滤水考虑采用带孔波纹管，将多余水通过波纹管从泄水井排出，充填管通过采场回风充填井下到充填分层。

5. 顶板管理

采矿方法为点柱式上向水平分层充填采矿法，矿房间留有 4m 连续矿柱，矿房内留 4m×4m 点柱进行支护，采完一个分层及时进行充填，以保证采场作业安全。

经计算，矿山采矿回收率为 82.37%，即损失率为 17.63%。损失主要是由于为保证开采安全性及充填的可操作性，在矿房之间留有间柱，在矿房内留有点柱；在采切巷道掘进时，巷道顶板残留矿石（如充填回风井）；矿房回采出矿时留有残余矿石等。设计考虑到本矿开拓及采切工程基本布置在脉外，矿体与顶底板岩石的界线比较清楚，设计采矿回收率取 82%。

经计算，矿山采矿废石混入率为 4.96%，设计取废石混入率为 5%。

为了降低矿石损失、贫化，在生产中可进行试验，当条件允许时，尽量加大矿房尺寸，减少矿柱损失。

矿山基建及正常生产时应加强生产探矿，严格按设计要求进行脉内巷道掘进，减少欠挖、超挖现象和少破顶底板；加强质量意识教育，建立健全的规章制度，落实各种经济责任制；成立专门的质量检测小组，对矿石开采损失贫化进行经常性的监测、管理与分析研究，以指导井下各生产作业环节。

5.5.3 开拓运输方案

采用费用现值法分别对竖井提升方案和胶带斜井提升方案两个提升方案进行比较，竖井提升方案比胶带斜井提升方案费用现值多 4055.83 万元，且胶带斜井提升方案提升系统简单，环节少，运输连续化、自动化程度高；提升能力大，为矿山今后扩大生产能力留有余地；地面建筑简单，施工难度小，地面设施建设可以和井筒掘进同时进行，施工周期短，建设时间可以缩短半年以上，因此提升方案为胶带斜井提升。

对电机车运输、汽车运输、胶带运输三个中段运输方案进行详细的技术经济比较，这三个方案费用现值相差不多，最经济的是胶带运输。汽车运输机动灵活，工程量少，巷道无须架线铺轨，设备无须安装调试，建设周期短，但井下空气质量差，通风费用高。考虑到电机车运输技术成熟可靠，且井下空气质量好，中段运输方案选用电机车运输。

1. 开拓运输系统

矿石运输系统：采场矿石由电动铲运机装运，卸入采场矿石溜井，下放到中段装矿石门装入矿车，由 2 辆（首尾布置）10t 架线式电机车牵引 12 辆 4m³ 矿车通过中段运输平巷、中段石门及车场运至矿石溜井，下放到溜井底部的给矿平巷，转载至胶带斜井提升出地表。

废石运输系统：黄麦岭磷矿废石量为 48 万 t/a，考虑将 16 万 t/a 提升出地表，其余就近充填到空区。采场废石由电动铲运机装运，通过采场废石溜井下放到中段装矿（废）石门，由 2 辆（首尾布置）10t 架线式电机车牵引 6 辆 4m³ 矿车通过中段运输平巷、中段石门及车场运至废石溜井，下放到溜井底部的给矿平巷，转载至胶带斜井提升出地表。

人员、设备、材料运输系统：矿山采用斜坡道辅助运输系统，采矿所需的人员、设备、材料由汽车通过无轨辅助斜坡道运输到井下各中段无轨设备通道、盘区斜坡道、分段平巷，直接运送至各工作地点。

通风系统：设计在矿体中央下盘 54#勘探线附近布置一条进风竖井，在东翼 74#勘探线下盘和西翼 20#勘探线各布置一条回风竖井，全矿构成由中央进风竖井和无轨斜坡道及胶带斜井进风，东、西回风竖井回风的双翼对角式通风系统。

排水系统：设计范围内矿体基本埋藏在侵蚀基准面以下，不具备自流排水的条件，需机械排水。设计考虑集中排水，中央变电硐室、水泵房、水仓集中布置在–150m 中段，井下涌水通过排水管从胶带斜井排出地表。

2. 主要井巷工程

1）胶带斜井

斜井井口坐标：x=3482582，y=38510903，z=66m，出硐方位角 239°，倾角 15°，井底标高–159m。斜井净宽 4.5m，三心拱断面，喷砼支护，净断面 12.08m²，掘进断面 13.90m²，井筒长度 869m。

2）辅助斜坡道

斜坡道井口坐标：x=3483484，y=38511243，z=99.21m，出硐方位角 216°，平均倾角 5.7°（10%）。三心拱断面，喷砼支护，直线段净宽 4.0m，墙高 2.2m，净断面面积 13.01m²，掘进断面面积 14.84m²；弯道加宽段净宽 4.3m，净断面面积 13.86m²，掘进断面面积 16.47m²，总长度 2545m。斜坡道一侧设躲避硐室，躲避硐室在曲线段间距小于 15m，直线段间距小于 30m。

3）进风竖井

位于 54#勘探线和 56#勘探线之间。井口坐标：x=3483039，y=38511775，z=169m。圆形井筒，喷砼支护，净直径 4.5m，支护厚度 150mm，净断面面积 15.90m²，掘进断面面积 18.10m²。基建期进风竖井掘进到–150m 水平。–150m 标高以下，为了减少石门工程量，缩短风路长度，在进风竖井底部沿矿体底板掘进盲斜井作为进风井。

4）东回风竖井

位于 82#勘探线下盘岩石中。井口坐标：x=3481873，y=38511759，z=100m。圆形井筒，喷砼支护，净直径 3.5m，支护厚度 100mm，净断面面积 9.62m²，掘进断面面积 10.75m²。为加快中段巷道的基建进度，基建期东回风竖井掘进到–150m 水平。–150m 标高以下，同样，在竖井底部沿矿体底板掘进盲斜井作为风井。

5）西回风竖井

位于 20#勘探线下盘岩石中，为尽量少压矿又减少石门工程量，竖井布置在开采 20#勘探线以东矿体的崩落界限外，但仍在 10～20#勘探线崩落界限内，开采 10～20#勘探线

矿体时，在竖井井口四周按 20m 安全距离、70°崩落角留保安矿柱，此处压矿量极少。井口坐标：x=3483738，y=38510400，z=135m。圆形井筒，喷砼支护，净直径 4.0m，支护厚度 120mm，净断面面积 12.57m^2，掘进断面面积 14.12m^2。为加快中段巷道的基建进度，基建期西回风竖井掘进到–150m 水平。–150m 标高以下，同样，在竖井底部沿矿体底板掘进盲斜井作为风井。

6）中段胶带运输巷道

距离矿体底板约 100m 脉外布置，巷道净宽 3.0m，墙高 2.0m，三心拱断面，一般不支护，遇岩石破碎地段喷砼支护，支护厚度 80mm。净断面面积 8.37m^2，不支护段掘进断面面积 8.99m^2，支护段掘进断面面积 9.69m^2。

7）无轨设备通道

距离矿体底板 25m 脉外布置，巷道净宽 4.0m，墙高 2.2m，一般不支护，遇岩石破碎地段喷砼支护，支护厚度 100mm。净断面面积 13.01m^2，不支护段掘进断面面积 13.09m^2（有水沟），支护段掘进断面面积 14.08m^2。

5.5.4 通风系统及通风方式

露天转地下开采矿山，矿体埋藏较深，基本无连通地表的老硐、采空区、崩落区等漏风通道，设计推荐采用全矿集中通风系统。在矿体中央下盘 54#勘探线附近布置一条进风竖井，在东翼 82#勘探线下盘布置一条回风竖井，在西翼 20#勘探线下盘布置一条回风竖井。另外，在矿体上盘、51～54#勘探线之间设计布置了一条胶带斜井，在矿体下盘 44#勘探线附近布置了一条无轨辅助斜坡道，全矿构成由中央进风竖井和无轨斜坡道及胶带斜井进风，东、西回风竖井回风的双翼对角式通风系统。

采场所需新鲜风流从中段无轨设备通道经过盘区斜坡道、分段平巷、分层联络道进入采场，冲洗工作面后，污风经充填回风竖井进入上中段回风巷道。在工作面布置局扇辅助通风，局扇安装在分段平巷与分层联络道的连接处。

根据拟定的通风网络，全矿前期通风网络如图 5-9 所示。

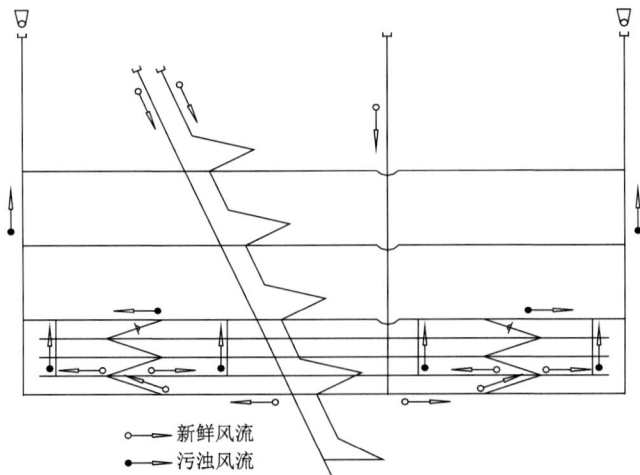

　○—► 新鲜风流
　●—► 污浊风流

图 5-9　矿井通风网络图

5.5.5 排水系统

前期排水系统考虑集中排水，中央变电硐室、水泵房、水仓集中布置在−150m 中段 51#勘探线与 54#勘探线之间的下盘岩石中，中央变电硐室、水泵房与中段无轨设备通道相通，井下涌水通过排水管从胶带斜井排出地表。后期分别在−250m 和−350m 中段建排水系统，其中−250m 中段直排地表，−350m 中段采用接力排水。

根据水文资料预测，−150m 中段井下正常涌水量 3527m³/d，最大涌水量 15140m³/d，再考虑到充填尾矿浆泌水量 487m³/d，−150m 中段正常涌水量 4014m³/d，最大涌水量 15627m³/d。

矿区内最低侵蚀基准面海拔标高约为 60m，设计范围内矿体基本埋藏在侵蚀基准面以下，不具备自流排水的条件，设计排水方式为机械排水。

排水系统考虑集中排水，中央变电硐室、水泵房、水仓集中布置在−150m 中段 51#勘探线与 54#勘探线之间的下盘岩石中，中央变电硐室、水泵房与中段无轨设备通道相通，井下涌水通过排水管从胶带斜井排出地表。矿山一直是露天开采，无地下开采涌水量的统计资料，−150m 中段涌水量预测难保与实际涌水量存在误差。保守起见，水仓容量按 8h 正常涌水量再考虑 1.2 的系数设计，确定−150m 中段水仓长度为 150m，容积为 1832m³，水仓进水口设有篦子。采用充填采矿法，水进入水仓之前，先经过沉淀池。水泵房长度为 35m，加管子斜道体积共 2409 m³。管子斜道从水泵房连通胶带斜井，管子斜道上口高于水泵房底板标高 18m。水泵房与−150m 中段无轨设备通道连接的通道，设防水密闭门。排水管布置在胶带斜井内，矿坑水排出地表后考虑作为选矿生产用水，一般不外排。当井下出现最大涌水量，超过选矿厂所需水量时，经处理达标后，通过地表沟渠排入潆水河。

在每个中段巷道一侧设水沟，梯形断面，净上宽 380mm，净下宽 340mm，净深 360mm。

5.5.6 露天转地下开采的主要技术措施及建议

1. 过渡期间露天和地下矿山开采安全措施

（1）露天坑底暂留安全隔离矿柱，考虑矿柱高度 20m。留设安全隔离矿柱的作用是有效隔断地下与地表的水力联系，防止露天采场内的地表水和泥沙直接灌入井下，减少井下排水量，另外尽量减少露天和地下矿山生产相互影响，避免露天和地下爆破地震波叠加。

（2）选择合适的采矿方法和开采顺序，设计推荐采用上向分层充填采矿法，该采矿方法采用由下而上的开采顺序，首采分段距露天坑底垂直距离 100m 以上，采空区得到及时充填，采矿过程中，顶板基本不暴露，能有效阻止地下采场顶板围岩的变形、移动，防治地下开采对露天采场、边坡的破坏，避免由此引起的安全事故。

（3）露天和地下开采接近露天坑底时，调整装药参数，减少一次爆破炸药量，采用微差爆破、控制爆破、光面爆破，避免爆破冲击波和地震波对生产生活设施、露天边坡、境界矿柱及露天和地下采场的破坏作用。

（4）加强露天采场边坡和井巷围岩的监测，及时采取措施对井巷工程和露天边坡进

行加强支护和加固。

（5）采取露天井下综合防洪防水措施，确保露天地下开采安全，除露天采坑配备足够的排水设备外，同时要在露天封闭圈以上增设防洪堤、截水沟，拦截地表径流，雨季来临前露天矿山的截流防洪沟必须保持完好通畅，确保露天境界外的雨水不汇集到露天坑内。为了减少、延缓雨季径流汇入地下，可在露天坑内回填废石，实践证明，回填废石可有效调节洪峰，使井下涌水平缓。此外，还需在井下布置足够的排水设备，及时排出矿坑涌水，避免淹井。

2. 加快地下矿山建设和保产措施建议

为了加快地下矿山建设速度，尽早形成产能，建议利用露天坑底标高低的有利条件，将辅助斜坡道临时硐口布置在露天坑内，可以考虑在露天坑底设计标高以上 30m 处（考虑防洪需要），利用露天开采形成的平台，在露天采坑的下盘边帮上开口掘进一条斜坡道到井下，与从露天境界外掘进斜坡道相比，斜坡道掘进工程量减少近 500m，掘进时间缩短约半年，利用此斜坡道下到设计基建中段，可缩短采场准备时间，加快地下矿山建设。露天开采结束后，可以采用明硐形式将斜坡道接出坑外或从临时硐口向上沿底板掘进斜坡道与设计的斜坡道硐口连接。

参 考 文 献

[1] 张世雄. 固体矿物资源开发工程[M]. 武汉: 武汉理工大学出版社, 2005.

[2] 刘大鹏, 纪芳, 陶莉, 等. 瓮福（集团）有限责任公司瓮福磷矿二期接替工程穿岩洞矿段初步设计[R]. 连云港: 中国化工集团中蓝连海设计研究院, 2009.

[3] 李再扬, 王鸿. 露天地下联合开采的相互影响研究[J]. 矿业研究与开发, 2021, 41（8）: 12-15.

[4] 张电吉. 露天坑进行尾矿干堆对地下开采影响分析研究[R]. 武汉: 武汉工程大学, 大冶有色金属有限责任公司, 2014.

[5] 高忠民, 黄银广, 廖鹏飞, 等. 湖北黄麦岭磷化工有限责任公司黄麦岭磷矿 200 万吨/年采选工程初步设计[R]. 连云港: 长沙: 化工部长沙设计研究院, 2014.

第 6 章
磷矿地下开采新技术

2000 年以后，我国磷矿资源开采以地下开采方式为主，地下开采磷矿产量占总产量的 60% 左右。2020 年后，作为国内最大露天开采基地的云南也准备步入地下开采阶段，目前部分矿区正在进行由露天开采转为地下开采的研发和准备阶段。云南磷矿资源主要集中在滇池附近，属于典型的海相沉积型磷矿床，矿区资源主要集中在云南磷化集团有限公司，且以缓倾斜薄至中厚磷矿床为主，同时还存在软夹层、顶板围岩破碎等诸多开采问题。缓倾斜薄至中厚矿体的开采是世界采矿技术难题之一，这类矿体在我国磷矿开采中占有相当大的比例，在已探明的 187 亿 t 磷矿资源储量中，约有 75% 以上的矿层为缓倾斜薄至中厚层矿体，这种产出特征给露天和地下开采都带来一系列技术难题，往往造成损失率高、贫化率高和资源回收率低等问题，严重制约着我国磷矿开采工艺技术的发展。由于磷矿价格受国家宏观调控限制，煤矿和金属矿山深部开采相关技术及成功的工程经验在磷矿不能推广应用，加之其开采赋存条件恶劣，如何在上述两种因素限制下实现磷矿山深部矿体的安全、高效开采已经成为当前国内磷矿山企业亟待解决的难题，相关的基础研究和技术攻关工作亟待开展[1]。

本章磷矿地下开采新技术主要介绍的是在磷矿山开采具有较好应用前景的条带式充填开采及厢式充填开采技术。

6.1 条带式充填开采新技术

6.1.1 条带式充填相关概念

1. 条带式开采的基本概念

条带式开采是将要开采的矿层区域划分为比较正规的条带形状，采一条、留一条，使留下的条带矿柱足以支撑上覆岩层的质量而地表只产生较小的移动和变形。与全部垮落法开采不同，条带式开采的资源回收率偏低，一般仅在保护地表建（构）筑物、水体及铁路的情况下才应用，条带式开采示意图如图 6-1 所示[2]。

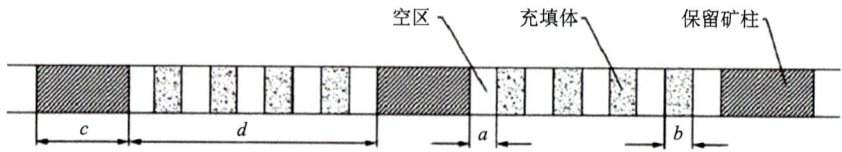

图 6-1　条带式开采示意图

a-采空区宽度，m；b-充填体宽度，m；c-保留矿柱宽度，m；d-矿房宽度，m

2. 条带式开采的类型

条带式开采方法主要包括：水砂充填条带、矸石充填条带、冒落条带、分层冒落条带、近距离矿层群条带、变采留比条带、不规则条带及古小窑老空区下条带等。尽管条带式开采采出率低、资源损失严重，但由于我国矿区村庄密集，搬迁费用巨大，为了解放村庄下压矿体，条带式开采作为一种减少地表沉降的特殊采矿法，近年来许多矿区都应用其进行了建筑物下采矿实践。根据条带式开采的布置方式，条带式开采可分为走向条带式开采、倾斜条带式开采和伪斜条带式开采三种。

（1）走向条带式开采的条带长轴方向沿矿层走向布置[如图 6-2（a）]，多用于水平或缓倾斜矿层，当倾角较大时，走向条带矿柱稳定性差，但它的优点是工作面搬家次数少，工作面推进长度大。

（2）倾斜条带式开采的条带长轴方向沿倾斜方向布置[如图 6-2（b）]，多用于倾斜矿层，矿柱的稳定性较好，适应性强，应用较广泛，但其缺点是工作面搬家次数频繁。

（3）伪斜条带式开采即条带长轴方向与矿层走向斜交，多用于倾角大于 35°的矿层。近水平矿层条件下，既可以沿走向划分条带，也可以沿倾向划分条带，条带工作面既可以沿走向推进，也可以沿倾斜推进，在这种条件下条带划分主要考虑如何有利于生产和利用原有生产系统及减少工作面的搬家次数，以提高生产效率。

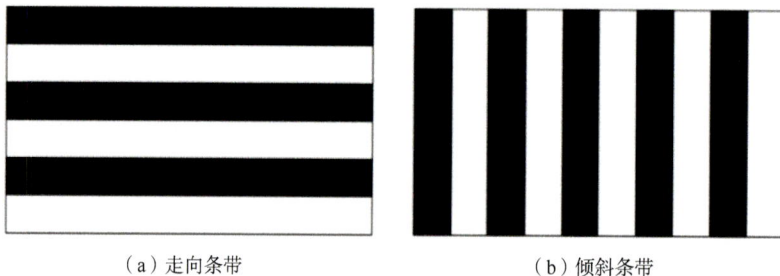

（a）走向条带　　　　　　　　　　　　（b）倾斜条带

图 6-2　条带类型

3. 优缺点及适用条件

（1）主要优点：条带式开采是一种常规的开采方式，与长壁式开采、综采法等相比，其主要优点是开采矿柱稳定、开采区围岩受力均匀、变形小、岩层上方的建筑物沉陷小。巷道布置简单，巷道掘进和维护费用低，建井工期短，投产快；运输系统简单，占用设备少，运输费用低；采矿工作面长度在整个开采期间保持不变，为采用综采设备创造了良好的条件；损失少，采出率高；通风系统简单，通风设备少；对某些地质条件的适应

性强。

（2）适用条件：该方法主要适用于矿区上方建筑物密集且建筑物分布结构复杂，矿区分布着桥梁、铁路干线、文物保护单位等重要建筑，难以搬迁的村庄，湖泊、河流、水库等永久水体，矿层埋藏深度在400~500m，单一矿层，厚度比较稳定的开采区。

6.1.2　条带式充填采矿法

条带式开采是我国最为常见的解决"三下"问题的部分开采方法[3]。但条带式开采存在着不容忽视的重大问题——采出率偏低，虽然有学者提出采用锚杆或锚索加固矿柱从而缩小矿柱留设尺寸，但从已成功的条带式开采工程来看其实际采出率仅为30%~50%，滞留了大量矿产资源，造成了严重的资源浪费。因此，为了解决上述问题，提出新的开采方法——条带式充填采矿法。条带式充填开采是一种部分充填开采方式，将条带开采与充填开采控制岩层移动的优势相结合，针对地面环境目标（如建构筑物、农田等）保护所需的地表变形控制指标（临界变形值），在条带式充填采矿沉陷控制理论指导下，面向整个压矿区域科学间隔布置长壁充填工作面和全部垮落法处理采空区的长壁工作面，实现地表沉陷与变形控制目标[4]。

1. 研究现状

条带式充填开采是一种部分充填开采方式，通过向采空区充填支撑材料，从而回收部分条带矿柱，并有效控制岩层和地表沉陷。虽然针对条带式充填开采尚未形成系统全面的研究体系，但是已有部分学者对类似条带式充填开采的部分充填式开采相关的工艺及岩层移动规律进行了初步研究。条带式充填开采经过"采—充—采"三步后，形成以充填体和残留隔离矿柱耦合体或者完全以充填体为核心的承载体，即复合支撑体。充填体所受侧向应力大小的不同及充填体的力学性质不同所达到的控制效果不相同。针对复合支撑体的力学性质及稳定性的研究有：胡炳南[5]通过力学实验和数值模拟实验对矿与矸石共同承载的特性进行了一些研究，认为充填体能有效改善矿柱和围岩的应力条件，增强了复合支撑体的系统稳定性，而矿柱与充填的垂直应力随着采出率和留宽的变化具有规律性；李强等[6]在研究巷采充填覆岩变形的力学机理时，用指瑞利-里茨法求解了矿柱与充填体协同作用的弹性解；刘鹏亮和胡炳南[7]通过矸石充填巷式开采中充填体对矿柱的侧限作用进行了实测研究，发现充填体将矿柱承载能力提升了10%左右。

条带式充填开采是以条带状充填体支撑上覆岩层，其力学性质、承载特性、应力演化过程、强度影响因素及稳定性与条带式开采和全部充填开采中单纯的矿柱或充填体有着较大的区别。所以急需开展复合支撑体力学性质、承载机理的研究，建立复合支撑体稳定性判定方法。另外，条带式充填开采岩层控制理论的关键在于，准确掌握覆岩及地表移动规律，对岩层及地表移动变形进行科学预计，为条带式充填开采设计提供理论依托，确保矿山开采及地表建（构）筑物的安全。条带式充填开采在开采工艺上经历了"充—采"两大阶段，相比条带式开采岩层运动只经历"采"的阶段和充填开采岩层经历了"充"的阶段，其覆岩结构动态演化、移动变形时空规律、矿压显现规律及岩层主要控制结构具有明显的差异性，因此尚需对条带式充填开采的适用性、岩层控制机理、

地表沉陷主要影响因素等方面进行深入研究。

2. 科学意义

纵观现阶段开采沉陷造成的损害、"三下"问题及条带式充填开采的技术特点,可以看出条带式充填开采是一种集控制覆岩及地表沉陷、保持矿区生态平衡、提高矿产资源采出率为一体的绿色开采方式。因此,以条带式充填岩层控制理论为研究方向,其科学意义主要体现在以下几个方面。

(1)减少地表建(构)筑物损害。条带式充填开采以部分充填的方式在采空区形成条带状充填体来支撑覆岩,控制上覆岩层及地表沉陷,减小对地面建筑物的损害,因此具有现实意义和发展前景。

(2)改善矿区生态环境。条带式充填开采可以有效控制岩层运动,减小地表沉陷量,保护土地资源,避免大面积土地被淹没。同时,条带式充填开采充填过程中可将矸石等固体废弃物作为充填材料充入采空区,降低伴生废弃物排放。

(3)提高资源回收率。条带式充填开采吸取了条带式开采和全部充填开采的岩层控制技术优点,以充填体置换出呆滞条带矿柱,相对比条带式开采大大提高了矿物资源回收率,最大限度地减少资源浪费,延长矿井服务年限,具有巨大的经济效益。

(4)降低充填成本。在充填技术关键设备的研发和充填工艺方面基本成熟的背景下,充填开采充填成本高的问题日益凸显,充填成本控制是充填开采技术所需要解决的关键问题。条带式充填开采属于部分充填开采技术,较全部充填开采,大大减少了充填材料充填量,降低了充填成本。

综上所述,条带式充填开采对保障矿山开采安全、促进矿区可持续发展有着重要的理论意义和现实意义。条带式充填开采是一种较新的开采方式,技术应用方面仍处于试验性探索阶段,很多关键性的技术缺少基础性的实验和理论研究工作,尚未形成针对条带式充填开采的科学合理研究体系,在一定程度上制约了条带式充填开采技术的应用推广。虽然条带式充填开采结合了条带式开采与充填开采岩层控制方面的优势,但其"采—充—采"特殊开采顺序与工艺导致了复合支撑体的稳定性、岩层移动机理及变形预测方法,与条带式开采、充填开采不完全相同,所以不能完全套用充填开采和条带式开采的理论成果来研究条带式充填开采岩层及地表移动变形的相关问题。条带式充填开采岩层承载体的力学性质及稳定性是后续研究岩层移动规律、沉陷控制、开采工艺设计等一系列问题的前提,也是条带式充填能否达到控制岩层运动的关键所在。

条带式充填开采具体采矿方法与步骤如下。

(1)按照地表变形控制目标设计布置长壁充填采矿工作面和长壁全部垮落法工作面,先采用固体直接充填、膏体充填或者高水充填等充填技术开采长壁充填工作面,形成条带充填体与条带矿柱联合支撑体,此时地表变形微乎其微。

(2)在留下的条带矿柱中布置全部垮落法处理采空区的长壁开采工作面(为控制顺槽巷道变形和保护带状充填体,或在掘进顺槽与带状充填体之间留设隔离矿柱)[8]。

(3)最终形成以隔离矿柱与带状充填体(以下简称"复合支撑体")为核心的承载体,控制上覆岩层移动和地表沉陷。

3. 条带式充填开采的可行性

随着开采技术的快速发展,我国条带开采、充填开采工艺系统已较为成熟,围绕相应的岩层移动规律及地表沉陷预计也开展了大量的研究,取得了不少成果,尤其是充填开采技术。充填开采技术作为一项解决控制地表沉陷、改善矿区环境的有效途径,条带式充填开采第一阶段中充填开采效果对条带充填岩层控制起着至关重要的作用。随着充填技术的发展,我国无论是非胶结充填技术还是胶结充填技术的充填工艺和技术装备都取得了突破性的发展,以综合机械化固体充填采矿、膏体充填、高水充填、超高水充填为代表的现代充填采矿技术在我国得到了广泛应用[9]。传统的非胶结充填采矿方式有风力充填、机械式充填、水力充填、抛投式充填等。

但这些充填方式或多或少存在着充填效率低、劳动强度大、岩层移动控制效果不佳的问题。为了提高充填体的充实率及密实程度,保证岩层控制效果,将高效机械化装备和传统充填采矿工艺进行了优化组合,形成了综合机械化固体充填采矿技术,并在传统的综采液压支架的基础上添加夯实装置,成功解决了非胶结充填采矿过程中充填空间、充填通道和充填动力的问题,实现了充填与采矿并行作业。而对于胶结充填开采,其胶结材料、充填体的早期及最终强度、充填体的凝固时间、充填体的管路输送特征及充填工艺方面的研究都取得不少成果。目前,膏体(似膏体)材料充填技术在多个矿井推广试验和应用,取得了较好的沉陷控制效果。同时,高水(超高水)充填材料的研制进一步推动了充填采矿技术在我国矿山企业的应用推广。

通过矿区充填开采实际地表沉陷监测数据分析,覆岩破坏控制效果显著,覆岩破坏高度降低幅度达 45%以上,具有明显的减沉、缓沉效果,地表下沉系数为 0.05~0.30。新式充填材料、充填采矿技术显著的岩层控制效果及广泛应用为带状充填开采积累了丰富的经验,奠定了良好的技术基础[10]。所以,从技术上讲带状充填开采是可行的。虽然充填开采有效控制了地表沉陷,提高了资源回收率,但是充填成本仍是限制其在全国范围内大面积推广应用的一个重要因素。条带式充填开采相比全部充填开采,由于其为部分充填开采,在保证资源回收率情况下,充填材料成本花费减少约 50%;相比条带式开采,条带式充填开采的资源回收率大大提高,其资源回收率可以达到 80%~90%。从上述分析来看,条带式充填开采可以有效提高资源回收率,延长矿井服务年限,降低充填成本,在经济效益方面也是可行的。

6.1.3 工程应用

后坪磷矿属兴山县水月寺镇和榛子乡管辖,是湖北兴发化工集团股份有限公司旗下矿业子公司之一。后坪矿段位于树崆坪矿区北部,为树崆坪矿区磷矿层深部延深部分,位于兴山县城古夫镇 80°方向,直线距离 30km。其地理坐标范围:东经 111°00′08″~111°05′27″,北纬 31°20′20″~31°24′51″,矿段面积 41.59km^2,勘查区内地层整体呈单斜层状产出,略具波状起伏,没有大的褶皱构造;岩层产状较平缓,倾向 285°~65°,呈宽缓的弧状;倾角多在 2°~13°,一般南部产状较缓,北部稍陡。后坪矿段内具有工业价值的矿层为 Ph$_{13}$、Ph$_{12}$,Ph$_{13}$ 和 Ph$_{12}$ 磷矿层均只发育一个工业矿体,称为"Ph$_{13}$ 矿体"

和"Ph$_{12}$矿体",该矿山根据计算分析结果选择条带式充填采矿法[11]进行开采。

1）采准切割

采准切割工程主要包括分段运输巷道、盘区斜坡道、凿岩巷道、出矿巷道、切割平巷等。沿矿体走向每298m布置一个盘区，矿体沿倾向每96m布置一条分段运输巷道。每个盘区在上部预留8m宽顶柱，下部预留14m宽底柱，相邻盘区之间预留20m宽间柱。每个盘区中央布置一条盘区斜坡道，斜坡道倾角与矿体倾角一致，最大不超过8.5°。盘区斜坡道断面净宽4.3m，净断面面积15.61m^2；巷道围岩不稳固的地方采用锚网支护。盘区斜坡道两侧共预留20m宽临时保护矿柱。

斜坡道两侧分别布置条带矿房，条带矿房宽度暂时设计为6m。在每个矿房的中心施工一条凿岩巷道，凿岩巷道宽度为3.5m。在盘区底柱内正对每个矿房的凿岩巷道位置施工一条出矿巷道，出矿巷道宽度为4.3m。在盘区顶柱内正对每个矿房的凿岩巷道位置施工一条回风兼充填巷道。开采时矿层厚度5.5m以下一次性全层开采，矿层厚度5.5m以上考虑分层切顶开采工艺。采准工作完成后，在每个矿房的下端开凿切割平巷作为回采爆破的自由面。采准切割工作采用液压凿岩台车凿岩，柴油铲运机或电动扒渣机出矿（渣）。

2）回采工艺

盘区内采切工程完成后，便可以开始进行回采作业。进行回采作业时应事先处理顶板和两帮的浮石，确认安全方准进行。而且不应在同一采场同时凿岩和处理浮石。作业中发现冒顶预兆应停止作业进行处理；出现面积冒顶危险征兆，应立即通知作业人员撤离现场，并及时上报。在井下处理浮石时，应停止其他妨碍处理浮石的作业。

盘区内回采顺序为沿走向从一侧向另一侧推进间隔回采矿房，间隔的矿房回采胶结充填后再采另外的间隔矿房，矿房内回采顺序为自下往上，采用浅孔液压凿岩台车凿岩，人工装药爆破。

3）采场充填

一个矿房出矿完毕，即开始考虑对采空区进行充填。每个盘区沿走向进行充填，盘区内先充填上分段小盘区，而后充填下分段小盘区。为了降低充填采矿成本，设计暂时按照隔一充一的胶结充填方式进行充填。即将回采的条带式矿柱采用胶结方式充填，对矿柱回采的空区胶结充填时，首先在盘区底柱出矿巷道内设封堵挡墙，封堵挡墙采用钢筋喷混凝土型式，混凝土厚度为300mm。

采场充填工作应缓慢进行，防止充填料浆压力陡增导致封闭门或两侧模板垮塌；充填过程中还应定期量测充填高度，以便根据采场充填设计要求对充填料浆灰砂配比进行调整。由于矿房长度96m，为了便于充填料浆的流动，设计暂时按照每个矿房分8步进行充填，每次充填长度约12m。第一次的充填量不大于100m^3，高度不大于1.5m，在第一次充填材料凝固胶结3天后再充填100~120m^3，凝固胶结3天后，再循环进行直至充填结束。

在井下充填工作面及地面充填站要配置电话，派专人负责接听，2人在充填工作面口上进行监测、观察，每隔15min到充填口处观察一次。巡查注意观察充填进度情况，如浆体流速及充填挡墙的牢固性、渗水情况等，巡查人员必须在充填段上方及顶板支护完好的安全地点进行，发现问题及时与相关人员联系并进行处理。经检查挡墙符合要求后，开始启动充填系统进行充填。首先将充填管路一次性接到需要充填位置，把管路固

定在条带式采空区顶板，充填管出浆口固定牢固，向充填巷内按照自下而上的顺序进行充填，充填过程中，需有专人随时观察充填情况，发现跑浆、挡浆墙变形、管路出浆不稳定、管路有堵塞等异常现象时立即电话通知地面充填站人员停止充填并进行处理，确认管路正常、保障安全后方可再次继续充填工作。充填巷内空顶严禁人员进入。人员在顶板完整支护保护下观察出浆口的出浆情况，发现问题及时联系。充填过程中充填面口以下 100m 范围内不能有人工作，并通知相邻盘区的其他有人工作地点。充填至充填巷上口 5m 时，采用构筑挡浆墙将充填上口随充填结束而进行封堵。当充填液面达到设计充填标高时通知地表充填制备站结束充填作业。

4）施工方案

（1）在掘进施工过程中，盘区预留 8m 的顶柱和 14m 的底柱，相邻盘区之间预留 20m 宽的连续保安间柱。

（2）条带式矿柱开挖顺序。

施工时，按照 6m×12m 参数布置矿柱与矿房，即每隔 12m 宽条带矿房开挖一条 6m 宽条带式矿柱。一个盘区 6m 宽条带式矿柱采切完成，立即对所开挖的条带式矿柱进行胶结充填，当胶结充填体经过养护强度达到要求后，再对条带式矿房进行回采。

（3）条带式矿房开挖顺序。

条带式矿房开挖施工时，对条带式矿房采用"采一留一"的顺序开挖，即隔一个矿房进行开挖，不同时开挖相邻矿房，间隔开挖矿房然后进行散体充填，待未开挖矿房两侧条带式矿房干式充填完毕后，再进行预留矿房开挖。

6.2 厢式充填开采新技术

6.2.1 厢式充填开采的基本概念

在国内外采矿领域，关于中厚矿体的开采一直是一个难题。由于其赋存倾角较小，在开采中厚矿体时，采下的矿石无法依靠其本身的重力放出，在采场内进行开采时必须使用搬运设备。当矿体厚度较小时，开采设备在采场内运转不灵活；当矿体厚度较大时，采场空顶高，顶板管理工作较为困难，给企业的安全生产造成极大的隐患；当矿区岩石质量较差时，为稳固围岩，大量的矿柱需被留设，提出一种中厚矿体厢式充填开采法[12]。

根据矿体的赋存特征判断，采用该方法的矿体属中厚矿体。由主矿层直接顶板结构面发育状况判断，直接顶板围岩质量较差，需注意加强支护，然而采场空顶较高给顶板管理工作造成较大困难。通过设计一种厢式充填开采法（图 6-3），将矿层分为上、下两层进行开采以解决采场围岩管理工作困难的问题，该采矿方法在盘区的矿块划分、采准切割布置、回采充填工序等方案如下。

（1）盘区划分。将矿床分为阶段开采，在各阶段内进行盘区划分，盘区沿走向布置。单个盘区沿矿体走向长度 50～80m，沿倾向长度 80～120m。阶段运输巷道沿走向掘进。

（2）采准切割布置。从盘区中部沿底板上、下山巷道，以上山巷道底部为界将矿层

分为上下两层，以上山为界左右划分相同数量的矿房。盘区内不设溜井。

（3）回采充填工序。盘区设定 3 个步骤完成回采：第一步，先进行条带上层矿房矿石回采工作，然后进行同条带下层矿房矿石回采工作，同条带上下 2 个矿房回采完成后统一充填；第二步，同第一步重复间隔回采、充填盘区矿体直至盘区边界；第三步，将盘区内剩余矿体进行回采[12]。

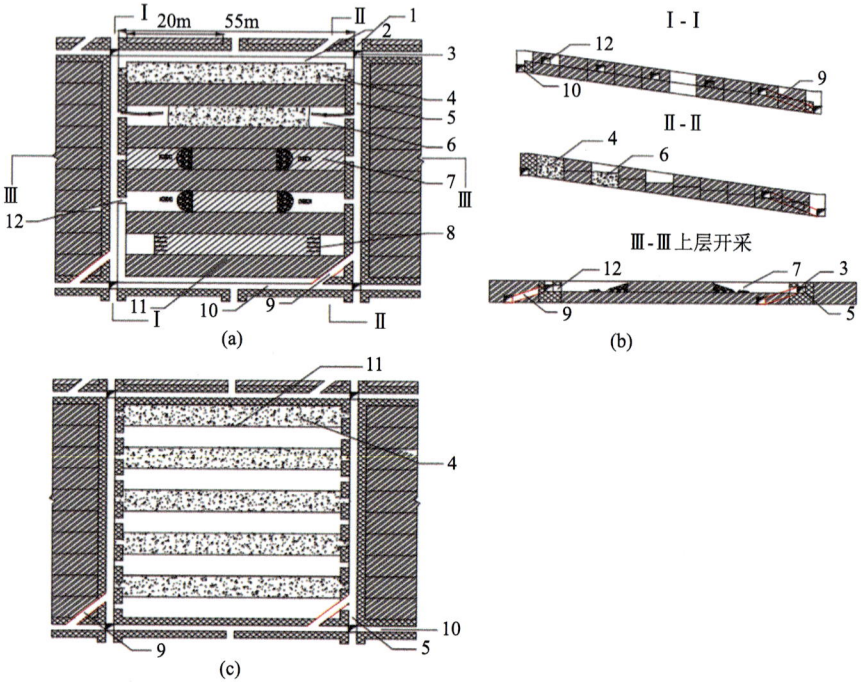

图 6-3　厢式充填开采法[12]

1-沿底板上山；2-顶柱；3-回风天井；4-充填完成的矿房；5-沿顶板上山；6-正在充填的矿房；
7-正在回采上层矿石的矿房；8-炮孔；9-斜坡道；10-阶段平巷；11-间柱；12-进路

6.2.2　厢式充填采矿法

1. 开采技术特点

与开采下磷层比较，开采中磷层的技术条件具有以下几个特点。

（1）中磷层开采矿区山势陡峻，地形条件非常不利于山体稳定。大多数采空区是不允许冒落的。因采空区冒落，地表就有可能引起塌陷。从而有可能导致地表陡岩基脚失稳，诱发陡岩崩落，酿成地质灾害。

（2）中磷层发育矿区，历史上山体垮塌遗迹较多，古裂缝时有发现。说明矿区山崩滑坡在历史上时有发生，当属地质灾害重点防范区。

（3）矿区中有些矿段还是地震多发区。例如，董家河矿段在 1960～1977 年，发生 1.5～2.9 级地震共 10 次。

（4）矿岩内部构造较其他矿区更为复杂。断层多，裂隙发育，往往会形成滑崩体的边界条件。

（5）地质工作程度普遍较低。

（6）中磷层直接顶板为灰白色中厚层状粉晶云岩夹薄层状泥晶泥质云岩，易风化，遇水易变软，实际岩石力学强度较低。根据栗西矿区金西磷矿等矿山井下现场观察，数处 3～4m 宽的脉内巷道中顶板垮落高度达 6m 以上，顶板稳固性较差。

（7）中磷层白云岩夹石层多且厚度变化大。对控制出矿品位极为不利。

（8）中磷层现可采厚度一般为 2～6m，平均 2.5m 左右，远大于目前大量开采的下磷层实际可采厚度 1～3.5m，平均 1.5m。

（9）下磷层开采有 30 多年的历史，采矿方法较成熟。但对中磷层开采目前还没有较成熟的采矿方法。

（10）下磷层开采后的采空区顶板处理，大多是采用强制崩落顶板的"崩"法。而杉树娅矿区、栗西矿区的中磷层开采，由于顶板含泥质，稳固性较差，回采中的顶板管理形势就比较严峻。但更艰巨的是回采后的采空区处理和山体稳定问题。为了山体稳定，最有力的保证条件是回采中和回采后顶板长期不垮落。而要求顶板长期不垮落的采矿方法（非充填性的）目前在国内技术上还是个难题[13]。

2. 采场参数

厢式充填采矿法由"人工壁柱"和充填体共同作用支撑顶板压力。设计采场结构参数时，主要考虑矿房宽度和长度、矿柱宽度和长度，以及采场控顶高度。垂直矿体走向布置矿块时，矿房和矿柱长度一般等于矿体的厚度。

因此，采场结构参数优化设计指合理选择矿柱宽度、矿房宽度和采场控顶高度三者的尺寸大小，设计时必须兼顾技术和经济两个方面。当矿岩不稳固时通常采用大矿房、小间柱布置形式，有利于增大第一步回采的采矿量、提高矿石回采率，相应地充填成本较高、矿房回采过程中安全程度低；当矿岩稳固时通常采用小矿房、大间柱布置形式，矿房胶结充填量减少，充填成本降低，间柱回采过程中安全程度低。因此，为使矿柱和矿房回采的安全程度大致相同，在矿石强度大于充填体强度时，矿房宽度应大于间柱宽度；在矿石强度小于充填体强度时，间柱宽度应大于矿房宽度。采场控顶高度较小时，采场生产能力受到一定的限制，但顶板容易控制、作业安全；控顶高度较大时，有利于采用无轨设备，从而提高采场生产能力，缺点是不利于顶板管理。

根据多年的现场工作经验，矿房宽度一般为 8～12m，矿柱宽度为 6～10m，控顶高度为 8～12m。以上所选择的采场结构参数是否符合下部矿体开采时的技术与安全要求，尚需进行理论研究和现场验证[14]。

3. 采准切割

在完成开拓工程的基础上掘进一系列巷道，将阶段划分为矿块，在矿块内为行人、通风、运料、凿岩、放矿等创造条件的采矿准备工作称为采准。采准巷道布置和类型随采矿方法而异，常见的采准巷道有阶段运输平巷，穿脉巷道，通风、行人、运料天井，凿岩平巷，凿岩天井，切割天井，拉底巷道，电耙巷道，装矿巷道，放矿溜井等[15]。

厢式充填采矿法由阶段运输平巷在盘区两翼沿矿体倾角向斜上方掘进斜坡道，开凿

沿顶板运输上山至上一阶段运输平巷,顶板运输上山的巷道高度等于矿体厚度的一半,开凿回风天井连接上一阶段运输平巷,同时在盘区中间掘进沿底板运输上山,直接连通本阶段与上阶段运输平巷;由顶板上山向盘区中间开凿进路,将单个盘区划分多个条带状矿房由底板上山向盘区两侧开凿进路,保留 3~5m 盘区内间柱;盘区内不设置溜井。

4. 回采工艺

回采是指从完成采准、切割工作的矿块内采出矿石的过程。回采工艺包括落矿、出矿和地压管理三项作业。回采工艺直接影响采矿方法的技术经济指标。回采工作面沿矿房长轴逆倾斜向上推进。回采前先沿矿房长轴掘进切割上山,贯通上下阶段运输巷道,然后在矿房下端开切割槽。薄矿体用浅眼落矿,中厚以上矿体用浅眼分层或垂直深孔落矿。矿房中落下的矿石用电耙、装运设备或爆破力运至溜井。在水平和微倾斜矿体中可用自行设备直接运出。每条条带分为上层矿和下层矿,先回采下层矿,后回采上层矿。

(1)下层矿回采与充填 下层矿回采时,在条带两端沿倾向向上的一侧预留上坡巷矿柱,由条带两端的联络道进入凿岩平巷,用凿岩台车向凿岩平巷两侧方向钻进浅孔,由铲运机将爆破落矿后的矿石经联络道和上山运至盘区溜井。条带内的下层矿回采完成后,在两端的联络道浇筑预埋有滤水管的充填挡墙,再对下层矿回采后的空区进行胶结充填。下层矿回采后空区的充填体上表面至上层矿底面预留距离为 0.3~0.6 m 的充填间隙[16]。

(2)上层矿回采与充填 下层矿回采后采空区的充填体终凝后,再由盘区两侧的上山掘进联络道到达上坡巷矿柱,在上坡巷矿柱中掘进上坡巷,上山通过联络道和上坡巷与充填体的上表面连通。采用凿岩台车凿岩,浅孔回采条带内的上层矿由铲运机将爆破落矿后的矿石经联络道、上坡巷和上山运至盘区溜井。条带内的上层矿回采完成后,对上坡巷的顶板和底板进行浅孔回采,最后对上层矿回采后的空区进行胶结充填[17]。

6.2.3 工程应用

1)工程概况

杉树垭矿山属宜昌北部矿区,位于鄂西山区,地表沟谷发育,山体陡峭,出露的地层主要有下寒武统牛蹄塘组、下震旦统灯影组和陡山沱组,磷矿层产于陡山沱组。矿层顶底板岩石层理和裂隙非常发育,岩石破碎,磷矿脆性强,矿层上覆盖层 30~500m,部分区域矿层厚度在 8~15m,矿层倾角在 1°~5°,原设计为盘区采用房柱采矿法开采。但随着采矿不断进行,当形成一定的空区面积后,原先预留的原生矿柱在顶板压力的作用下,富矿层逐步沿断层、裂隙和节理面向四周垮落,出现矿柱从中间开裂的现象,致使矿柱完全丧失支撑能力,顶板出现垮落,易诱发冲击波影响邻近采场安全,同时导致地质灾害,对附近居民、过往人员造成巨大威胁。如果仅从安全方面考虑,采用巷采,虽能保证安全,但回采率仅为 75%,矿产资源浪费严重。

目前国内已有很多矿山企业采用充填采矿法支撑顶板,技术也相对比较成熟。但绝大多数研究的是倾斜或急倾斜矿床,顶板结构相对较好,矿层倾角在 15° 及以上,而对于 3° 以下近水平矿体充填特别是接顶实施难度较大。另外,宜昌磷矿大部地处黄柏河上游,是宜昌生活水发源地,环保要求严格,不容许建浮选厂,矿区内没有大量易输送细

颗粒的充填原料。通过在实践中不断研究试验逐步探索出双通道分层采矿法，利用矿区开采过程中产生的废石直接搅拌胶结充填的厢式回采充填技术，不仅成功解决了以上难题，而且简单适用，成本较低，是一种新的、切实可行的采矿充填方法。

2）厢式充填开采施工工序及技术规范、参数

（1）工艺流程简述。

厢式充填开采布置如图 6-4 所示。沿切割方向分别在矿房两边和中间施工上下部通道（简称①施工上下部通道）—沿回采线方向上部通道切顶（简称②切顶）—切顶后顶板及帮壁锚网喷浆支护（简称③护顶固帮）—在下部通道沿回采线方向向两侧降底（简称④降底）—下部通道湿式充填（简称⑤下部湿式充填）—⑥顶部胶结接顶—（简称⑥矿房第一回采时，间隔一个通道重复上述工序）—⑦回采房间矿柱—⑧干料充填。

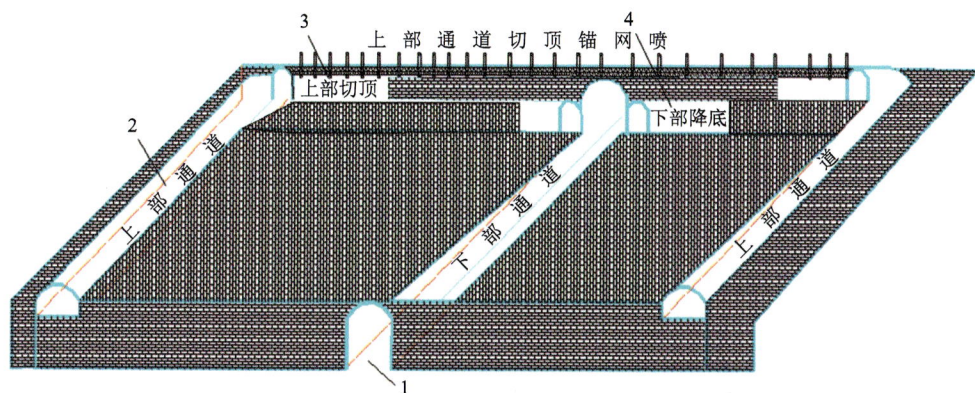

图 6-4　厢式充填开采布置图

1-下部巷道；2-上部通道；3-上部切顶；4-下部降底

（2）矿块构成要素。

矿块沿走向长 100m，沿倾向长 100m。矿房宽度为 4～6m、房间矿柱宽度 5～7m，可根据不同围岩情况适当调整。分步充填及接顶情况如图 6-5 所示，充填采矿工序如图 6-6 所示，相关施工工序及技术规范、参数如表 6-1 所示。

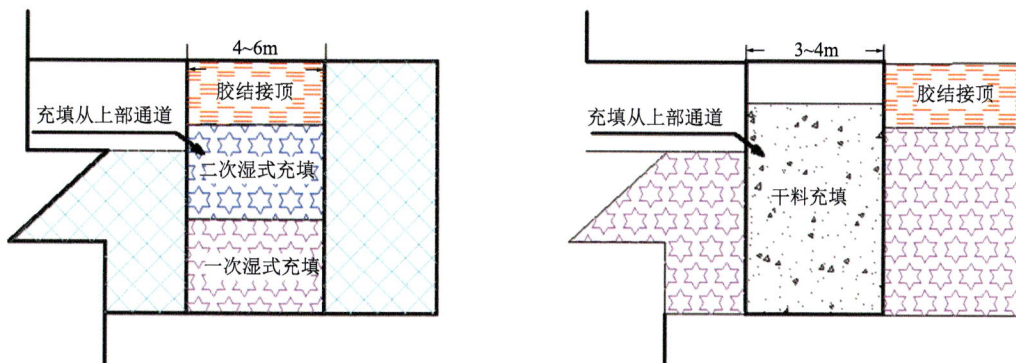

图 6-5　分步充填及接顶示意图

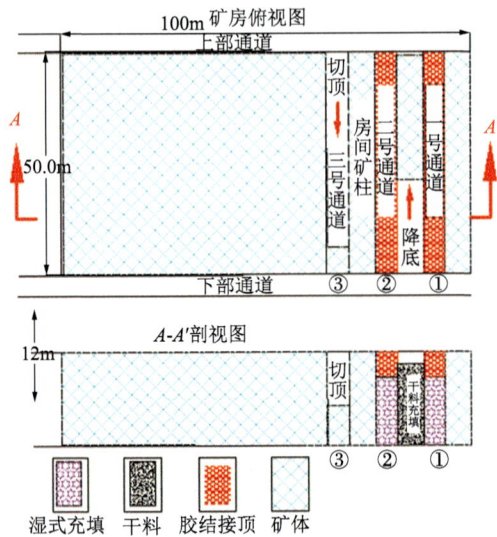

图 6-6　充填采矿工序示意图

表 6-1　施工工序及技术规范、参数

序号	工艺流程	施工工序和要求	技术参数
①	施工上下部通道	在矿块中部沿底板施工下部通道，两侧沿顶板施工上部通道	断面宽 4～6m、高 3～4.5m
②	切顶	沿回采线方向、在上部通道从两侧向中部切顶	断面宽 4～6m、高 3～4.5m
③	护顶固帮	①顶板及帮壁锚杆挂网； ②喷浆支护	锚杆长度 2m，锚杆布置密度 1.5m×1.5m；网片直径 4mm，孔间距 100mm；喷浆厚度 50～100mm，强度 C10
④	降底	沿下部通道向两侧将剩余矿层一次性回采，降底时宽度比上部切顶略窄	断面宽 3.5～5.5m、断面高为矿高
⑤	下部湿式充填	下部充填利用装载机对大块废石和尾矿混合料在现场进行搅拌，分层充填，推平碾压	①混凝土标号为 C10 ②充填体上部剩余空间 1.5～2m
⑥	顶部胶结接顶	①每隔 6m 在顶板施工一条楔形槽； ②每隔 6m 两端支模； ③分段用输送泵浇筑及接顶，直到模板顶部渗水为止； ④拆模养护，接顶 3 天后可拆模，每天对混凝土矿柱进行洒水养护	①混凝土强度 C10，接顶面积大于 85%； ②养护期 28 天
⑦	回采房间矿柱	①从上部通道回采上部矿石； ②从下部通道回采下部矿石； ③炮眼布置平行于巷道，不能破坏充填体	断面宽 5～7m，上部回采高 3～4.5m，下部回采高为矿高
⑧	干料充填	对回采后的房间矿柱采空区进行废石、干料反压充填体，从上部通道分层充填，辗压密实，最后用铲运车堆积至接近顶板	充填空顶高度小于 1m

注：①采用间隔式回采充填，先施工第一、二通道并胶结充填，再回采第一、二通道之间矿柱并干料充填，再施工第三通道，回采二、三通道之间矿柱，以下依此类推，直至完成该矿房回采工作。

3）施工要点

（1）建立井下搅拌站和改装混凝土输送车。为减少混凝土运输距离，在井下就近安装搅拌站（搅拌机型号 JS500）和自动配料机（型号 PLD800），生产能力为每小时 80m³。同时受井下巷道高度限制，自行改装了 1.5m³ 混凝土输送车，罐车最高为 3.2m，并配套购买混凝土输送泵。

（2）下部湿式充填。直接利用井下开拓掘进的废石，包含大块废石（直径 200～400mm）10%、中块废石（100～200mm）30% 和小块废石（1～100mm）60%，通过坑内卡车将其运输至充填区车场，再将地表重介质选矿的尾砂和水泥在井下搅拌站进行搅拌后，用改装的井下专业混凝土输送车运至废石处，按 C10 混凝土配比，通过装载机进行现场二次搅拌，然后从上部通道进行充填，辗压密实，直至充填高度顶板 1.5～2m。这种方法原料不需再加工，且输送方便，成本低廉，现场适用性强。

（3）输送泵分段位差压力接顶。顶部胶结充填材料采用重介质选矿 0～10mm 尾矿和适当尾泥作为润滑剂，按 C10 混凝土配比，支模后用混凝土输送泵输送浇筑接顶。接顶时，由于充填区顶板近水平，且充填纵向距离长，接顶质量较难控制。通过试验，采用分段胶结接顶，每段为 6m，并在每段中间巷道顶部开掘一条楔形槽作为料浆泄流道（如果顶板有自然倾角时可利用自然高差泄流），从高处向低处流动堆积接顶；另外，为增强浆体的流动性，使其接触面积达到要求，输送泵在楔形槽处压力要达到 ≥0.05MPa，并且模板周围上部开始轻微渗漏为止，使接顶面积达到 85% 以上。

（4）干料回填矿房。为防止下部湿式充填体受地压影响，长期受力后开裂垮落，达不到支撑效果，对回采后的房间矿柱采空区进行废石干料充填，用铲运车堆积后空顶高度小于 1m，从而反压充填体。充填后单个矿块空顶体积为 4275m³，只占总空区体积的 3.5%。目前最广泛的上覆盖岩层累计垮落高度是根据空顶高度 h 和垮落岩石的碎胀系数 c 确定的，杉树垭矿顶板碎胀系数按 1.4 计算，垮落高度 $H=h/（c-1）=2/（1.4-1）=5m$（考虑铲运车充填堆积体松散性，经垮落实际需填充的高度按 2m 计算），即上覆岩层厚度只要大于 5m，地表不会出现塌陷变形，这样即可通过废石的反压作用增强充填体的强度，防止其劈裂；又可以大大减小顶板面积来降低松动带的范围，防止地质灾害的发生。

4）主要技术指标

采用厢式充填开采的主要技术指标如表 6-2 所示。

表 6-2 采用厢式充填开采的主要技术指标

序号	指标名称	单位	数量
1	矿块规格	m×m	100×100
2	矿块生产能力	t/d	500
3	采矿方法	厢式充填采矿法	
4	矿石回收率	%	90
5	废石混入率	%	3

续表

序号	指标名称	单位	数量
6	总充填体积	万 m³	9.93
7	湿式充填体积比	%	45.12
8	胶结充填体积比	%	6.55
9	干料充填体积比	%	48.33

5）经济性分析

（1）成本分析。以一个矿块作为测算单元（长 100m×宽 100m×高 12m×容重 2.8t/m³×回采率 90%）可采出矿 30.24 万 t。具体的成本分析见表 6-3。

表 6-3　成本分析表

项目	工程量/万 m³	单价/（元/m³）	金额/万元
湿式充填	4.48	220	985.6
胶结接顶	0.65	550	357.5
干料充填	4.8	21	100.8
锚网喷浆	0.43	100	43
合计			1486.9

（2）效益分析。

具体的效益分析见表 6-4。

表 6-4　效益分析表

项目名称	数额	备注
开采矿量/万 t	30.24	
回采率提高/%	15	
多采矿量/万 t	4.5	
综合采矿成本/（元/t）	165.75	采矿成本 115.75 元/t，充填成本 50 元/t
销售单价/（元/t）	250	
利润/（元/t）	84.25	
创效/万元	379.13	

宜昌北部杉树垭矿区中厚矿体储量约 600 万 t，采用该项技术可多采出磷矿 90 万 t，经济效益显著。

参 考 文 献

[1] 郭爱国, 张华兴. 我国充填采矿现状及发展[J]. 矿山测量, 2005(1): 60-61, 52.

[2] 徐永圻. 煤矿开采学[M]. 徐州: 中国矿业大学出版社, 2015.

[3] 宋英明, 刘东升, 刘浪, 等. 建筑物下四阶段条带膏体充填开采技术与应用[J]. 煤炭工程, 2022, 54(8): 7-20.

[4] 于利, 吴士坤. 充填开采与条带开采相结合的技术探讨[J]. 煤矿现代化, 2016(2): 129-131.

[5] 胡炳南. 我国煤矿充填开采技术及其发展趋势[J]. 煤炭科学技术, 2012, 40(11): 1-5, 18.

[6] 李强, 茅献彪, 卜万奎, 等. 巷道矸石充填控制覆岩变形的力学机理研究[J]. 中国矿业大学学报, 2008(6): 745-750.

[7] 刘鹏亮, 胡炳南. 巷式开采和充填对隔离煤柱应力影响的实测研究[J]. 矿山测量, 2007(4): 4-6, 41.

[8] 屠世浩, 郝定溢, 李文龙, 等. "采选充+X" 一体化矿井选择性开采理论与技术体系构建[J]. 采矿与安全工程学报, 2020, 37(1): 81-92.

[9] 孙希奎. 矿山绿色充填开采发展现状及展望[J]. 煤炭科学技术, 2020, 48(9): 48-55.

[10] 周杰. 挑水河磷矿充填条带矿柱宽度与采场顶板下沉分析[D]. 武汉: 武汉理工大学, 2016.

[11] 董高一, 高鹏, 陈景松, 等. 后坪磷矿条带式胶结充填开采顺序优化数值模拟研究[J]. 化工矿物与加工, 2023, 52(1): 13-19.

[12] 池秀文, 柴志杰, 何治良, 等. 缓倾斜中厚矿体分层开采与围岩控制研究[J]. 金属矿山, 2020, 10: 92-97.

[13] 王荣林. 宜昌磷矿中磷层采矿方法及山体稳定性研究初探[J]. 化工矿物与加工, 2001(6): 18-21.

[14] 陶干强, 孙冰, 宋丽霞, 等. 充填法采场结构参数优化设计[J]. 采矿与安全工程学报, 2009, 26(4): 460-464.

[15] 陈国山. 金属矿地下开采[M]. 2 版. 北京: 冶金工业出版社, 2012.

[16] 刘林森. 尾砂密接充填法——一种适用于缓倾斜薄至中厚矿体的采矿方法[J]. 湖南冶金, 1981(3): 51-58.

[17] 张世雄. 固体矿床采矿学[M]. 3 版. 武汉: 武汉理工大学出版社, 2018.

第 7 章
磷矿智能开采技术

■ 7.1 磷矿智能开采概述

进入 21 世纪后，高效、安全、绿色成为矿山建设的宗旨。近年来随着人工智能技术、高速网络技术的发展，数字矿山逐步在国内外企业摸索建设，矿山智能开采已经成为可能。

国外以加拿大、瑞典、芬兰为代表，从国家战略层面出台了相关计划，推进适应深部多场耦合环境的智能化开采技术攻关和装备研发。加拿大提出"2050 计划"和"超深采矿网络 2.0（UDMN2.0）计划"，旨在建成全智能无人化矿山，实现卫星遥控。瑞典制定了面向矿山自动化的"Grountechnik 2000 计划"，发展了阿特拉斯等一批智能采矿领军企业。芬兰启动"国家智能矿山技术研究计划"（IM）和"智能矿山实施研发计划"（IMI），推动了山特维克等矿山设备智造领军企业的发展。欧盟启动"地平线 2020 科研规划"，着力研究国际竞争性科技难题。此外，美国、南非、澳大利亚、智利等矿业大国均有矿山智能化的相关战略规划，正在逐步推进矿山智能化建设和开采运营[1]。

国内同时开展了以信息化为基础，以采矿装备智能化运行及采矿生产过程自动控制为目标的矿山智能开采技术与装备研究，为促进我国从矿业大国走向矿业强国提供技术支撑。自"十一五"开始，国家先后立项开展了多项与智能化采矿相关的重点或专项科技攻关项目，包括"数字化采矿关键技术与软件开发""地下无人采矿设备高精度定位技术和智能化无人操纵铲运机的模型技术研究""井下（无人工作面）采矿遥控关键技术与装备的开发""千米深井地压与高温灾害监控技术与装备"等项目，为遥控自动化智能采矿的发展奠定了良好基础。"十二五"期间，国家又部署了"863"研究项目"地下金属矿智能开采技术"，针对地下矿山的特殊性，以信息采集、井下高频宽带实时通信网络、井下定位技术、调度与控制系统等为技术手段，以井下铲运凿岩爆破装备为控制对象，通过多层次、在线实时调度与控制，优化矿山生产过程，形成具备行业性和通用性的地下金属矿山智能开采平台。"十三五"国家重点研发计划"深地资源勘查开采"更是布局了"基于大数据的金属矿开采装备智能管控技术研究与示范"重点专项，突破了开采过程及装备大数据采集与融合，以及基于大数据的预测、诊断、控制与调度等技术瓶颈。

随着 5G 技术的快速发展，采矿行业成为 5G+工业互联网探索和应用的热门领域，

涌现出"中国磷矿之乡"樟村坪镇全国首个非煤矿区 5G+多接触边缘计算（MEC）节点、宜昌华西矿业有限责任公司浴华坪矿区 5G 智能巡检机器人、"5G+北斗智慧矿卡"安全服务云平台，湖北三宁矿业有限公司挑水河矿区无人驾驶矿车井下作业，贵州磷化（集团）有限责任公司与中国联通有限公司贵州分公司联合打造的"磷化集团 5G+智能协同制造"等磷矿智能化开发应用场景。

总体来讲，矿山的智能化进程经历了矿山自动化、数字矿山和智能矿山 3 个阶段，而其基础起源于西方的矿床数字化建模与自动化采矿。在矿山智能化发展战略上，国外矿山以设备制造商、大型矿业公司为主体进行推进。我国智能矿山与其的区别是从国家战略与发展规划上进行宏观布局。

7.1.1 国外矿山智能化战略

西方矿业发达国家最早开始应用自动化采矿技术可追溯到 20 世纪 60 年代，并且随着应用范围的扩大，自动化技术、装备与开采工艺不断融合，形成了从自动化到智能化的采矿技术发展趋势。20 世纪 90 年代，芬兰、澳大利亚、瑞典、加拿大、美国等矿业发达国家，先后制定了一系列智能矿山发展计划，大幅提升了矿山的自动化与智能化水平，增强了企业的竞争力[2]。

1991 年芬兰提出 1992～1997 年的"5a 智能矿山技术研究计划"，之后又提出了"智能矿山实施研发计划"，涉及采矿实时过程控制、资源实时管理、高速通信网络、新机械应用和自动化采矿与设备遥控等 28 个专题。加拿大 1993 年完成论证并开始实施"采矿自动化项目 5a 计划"，还制定了一项远景规划，拟在 2050 年建成所有机械破碎和自动采矿设备由卫星操控的无人矿山。1994 年，澳大利亚联邦科学与工业研究组织（CSIRO）发起了采矿机器人研究项目，研制了露天矿山大型铲斗的自动控制与遥控系统，开发了地下金属矿铲运机自动控制系统。1996 年，加拿大莫可（Inco）公司、芬兰汤姆洛克（Tamrock）集团公司和挪威代诺（Dyno）炸药集团联合发起了采矿自动化计划（mining automation program，MAP），规划了导航、远程遥控、相应的控制软件并在加拿大北部建立了实验矿山。之后，瑞典也制定了面向矿山自动化的"Grountecknik 2000"计划[2]。

以早期自动化采矿成果为基础，近年来国外矿业界持续推进智能矿山技术的研究与应用，无论是国家层面还是企业层面均提出了大量矿山智能化战略布局。自 2013 年起，国际知名咨询公司德勤（Deloitte）在其公布的年度矿业趋势报告中先后强调了现代信息技术、远程采矿、数字化、数据分析和人工智能等技术的重要性。在 2018 年《智能矿山——创造真正的价值》报告中将"智能矿山"视为矿山转型的必然手段和未来发展的必然趋势。2020 年度矿业十大趋势报告结合典型案例，强调了"走向智能采矿之路"的重要性，认为数字技术、人工智能及分析解决方案将有望推动矿业转型，但同时也表明从启动智能化建设到创造预期价值仍有较长的路[2]。

近年来，瑞典持续开展了"瑞典矿业创新"（Swed-ish Mining Innovation）项目，旨在推动矿业进步与可持续发展。2017 年，6 家瑞典采矿技术公司与瑞典商业公司联合成立了瑞典采矿自动化集团（Swedish Mining Automation Group，SMAG），在采矿行业开

展合作并促进创新。2020 年开展了全面推进、试点示范、前瞻研究和战略规划四大类共计 42 个项目，涵盖了地测采选冶的全流程和物联网、无人机、大数据等前沿技术的应用，对矿山智能化起到了重要的引导作用[2]。

2019 年，欧盟发起了一项为期 4 年的 "Robo-miners" 项目，该项目的目标为开发一种能够用于地下开采的仿生机器人，用于狭窄地点或环境恶劣地点的采矿作业。英美资源集团（Anglo American plc）制定了 "未来智能采矿"（future smart mining）计划，以逐步提升其智能化生产和管理水平。秘鲁的奎拉维科（Quellaveco）铜矿将成为其第一个试点建设的全智能矿山[2]。

此外，国外许多矿业公司，如巴厘克、波里登等，都在实施数字智能矿山建设计划，在三维矿业软件深度应用、装备智能化及无人化作业、生产协同管控与实时调度等方面都达到了很高的水平[2]。

7.1.2　国内矿山智能化战略

国内矿山智能化战略是中国政府为推动矿山产业转型升级而制定的综合性计划，旨在通过引入先进的信息技术、自动化、人工智能等手段，实现矿山生产过程的智能化、自动化和数字化转型。

从 2007 年国家号召推进 "两化" 融合走新型工业化道路，到 2015 年提出 "中国制造 2025"，这都对我国矿山智能化建设起到了推动作用，有利于促进我国智能矿山发展进程。2017 年，国家出台《安全生产 "十三五" 规划》，强调 "机械化换人、自动化减人"。随后，《关于深化 "互联网+先进制造业" 发展工业互联网的指导意见》《新一代人工智能发展规划》及《智能制造工程实施指南（2016—2020）》等文件相继出台，推动了传统矿山企业继续深化技术变革，这些都形成了智能矿山发展的时代背景与需求原动力，智能化已成为矿业发展的必由之路。

在此背景下，智能矿山建设相继引起了自国家、行业到大型矿业集团的普遍重视。自 "十一五" 开始，国家先后立项开展了多项与智能化采矿相关的重点或专项科技攻关项目，如 "数字化采矿关键技术与软件开发" "地下无人采矿设备高精度定位技术和智能化无人操纵铲运机的模型技术研究" "井下（无人工作面）采矿遥控关键技术与装备的开发" 等，为进一步全面开展智能矿山建设奠定了良好基础。"十二五" 期间，科技部将 "数字矿山建设关键技术研究与示范" 和 "地下金属矿智能开采技术研究" 列入了国家 "863" 计划，提升了矿山信息获取、信息传输和信息处理的能力，并研发了智能铲运机、智能卡车等智能采矿装备与配套技术，推进了我国智能采矿技术的发展。"十三五" 期间，在 "深地资源勘查开采" 专项支持下，设置了 "地下金属矿规模化无人采矿关键技术研发与示范" 项目，继续推动我国智能矿山领域的技术攻关。随着科技创新的加快推进，大数据、互联网、遥感探测等新技术与矿业交叉融合，数字化、智能化技术和装备研发应用，使矿业发展新动能日益强劲，为矿业转型升级，实现创新发展开辟了新领域，即矿山开采的数字化、智能化。

在国家相关政策的引导下，煤炭、有色、冶金及黄金行业都根据各自的行业特征，开展了对矿山智能化建设内容、体系及关键技术的大讨论，许多具备条件的矿山也根据

自身的理解开展了智能矿山建设工作。为了充分融合已取得的经验、整合建设成果，国家各部委、行业协会等也根据行业特色制定了（或正在制定）指导企业智能化发展的相关指南或标准。2017 年 1 月，《工业和信息化部关于推进黄金行业转型升级的指导意见》中明确提出了强化智能制造，运用信息化手段、自动化设备、智能化生产体系和强化标准建设等原则和要求来改造黄金产业。2018 年 5 月，中华人民共和国国家质量监督检验检疫总局、中国国家标准化管理委员会发布了《智慧矿山信息系统通用技术规范》（GB/T 34679—2017），正式将矿山智能化列入了国家标准。2020 年 2 月，国家发展和改革委员会、国家能源局等 8 个部委联合下发了《关于加快煤矿智能化发展的指导意见》，明确了煤矿智能化发展的主要目标、主要任务和保障措施，对采煤、掘进、运输、通风、供电、选煤等环节的智能化发展具有重要的指导意义。2020 年 4 月，工业和信息化部、国家发展和改革委员会与自然资源部联合发布了《有色金属行业智能矿山建设指南（试行）》，加快推进 5G、工业互联网、人工智能等新一代信息通信技术在有色金属行业的集成创新和融合应用，明确指出了在有色金属矿山生产劳动作业强度大、作业环境恶劣（高温、多粉尘、噪声大等）、人员安全风险大的凿岩、装药、支护、铲装、运输等岗位，鼓励矿山应用智能凿岩台车、智能锚杆台车、智能铲运机、智能卡车、智能装药车等具备自主行驶与自主作业功能的采矿装备进行凿岩、装药、支护、铲装、运输等作业，降低人员劳动强度，提高生产安全性、质量稳定性和生产效率。

《智能矿山建设规范》（DZT 0376—2021）涵盖金属矿、非金属矿、煤矿，磷矿的智能化建设标准，将"智能矿山"最终定义为"在地质测量、资源管理、采矿生产、选矿加工、运输仓储等方面实现数字化、信息化、智能化管控的现代化矿山"，指出智能矿山建设应包括基础设施、资源管理、采矿、选矿、生态环境保护、矿山大数据应用与智能决策，具有系统性、全面性和技术指导性。

此外，中南大学、北京科技大学、矿冶科技集团有限公司、中国恩菲工程技术有限公司、长沙矿山研究院有限责任公司等单位先后建立数字矿山、智能矿山实验室（或研究中心），开展数字化和智能化的专门研究。针对智能矿山学科领域交叉性这一鲜明的建设特征，对于相关人才的培养也备受重视，国内一些矿业类高校开设了专门的智能采矿班，为我国矿山智能化培养人才。

综上，智能采矿已被普遍认为是未来矿山的生产方式，智能化技术和手段在矿山中的应用可以极大提高矿山生产效率、保障矿山安全生产、减少生命和财产损失。经过不断的研究与探索，矿业发达国家在智能采矿领域已经取得了丰硕成果，并得到了广泛应用。近年来，我国对智能矿山技术的研究与应用也非常重视，从矿业的安全、高效、经济、绿色与可持续发展等目标出发，倡导矿山积极开展智能化建设，并在技术、政策、资金等方面给予了全方位的引导和支持。

矿山智能化建设一般可以概况为开采环境智能感知与信息处理、开采作业智能控制、采矿系统智能管控三大主题（图 7-1），以实现设计、掘进、采矿、运输、充填、支护、提升、安全监测等全过程的智能化，为无人采矿奠定基础，下面将详细阐述矿山智能化建设的三大主题。

图 7-1 智能矿山建设体系

7.2 磷矿开采环境智能感知体系与技术

磷矿开采环境智能感知体系与技术是指利用先进的传感器、数据采集、数据分析和信息技术来实现对磷矿开采环境的智能感知和监测。该体系和技术可以帮助矿山管理者更好地了解磷矿开采区域的情况，预测潜在的问题，优化开采方案，实现更高效、安全、环保的矿山运营。下面从地应力智能测量、岩体结构智能识别、微震监测与灾害预警等几个方面进行介绍。

7.2.1 地应力智能测量

地应力是存在于地层中未受工程扰动的天然应力，也称为岩体初始应力或原岩应力，是岩体工程中最重要的参数之一。地应力的实测工作开始于 20 世纪 30 年代，在过去几十年的发展中，不断有新的测量方法被提出，测量仪器有上百种。其中，应力解除法和水压致裂法是国际岩石力学学会于 2003 年新推荐的两种地应力测量方法。应力解除法的测试深度相对较浅，需要足够的地下巷道容纳设备，但该法能够在钻孔中一次测得六个应力分量，属于三维应力测量方法，适合已建矿山。应力解除法三轴地应力计结构示意图见图 7-2。

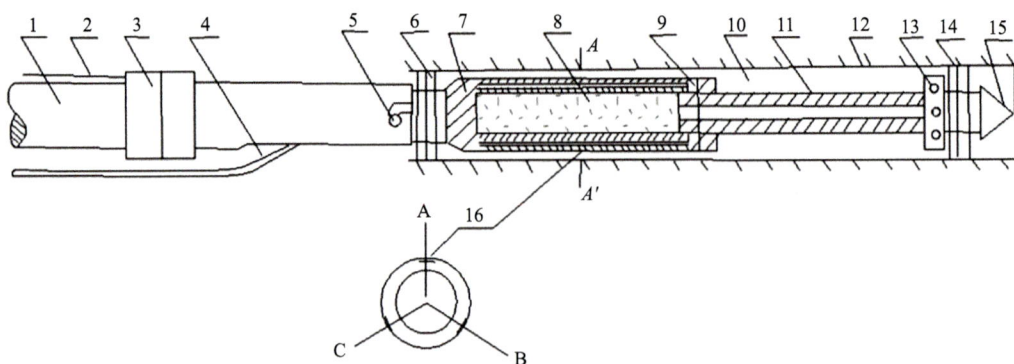

图 7-2 应力解除法三轴地应力计结构示意图

1-安装杆；2-定向器导线；3-定向器；4-读数电缆；5-定向销；6-密封圈；7-环氧树脂筒；8-空腔；内装黏胶剂；9-固定销；
10-应力计与孔壁之间的空隙；11-柱塞；12-岩石钻孔；13-出胶孔；14-密封圈；15-导向头；16-应变花（包括 A、B、C）

地应力智能测量是指利用智能化的测量技术和传感器设备来监测与记录磷矿地区的地应力变化情况。磷矿地应力的测量可以为矿山开发、安全管理、环境保护等方面提供重要的数据支持。目前主要技术有磷矿岩体非线性地应力测量理论与技术、基于光学测量的新型地应力测试方法、高应力易破碎岩体的地应力测量技术及钻进过程的原位岩体力学参数实时获取技术[3]。

1）磷矿岩体非线性地应力测量理论与技术

该技术旨在深入研究磷矿岩体在高应力条件下的非线性应力响应，以及开发相应的地应力测量方法和技术。研究聚焦于以下几个方面。

（1）非线性应力响应理论：分析磷矿岩体在高应力状态下的非线性应力变化规律，考虑岩石在不同荷载下的弹性、塑性、损伤等特性，构建适用于磷矿岩体的非线性应力响应理论模型。

（2）测量方法与传感技术：开发适用于磷矿岩体的地应力测量方法，包括应变计、应力计、压力传感器等传感技术的应用。针对非线性应力情况，优化传感器布置和参数设置，以获得准确的地应力数据。

（3）实验与野外测试：设计和实施针对磷矿岩体的地应力实验，模拟高应力条件下的岩体行为，获取实验数据并与理论模型进行对比分析。在矿山现场进行地应力野外测试，验证理论与技术的适用性。

（4）数据处理与分析：建立磷矿岩体非线性地应力测量数据的处理与分析方法，通过统计学和数值模拟等手段，揭示地应力的非线性特性和变化规律。

（5）工程应用与安全管理：将磷矿岩体非线性地应力测量理论与技术应用于实际矿山工程，优化矿山设计、开采方案和支持措施，提高矿山开采的安全性和稳定性。

2）基于光学测量的新型地应力测试方法[4]

（1）光纤光栅传感技术：光纤光栅是一种能够感知光纤本身的形变和应力的传感器。通过将光纤光栅埋设在地下或混入地表材料中，可以实时监测地下地质体的应力变化。应变和应力变化会导致光纤中反射光的波长发生变化，通过测量这些波长的变化，可以计算出地应力的变化情况。

（2）光学相干层析成像（OCT）：OCT 是一种非接触、高分辨率的光学成像技术。它可以用于获取地下材料的应力分布信息。OCT 可以扫描地下地质体，并测量反射或散射的光信号，进而得到地下材料的应力信息。

（3）光学应变测量：利用光学应变测量方法，如数字图像相关法或数字全息术，可以在地下地质体表面或潜在应力点处获取应变信息。通过将应变数据转换为应力数据，实现对地下地质体应力状态的测量。

3）高应力易破碎岩体的地应力测量技术

该技术旨在针对具有易碎性质的岩体，开发一种能够准确测量地应力的方法和技术。该技术考虑了岩体脆弱性和高应力环境下的特殊挑战，以支持矿山开采和岩体工程等领域的安全管理和工作效率提升。选择适合高应力易破碎岩体的地应力传感器，确保其能够在岩体受力下稳定工作。优化传感器的布置位置，以捕捉岩体不同区域的应力变化。针对易破碎岩体的特点，设计传感器的保护措施，以防止传感器受损或破坏。确

保传感器具有足够的耐久性，能够在恶劣环境下长时间工作。

4）钻进过程的原位岩体力学参数实时获取技术

该技术是指在进行钻探或钻进操作时，通过先进的传感器和监测系统，实时获取岩体的力学参数信息，从而深入了解岩石的物理性质和力学行为。这种技术的目的是为工程设计、开采规划及地质调查等提供准确的实时数据支持。

7.2.2 岩体结构智能识别

精确快速获取岩体结构面几何信息，一直是矿山工程与工程地质领域研究的热点问题。随着测绘技术长足进步，岩体结构面测量技术不断发展，已发展出多种新型的非接触式测量方法，如井下电视、摄影测量和三维激光扫描技术等。

岩体结构智能识别是指利用先进的计算机视觉、图像处理、机器学习等技术，对岩体表面或岩体内部的结构特征进行自动化识别和分析。这种智能识别方法可以应用于地质调查、工程建设、矿山开采等领域，帮助快速、准确地了解岩体的结构和性质。主要包括以下几方面技术。

1）透地岩体结构智能识别技术

（1）图像处理和计算机视觉：通过图像处理和计算机视觉技术，可以对野外拍摄的岩石照片或岩体的高清图像进行处理和分析。可以自动提取岩石的纹理、颜色、形状等特征，从而帮助地质学家快速识别不同类型的岩石。

（2）机器学习和深度学习：利用机器学习和深度学习算法，可以对大量的岩石样本数据进行训练，从而使系统具备识别和区分不同岩石结构的能力。这种方法可以大大提高识别的准确性和效率。

（3）地质数据库和知识图谱：构建完善的地质数据库和知识图谱，整合地质学领域的知识和信息。智能识别系统可以从这些数据库中获取数据，并结合先验知识进行岩体结构的推理和识别[5]。

2）岩体表面与内部钻孔结构数据融合技术

（1）地质雷达和声波测探技术：地质雷达和声波测探技术可以用于非侵入性地获取岩体表面以下的地下结构信息。这些技术可以提供地下岩体的形貌、构造、裂隙等信息。将地表和地下数据结合，可以形成更全面的岩体模型。

（2）地质数据库和地理信息系统（GIS）集成：整合来自不同数据源的地质信息，包括钻孔数据、测量数据、岩石采样数据等，建立完整的地质数据库。通过 GIS 技术，可以将这些数据在地图上进行空间叠加和可视化，为岩体结构分析提供全局视角。

（3）数据插值和模拟：对于有限的钻孔数据，可以利用数据插值和模拟技术来填补空间信息，生成连续的岩体结构模型。这样可以扩展钻孔数据的应用范围，并提高数据的空间分辨率。露头结构面推算岩体内部节理裂隙的算法旨在揭示岩体内部裂隙的分布、走向、倾向等特征，对岩体的稳定性和工程设计具有重要意义[6]。

3）大尺寸岩体结构智能识别技术

该技术利用人工智能和相关技术来自动识别与分析大尺寸岩体（如山体、岩石体）的结构和特征，可以应用于地质灾害预警、岩石工程、大坝安全评估等领域。例如，岩

体结构面连续移动扫描技术主要通过激光扫描或其他传感器的持续移动来获取结构面的三维信息，从而形成连续的数据集。

7.2.3 微震监测与灾害预警

微震监测与灾害预警是一种地震监测技术，旨在通过检测和分析微小的地震活动，预测可能的地质灾害，提前采取措施以减少损失。微震监测通常应用于矿山、地下工程、火山活动等领域，以实时监测地下的地质变化和地震活动，其系统组成如图 7-3 所示。

图 7-3　微震监测系统示意图

目前微震监测智能化研究主要关注如下两个方面。

1）自动感知与智能诊断的分布式微震监测技术

该技术是一种利用先进的传感器和数据处理技术来实现对微震事件（小幅地震）自动感知和智能诊断的监测技术。该项技术通常应用于地震学研究、地质勘探、地下水流动监测等领域。以下是该技术的主要特点和关键技术。

（1）分布式传感器网络：采用分布式传感器网络，将多个微震监测传感器部署在监测区域内。这些传感器可以实时获取地下或地表微震信号，并将数据传输到中央数据处理系统。

（2）自动感知技术：借助先进的信号处理和模式识别算法，对传感器收集到的微震数据进行自动感知。通过分析信号特征，系统能够实时判断是否发生微震事件。

（3）数据处理与智能诊断：通过数据处理技术，对感知到的微震事件进行分析和诊断。智能算法可以确定地震的发生时间、位置、震源深度、震级等重要参数，并对事件进行分类和评估。

（4）高精度地震定位：通过多传感器数据融合和定位算法，实现对微震事件的高精度定位。这有助于精确了解地震活动的分布和规律。

（5）实时监测与预警：结合实时数据传输和智能诊断，该技术可以实现对地震事件的实时监测和预警。一旦发现地震事件，系统可以及时发出警报，提醒相关部门和人员采取相应的防护措施。

（6）分布式计算与云平台：为了应对大规模数据处理需求，采用分布式计算和云平台技术，可以提高系统的计算效率和处理能力。通过实时监测微震活动，可以了解地下构造和地震活动规律，对地质灾害和地震风险进行评估和预警。此外，该技术在地下水流动监测、油气勘探和生态环境保护等领域也有着广泛的应用前景[7]。

2）基于互相关与双重残差的微震定位及成像技术

该技术结合了互相关方法和双重残差定位技术，通过复杂的数据处理和计算，实现对微震事件的准确定位和成像，以便更好地了解地下构造和地震活动。然而，由于该技术涉及较为复杂的数据处理和计算，需要充分利用计算机和专业软件进行实现[8]。

另外，其他一些关键技术研究也在不断开展，如下所述。

震源机制与应力场反演的动态分析技术是利用地震波数据和相关模型，对地震震源机制和地下应力场进行推断与反演的高级地震学技术。该项技术旨在理解地震的发生机理，研究地下构造和地壳变形，并为地震灾害评估和地质勘探提供重要信息[9]。

全自动震相拾取–时空定位–快速预警技术，结合了自动化震相拾取、时空定位和快速预警功能。该项技术旨在实现对地震事件的实时监测、定位和预警，以便及早采取适当的措施应对地震灾害[10]。

深部地压监测预警与灾害防控运维云服务平台构建旨在利用云计算和物联网技术，实现对深部地压的实时监测、预警和灾害防控的全面管理。这样的平台将为地质灾害防治提供全新的解决方案，并在工程建设、矿山安全、地下空间开发等领域具有广泛的应用前景。

7.2.4 智能空间探测

智能空间探测是指利用智能化的传感器、数据采集、数据分析和人工智能技术，对磷矿环境中的空间信息进行感知、分析和理解的方法。该技术可以应用于磷矿开采、矿山管理、环境保护等领域，以获取关于磷矿区域实时和准确的数据，从而支持决策制定和资源管理。目前主要开展的相关技术研究如下所述。

1）无人机载三维激光扫描系统

无人机载三维激光扫描系统是一种先进的无人机载设备[11]（图7-4），用于进行地面、建筑物、自然地物等目标的三维激光扫描和建模。该系统能够在较短时间内获取大范围目标的高精度三维点云数据。其优势在于可以实现高效、灵活的数据采集和建模，尤其在复杂或难以进入的地形环境下具有明显优势。然而，该系统的成本较高，且数据处理和配准较为复杂，需要专业的操作人员和技术支持。

图7-4 无人机载三维激光扫描系统作业示意图

由于地下空间的封闭性、复杂性和缺乏全球定位系统（GPS）信号等特点，无人机在地下环境中飞行和通信面临一系列挑战，攻克复杂地下空间无人机自主飞行、避障技术和通信信号可靠传输技术成为关键，相关技术仍需不断完善和优化。

2）无 GPS 条件下地下空间即时定位与成图技术

在无 GPS 条件下地下空间中进行即时定位与成图是一项具有挑战性的任务。由于地下空间的封闭性和 GPS 信号无法穿透地面，传统的 GPS 定位技术无法应用，为了在地下空间中实现即时定位和成图，可以采用以下技术：①惯性导航系统（INS）；②激光测距；③即时配准和建图算法；④视觉导航；⑤通信信号时延估计。

以上技术可以结合使用，通过多传感器数据融合和实时处理，实现在无 GPS 条件下地下空间的即时定位与成图。然而，地下空间的复杂性和多变性可能导致定位误差增大，因此技术的精度和可靠性仍需不断改进和优化[12]。

3）三维激光扫描技术

三维激光扫描技术可获取大量的点云数据，这些数据可以用于生成真实感十足的三维场景模型。为了进行海量点云的显示与模型构建，需要采用一系列高效的数据处理和可视化技术[13]。

7.2.5 深部磷矿人-机系统智能感知技术

深部磷矿人-机系统智能感知技术是指在深部磷矿开采过程中，利用先进的传感器、数据采集、数据分析和人工智能技术，实现对矿山内部环境、设备状态和工人行为的智能感知和监测。

针对井下人、车、岩、场的关键智能感知难题，目前有如下几方面技术研究。

1）深部环境人员智能穿戴装备及传感交互技术

该技术是为提高在深部环境中工作人员的安全和效率而设计的一类先进技术。该装备和技术结合了传感器技术、智能算法和交互界面，可以实时获取环境信息，监测工作人员的身体状况，并提供智能交互功能，使得工作人员可以更加智能化、安全化地完成任务[14]。

2）深部环境采掘装备一体化的自动感知控制技术

将传感技术、自动化技术和控制技术相结合，实现深部环境下采掘装备的自动感知和智能控制。通过该技术，采掘装备可以实时感知周围环境的状态和自身工作状态，同时根据感知到的信息自主做出决策和调整，以实现更高效、安全和智能化的采掘作业[15]。

3）深部环境下矿岩变形光纤光栅智能感知技术

用于实时感知和监测矿岩或岩体的变形情况。该技术将光纤光栅传感技术与智能化处理相结合，能够在复杂的地下环境中实时监测矿岩的变形，为地下矿山和隧道等工程提供重要的安全保障[16]。

4）深部复杂场环境的探测感知与集成反馈技术

该技术是为了应对地下矿山、隧道、地铁等深部复杂场环境中的挑战而开发的一类综合技术。这些环境常常具有复杂的地质条件、高温高湿、气体浓度变化、有限空间等特点，因此需要结合多种探测感知手段，采用集成反馈技术，以实现对环境和工作状态的全面监测与智能化控制[17]。

7.3 磷矿开采环境智能信息处理技术

磷矿开采环境智能信息处理是利用智能化技术和信息处理方法来监测、分析和优化磷矿开采过程中的环境数据，从而实现对开采环境的智能化管理和决策支持。开采环境信息主要包括矿山空间信息和地质数据。

空间信息是指用来表示空间实体的位置、形状、大小及其分布特征等诸多方面信息的数据。空间信息获取是建立矿山三维地质模型的基础任务[18]。

地质数据是表示地质信息的数字、字母和符号的集合。它是用来表示地质客观事实这一地质信息的。从广义的角度来看，地质数据既可以是定量的、定性的数据，也可以是文字的说明，甚至是图形的显示。因此，它几乎等同于原始的地质观测结果或地质资料。但是从狭义的角度来看，地质数据主要是指定量的和定性的地质数据[18]。

7.3.1 矿山空间数据处理

矿山空间数据包括矿山地质数据、测量数据、空间定位数据、地理信息数据等，通过对这些数据进行处理，可以全面了解矿山空间环境，为矿山开采、管理和安全保障提供科学依据。

1. 数据的存储

在地质勘探、测量、采矿等各种工艺中，矿山空间数据多种多样，主要包括空间位置数据和属性数据，而属性数据又可以分为两类，分别为数量标志数据（定量数据）和品质标志数据（定性数据）。数量标志数据由间隔尺度数据和比例尺度数据组成；品质标志数据由有序数据、二元数据及名义尺度数据组成[19]。

空间数据通常采用矢量数据（vector data）和栅格数据（raster data）两种形式存储。矢量数据是在直角坐标系中，通过 X、Y 坐标记录地形或地理实体的位置和形状的方式，来表示点、线、面等实体，尽可能地将地理实体的空间位置表现得准确无误（图 7-5）。栅格数据则以大小均匀、紧密相邻的网格阵列表达数据，每个网格作为一个象元或象素由行、列定义。栅格数据中每个像元的数值表示地物的非几何属性特征。除了常见的以正方形表达的栅格数据（图 7-6），还有正三角形和正六边形的表达方式。矢量数据和栅格数据在表达地理实体中各有优缺点，其数据结构也有很大的不同，两种数据存储方式的优缺点如表 7-1 所示。

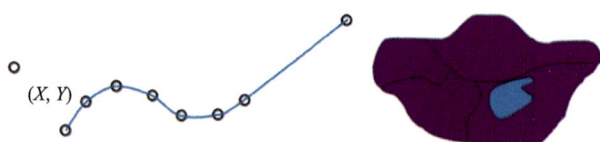

图 7-5　矢量数据表达

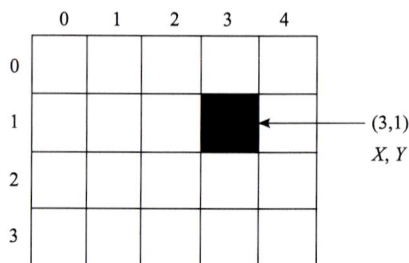

图 7-6　栅格数据表达

表 7-1 栅格数据与矢量数据的比较

比较内容	矢量数据	栅格数据
数据结构	复杂	简单
冗余度	小	大
数据存储量	小	大
空间位置精度	高	取决于分辨率
图形运算处理	算法较复杂	算法较容易
拓扑关系及网络分析	有	无
适合图像	线形及色彩简单的图像	形状及色彩变化复杂的图像
叠置分析	复杂	容易
并行处理	难以实现	容易实现
投影变换实施过程	可直接利用相关公式进行变换	需要采用逆变换的方法进行变换
图形显示及精度	图形显示质量好、精度高	图形数据质量低，地图输出不精美
输出方法及成本	方法复杂，成本较高	方法快速简便，成本低廉
表达空间变换能力	差	强

由表 7-1 可知，栅格数据和矢量数据有各自的适用范围，有时在不同的地理空间数据处理过程中，为达到最优效应，需要进行栅格数据和矢量数据的转换[20]。

2. 坐标系与坐标转换

实体（点）的空间位置常用某种坐标系中的坐标表达。按坐标的种类可以将坐标系分为大地坐标系、直角坐标系；按坐标的中心（原点）不同可将坐标系分为地心坐标系、参心坐标系和站心坐标系。目前，国内测绘 X, Y 工作常用的三类大地坐标系即参心坐标系、地心坐标系统和地方独立坐标系统。

1）BJ-54 坐标系与 WGS-84 坐标系转换方法

用 GPS 卫星定位系统采集到的数据是 WGS-84 坐标系数据，而目前我们的测量成果普遍使用的是以 1954 年北京坐标系（简称 BJ-54 坐标系）或是地方（任意）独立坐标系为基础的坐标数据。因此必须将 WGS-84 坐标转换到 BJ-54 坐标系或地方（任意）独立坐标系。在这个过程中，主要是先求出坐标转换参数。无论使用三参数法还是七参数方法，只有求出了转换参数，才能进行坐标转换。WGS-84 坐标与 BJ-54 坐标的转换可用下列步骤实现：①将两个坐标系的坐标都转为直角坐标；②按所采用的转换方法（三参数或七参数）求解出转换参数；③根据所求参数进行坐标转换；④根据需要将直角坐标再转换为大地坐标。

2）BJ-54 坐标系与 1980 西安坐标系转换方法

在测绘工作中常用的 1954 年北京坐标系与 1980 年西安坐标系属国家平面坐标系。1954 年北京坐标系采用的是克拉索夫斯基椭球体参数，1980 年西安坐标系采用的是

1975 年国际椭球参数，两个坐标系之间的坐标转换计算属于不同参考椭球之间的数据转换计算。在进行不同坐标系之间的坐标转换计算工作时，我们常用的经典模型——布尔莎-沃尔夫（Bursa-Wolf）模型或莫洛坚斯基（Molodensky）模型是采用空间直角坐标进行表达的。但是该换算方法不仅过程复杂，而且计算量特别大。为了实现从 BJ-54 坐标系到 1980 年西安坐标系的"平稳过渡"，可利用下述方法：首先利用 1954 年北京坐标系与 1980 年西安坐标系之间的二维向量差值 x、y 的关系，采用回归分析方法建立新旧坐标转换数学模型。假设 1954 年北京坐标系下的平面坐标为（$x54$，$y54$），1980 年西安坐标系下的平面坐标为（$x80$，$y80$），建立二维坐标转换关系式。其次，利用最小二乘原理得到未知参数的估计量。最后，利用未知参数向量的估计值，分别确定平面坐标（x，y）分量的回归方程。即可利用 1954 年北京坐标系下任意点的平面坐（$x54$，$y54$），得到 1980 年西安坐标系下的二维坐标（$x80$，$y80$），并进行精度评定。

3）地方独立坐标系与国家坐标系之间的转换方法

地方上为了适应各类城市建设的需要，往往建立自己的独立或相对独立的坐标系，称其为地方坐标系。目前，我国许多城市的大比例尺地图通常只表示其地方坐标系，一般并不表示国家坐标，也不表示经纬度。这类地图数据的通用性一般比较差，成为多源数据融合的一个障碍。那就需要进行地方独立坐标系与国家坐标系之间的转换，方法一般包括直接变换法和间接变换法。

（1）进行两坐标系转换的最直接办法是求算地方坐标系相对于国家坐标系的旋转角度和平移量，根据地方坐标系与国家坐标系之间的关系，推出其转换公式，如式（7-1）和式（7-2）所示：

$$X_{国家}=X_0 + x_{地方}\cos\alpha+y_{地方}\sin\alpha \tag{7-1}$$

$$Y_{国家}=Y_0-x_{地方}\sin\alpha+y_{地方}\cos\alpha \tag{7-2}$$

式中，α 为地方坐标系相对于国家坐标系的旋转角度，（°）；X_0、Y_0 为地方坐标系相对于国家坐标系的平移量，m。

（2）间接变换法的出发点是把地方坐标系的建立与国家高斯-克吕格直角坐标等同起来，把它看成是以地方中央子午线（地方原点处的经线）为直角坐标纵轴，赤道北偏一定距离（地方原点到赤道的经线弧长）并垂直于中央经线的直线为横轴的地方高斯-克吕格直角坐标。这样，坐标系变换的实质就成为投影带的变换，可以由地方直角坐标反解大地坐标，再根据大地坐标正解国家高斯-克吕格直角坐标[21]。

3. 数据的预处理

数据的预处理是对采集的各种数据，按照不同的方式方法对数据进行编辑运算，清除数据冗余，弥补数据缺失，形成符合工程要求的数据文件格式。处理内容主要包括：数据编辑、数据压缩、数据变换、数据格式转换、空间数据内插、边沿匹配、数据提取等。本小节简要介绍 GPS 数据、三维激光扫描数据及雷达遥感数据处理。

1）GPS 数据处理

数据处理工作是随着外业工作的开展分阶段进行的。从基本流程上分析，可将 GPS

网的数据处理流程划分为数据预处理、格式转换、基线解算、无约束平差及约束平差五个阶段，如图 7-7 所示。

由于 GPS 定位技术得到的测量数据需要经过数据处理，才能成为合理且实用的结果。GPS 卫星定位测量是用三维地心坐标系（WGS-84 坐标系）来进行测定和定位的，所以在进行数据处理时，根据地方和工程的独特性，需要将测量数据由 WGS-84 坐标系转换为国家或地方独立坐标系。测量数据处理过程中最主要的任务是进行平差计算，因为 GPS 测量数据是在空间三维坐标系下得到的，所以进行的平差计算应该是三维平差计算，同时，为了联合利用并处理现有数据，还需要考虑 GPS 测量数据的二维平差。

国内著名的 GPS 网平差软件有：原武汉测绘科技大学研制的 GPSADJ、Power Adjust 系列平差处理软件及同济大学研制的 TGPPS 静态定位后处理软件[22]。

2）三维激光扫描数据处理

在三维激光扫描过程中，由于受被测对象的属性、探测环境，包括温度、湿度、粉尘浓度等因素，以及测量系统自身影响，如散斑效应、电噪声、热噪声等信号干扰，扫描获取的点云包含大量失真点，影响空间探测效率和点云质量，在对点云数据进行三维建模前需要对原始数据进行必要的预处理。通用的点云数据预处理技术一般包括噪声过滤、坏点修复、多点探测点云拼合、多次探测点云精简等内容[23]。其处理流程如图 7-8 所示。

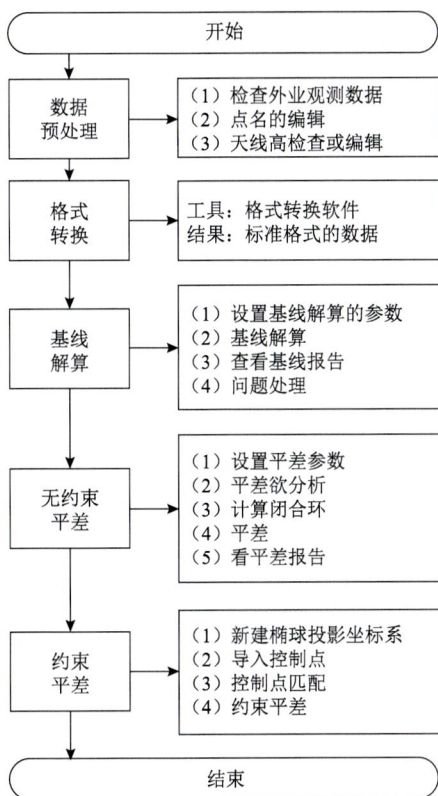

图 7-7　GPS 数据处理流程图

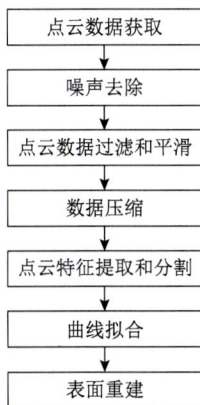

图 7-8　点云数据处理流程

（1）点云数据去噪处理。

对于噪声点的处理，传统的方法主要是采用频谱分析，也就是让信号通过一个低通或带通滤波器。但是，在实际工程应用中，信号和噪声不同频率的部分可能同时叠加，而且所分析的信号可能包含许多尖峰或突变部分，要对这种信号进行去噪处理，传统的去噪方法难以达到满意的效果，此时我们可以采用以下三种方法进行数据的去噪处理[24]。

（a）滤波法。主要有三种：高斯滤波法、平均滤波法、中值滤波法。

（b）角度法和弦高差法。角度法检查点沿扫描线方向与前后两点所形成的夹角与阈值比较；弦高差法检查点到前后两点连线的距离与阈值比较，确定噪点后删除。

（c）曲率去噪法。根据曲率变化分段，段内曲线拟合，逐行去噪，可以减少误差点的删除错误，保证拟合曲线的真实性。

（2）点云数据精简方法。

为减少数据冗余，数据精简是三维建模前的必要环节。目前常用的点云数据精简方法有最小距离法和平均距离法。最小距离法是设定一个最小距离作为阈值，当两点之间的距离小于阈值时删除该点。这种方法虽然能够对数据密集的区域进行处理，但是不能很好地保留空区边界的具体形态。平均距离法是计算出扫描轨迹线两点之间的平均距离，当两点之间的距离小于平均距离时，删除该点。这种方法对于点云数据较为密集的区域是不适用的，不能有效地对数据进行精简。除了以上两种方法，均匀取样法、弦高偏移法和三维网格法等也能很好地对数据进行精简处理。

（3）点云数据的三维拼接。

采空区探测中，因为探测盲区的存在，需要先分区域探测，然后进行三维点云拼接。三维激光探测点云拼接的方法主要有迭代最近点（ICP）法，该方法主要以迭代的方式优化初始状态，使得最终计算结果满足两个点集达到最小二乘误差的相对空间变换。ICP法要得到全局最优解，关键在于强依赖于初始值。在逆向工程的点云或 CAD 数据重定位中，一般采用 ICP 法进行拼接。基于 ICP 法的多个标志点坐标转换拼接方法精度高，但迭代过程复杂。此外除了 ICP 法，还有四元数法、奇异值分解（SVD）法等也可以进行空间数据的点云三维拼接处理[25]。

3）雷达遥感数据处理

雷达遥感数据处理包括辐射校正和几何纠正、图像整饰、投影变换、镶嵌、特征提取、分类等内容，常用的图像数据处理方法有图像增强、复原、编码、压缩等。图像处理中还可以应用卡尔曼滤波器、Gamma Map 滤波器[①]、增强 Lee 滤波器和增强 Frost 滤波器等，通常使用雷达图像多项式几何校正法使雷达成像的几何畸变降到最小。

常规的干涉数据处理主要包括四个环节：复数像对的配准、干涉图像的生成、相位解缠、建立数字高程模型等。与常规的干涉测量相比较，差分干涉测量的数据处理步骤可分为两大步：第一步，将地表形变前、后的两幅聚焦合成孔径雷达（SAR）图像配准，共轭相乘，生成主干涉图；第二步，利用生成的地表形变前的干涉图或数字高程模型（DEM）模拟干涉图从主干涉图中消除地形影响，便得到地表形变检测图。当然，在进行差分干涉前，根据需要对原始数据的质量进行评价。雷达遥感差分干涉测量数据处理步骤如下：①基准 SAR 辅图像、观测 SAR 复图像的粗配准、精配准及重采样；②对辅图像、主图像、观测图像进行滤波；③生成复相干图和单视干涉纹图，并进行平地效应消除和相位解缠；④生成差分干涉图，并进行相应的地理编码，最终生成区域性地表形变图[26]。

4. 误差处理

1）系统误差处理

在矿山测量中，系统误差处理以控制（直接补偿）为主，以数学处理（间接补偿）

---

① Gamma Map 滤波器基于 Gamma 校正映射，旨在保持图像细节的同时，减少散斑噪声的影响。它利用先验知识对图像进行建模，并通过优化后验概率分布来恢复图像，适用于同时处理噪声和模糊问题。

为辅。具体方法包括：①消误差源法，又称实验场检校法。通过校验测量仪器的精度，同时对测量过程中可能产生系统误差的各环节进行仔细分析，以使系统误差降到最低。例如，精密水准测量时采用前—后—后—前的观测顺序，优化卫星位置，减小星历误差，用差分法或相对定位消除卫星钟差的影响等。②改进测量方法，又称自抵偿法。通过采用合理的观测方法抵消观测中的系统误差。③加修正值法，又称验后补偿法。该方法的关键是确定修正值或修正值函数的规律，并将观测值加以改正，消除其影响。④理论估计法，又称附加参数自检校法。测量平差理论上用附加参数的自检校平差法来消除或减小系统误差对平差结果的影响。

2）偶然误差处理

引起偶然误差的因素是随机的，所以产生的偶然误差是不可修正的，要想减小偶然误差的产生，应该在测量初期适当提高测量仪器的等级，并进行多次观测求取其平均值作为测量结果。

偶然误差有如下特性：①对称性。绝对值相等的正、负偶然误差出现的概率相等。②单峰性。绝对值小的偶然误差比绝对值大的偶然误差出现的机会多。③有界性。在一定测量条件下，偶然误差绝对值不会超过一定范围。④抵偿性。当测量次数 n 无限增多时，偶然误差的算术平均值趋于零[27]。

7.3.2 矿山空间数据建模

矿区内的地形地质环境及井下各生产工艺都是处于三维空间状态的，而三维空间数据模型就是联结现实世界和计算机世界的桥梁，见图 7-9。三维空间数据模型作为数字矿山的核心内容和基础，真实反映了矿山中三维空间实体及其相互之间的联系，为三维空间数据组织和三维空间数据库模式设计提供基本概念和方法。

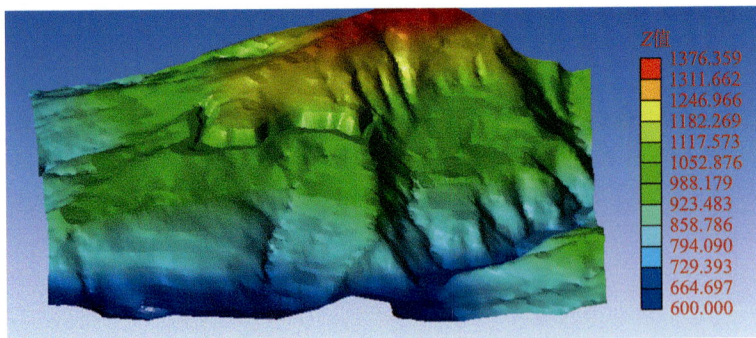

图 7-9　矿区地表三维空间数据模型

1. 数字地形建模

解决由地形数据构成的复杂三维地形模型与计算机图形硬件有限的绘制能力之间的矛盾成为地形可视化的核心问题。因此，需要一种灵活、简便、快速的方法来建立不规则几何模型。目前，在地形建模方面，比较典型的软件有 Dimine、3D Max、SketchUp、OpenGL 和 MultiGen-Paradigm 公司的专业地形制作软件 Creator Terrain Studio v1.2 等。

2. 露天填挖模型与方量计算

在露天采矿场的设计和生产过程中，方量计算是一个重要环节。几种常见的计算土方量的方法有：方格网法、等高线法、断面法、数字地面模型（DTM）法、区域土方量平衡法及平均高程法等。Dimine 软件在研究这几种传统方量计算方法后，结合软件三维可视化特点，提出了几种方量计算方法，可快速、方便、直观、高精度地计算出露天采场设计和生产中的矿岩量，其所需基础数据为地形 DTM 模型及圈定的采场填、挖区域的精确闭合范围线[28]，其建立的露天采矿场填挖模型见图 7-10。

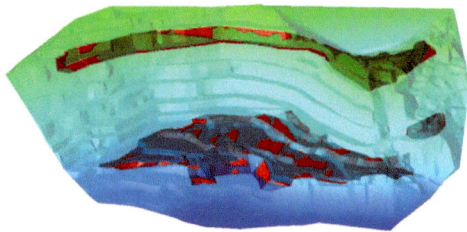

图 7-10　露天采矿场填挖模型

3. 井巷实测模型与掘进工程量核算

井巷工程设计与实测是矿山日常生产管理中的一个重要方面。地下矿山开采实际工程中，井巷工程图纸分为两类：一类是设计的巷道施工图，另一类是实测已开掘的巷道工程图。实测巷道工程不仅可以很好地校核设计巷道的落实情况，明了其所在的实际空间位置，而且还可以进行掘进工程量的核算[29]。

在创建井巷实测三维模型之前，需要收集一系列基础数据，包括矿山工程设计图及数据、井下施工实测图、矿山新建工程的实测图及有关数据、矿山使用的电子数据、各巷道的设计（实测）尺寸及矿山其他有关的图形数据等。Dimine 软件提供了多种实测模型的创建方法，有中线法、双线法、步距法及断面法等，前三种方法生成的巷道分别见图 7-11～图 7-13。

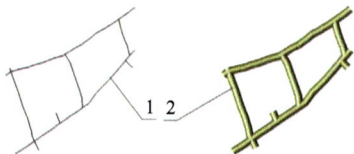

图 7-11　中线法生成的巷道实体
1-巷道中心线；2-巷道实体

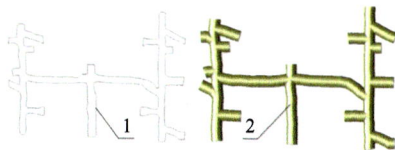

图 7-12　实测双线法生成的巷道
1-巷道帮线；2-巷道实体

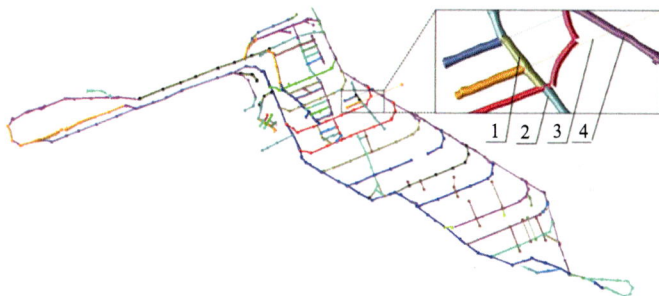

图 7-13　步距法生成的实测巷道
1-实测点；2-巷道帮线；3-巷道中心线；4-生成的巷道实体

4. 采空区模型与技术经济指标核算

金属矿山地下开采形成的隐患空区，因具有形态复杂、分布无规律、安全性差等特点，不仅对矿山的安全生产造成威胁，而且还会使矿产资源难以得到充分回收。如何准确获取隐患空区三维信息，对开展空区调查、安全性评价及灾害预测与控制等工作具有重要的现实意义，一个真实的三维空区模型有助于准确、有效地获取采场回采后的存留矿石量、采下废石量、采下矿石量、贫化率和损失率等指标，对改进回采工艺和评价开采质量具有重要作用。

通过运用空区探测系统（cavity monitoring system，CMS）对采场采空区进行三维探测，以采空区实测点数据为基础，运用三维矿业软件建立采空区的三维可视化模型，可以准确获取采场采空区的三维形态和实际边界，如图 7-14 和图 7-15 所示。

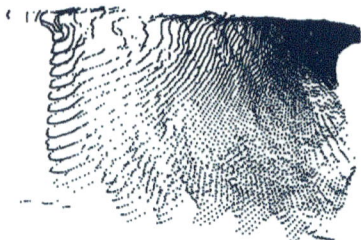

图 7-14　采空区点云图

图 7-15　采空区实体模型

7.3.3　矿山地质数据处理

1. 矿山地质数据类型

矿山常见的地质数据可分为钻探数据、物探数据、化探数据等。地球物理探测的目的是从与地球所伴生的物理现象（如地磁场、热流、地震波的传播、重力等）中推求出地球的物理性质及其内部结构[30]。

2. 地质数据的预处理

地质数据的类型多，量纲各异，数据量多寡不一，时空上分布不均匀，且常有数据失真的情况发生，所以以原始数据形式出现的地质数据在大多数情况下都要经过预处理，以便能供计算机进行处理。

1）可疑数据的鉴别和处理

地质数据失真的结果导致它严重偏离其余数据值，有的特异值数据可以比数据的平均值高出（或低）很多倍。它们的存在使数据平均值不能反映数据的总体特征。在实际工作中不能将这种可疑数据随便舍去或保留，根据某些数学方法来决定取舍是较为妥当的。这种方法大多是首先确定一个可疑数据的界限，其次根据这个界限来决定对它的取舍。肖维纳（Chauvent）检验法、格罗伯斯（Grubps）检验法为两种常用的检验方法。

2）数据的均匀化、缺值插补和删点

由于不同勘探阶段投入的勘探工作量和工作配置不同，地质数据在空间上的分布很不均匀，而且多种因素地质数据的项目也很可能不齐全。为了使数据能均匀地分布，构造成合理的数据矩阵并且能提高计算速度及使计算结果比较稳定，可以对地质数据进行均匀化、缺值插补及删点处理[27]。

3. 地质数据库建立

钻孔数据库承载了矿山地质勘探和生产勘探的详细信息，钻孔数据库是进行地质解译、品位推估、储量计算与管理及后续采矿设计的重要基础，钻孔数据库显示见图7-16。矿山的钻孔数据信息主要包含钻孔的孔口坐标信息、钻孔的样品信息、钻孔的测斜信息，其中测斜信息对于大部分矿山只是对于地质勘探的钻孔进行测斜，对于生产勘探的钻孔一般不进行测斜，视生产勘探的钻孔为直孔没有偏斜。

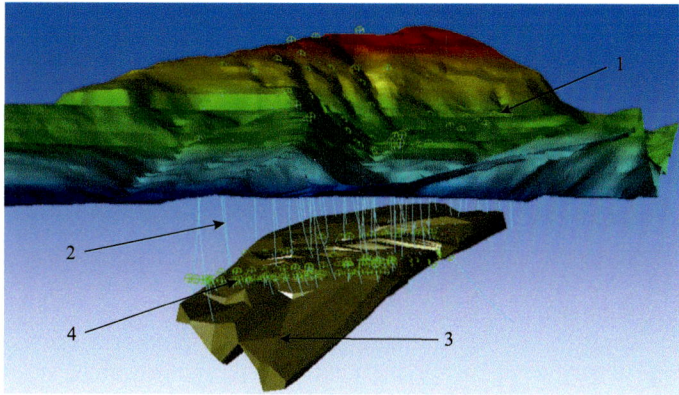

图 7-16　钻孔数据库显示
1-矿山地表；2-勘探钻孔；3-矿体模型；4-生产钻孔

4. 组合样品

地质统计学中对于区域化变量进行研究的第一步就是要求数据必须在定常的载体上，如一定横截面积和长度的岩心样品。同样的空间变异性会随着载体大小和形状不同而发生变化。如果矿床地质样品的取样长度是不均匀的，首先要将样品长度重新组合，确保数据在定常的载体上。将不同长度的样品组合成相同长度的组合样品，这样使沿钻孔方向产生均一性（等距离）的离散点，这些离散点用来存放该点最有可能的品位值，即产生与待估单元块承载相一致的组合样品数据，在块体模型中用来估计插值。同时这样也减少了普通克里金（Kriging）方程组的数目，提高了计算效率。样品组合主要有按样品长度组合和按台阶高度组合两种[31]。

1）按样品长度组合

按样品长度组合方法中，组合样的属性值是原始样品属性值的加权平均值，如图7-17所示，组合样 L 由原始三个样品重新组成，参与组合的长度分别为 L_1、L_2 和 L_3，如果三个原始样品的品位分别为 G_1、G_2 和 G_3，那么组合样的品位 G_c 为

$$G_c = \frac{L_1 G_1 + L_2 G_2 + L_3 G_3}{L_1 + L_2 + L_3} \qquad (7\text{-}3)$$

2）按台阶高度组合

按台阶高度组合对于直孔产生的结果与按长度组合是一样的，但对于弯曲钻孔，组合样的长度并不一致，但其高程差相等，组合样的属性值需按样品参与组合部分的高度进行加权平均。样品组合的计算公式为

$$G_c = \frac{\sum_{i=1}^{n} G_i L_i}{\sum_{i=1}^{n} L_i} \quad L_c \geqslant \sum_{i=1}^{n} L_i \geqslant 0.75 L_c \quad (7\text{-}4)$$

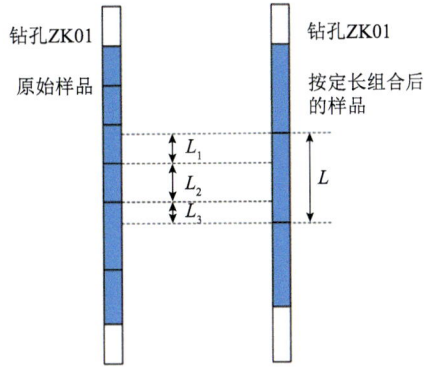

图 7-17　按样品长度组合

式中，G_c 为组合样的属性值（如品位值）；G_i 为参与组合新组合样的第 i 个样品的属性值；L_i 为第 i 个样品的长度，台阶组合时 L_i 为高度；$\sum_{i=1}^{n} L_i$ 为组合样的实际长度；L_c 为确定的组合样长度，台阶组合时是组合样的高度；n 为参与组合样计算的样品数。

在样品组合过程中，假定每个样品的属性值是不变的，组合样的属性值对原始属性值的变异性进行了平滑，从而产生平滑效应。如果每个样品实际的属性值变化较大，组合样的长度小于原始样品的平均长度或者计算变异函数的滞后距 h 较小，这种平滑效应对于结构分析的影响是重大的。因此，在样品组合过程中，组合样的长度不能小于原始样品的平均长度。

7.3.4　三维可视化地质建模

1. 地质建模方法研究

地质模型是"数字矿山"的基础，是矿床的数字表征。国外诸如加拿大的沃伊塞湾（Voisey's Bay）国际镍矿公司、世界最大的矿业集团必和必拓（BHP Billiton）公司等，都应用三维矿业软件建立了三维地质模型，实现了矿山生产的动态管理和资源的合理利用，降低了矿产勘察和开采成本，提高了企业的经济效益。

无论是采矿、水文地质还是环境治理等领域，正确地描述地质特征都需要大量的数据。根据 GIS 框架下的数据组织方式，一般将从不同来源收集到的原始数据分为两类：属性数据和空间数据。属性数据用于创建数值模型，通过属性定义对数据进行数值分析计算；空间数据用于创建三维几何模型。计算机建模与传统手工方法类似，都从剖面图开始绘制。在剖面图的基础上，构造地质体的几何模型和数值模型，最终完成复杂地质构造的三维地质建模。地质模型是通过量化几何形态、拓扑信息和物理属性来描述地质对象。近些年，国内外均在三维地质建模领域开展了大量研究工作，提出了多种三维地质建模方法。从建模所使用的数据源来看，可分为基于野外数据的建模方法、基于剖面的建模方法、基于离散点的建模方法、基于钻孔数据的建模方法、基于多源数据的建模

方法等。限于生产矿山数据的复杂性、经验性强等特点，目前矿山地质建模仍主要采用剖面法[32]。

2. 三维地质解译

地质解译是利用地质数据库和钻孔的三维显示功能来圈定矿体，边界圈连见图 7-18。利用地质数据库进行地质解译的过程包括创建勘探线剖面、矿段组合、边界圈连、矿体编号标注等。

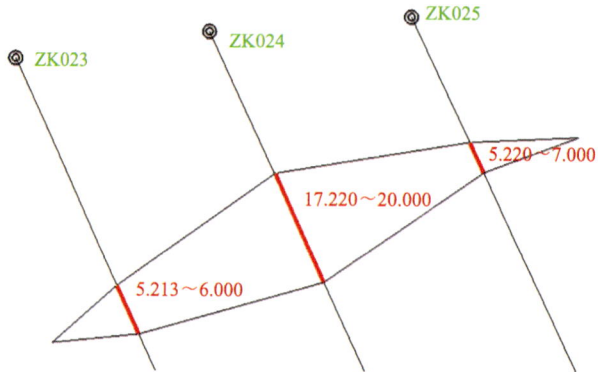

图 7-18 边界圈连
图中数据为品位值，单位为%

3. 三维地质建模

实体模型是一个三维的三角网数据。通常定义实体模型是在三角形所确定三个数据点的基础上，由一组通过空间位置，在不同平面内的线相互连接而成的。实体模型是建立三维模型的基础。例如，一个实体模型可能是通过周围穿过实体的剖面线形成的。实体模型是由线串上包含的点形成的一系列的三角形创建。这些三角形在平面视角上可能是重叠的，但是三维中认为这些三角形是无重叠的，无自相交和无开放边，即在实体模型中的三角形是一个完全封闭的结构。实体模型是指利用实体内部的联系和实体间的联系来描述客观事物及其联系，见图 7-19。

图 7-19 三维实体建模（矿体）

实体模型与数字地形模型具有类似的原理。实体模型用多边形联结来定义一个实体或空心体，所产生的形体可用于可视化、体积计算、在任意方向上产生剖面及与来自地质数据库的数据相交。数字地形模型是用于定义一个表面的。"实体建模"的概念是 Bak

和 Mill 等最先提出来的。该模型指用面集合来表达实体外部的表面，这些面通常是四边形或者三角形，因此属于边界表达模型（B-rep model），也被称为元件构模技术。

研究人员根据获得的三维物体的形状、尺寸、坐标等几何属性信息进行构模操作，构造研究对象的三维几何模型。目前，物体的三维几何模型就其复杂度来说分为 3 类：线模型、面模型、体模型。对三维建模技术的研究基本上都是针对三维面元模型和体元模型来展开的[33]。

4. 地质模型更新

矿体模型的日常更新是指根据生产勘探过程中所揭露的信息，及时准确地对模型进行修改，使模型保持与最新的地质资料一致，为矿山生产设计提供准确、翔实的数据。

1）矿体模型更新的基础

矿体模型的构建基础是矿山的地质平剖面（勘探线剖面、地质平面）。

2）矿体模型更新的方法

地下生产矿山的平剖面资料相对齐全和完善，应用平剖面图建立的矿体模型主体合理，后续生产过程中的平剖面变化主要为局部的变化，所以对矿体模型的局部进行修改即可达到更新效果。无须采用对变动的剖面全部删除剖面间的实体进行重新建立的更新方法，避免重新建立过程中模型的二次变形[34]。

5. 属性空间插值

空间插值是通过已知空间数据来推求未知空间数据的方法，即通过已知数据点来计算未知数据点或通过已知区域内数据点计算相关区域内所有点的方法。空间插值的理论假设是所研究要素的空间连续性，即空间位置上越靠近的点，其特征值相似的可能性越大；而距离越远的点，具有相似特征值的可能性较小。

由于成本、环境等因素的限制，有些领域如地质勘探、气象、水文等，只能取得空间中有限的数据信息，这就需要基于这些已知的采样点，运用空间数据插值方法来估计某些无法观测的数据，提高数据密度，从而全面认识地质、大气、水流等空间分布特征[35]。

空间插值的数据基础是复杂空间有限变化的采样点的实际测量数据。采样点空间位置会很大程度地影响空间插值的结果，比较理想的情况是在研究区域内均匀布置采样点。但是当区域中大量存在有规律的空间分布模式时，如有规律间隔的树或沟渠，用完全规则的采样网络则会得到片面的结果，基于此，统计学家希望通过随机采样来计算无偏的均值和方差。然而完全随机的采样同样存在不足：首先随机采样点的分布位置是不相关的；其次完全随机采样，可能会导致采样点分布不均，会导致一些点的数据密集，而另一些点的数据缺少。规则采样点的分布则只需要一个起点位置，以及方向和固定大小的间隔，采样点比较容易确定，尤其是在复杂的林地和山地里比较容易。图 7-20 列出了空间采样点分布的几种方法。

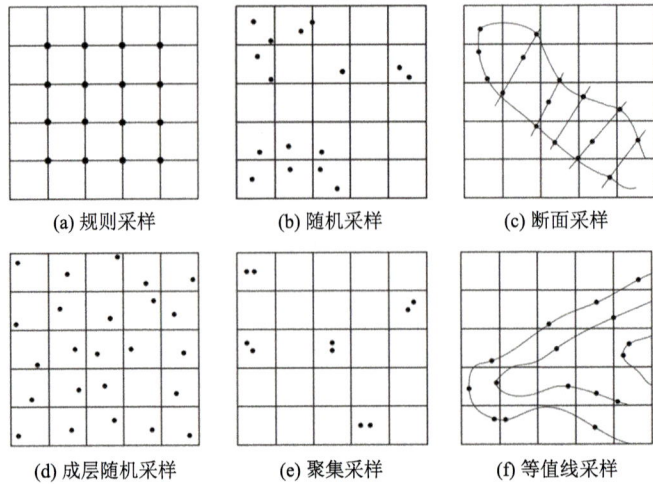

(a) 规则采样　　　　(b) 随机采样　　　　(c) 断面采样

(d) 成层随机采样　　(e) 聚集采样　　　　(f) 等值线采样

图 7-20　　各种不同的采样方式

　　规则采样和随机采样可通过成层随机采样进行很好的结合，即单个点随机分布于规则格网内；聚集采样用于分析不同尺度的空间变化；断面采样是河流、山坡剖面测量常用的方法；等值线采样则常用于数字化等高线图插值数字高程模型。

　　空间数据插值方法依据不同的标准有许多不同的分类方法。例如，依据已知点与未知点的区域属性，分为空间内插和外推两种方法；依据空间插值的基本假设和数学本质分为几何方法、统计方法、函数方法等；依据采样数据类型分为面插值和点插值。常用的空间插值方法有移动平均法、最近邻点法、自然邻点法、多元回归法、局部多项式法、线性插值三角网法、改进的谢别德法、径向基函数法、克里格法、距离幂法、最小曲率法[36]。

7.4　磷矿开采作业智能控制基础理论与技术

　　磷矿开采作业智能控制基础理论与技术是指在磷矿开采过程中，应用先进的自动化、数据分析和人工智能技术，实现对开采作业的智能化控制与优化。这种技术的目标是提高矿山的生产效率、安全性和资源利用效率，同时减少人为错误和环境影响。以下是磷矿开采作业智能控制基础理论与技术的一些相关研究。

7.4.1　全断面掘进成井装备智能化控制技术

　　全断面掘进成井装备智能化控制技术用于提高矿山、隧道等工程中全断面掘进机械的开采或掘进作业的效率和安全性。这项技术通过应用先进的自动化、数据分析和人工智能技术，实现对掘进装备的智能化控制和优化。

　　然而，全断面掘井钻机的智能化控制技术面临一些挑战，尤其是在深井矿山环境中。深井矿山通常具有复杂的地质条件和极端的工作环境，需要特殊的技术来适应这些挑战。

以下是掘井钻机性能与深井环境匹配技术的主要研发内容。

（1）钻机性能匹配：根据深井矿山的特点，选择适合的钻机类型和规格。钻机性能要与矿山的工作任务和需求相匹配，包括钻孔直径、钻孔深度、钻进速度、钻杆直径等参数。

（2）钻机结构优化：针对深井环境，优化钻机的结构设计，增强钻机的抗压、抗震、抗高温等能力，以适应复杂的地下环境。

（3）钻杆与钻头匹配：确保钻机使用的钻杆和钻头与深井地质条件相匹配，提高钻杆的强度和耐磨性，确保钻头的钻进效率和寿命。

（4）自动化与智能化：引入自动化和智能化技术，实现钻机的自动化操作、智能化控制和远程监测，提高钻机的生产效率和工作安全性。

（5）环境监测与数据采集：配备环境监测系统，实时监测钻机和深井的工作环境，采集有关的地质和工艺数据，为钻机性能优化和故障排查提供支持。

（6）技术培训和维护：提供钻机操作人员的培训，确保钻机的正确使用和维护，延长钻机的使用寿命和性能[37]。

全断面掘井钻机钻进自适应技术主要利用传感器、自动控制算法和数据处理系统，实现钻机的智能化和自适应化，全断面掘井钻机钻进自适应技术在地下矿山开采和隧道工程等领域具有广泛的应用前景。通过实现钻机的智能化和自适应化，可以提高钻进效率，保障工作安全，同时减轻操作人员的工作负担，提高工程的整体效益[38]。

另外，全断面掘井钻机智能控制技术系统是一种集成了传感器、控制算法、数据处理和人机交互界面的系统。该系统通过实时监测和分析钻机的工作环境与状态，根据地质条件和岩石性质自动调整钻进参数和工作模式，以提高钻机的效率、安全性和可靠性[39]。锚杆钻机控制系统人机界面如图7-21所示。

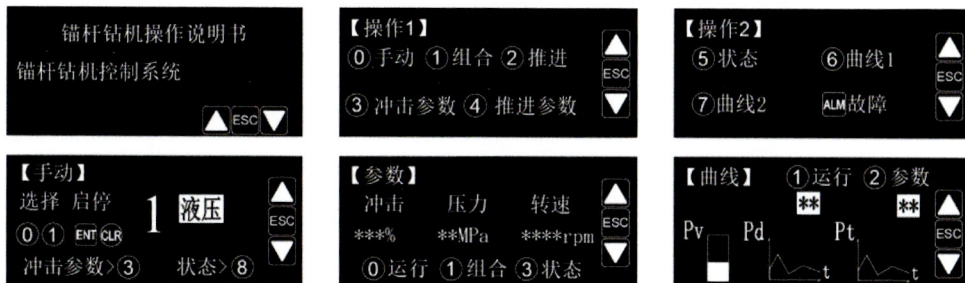

图7-21　锚杆钻机控制系统人机界面

7.4.2　岩体智能匹配支护技术与装备

岩体智能匹配支护技术与装备应用于地下工程和矿山开采等领域，旨在实现对岩体情况的智能感知与分析，并相应地匹配和制定支护方案与决策。这一技术的目标是根据岩体的实际情况，选择最合适的支护方法和装备，从而提高工程的安全性和效率。

以下是与此相关的主要内容。

（1）深部开采过程应力场动态反演技术：这项技术可以帮助工程师实时监测并分析深部岩体的应力分布，以便更好地理解岩体行为并采取相应的支护措施。

（2）深部井巷围岩力学特性及失稳垮落机理研究：了解深部井巷围岩的力学特性和失稳机理是关键，因为这有助于确定适当的支护方式和材料。

（3）深部高应力开采潜在地压致灾危险区评估：评估潜在地压危险区，可以提前采取措施来减轻地压对工程的影响。

（4）深部井巷分区分级的高强度智能支护技术：包括开发高强度的支护材料和智能支护系统，以确保井巷的稳定性和安全性。

（5）深部开采过程地压动态调控一体化服务平台：建立一体化服务平台，能够集成数据监测、预测分析和实时决策支持，以实现地压的动态调控。

岩体智能匹配支护技术与装备的应用可以提高岩体支护的效率和安全性，降低支护成本，减少对环境的影响，为岩体工程的规划、设计和实施提供科学依据与技术支持。

7.4.3 智能化连续采矿技术与装备

智能化连续采矿技术与装备是指在矿山开采过程中，应用先进的自动化、数据分析和人工智能技术，实现对矿石连续崩矿、落矿、铲装、运输的智能化控制和优化。

然而，在面对常规采矿方法作业工序多、难以实现连续作业的问题时，需要研究和应用一系列先进技术和方法。以下是与此相关的主要内容。

（1）深部磷矿智能连续开采的原理及方案：这项研究旨在探索深部磷矿连续开采的原理和可行方案，以提高采矿效率和安全性。

（2）深部采场智能化采矿工艺技术体系：开发深部采场的智能化采矿工艺技术体系，包括采集、输送、加工等关键环节，以实现连续采矿。

（3）深部磷矿机械截割落矿机理：研究深部磷矿的机械截割和落矿机理，以优化矿石的采集过程。

（4）不稳固岩体机械落矿截齿分布与形态：研究机械截齿在不稳固岩体中的分布和形态，以应对复杂地质条件[40,41]。

（5）深部环境复合地层盾构开挖卸荷机理与控制技术：探索深部环境复合地层中盾构开挖和卸荷的机理和控制技术，确保工程的稳定性。

在实际应用中需要考虑矿山的实际情况和特点，充分考虑技术的稳定性和可靠性，并加强对操作人员的培训和管理，确保智能化连续采矿技术与装备的顺利应用。

7.4.4 采掘装备的无人化智能技术

采掘装备的无人化智能技术是指在矿山、工程施工等领域，利用先进的自动化、数据分析和人工智能技术，实现采掘装备的无人化操作和智能化作业。相关研究如下。

基于开采环境和装备特性的自适应作业控制系统是一种应用于矿山开采的智能化控制系统，旨在根据实际的采矿环境和采矿装备的特性，自动调整作业参数和工作模式，以实现更高效、安全、节能和环保的矿山开采过程。该系统通过实时采集和分析环境与

装备数据，利用智能算法进行决策，并将调整后的控制指令发送给装备，从而实现自适应的采矿作业控制[42]。

基于人工智能的作业参数优化技术是利用人工智能技术和算法来优化矿山开采作业过程中的关键参数的技术。通过对大量数据的分析和学习，人工智能技术能够自动找出最优的参数组合，以实现更高效、节能、精确和可持续的作业过程。

开采装备故障诊断及自健康管理系统旨在通过对开采装备的运行状态进行实时监测和分析，实现故障的早期诊断和预测，同时进行自身健康状况的评估和管理。这样的系统可以帮助提高设备的可靠性和稳定性，降低维修成本和停机时间，提高生产效率和安全性。

基于周界激光扫描的定位导航技术是一种利用激光扫描仪对周围环境进行三维点云扫描，从而实现精确定位和导航的技术，见图 7-22。该技术常被应用于无人车辆、无人机、机器人等自主移动系统，以帮助其在复杂环境中准确感知位置，并进行导航、避障和路径规划。

自主行驶空间感知及路径优化技术是指应用于自动驾驶、无人机等自主移动系统的技术，旨在实现车辆或机器人对周围环境的感知、理解和规划，以及优化行驶路径，从而实现高效、安全和智能的自主行驶[43]。

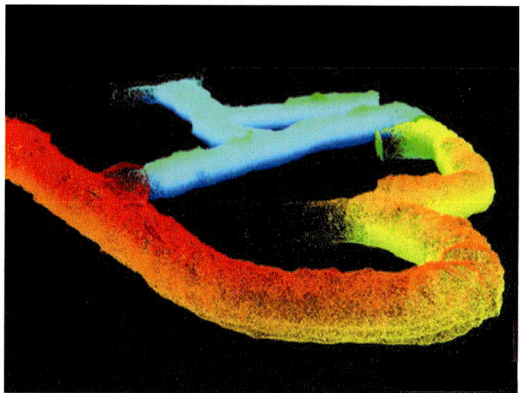

图 7-22 三维点云数据

7.4.5 充填系统智能化控制技术

充填系统智能化控制是在地下工程、矿山开采等领域，利用先进的自动化、数据分析和人工智能技术，实现充填材料的输送、浆体制备和填充作业的智能化控制与优化。为实现深部充填制备精细化、过程智能化，以及实现稳定可靠输送，进行了如下相关研究。

充填参数智能决策算法是一种应用于矿山和土木工程中的算法，用于智能化地确定充填作业的关键参数，以实现高效、安全、经济和环保的充填过程，以及提高地表稳定性和资源利用率[44]。

充填工艺流程智能化自主运行技术是一种应用于矿山和土木工程中的智能化技术，见图 7-23，旨在实现充填工艺流程的自主运行和智能化管理，以提高充填过程的效率、安全性和经济性，是实现矿山充填、土木工程填埋等领域的智能化和自主化的关键技术之一。

智能优化配比与精准给料制备技术是一种应用于混凝土、水泥、矿山等领域的智能化技术，旨在实现材料配比的优化和精准给料制备，以提高生产过程的效率、质量和节能性。

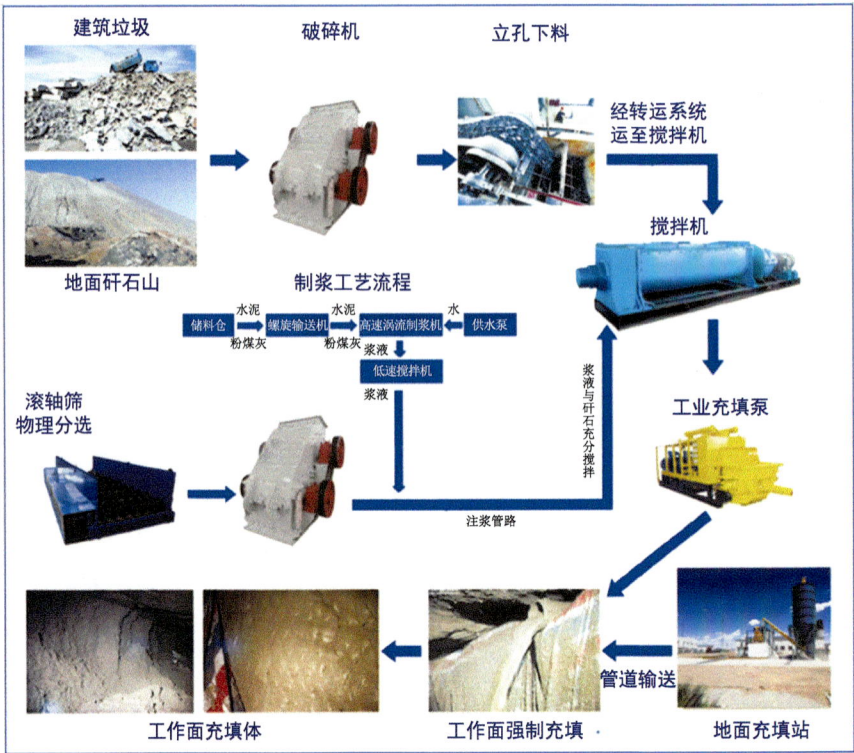

图 7-23　充填工艺流程智能化

深井充填管道智能化监测与诊断维护技术，旨在实现对充填管道的实时监测、故障诊断和维护管理，以确保充填过程的安全、高效和稳定，可以提高充填过程的安全性和稳定性，降低维护成本和生产停机时间，最大限度地发挥充填技术的优势[45]。

7.4.6　井巷微气候智能调控技术

井巷微气候智能调控技术应用先进的传感器、数据分析和控制技术，实现井巷内部微气候的智能感知和调控。面向深部井巷环境复杂，以及深井按需通风面临系统复杂、调控困难等难题，进行了如下相关研究。

深部通风智能调控理论是一种应用于矿山、隧道和地下工程等深部空间的智能化通风管理理论，旨在通过智能化技术实现对深部井巷通风系统的自动调节和优化，以提高通风效率、节能减排、保障安全和环保[46]。

深部井巷通风智能控制系统是一种应用于地下深部井巷的智能化技术，旨在实现对井巷通风系统的自动化和智能化控制，见图 7-24。

通风系统与采矿协同技术是一种应用于矿山开采过程中的智能化技术，旨在实现通风系统与采矿工程的协同优化，以提高矿山的生产效率、安全性和环保性[47]。

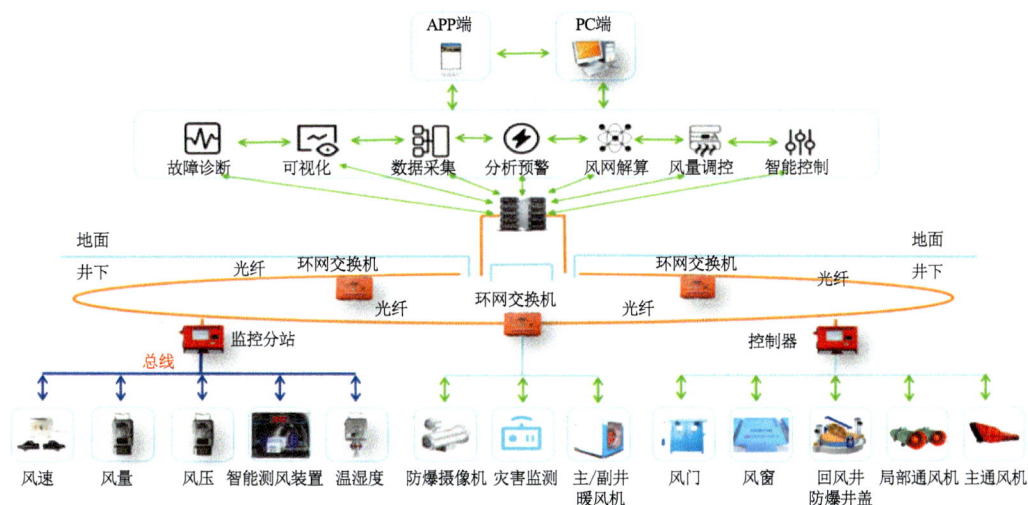

图 7-24　矿山智能通风系统

7.4.7　高效智能提升技术及装备

高效智能提升技术及装备是指在工程、矿山、建筑等领域，应用先进的自动化、数据分析和人工智能技术，实现各种提升作业的高效率和智能化。面向传统提升系统在控制方式、提升高度和载荷难以满足深井大规模智能化开采等难题，进行了如下相关研究。

点驱动智能提升是一种用于井下提升设备（如提升机或升降机）的智能化技术，旨在实现对提升设备的精确控制和自动化管理，以提高提升效率、节能减排、提升安全性和运营效益。

多点连续提升分布式智能控制技术是一种应用于井下多点连续提升设备的智能化技术，旨在实现对多个提升点（如提升机或升降机）的分布式控制和智能化管理，以提高提升效率、节能减排、提升安全性和运营效益。

连续提升系统智能装卸载及高效平衡提升技术是一种用于井下连续提升系统的智能化技术，主要目的是实现对提升过程中装卸载操作的智能控制，同时优化提升系统的运行，以提高提升效率、节能减排、降低故障率[48]，主井智能监控系统见图 7-25。

7.5　磷矿采矿系统智能管控概述

磷矿采矿系统智能管控是指在磷矿开采过程中，应用先进的自动化、数据分析和人工智能技术，对采矿作业进行智能化的监控、控制和优化。这种技术旨在提高矿山的生产效率、资源利用效率、作业安全性和环境保护水平。

图 7-25　主井智能监控系统

7.5.1　作业面柔性数据通信

为解决磷矿作业面井巷环境复杂、作业装备众多、信号干扰严重、协同作业困难等问题，研发异构网络柔性组网和高效数据传输技术、井下恶劣环境下的通信装备高效防护技术，以及井下多级以太网环境下的高精度授时及时间同步技术，实现井下多通信基站间的数据多跳传输和快速无缝切换。

异构网络柔性组网和高效数据传输技术是一种网络通信技术，用于在具有多种不同类型网络和设备的异构网络环境中，实现灵活、高效、可靠的数据传输和通信，可以为各种不同类型的应用场景提供高效、稳定的数据传输服务。

异构网络柔性组网技术的主要特点包括：①多种网络协议的兼容性；②动态路由与拓扑优化；③资源管理和优先级控制；④自适应性。

高效数据传输技术的主要特点包括：①数据压缩与编码；②并行传输与多路径传输；③流控制与拥塞控制；④错误检测与纠错；⑤缓存技术和预取技术；⑥网络优化和负载均衡[49]。

井下恶劣环境下的通信装备高效防护技术用于在井下或类似恶劣环境中保护通信装备免受水、尘、震动、高温等不良条件影响。在关键的实时应用场景中，高精度授时和时间同步技术的应用尤为重要，如在采矿、地铁、隧道施工等领域[50,51]，基站时间同步技术见图7-26。

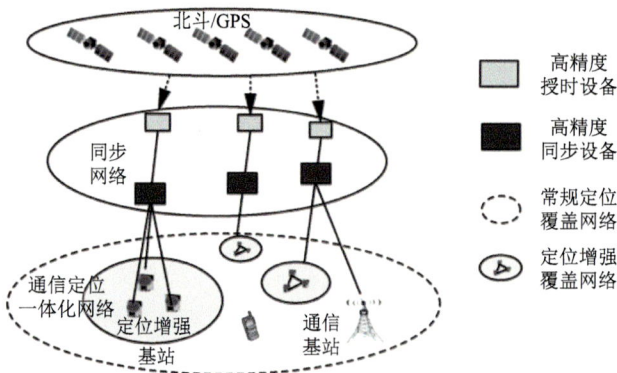

图 7-26　基站时间同步技术

7.5.2 磷矿开采全生命周期智能规划

磷矿开采全生命周期智能规划是指在磷矿开采过程中，应用先进的自动化、数据分析和人工智能技术，从采矿计划制定到矿山闭环的每个阶段，实现整个开采生命周期的智能化规划和优化。

生产计划智能化编制与优化技术利用人工智能（AI）和优化算法等先进技术，对矿山或工业生产过程中的计划进行智能化编制和优化。该技术旨在通过全面考虑多个因素和约束条件，自动化地制定最佳生产计划，以提高生产效率、降低成本并优化资源利用。

7.5.3 开采全过程智能调度

开采全过程智能调度是指在矿山、工程施工等领域，利用先进的自动化、数据分析和人工智能技术，对整个开采过程中的各项任务、设备和资源进行智能化的调度和协调。露天矿山智能调度管理系统架构见图 7-27。

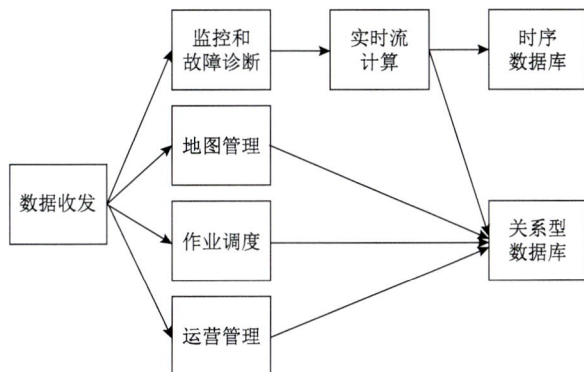

图 7-27 露天矿山智能调度管理系统架构

磷矿开采全作业链装备智能调度算法是一种专门应用于磷矿开采全过程的智能化调度算法，旨在实现磷矿开采作业中涉及的各种装备和作业环节之间的高效协调与优化。该算法综合考虑磷矿的地质条件、作业环境、设备状态、作业计划等多个因素，通过智能化决策，使装备在不同作业环节之间协调配合，以提高磷矿开采的效率和生产质量。作业区域人员装备的精准识别及定位技术主要用于矿山或工业场所，旨在实现对作业区域内人员和装备的准确识别与定位，以提高安全性、监控效率和生产管理的智能化水平。该技术可以借助多种传感器、无线通信技术和数据处理算法，实现对人员和装备的实时监控、识别和定位。

7.5.4 开采过程管控一体化平台

开采过程管控一体化平台是指在矿山、工程施工等领域，基于信息技术、自动化、数据分析和人工智能等先进技术，集成多个功能模块，实现对开采过程中各项任务、设备、资源和数据的综合管控和监测。为解决磷矿开采过程信息孤岛严重、信息重用性差、流程优化不到位等问题，研发管控一体化平台组织与数据协议统一方法、管控一体化平

台数据与办公自动化融合技术、全矿区信息数据关联挖掘与分析预判技术、地上地下真实感显示与智能交互技术，以及基于增强现实的管控信息三维交互技术[52,53]。智能综合管控平台见图 7-28。

图 7-28　智能综合管控平台

7.5.5　磷矿开采云计算大数据分析

磷矿开采云计算大数据分析是指利用云计算技术和大数据分析方法，对磷矿开采过程中产生的海量数据进行处理、分析和应用。利用这种方式，可以挖掘出有价值的信息，优化矿山开采策略、提高生产效率、降低成本，同时支持矿山管理和决策。为满足磷矿山行业大数据整合、分析及云计算服务需求，开展工业混合云的云计算大数据架构优化，研发磷矿开采大数据库构建与知识挖掘技术[54]、多源异构线下信息获取与数据清洗技术、基于海量数据的实时并行计算技术，以及云计算模式下的信息编码与数据安全技术[55]。

参 考 文 献

[1] 郭奇峰, 蔡美峰, 吴星辉, 等. 面向 2035 年的金属矿深部多场智能开采发展战略[J]. 工程科学学报, 2022, 44(4): 476-486.

[2] 李国清, 王浩, 侯杰, 等. 地下金属矿山智能化技术进展[J]. 金属矿山, 2021(11): 1-12.

[3] 谢和平, 李存宝, 高明忠, 等. 深部原位岩石力学构想与初步探索[J]. 岩石力学与工程学报, 2021, 40(2): 217-232.

[4] Li Y, Fu S S, Qiao L, et al. Development of twin temperature compensation and high-level biaxial pressurization callibration techniques for CSIRO in-sita stress measurement in depth[J]. Rock Mechanics and Rock Engineering, 2019, 52(4): 1115-1119.

[5] 葛云峰, 夏丁, 唐辉明, 等. 基于三维激光扫描技术的岩体结构面智能识别与信息提取[J]. 岩石力学与工程学报, 2017, 36(12): 3050-3061.

[6] 葛云峰, 钟鹏, 唐辉明, 等. 基于钻孔图像的岩体结构面几何信息智能测量[J]. 岩土力学, 2019, 40(11): 4467-4476.

[7] 袁亮. 煤矿典型动力灾害风险判识及监控预警技术研究进展[J]. 煤炭学报, 2020, 45(5): 1557-1566.

[8] 李翔, 徐奴文. 微震震源定位研究现状及展望[J]. 地球物理学进展, 2020, 35(2): 598-607.

[9] 陈安国, 高原. 微震识别方法研究进展[J]. 地球物理学进展, 2019, 34(3): 853-861.

[10] 李铁, 蔡美峰, 孙丽娟, 等. 基于震源机制解的矿井采动应力场反演与应用[J]. 岩石力学与工程学报, 2016, 35(9): 1747-1753.

[11] 王国法, 赵国瑞, 任怀伟. 智慧煤矿与智能化开采关键核心技术分析[J]. 煤炭学报, 2019, 44(1): 34-41.

[12] 李杰林, 杨承业, 胡远, 等. 无人机三维激光扫描技术在地下采空区探测中的应用研究[J]. 金属矿山, 2020(12): 168-172.

[13] 杨必胜, 梁福逊, 黄荣刚. 三维激光扫描点云数据处理研究进展、挑战与趋势[J]. 测绘学报, 2017, 46(10): 1509-1516.

[14] 张元生, 战凯, 马朝阳, 等. 智能矿山技术架构与建设思路[J]. 有色金属(矿山部分), 2020, 72(3): 1-6.

[15] 王国法, 杜毅博. 煤矿智能化标准体系框架与建设思路[J]. 煤炭科学技术, 2020, 48(1): 1-9.

[16] 梁敏富. 煤矿开采多参量光纤光栅智能感知理论及关键技术[D]. 北京: 中国矿业大学(北京), 2019.

[17] 谢和平. "深部岩体力学与开采理论"研究构想与预期成果展望[J]. 工程科学与技术, 2017, 49(2): 1-16.

[18] 王李管. 智慧矿山技术[M]. 长沙: 中南大学出版社, 2019.

[19] 陈玲侠. 矿山空间数据处理分析及三维实体建模应用研究[D]. 西安: 长安大学, 2013.

[20] 袁桂琴, 熊盛青, 孟庆敏, 等. 地球物理勘查技术与应用研究[J]. 地质学报, 2011(11): 1744-1805.

[21] 刘旨春, 郭立红, 关文翠, 等. 经纬仪交会精度的定量预测[J]. 光学精密工程, 2008(10): 1822-1830.

[22] 李涛. GPS形变监测自动解算与数据分析系统的研究与实现[D]. 太原: 太原理工大学, 2009.

[23] 吴德领, 廉孟超. GPS技术在矿山控制测量中的应用研究[J]. 价值工程, 2012(31): 87-88.

[24] 林健. 基于GPS监测的地下开采矿山地表变形分析与预测研究[D]. 武汉: 中国科学院研究生院(武汉岩土力学研究所), 2009.

[25] 李海铭. 基于D-InSAR的露天矿边坡位移监测研究[D]. 鞍山: 辽宁科技大学, 2013.

[26] 雷广渊. 基于InSAR技术的锡矿山开采沉陷规律研究[D]. 长沙: 中南大学, 2013.

[27] 吕远. 三维激光扫描仪在矿山井下测量技术中的应用研究[J]. 煤炭与化工, 2015(7): 24-26.

[28] 刘昌军, 赵雨, 叶长锋, 等. 基于三维激光扫描技术的矿山地形快速测量的关键技术研究[J]. 测绘通报, 2012(6): 43-46.

[29] 施展宇. 地面三维激光扫描技术在开采沉陷应用研究[D]. 西安: 西安科技大学, 2014.

[30] 邱俊玲. 基于三维激光扫描技术的矿山地质建模与应用研究[D]. 北京: 中国地质大学, 2012.

[31] 刘晓明, 罗周全, 袁雯妮, 等. 基于CMS的隐患空区三维特征信息获取[J]. 科技导报, 2011(5): 32-36.

[32] 卜丽静. 三维矿山地质建模与空间分析的研究[D]. 阜新: 辽宁工程技术大学, 2007.

[33] 王润怀. 矿山地质对象三维数据模型研究[D]. 成都: 西南交通大学, 2007.

[34] 王让, 黄俊梅. 数字地形模型(DTM)的特征及其应用[J]. 干旱区研究, 1999(4): 32-36.

[35] 崔伦柱. 浅析DTM地形数据采集方法与比较[J]. 湖南农机, 2008(1): 124-125.

[36] 张国瑾, 徐飞, 梁婧. DTM数据的三维可视化及其实现[J]. 西安工业大学学报, 2013(7): 567-571.

[37] 龙志阳, 郭孝先. 全断面掘进机发展和应用[J]. 建井技术, 2017, 38(5): 7.

[38] 谭杰, 刘志强, 宋朝阳, 等. 我国矿山竖井凿井技术现状与发展趋势[J]. 金属矿山, 2021, 5(13): 13-24.

[39] 李建斌. 我国掘进机研制现状、问题和展望[J]. 隧道建设(中英文), 2021, 41(6): 877-896.

[40] 李夕兵, 黄麟淇, 周健, 等. 硬岩矿山开采技术回顾与展望[J]. 中国有色金属学报, 2019, 29(9): 1828-1847.

[41] 王少锋, 李夕兵, 宫凤强, 等. 深部硬岩截割特性与机械化破岩试验研究[J]. 中南大学学报(自然科学版), 2021, 52(8): 2772-2782.

[42] 李夕兵, 周健, 王少锋, 等. 深部固体资源开采评述与探索[J]. 中国有色金属学报, 2017, 27(6): 1236-1262.

[43] 王国法, 刘峰, 孟祥军, 等. 煤矿智能化(初级阶段)研究与实践[J]. 煤炭科学技术, 2019, 47(8): 1-36.

[44] 杨健健, 张强, 吴淼, 等. 巷道智能化掘进的自主感知及调控技术研究进展[J]. 煤炭学报, 2020, 45(6): 2045-2055.

[45] 刘浪, 方治余, 张波, 等. 矿山充填技术的演进历程与基本类别[J]. 金属矿山, 2021(3): 1-10.

[46] 齐冲冲, 杨星雨, 李桂臣, 等. 新一代人工智能在矿山充填中的应用综述与展望[J]. 煤炭学报, 2021, 46(2): 688-700.

[47] 周福宝, 魏连江, 夏同强, 等. 矿井智能通风原理、关键技术及其初步实现[J]. 煤炭学报, 2020, 45(6): 2225-2235.

[48] 张庆华, 姚亚虎, 赵吉玉. 我国矿井通风技术现状及智能化发展展望[J]. 煤炭科学技术, 2020, 48(2): 97-103.

[49] 袁亮, 俞啸, 丁恩杰, 等. 矿山物联网人-机-环状态感知关键技术研究[J]. 通信学报, 2020, 41(2): 1-12.

[50] 李晔, 伍宗文. 同步以太网环境下时间同步精度方法研究[J]. 计算机与网络, 2016, 42(22): 72-75.

[51] 冀虎, 张达, 戴锐, 等. 一种适用于地下矿山分布式系统的高精度时间同步系统设计及实现[J]. 中国矿业, 2019, 28(增刊2): 219-222.

[52] 王国法, 王虹, 任怀伟, 等. 智慧煤矿2025情景目标和发展路径[J]. 煤炭学报, 2018, 43(2): 295-305.

[53] 王李管, 陈鑫. 数字矿山技术进展[J]. 中国有色金属学报, 2016, 26(8): 1693-1710.

[54] 毕林, 王晋森. 数字矿山建设目标、任务与方法[J]. 金属矿山, 2019(6): 148-156.

[55] 丁恩杰, 胡青松. 矿山物联网顶层设计思路[J]. 物联网学报, 2018, 2(1): 69-75.

第 8 章
磷矿深部开采动力灾害防治

8.1 磷矿深部开采的动力灾害现象

为了提高磷矿山资源开采效率，地下磷矿的开采规模和开采深度逐渐增加，深部矿产资源开发所面临的由岩体开挖诱发的地质灾害问题愈发突出。矿山大范围采空区及地应力增加引起的顶板冒落、岩爆、矿柱变形、冲击地压等灾害问题日益显著，给磷矿山安全和绿色开采带来了严重的安全隐患。以下介绍冒顶片帮、岩爆、采空区崩塌等具体灾害现象。

8.1.1 冒顶片帮

矿山开采深度越深，地质环境越复杂、地应力越高，工程灾害也越多，对深部资源的安全高效开采存在较大威胁[1]。深部磷矿山在开采过程中，受各种不利条件及施工环境的影响，地质灾害易发。冒顶作为其中最为常见的灾害之一，给施工人员的生命安全构成威胁。冒顶是岩体本身的稳定性较差，再加上开拓采矿，切割岩矿，巷道周围产生应力重新分配，导致岩体发生某种变形破坏。在这种情况下，顶板岩体的完整性已经遭到破坏，若不采取有效措施，极易形成顶板岩体冒落现象，如图 8-1 所示。

冒顶片帮是指采掘作业面或巷道的顶板、两帮在矿山压力作用下变形、破坏而脱落的现象。其中，顶板垮塌现象称为"冒顶"，两帮坍塌称为"片帮"，一般而言，顶板发生冒落的情况较多，两帮坍塌发生的概率较小，但有时二者也会相伴发生。对于地下矿山，冒顶片帮多发生于巷道或采场，不仅会影响矿山的正常生产，损坏生产设备，阻碍生产进度，也会危害井下作业工人的生命安全，造成恶劣的影响。按照岩石发生冒落的范围大小，一般将冒顶片帮事故分为以下三种类型。

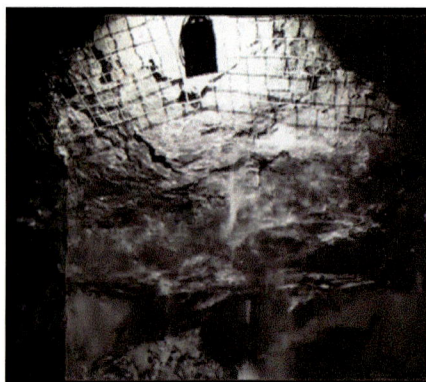

图 8-1　现场冒落图

1）大冒落

大冒落通常发生在沉积矿床或使用空场类方法开采的矿山，是指由于采场控顶面积随着回采工作面的推进而不断增大，顶板逐渐下沉，在地压作用下，发生采场整体失稳，导致顶板或围岩大面积垮塌和脱落的情况。

大冒落的事故影响范围较大，采场整体失稳坍塌会导致采场内作业人员都难以躲避，造成较大的伤亡，同时在大冒落发生时会产生很大的冲击波，可能引发附近采场相继垮塌、对附近的工人及设备造成损伤，导致事故后果进一步扩大，此外，还有可能引起上中段的塌陷、下沉等问题，因此事故后果往往十分严重。大冒落发生的原因大致有两种：一是采场的不良地质条件，如破碎带、软弱夹层、断层等削弱岩体的完整性；二是采场设置不合理，矿房跨度大，导致采场暴露空间过大，逐渐失去稳定性。

图 8-2 为现场顶板破坏情况，图 8-2（a）是顶板脱落掉块，图 8-2（b）是顶板围岩剥落。

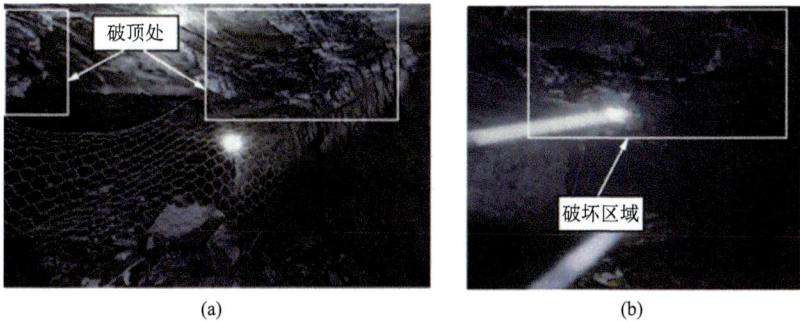

（a） （b）

图 8-2　现场顶板破坏图

2）局部冒落

局部冒落是指由于裂隙和变形，岩层完整性受到破坏，当局部围岩失去支撑力时，脱离周围岩体发生垮落的现象。

与大冒落相比，局部冒落的事故后果相对较小，但发生概率却比大冒落高得多，在生产过程中，大多数冒顶片帮事故都属于局部冒落。局部冒落多数是结构面的切割造成的，如果采场岩体结构面和临空面构成不利组合，那么在风化、爆破震动、裂隙水侵蚀作用下，就容易脱离周围岩体，造成事故，如图 8-3 所示。

图 8-3　现场片帮破坏图

3）浮石冒落

浮石冒落也可称为松石冒落，通常是由爆破后造成块石松动，工人未及时清理而发生的掉落伤人事故。有时，浮石冒落与局部冒落难以严格区分，因此也可以将二者归为一类，如图8-4和图8-5所示。

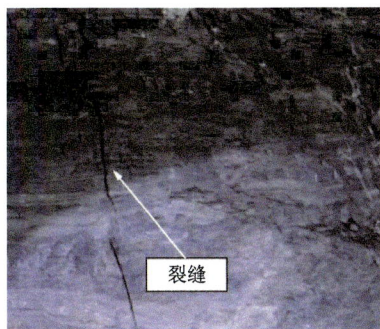

图 8-4　现场矿柱开裂图

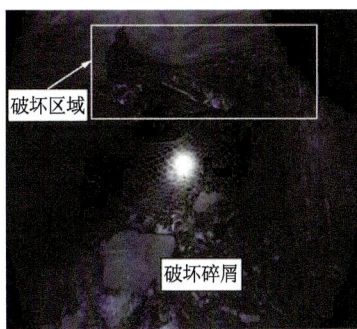

图 8-5　现场顶板冒落图

浮石冒落通常发生在爆破之后的 1～2h，如果爆破时药量过大或炮孔布置不合理，导致爆破震动过大，块状围岩脱离周围岩体，工人进入采场后，未对顶板进行细致检查，没有掌握浮石情况，或者在处理浮石时操作不熟练导致意料之外的浮石冒落。

在三种冒顶片帮事故类型中，大冒落的影响范围最广，所带来的直接后果最严重，但通常发生概率不高，局部冒落和浮石冒落的后果严重程度相对较小，但却是发生概率较高的事故类型。根据一些事故统计资料，冒顶片帮事故中，只有10%左右属于较大冒落，其余大部分是由于局部岩层冒落或浮石掉落伤人。

8.1.2　岩爆

岩爆是一种岩体中聚积的弹性变形势能在一定条件下突然猛烈释放，导致岩石爆裂并弹射出来的现象，是矿山巷道内的一种特殊破坏现象，区别于普通巷道破坏，岩爆具有的突发性、部位集中性、剧烈性等使其成为矿山中的主要安全隐患之一。为了更好地掌握矿山的岩爆特性，分别对矿山开拓巷道和采区岩爆特性进行观察分析。

1）开拓巷道岩爆

开拓巷道岩爆分开挖掌子面附近的即时型岩爆和巷道开挖后一段时间的滞后型岩爆两种。开挖掌子面附近的即时型岩爆以中等岩爆为主，部分为剧烈岩爆，爆坑呈凹形，岩爆相对频繁；巷道开挖后一段时间的滞后型岩爆在开挖掌子面较远处以轻微岩爆为主，部分为中等岩爆，爆坑为板裂破坏，如图8-6和图8-7所示。

2）采区岩爆

采区岩爆分为即时型岩爆和滞后型岩爆。即时型岩爆主要发生在切割上山和回采时，开采处产生中等和部分强烈岩爆，爆坑呈凹型，岩爆相对频繁；滞后型岩爆主要发生在矿柱、顶板部分含硅质白云岩处、顶板与矿房壁面交接处，以轻微岩爆和部分中等岩爆、爆坑板裂破坏为主，如图8-8所示。

图 8-6　岩爆发生位置

图 8-7　开拓巷道岩爆现场图

图 8-8　采区岩爆

3）岩爆发生现象

矿区受地质构造影响，在深部磷矿开采过程中，随着开采的进一步推进，采空区爆破面积增加。采空区岩爆主要出现在顶板及矿柱位置。顶板岩爆主要发生于距采场作业面 50m 范围内；矿房切割岩爆主要发生在采场作业面下部 1～2 个水平矿房内采切巷道即将贯穿处（贯穿距离约 5m 内）。平巷与斜坡道交叉口处形成的三角形单个矿柱，受通道等因素的制约往往最后开采，形成"孤岛效应"，应力集中，岩爆、冒顶极为频繁。顶板冒落岩块呈透镜状或板状等，厚度为 1～5m，爆落面积为 5～30m^2，一次冒落岩块多达上百吨，如图 8-9 所示。

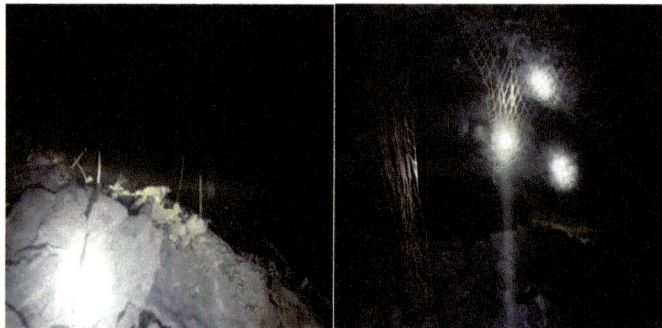

图 8-9　采空区顶板岩爆和岩体冒落

此外，采场作业面下部 1～2 个水平矿房内采切巷即将贯穿处（贯穿距离约 5m 内），掌子面受压凸出、鼓包突然发生岩爆，岩块有时应声垮落；巷道两侧帮壁与顶板接触处压力突然释放，伴有炸裂声，矿石弹射飞溅可达 5m 远，一次飞溅矿量为 50～200t，如图 8-10 所示。

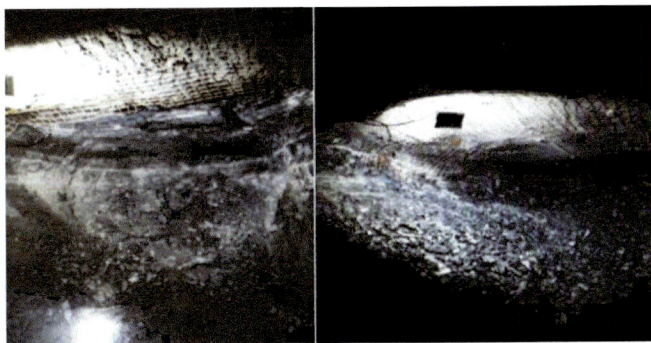

图 8-10　矿房切割岩爆飞渣

岩爆的发生，说明矿区岩体在开采扰动下受到较高的矿压作用。矿区现场为表征井下来压情况，通过观测信号柱和滑尺等方法及时采取措施。一般在采空区顶板初期来压快，24h 内信号柱受压弯曲、折断变形明显，如图 8-11 所示。

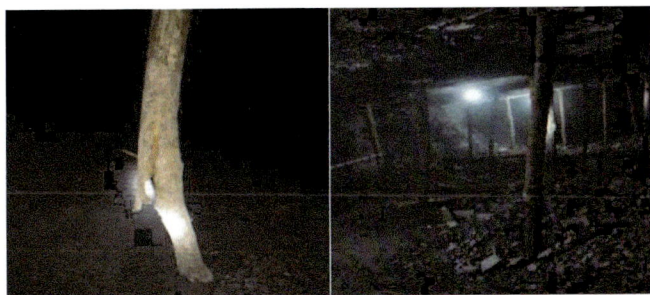

图 8-11　井下信号柱

此外，采空区及采场作业面下部 1～2 个水平内的切割平巷底板受压变形，在采空区内还会看到明显的底鼓现象，如图 8-12 所示。

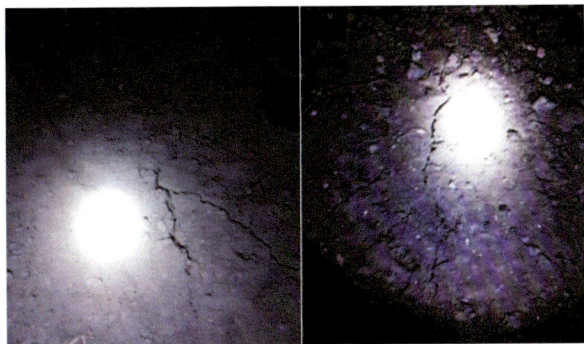

图 8-12　采空区底鼓现象

随着采空区面积增大，采空区顶板岩体压力通过矿柱传递到底板，在平巷与斜坡道交叉口处形成的三角形单个矿柱受压相对较大，矿柱有很明显的岩体破坏和崩裂现象，声音沉闷，矿柱结构遭破坏形成龟裂，矿柱周围垮落，有弹射现象，如图 8-13 所示。

图 8-13　采空区岩爆现象

8.1.3　采空区崩塌

1992 年 6 月 5 日湖北荆襄磷矿矿务局王集矿发生了采空区塌陷事故，这是建矿以来最大的采空区塌陷事故。据估算，地表塌陷面积为 6600 m²，厚度为 64 m 的山头瞬间下陷，下降的土石充满了整个采空区，13 号至 16 号矿房及采空区内全部巷道被毁。

1980 年 6 月 3 日湖北远安县盐池河磷矿突然发生了一场巨大的岩石崩塌（简称岩崩，又称山崩）。山崩时，标高 839m 的鹰嘴崖部分山体从 700m 标高处俯冲到 500m 标高的谷底。在山谷中乱石块覆盖面积南北长 560m，东西宽 400m，石块加泥土厚度 30m，崩塌堆积的体积共 100 万 m³。顷刻之间，盐池河上筑起一座高达 38m 的堤坝，构成了一座天然湖泊。乱石块把磷矿的五层大楼掀倒、掩埋。还毁坏了该矿的设备和财产，损失十分惨重。盐池河山体产生灾害性崩塌具有多方面的原因：除地质基础因素外，地下磷矿层的开采是上覆山体变形崩塌最主要的人为因素。

采空区崩塌是一种动力灾害现象，指的是在矿山开采过程中，矿脉破裂或不稳定地带的岩石层发生断裂、塌陷或溃塌，导致采空区塌陷。这种现象通常发生在采矿过程中，由于地下矿脉的架构和力学特性，开采时矿脉周围的岩石无法承受产生的巨大应力，采空区崩塌。采空区塌陷的现象主要发生在以空场法、崩落法进行开采的地下矿山区域，在形成一定采空规模后自然发生垮落，一旦无法及时有效地进行预防处理，将会诱发严重的事故隐患，甚至在近地表的岩移中，威胁到地表建筑和道路的使用质量安全，严重时还可进一步引发大规模山体滑移。一旦达到一定的采空规模，而不进行及时有效的填充，就很容易导致崩塌灾害。

在发生滑坡现象和地表塌陷时，地表岩层覆土可以根据倾斜速度不同大致分为冒落带、裂隙带、弯曲变形带三个层次。三个带界线不明显且不一定同时出现。因为土地因素、采空区对地表影响、矿体深埋和矿体厚度差异，塌陷区滑坡变形形成的地表塌陷坑类型也不尽相同。地表塌陷坑类型大概分为以下三种。

1）塌陷坑特征

塌陷坑是我国矿山采空区最常出现的塌陷滑坡类型之一，分布范围较广，危害性较

大。塌陷坑平面形态不固定，通常情况下为不规则圆形、椭圆形、长方形等，如图 8-14 所示。规模大小由土壤地质结构和采空区大小决定，一般不会太大，面积区间为 $1\sim70m^2$。两端具有一定平面延伸，长度在 $4\sim20m$。可见深度通常为 4m，塌陷坑内部可一直延伸到基岩顶部。受环境及采空区结构影响，塌陷坑在地表通常以陷坑群形式出现，地缝相互连接，陷坑主体区域分布呈串珠状。类似于我国西北的"喀斯特"地貌现象。

图 8-14　采空区塌陷图

塌陷坑横向延伸方位与拉裂缝大体一致，很容易形成整体塌陷带，其特征可以总结为：矿坑主体小、分布密、具有明显的区域性和延伸性。这些呈串珠状分布的塌陷坑对公路地基和附近建筑物的稳定会产生极大威胁。

2）地裂缝特征

地裂缝一般分布于矿产采空区开采边界所在的相关区域。地裂缝大多单条出现、双条呈十字交叉形态出现，且交叉口向上突起，或者伴随矿坑出现。地裂缝通常可以达到 $5\sim10m$，宽度为 $0.1\sim0.5m$ 且中央最宽依次向两侧递减，深度为 $0.3\sim2.5m$。若矿山开采区有较高地形高度差异，地裂缝会明显受到地形高度差异影响，在地形差异集聚区即坡度倾斜角度最大的陡坡四周常会形成大规模地裂缝现象。地裂缝受土壤或岩层结构影响巨大，深度较低，容易形成局部断层，外翻现象。

凸起区域土壤常伴有沙化、土质流失等情况发生，需整体土壤更新，否则对水土环境会有巨大影响。

3）沉陷盆地特征

沉陷盆地滑坡现象多在矿山之间的区域平原或较为平缓的倾斜区段地带出现。盆地边缘多伴有大量小型地表裂缝，裂缝方向受盆地形状、周围土质结构、地表结构影响，多为放射状分布。盆地形状由采空区大小和分布决定，基本形状和采空区平面形状一致。矿山缓坡地带有可能形成倒三角形局部缓坡凹地，中心下降距离约为 3m。

沉陷盆地具有面积范围广、关联度大的特征，区域形成与周围地形有较大协同效应。

综合来看，采空塌陷区无论形成哪种类型的塌陷，整体形态分布规律均不明显。这与矿山开采内部巷道不规则和开采单位无序回采有关。我国除大型国家矿区外，各小型开采单位大多使用手工开采设备，采空范围较小，开采深度浅。巷道整体高度和宽度均为 3m 左右，不设支撑或者仅设临时支撑。开采完毕后任其自由搁置，塌陷区滑坡变形

有可能很不规律。通常情况下，相比较大型企业矿山开采单位，小型企业矿山开采单位开采采空区地表沉陷会明显滞后于回采生产。特别是塌陷坑的发展，明显比矿层回采工作落后，这是由矿区土地松散程度及地表地下水动力等因素决定的。采空区的剖面分布规律主要与矿层形态和回采速率相关联，塌陷坑多数由地裂缝进一步发展得到，常见的采空区塌陷坑坑点大多顺地裂缝发育，即先出现地裂缝现象，再经过地表、地下水流冲击，地表水流两侧及裂缝底部松散土壤被带入下层采空区，形成局部大规模坍塌，发育成为塌陷坑。极少数情况下，塌陷坑有可能孤立出现，这是由采空区上层覆土底部发生侵蚀，直接塌陷造成的。

8.2 磷矿深部开采诱发岩爆的破坏现象及其机理

8.2.1 磷矿岩爆现状分析

根据有关数据统计，在矿山法施工下，岩爆在深部工程灾害中的占比为21%。全球最早有记载的岩爆出现可以追溯到 1730 年以前，是在英国的莱比锡煤矿发生的岩爆。从那时起，世界上硬岩矿山和岩石地下工程中都曾发生过大大小小的岩爆事故。自 20 世纪以来，已经记录了数千起岩爆灾害，给人身安全和经济财产安全带来了不小损失。2008 年，发生在千秋煤矿的岩爆事故造成 13 人死亡、11 人受伤，直接经济损失数百万元；2011 年 8 月 7 日，发生在泥巴山隧道洞口的大规模重度岩爆，将进洞右侧由拱腰至拱顶位置处的岩石破碎成板状、块状、片状，许多剥落的岩石散落在四周，形成堆积，将作业设备掩埋；汶川岷江太平驿水电站的引水工程，仅 5km 左右的标段就记录到 400 多次大、小岩爆，并对人员、机器造成严重损害。据国家煤矿安全监察局 2017 年对全国冲击地压矿井的调研数据统计，我国已经历了 5000 余次的冲击地压灾害，属于岩爆发生率较高的国家。岩爆是岩石突然而猛烈破坏的结果。随着浅层磷资源逐渐枯竭，开采迁移到更深的地下。

受深部复杂地质构造影响的开挖扰动过程中，由于采空区裸露面积的增大和开采活动的进行，巷道的应力可能发生变化，地应力相对于岩石强度变得更高，岩爆的可能性急剧增加。岩爆大多与坚硬的岩石和地质构造有关，在采矿中往往与采矿方法引起的不利应力条件有关。当开挖引起的应力超过岩体峰值强度时，岩体就会被破坏。由于开挖附近存在潜在的不稳定平衡状态，任何一个小的动力扰动，如爆破生产或断层滑动事件，就可能发生岩爆。岩爆的发生表现出突发性、滞后性、猛烈性的特点，直接给作业人员和设施设备构成了潜在的危险，影响工程进度，增大工程成本，破坏支护体系，乃至破坏整个项目并引发矿震。岩爆灾害是深部磷矿顺利开采的严重限制因素，如何有效预防和控制岩爆，降低岩爆灾害程度是深部磷矿工程建设需要解决的关键问题。

国外对地下工程发展的研究开始得比较早，对于岩爆的研究距今已经有几十年的历史，尤其是南非、英国、法国等国家十分重视对岩爆的研究。20 世纪 70 年代，Blake[2] 完成了关于岩爆的著作，且早期的外国学者提出，岩爆的发生是由于地下工程施工区岩

体的震动而引发。而我国对于岩爆的研究起步较晚，但亦取得许多优秀的成果。目前，何满潮等[3]和 Wang 等[4]认为岩爆的发生是一种涵盖了几何、材料和过程非线性的动力学现象，体现了岩爆过程的复杂性。这一说法得到了广大认可。

1）岩爆的室内试验研究现状

由于岩爆现场地质条件复杂，现场试验需大量人力物力，甚至占用施工时间，国内外学者大多选择在室内进行岩爆相关模拟试验。经过前人大量的试验经验和现场调研，岩爆试验设备不断完善。

研究岩爆的学者从单轴试验，发展到双轴试验，再到三轴试验，经历了数十年的努力，对岩爆的防治进行了持续探索。Singh[5]基于单轴压缩试验确定了岩爆倾向指数。左宇军等[6]通过单轴动静组合加载试验得出在受周期动载加载条件下，红砂岩的破坏形式为张拉与剪切的复合形式。Liu 等[7]利用双轴试验分析了构造应力对隧道岩爆的影响，发现声发射现象与岩石破坏和岩石破裂有关。Salamon[8]通过岩爆的常规三轴试验，探究了岩爆过程中能量的变化趋势。

由于实际工程中，岩爆发生区域的岩体所受的三向应力不同，真三轴试验比单轴、双轴、常规三轴试验能更好地模拟围岩的应力状态，近几年岩爆试验主要集中于真三轴的加卸载试验，所涉及岩爆的试验可根据加载试件的样式分为开洞试验和未开洞试验。

在加载试件为完整岩块条件下，马艾阳等[9]利用大理石真三轴岩爆试验发现张性裂纹的产生早于剪切裂纹。苏国韶等[10]采用花岗岩试件，利用真三轴岩爆试验发现破坏模式和碎屑形态有关。张晓君等[11]开展了直墙半圆拱形巷（隧）道岩爆单轴压缩试验，发现岩爆破坏形式主成分由劈裂向劈裂-剪切再到剪切破坏方向发展。赵菲等[12]则发现岩石尺寸对岩爆试验有影响，基于真三轴试验发现随着试件高度的降低，岩爆破坏模式由以劈裂破坏为主转变为以剪切破坏为主的破坏模式。

与此同时，在试件上按照一定比例开洞，模拟巷（隧）道开挖后发生的岩爆试验亦是一种试验思路。陈陆望等[13]利用马蹄形硐室试件模型，通过真三轴试验研究了马蹄形地下硐室岩爆的破坏过程。何满潮等[14]通过在试件中开凿圆孔进行了冲击岩爆试验，发现在不同加载条件下，岩爆的破坏程度不同。李夕兵等[15]考虑到静应力和动力扰动对岩爆的影响，用动静组合的加载方式考察了深部圆形洞室洞壁围岩发生应变型岩爆的破坏特性。

2）岩爆的数值模拟研究现状

到目前为止，国内外学者进行了大量的室内岩爆试验，但由于室内设备条件有限和大量人力、物力的耗费，室内试验的发展受到了很大的阻碍。通过软件合理地对岩爆岩体进行模拟与验证，可以既经济又方便地深入探究岩爆机理。

蔡美峰等[16]利用 FLAC³ᴰ 数值模拟分析并揭示了由矿山深部开挖导致采场围岩能量积聚、能量分布和能量变化规律。邱道宏等[17]利用 FLAC³ᴰ 程序设计了相应地点的数值计算模型，并通过现场测量主应力建立径向基函数神经网络，反演该测点的初始地应力场。

许博等[18]发现 ANSYS 软件能较好地模拟岩性完好及构造应力显著区域的初始地应力，使其模拟结果更接近实际。

Cundall 和 Strack[19,20]基于离散元理论，提出了颗粒流法。该方法已广泛应用于研究

岩石材料的基本特性、颗粒的动力响应及岩石介质的断裂与发育反面。吴顺川等[21]基于颗粒流法和PFC³ᴰ程序模拟验证了不同应力条件下岩爆的发生，获得岩石的细观破裂现象和破坏过程。王延可等[22]通过颗粒流理论和PFC³ᴰ程序进行不同应力路径下岩爆特性的数值模拟试验，获得了岩石的细观破坏特征。

Cai等[23]通过PFC和FLAC相互耦合，对地下隧道开挖过程进行了数值模拟，并结合模型中的声发射数据，对隧道的稳定性进行了分析。

廖志毅等[24]考虑了岩石的非均匀性和裂隙分布的随机性，提出均质度的观点并开发了有限元程序RFPA用于模拟岩石破裂过程。王振等[25]通过RFPA对隧道上半部分开挖进行数值模拟，得出隧道的应力分布特征和破坏模式，发现应力集中首先出现在洞壁附近，导致围岩产生损伤，损伤范围随之扩散，这与现场实际情况基本吻合。Sun等[26]将非连续变形分析（DDA）与RFPA相结合，研究了圆形隧道的岩爆破坏现象与特征。

Asteris等[27]基于圆形颗粒的离散元开发了二维程序BALL，使其在土力学及采矿研究领域得到广泛运用。

3）裂纹扩展研究方法

岩石的破坏本质是其内部裂纹的损伤演化，岩爆的破坏与其内部裂纹的产生、扩展和贯通过程有很大联系。随着监测技术的发展，人们通过声发射技术、扫描电镜技术和声波CT层析成像技术等有效手段，观测岩石内部裂纹扩展的过程。

（1）声发射技术。

岩石内部孕育裂纹时会产生弹性波的现象，这种现象称为岩石声发射。而声发射技术将弹性波转化为电信号，经过处理后获得声发射源的特性参数。在岩石结构相关领域主要采用声发射特征参量分析法，如通过声发射信号的幅度、能量、计数等参量描述岩石内部的完整性。

曾鹏等[28]通过不同围压下循环加卸载声发射实验，发现声发射累计振铃计数与岩石应力的关系。赖于树和程龙飞[29]从声发射频率、能量变化对裂纹扩展的影响，阐述混凝土的破坏机理。

目前，经过科技不断发展，声发射技术可以捕捉到岩石内部破裂过程，定位岩石内部缺陷区域，具有一定的高效性和便捷性。

（2）扫描电镜技术。

岩体的宏观破坏现象是许多细观破裂的综合表现[30,31]，而对于岩爆现象的细观研究将有助于深入了解岩爆的破坏过程。研究者通常利用扫描电镜技术判定岩石的力学性质，揭示岩石细观形态与破坏过程之间的关系。

赵康等[32]通过扫描电镜观察岩爆岩石断面的细观形貌特征，分析了岩石动态破坏机理；Ng等[33]、Wang等[34]、Shan等[35]对研究材料的电镜扫描图像进行处理，建立模型预测裂纹的扩展；Zhang等[36]利用扫描电镜技术对不同岩石的微观结构和矿物组成进行观测，分析微观结构和矿物组成对宏观力学性能的影响。

（3）声波CT层析成像技术。

岩石的声波波速与岩石的损伤程度相关。层析成像技术是借助声波在被测物中传播的变化，通过在被测物表面释放和接收声波信号，获取声波走时分布信息，根据声波传

递时间快慢判断岩石内部损伤状况。由进一步反演成像得到的剖面图可观测岩石内部完整或缺陷情况。

黄仁东等[37]利用声波 CT 层析成像技术准确探测了工程中岩溶区域和裂隙分布情况，为工程施工设计提供了有力证据。王千年等[38]通过孔内声波 CT 层析成像技术探测岩溶发育程度、空洞空间布置情况，发现声波 CT 层析成像技术可有效查明目标的位置和形态。

8.2.2 深部磷矿岩爆的影响分析

深部岩体因受大自然引力等因素影响，随着赋存深度的增加，承受围压相对越大。当在地下进行开挖扰动时，围岩所受的初始应力平衡会因外部扰动（开挖）而破坏，围岩体会受到周围围压对其做功，岩体内部所受能量增加，当岩体内部的弹性能储存到不能再继续增加时，岩体将以弹性破坏的形式突然释放内部能量，导致明显的脆性破坏，甚至出现岩爆现象[39]。

通过对国内外大量工程出现的岩爆实例进行总结与分析，岩爆的产生主要受以下几方面因素影响。

1）岩性的影响

大量室内试验及岩爆事故调查发现在硬度高的围岩体中往往会出现岩爆。因此，岩体的岩性是影响岩爆发生的关键因素。

岩石的单轴抗压强度达到岩体破坏强度后，岩石将被破坏，在消耗残余弹性应变能并将其转换为较大动能时，造成围岩脱落、弹射甚至抛掷，该过程为岩爆的产生提供了必要的前提，从而使发生岩爆。因此，围岩对弹性应变能储存能力的大小和岩石自身性质有紧密联系，其中岩性对岩爆的发生起着决定性作用[40]。

分析国内外岩爆样本经典案例发现，与其他质地较软、结构松散的岩石相比，质地较硬、结构完整的岩石更易将弹性应变能储存起来。因此，可以看到易发生岩爆的岩石普遍单轴抗压强度较高；而软弱岩石破坏时会发生塑性变形，在这一过程中，由于残余弹性应变能的消耗较小，岩爆发生的概率较低。国内外部分岩爆实例的围岩岩性及岩爆等级如表 8-1 所示。

表 8-1 地下工程岩爆实例

工程名称	岩性	埋深/m	抗压强度/MPa	抗拉强度/MPa	岩爆等级
锦屏二级水电站引水隧洞	大理岩	150	120	6.5	弱、中岩爆
西康铁路秦岭隧道	片麻岩、花岗岩	500	131.99	9.44	中岩爆
渔子溪水电站引水隧洞	花岗闪长岩	200	170	11.3	中、强岩爆
天生桥二级水电站隧洞	白云质灰岩	400	88.7	3.7	中岩爆
瑞典福什马克（Forsmark）核电站冷却水隧洞	片麻花岗岩	5～10	130	6	中岩爆
瑞典维达斯（Vietas）水电站引水隧洞	变质花岗岩、石英岩	250	180	6.7	轻微岩爆
日本关越隧道	石英闪长岩	890	236	8.3	中、强岩爆

2）应力条件的影响

围岩应力是岩爆发生的重要条件之一。当应力达到临界值时，就有可能发生岩爆。围岩处的地形、岩石岩性、埋藏深度、施工条件及其他方面都会对岩体的应力集中度产生一定的影响。相关调研表明，地应力大的区域弹性模量也比较大，因此岩爆出现的概率相应增大。在实际工程中，当硬岩天然地应力超过 20MPa 时，即该岩石为高地应力状态。

3）地质构造的影响

在地下工程开挖时，地质结构情况对岩爆的发生产生多方面影响。断层对于岩爆的影响主要体现在两个方面：一是由于围岩不良，断层破碎带内不能储存高弹性能，围岩普遍出现塌方等灾害的可能性较大，而不发生岩爆；二是断层错动将直接触发断裂滑移型岩爆，距离断裂构造带一定距离处部分构造应力可能更高，易引起岩爆事故。

4）开挖方式的影响

开挖方式不同，对围岩造成的破坏差别较大，开挖会使岩石应力重新分布。钻爆法开挖引发瞬间卸荷使围岩开裂的效应增加，扩大了围岩开裂范围并且加长了裂纹扩展长度，而隧道掘进机（TBM）开挖与之相比破坏程度则要小很多，主要引起的是准静态卸荷。一些研究表明，钻爆法开挖掘进因开挖时卸荷效应较强而使即时型岩爆更容易发生，并且因为开挖扰动范围更大，围岩遭到更严重破坏，所以硐室开挖后围岩弹性应变能储存性变弱，滞后型岩爆发生的概率降低。

5）其他条件的影响

复杂地质条件下，岩爆容易受到地温、水压等方面的影响。李天斌等[41]通过室内岩爆试验发现随着温度的增加，围岩的脆性破坏更加强烈且突然。苏国韶等[42]则利用高温冷却后的花岗岩进行真三轴试验，得出不同温度区域内，花岗岩的岩爆特性、弹射动能等都有所不同。而在不同湿度条件下模拟砂岩岩爆试验，说明湿度越大，砂岩发生岩爆的可能性越低。

8.2.3　深部磷矿岩爆倾向性分析

预测岩爆一直是学者在岩爆相关研究中关注的重点。随着研究的深入，不同专家提供了多种岩爆倾向性预测的相关指标。预测指标基于研究对象的物理属性。本节将通过层次分析（analytic hierarchy process，AHP）法，将已经提出并得到广泛认可的岩爆倾向性指标经过定性与定量相结合，构建新的岩爆倾向性预测模型[41]。

层次分析法是解决多目标复杂问题定性与定量相结合的一种层次化、结构化决策方法，将复杂的问题分解成若干层次，形成递进层次结构，使问题的分析过程大为简化，具有简洁性、系统性、可靠性等优点。

（1）岩爆层次分析结构模型。深入分析实际问题，将有关因素按照不同属性自上而下分层，同一层的诸因素从属于上一层的因素或对上一层因素有影响，同时又支配下一层因素或受到下一层因素作用。

（2）构造成对比较矩阵。采用表 8-2 中的标度，构造各层对上一层每一因素的成对比较矩阵。

表 8-2　层次分析法的判断矩阵标度及其含义

标度	含义
1	两个因素相比，具有同等重要性
3	两个因素相比，一个比另一个稍微重要
5	两个因素相比，一个比另一个明显重要
7	两个因素相比，一个比另一个更为重要
9	两个因素相比，一个比另一个极端重要
2, 4, 6, 8	上述两相邻判断中间值，表示判断之间的过渡

（3）层次单排序及一致性检验。判断矩阵对应最大特征值的特征向量，经归一化后即同一层次相应因素对于上一层次某因素相对重要性的排序权值，这一过程称为层次单排序。由于客观事物的复杂性及对事物的认识判断不可能做到完全一致，为避免其他因素对判断矩阵的干扰及保证判断矩阵排序的可信度和准确性，必须对判断矩阵进行一致性检验。若通过检验，则特征向量为权向量。检验公式为

$$CR = \frac{CI}{RI}$$
$$CI = \frac{\lambda_{max} - n}{n-1}$$

（8-1）

式中，CR 为一致性指标，当 CR<0.1 时，认为判断矩阵具有良好的一致性，否则应调整判断矩阵元素的取值；λ_{max} 为最大特征根；n 为成对比较因子的个数；RI 为随机一致性指标，其值由表 8-3 确定。

表 8-3　随机一致性指标 RI 值

n	1	2	3	4	5	6	7	8
RI	0	0	0.58	0.90	1.12	1.24	1.32	1.41

岩爆是一种非常复杂的动力地质灾害现象，其机制复杂，影响因素众多，岩性、应力与围岩条件均影响岩爆的发生。选取与岩性、应力、围岩条件相关的脆性系数、弹性能量指数、线弹性能、T 准则、地应力指数、RQD 指标、岩体完整性系数和围岩类别 3 类 8 种岩爆倾向性判别指标，建立基于层次分析法的岩爆综合预测模型。

1）岩爆层次分析结构模型

综合分析所选取的 3 类 8 种岩爆判别指标，自上而下建立岩爆预测的层次分析结构模型，如图 8-15 所示。

2）构建成对比较矩阵

（1）对比矩阵 W 的构造。

由瓦屋Ⅳ矿段的开采地质环境可以看出Ⅳ矿段工业磷矿层（Ph_{13}）磷矿石属于碳酸盐型、硅质及硅酸盐型及混合型磷块岩，与一般的磷块岩具有相同的岩性特征。

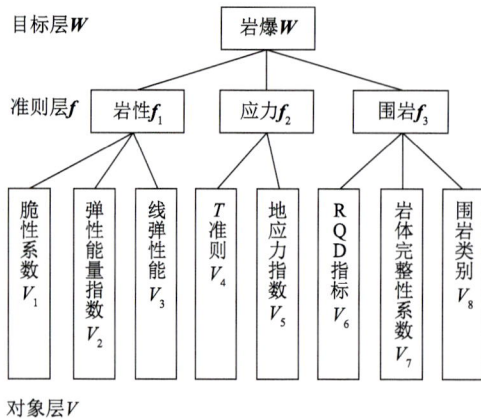

图 8-15　岩爆预测层次分析结构模型

瓦屋Ⅳ矿段内发现的断层有 7 条，断层破坏了岩层的连续性和完整性，导致其周围的应力分布差异较大，特别是断层 F1 对矿区内磷矿层有较大影响。矿层构造层出现弯曲和部分褶皱现象，造成该处岩体具有较高的封闭应力，致使此处岩体相对矿区其他位置岩体具有较高的初始应力环境及岩爆倾向性，更容易产生岩爆。

瓦屋Ⅳ矿段属缓倾斜薄至中厚矿体，顶、底板围岩稳定性较好，节理、裂隙不发育，但矿石为胶结结构、块状发育，导致矿石极易松散，易发生片帮。矿层直接顶板围岩为白云岩，岩石坚硬、强度高、完整性好。底板围岩为含磷泥岩，较软弱、强度低，故矿段内工程地质条件属于中等类型。磷矿层均隐伏于地下，三分之二以上磷矿层赋存于当地侵蚀基准面之上，矿段水文地质条件属于"充水岩层以溶蚀裂隙为主，顶板直接和间接进水，水文地质条件中等偏复杂"的岩溶充水矿床。

（2）对比矩阵 f_1 的构造。

对瓦屋Ⅳ矿段岩体的岩性进行分析，经实验得到在矿样、顶板中 Mg、Ca 元素的含量较高，底板则是 Si 元素含量较高。矿样的表面结构较为松散，空隙发育，断裂机制为剪断、拉断；而顶板和底板表面有碎屑，结构比较致密，少有空隙，断裂机制为剪切破裂，矿样的表面结构、顶板、底板三者的破断和断裂性质均为穿晶或沿晶断裂。瓦屋Ⅳ矿段底板白云岩刚度大，不易变形，脆性比其他岩石强，黏聚力比顶板白云岩和矿样大得多，说明底板白云岩岩粒之间的黏聚力和咬合力比其他岩石大得多。

（3）对比矩阵 f_2 的构造。

瓦屋Ⅳ矿段主要受构造应力影响，水平围压较大。该矿段在水平构造应力起主要作用的应力环境下进行开挖时，矿区顶板的竖向位移最大，且随开挖影响有增加趋势，说明矿区顶板处产生围岩失稳的可能性大，矿区断层的存在会直接影响断层附近巷道围岩的剪切应力分布范围及其集中程度，最终呈现不同的破坏现象。

（4）对比矩阵 f_3 的构造。

《工程岩体分级标准》（GB/T 50218—2014）认为岩石的坚硬程度和岩体完整程度决定岩体基本质量，是岩体所固有的属性，是有利于工程因素的共性。岩体基本质量好，则稳定性也好；反之，则稳定性差。瓦屋Ⅳ矿段内的围岩坚硬程度普遍都比较高，但围岩的完整性程度稍差一些，岩爆发生的难易程度可能会有所降低。

根据上述瓦屋Ⅳ矿段的实际环境，采用 1～9 标度方法，并参照相关资料标度结果，构建的各层成对比较矩阵 W、f_1、f_2 和 f_3 如下：

$$W = \begin{bmatrix} 1 & \dfrac{1}{3} & \dfrac{1}{2} \\ 3 & 1 & 2 \\ 2 & \dfrac{1}{2} & 1 \end{bmatrix}$$

$$f_1 = \begin{bmatrix} 1 & \dfrac{1}{4} & \dfrac{1}{3} \\ 4 & 1 & 3 \\ 3 & \dfrac{1}{3} & 1 \end{bmatrix}$$

$$f_2 = \begin{bmatrix} 1 & 1 \\ 1 & 1 \end{bmatrix}$$

$$f_3 = \begin{bmatrix} 1 & 1 & \dfrac{1}{3} \\ 1 & 1 & \dfrac{1}{3} \\ 3 & 3 & 1 \end{bmatrix}$$

3）层次单排序及一致性检验

层次单排序结果如表 8-4 所示，一致性 CR 均远小于 0.1，检验通过。

表 8-4　层次单排序结果

排序层	权向量	$\lambda_{\max}$	CR
$W\text{-}f$	[0.164,0.539,0.297]	3.009	0.0079
$f_1\text{-}V$	[0.120,0.608,0.272]	3.074	0.0640
$f_2\text{-}V$	[0.500,0.500]	2.000	—
$f_3\text{-}C$	[0.200,0.600,0.200]	3.000	0

注：V 表示体积（volume）；C 表示压缩（compression）。

总排序的一致性 CR 为 0.0227，小于 0.1。经一致性检验，所建立的判断矩阵令人满意。则综合权向量 U 计算结果为

$$U = \left[U_i \right](i = 1 \sim 8) = [0.019, 0.100, 0.045, 0.270, 0.270, 0.059, 0.178, 0.059]$$

由层次总排序结果可建立岩爆预测的层次分析综合评价指数 W：

$$W = UV^{\mathrm{T}} \tag{8-2}$$

式中，$V = \left[V_i \right](i = 1 \sim 8)$ 为对象层指标向量。

4）0~1 线性均值量化

本节所选取的 3 类 8 种指标均已分别对岩爆的发生及其程度进行了分级，8 种岩爆指标判据如表 8-5 所示，根据瓦屋Ⅳ矿段的实际工程进行岩爆级别的评价，同时将个别

判据分级界限进行适当补充，将岩爆程度规划为 4 等级，即 **R**={无岩爆，弱岩爆，中等岩爆，强烈岩爆}，新的指标判据岩爆分级准则如表 8-6 所示。

表 8-5 岩爆指标判据表

指标	判据
脆性系数	$K = \dfrac{\sigma_c}{\sigma_t}$
弹性能量指数	$W_{et} = \dfrac{E_e}{E_p} = \dfrac{\int_{\varepsilon_p}^{\varepsilon_e} f(\varepsilon_1)\mathrm{d}\varepsilon}{\int_0^{\varepsilon_t} f(\varepsilon)\mathrm{d}\varepsilon - \int_{\varepsilon_p}^{\varepsilon_e} f(\varepsilon_1)\mathrm{d}\varepsilon}$
线弹性能	$W_e = \dfrac{\sigma_c^2}{2E_s}$
T 准则	$T = \dfrac{\sigma_\theta}{\sigma_c}$
地应力指数	$S = \dfrac{\sigma_1}{\sigma_c}$
RQD 指标	$\mathrm{RQD} = \dfrac{\sum l(\geqslant 10\ \mathrm{cm})}{L} \times 100\%$
岩体完整性系数	$K_v = \dfrac{V_{pm}^2}{V_{pr}^2}$
围岩类别	—

注：σ_c 表示岩石的单轴抗压强度；σ_t 表示岩石的抗拉强度；E_e 表示滞留的弹性应变能；E_p 表示耗损的应变能；ε_e、ε_p、ε_t 表示弹性应变、塑性应变、总应变；$f(\varepsilon)$、$f(\varepsilon_1)$ 表示加、卸载时 σ - ε 曲线函数；E_s 表示弹性模量；σ_θ 表示围岩切向应力；σ_1 表示最大地应力；l 表示单节岩心 $\geqslant 10$ cm 的长度；L 表示本回次进尺长度，cm；V_{pm} 表示岩体弹性纵波波速；V_{pr} 表示岩石弹性纵波波速。

表 8-6 岩爆分级表

编号	指标	岩爆等级			
		无岩爆	弱岩爆	中等岩爆	强烈岩爆
V_1	脆性系数	0～10	10～14	14～18	18～22；>22
V_2	弹性能量指数	0～2.0	2.0～3.5	3.5～5.0	5.0～6.5；>6.5
V_3	线弹性能	0～40	40～100	100～200	200～400；>400
V_4	T 准则	0～0.3	0.3～0.5	0.5～0.8	0.8～1.1；>1.1
V_5	地应力指数	0～0.15	0.15～0.20	0.20～0.25	0.25～0.30；>0.30
V_6	RQD 指标	0～0.25	0.25～0.50	0.50～0.70	0.70～0.9；>0.9
V_7	岩体完整性系数	0～0.15	0.15～0.35	0.35～0.55	0.55～0.75；>0.75
V_8	围岩类别	V～IV	IV～III	III～II	II～I

由于指标取值范围不一致，为了便于统一判断，利用归一化思想，将 8 个指标 V_i

和综合评价指数 W 均进行 $0\sim1$ 线性均匀数值量化，同时建立其与岩爆程度 R 的对应等级量化准则，如表 8-7 所示。

表 8-7　岩爆分级量化综合评判表

量化指标	岩爆等级			
	无岩爆	弱岩爆	中等岩爆	强烈岩爆
判据 V_i （ i=1～8 ）	0～0.25	0.25～0.50	0.50～0.75	0.75～1
综合判据 W	0～0.25	0.25～0.50	0.50～0.75	0.75～1

判据 V_i （ i=1～8 ）的量化值与判据的实际计算值在各岩爆等级范围内一一线性对应，最小对应着最小，最大对应着最大，具体取值采用线性内插法获得，取值函数如式（8-3）所示：

$$v_i = 0.25 \frac{V_i - R_{\min}}{R_{\max} - R_{\min}} + 0.25\boldsymbol{R} \tag{8-3}$$

式中，$\boldsymbol{R}$={无岩爆，弱岩爆，中等岩爆，强烈岩爆}={0,1,2,3}；v_i、V_i、$R_{\min}$ 与 $R_{\max}$ 分别为表 8-7 中第 i（ i=0～8 ）个指标 $0\sim1$ 线性量化值、实际计算值、对应的 R（ R=0～3 ）等级岩爆区间的实际最小和最大值。

由此可建立岩爆风险预测的层次分析综合模型：

$$\boldsymbol{W} = \boldsymbol{U}\boldsymbol{v}^{\mathrm{T}} \tag{8-4}$$

式中，$\boldsymbol{v} = [v_i]$（ i=0～8 ）为对象层各指标 $0\sim1$ 线性均值量化向量。

通过基于层次分析法的岩爆综合评判结果可获得岩爆发生的强度信息，尽管本节综合采用多类评价指标用以提高预测精度，但现场实际影响岩爆发生的可能性及烈度分级的基本要素之间存在着复杂性和多种不确定性，同时，岩土工程中有关因素本身通常只具有相对的准确度，从而不可避免地容易导致综合预测存在一定的误差。特别地，当岩爆等级在各级岩爆临界值附近时，其预测结果可能会因一些较小随机因素产生偏差。因此，在对概念本身就是十分模糊的"岩爆"进行预测时，仅仅给出岩爆等级的精确预测结果并不是最恰当的。基于此，本节引入概率模型，对层次分析综合模型进行概率优化，在预测岩爆等级的同时给出相应概率，用以解释现场实际情况的不确定性和相对准确性问题。

集中以下信息可建立岩爆等级及其概率分布函数对应关系，如图 8-16 所示。其中，横坐标轴表示综合判据 W 的值，其下对应的是各岩爆等级区间，纵坐标轴表示对应的概率 P。首先，当 W 等于等级某岩爆临界值（ W=0.250，0.500，0.750）时，可认为发生临界值相邻处两岩爆等级的可能性相同，即各占 50%；其次，当 W 等于等级某岩爆等级中间值（ W=0.125，0.375，0.625，0.875）时，其与相邻等级岩爆的相关性最小，可认为 100%属于该岩爆等级，当 W 等于 0 和 1 时应分别对应 100%无岩爆和 100%强岩爆；最后，基于多类多指标的层次分析综合模型评判结果应具有一定的可靠性，其预测结果不应存在较大偏差，即最坏的可能是使预测结果偏离到紧邻岩爆等级。同时考虑实际运算的简单性，取线性概率函数模型。

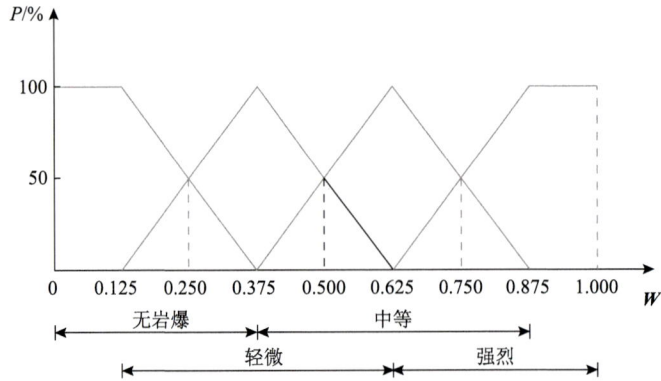

图 8-16　岩爆等级与概率分布函数

综合层次分析与概率分布模型，即可获得基于层次分析法与概率优化的岩爆风险综合预测模型：

$$P(\boldsymbol{R})=\begin{cases}0\leqslant \boldsymbol{W}\leqslant 0.125 \Rightarrow P(0)=100\% \\ \dfrac{1}{2}(w(\boldsymbol{R})+w(\boldsymbol{R}+1))\leqslant \boldsymbol{W}\leqslant \dfrac{1}{2}(w(\boldsymbol{R}+1)+w(\boldsymbol{R}+2))(\boldsymbol{R}=0\sim 2) \\ \Rightarrow \begin{cases}P(\boldsymbol{R}+1)=4\times(\boldsymbol{W}-\dfrac{1}{2}(w(\boldsymbol{R})+w(\boldsymbol{R}+1)))\times 100\% \\ P(\boldsymbol{R})=100\%-P(\boldsymbol{R}+1)\end{cases} \\ 0.875\leqslant \boldsymbol{W}\leqslant 1\Rightarrow P(3)=100\%\end{cases} \qquad (8\text{-}5)$$

式中，$w(\boldsymbol{R})=0.25R(R=0\sim 4)$ 为岩爆等级的临界值；$P(\boldsymbol{R})$ 为可能发生岩爆的等级及其概率。

当获取各判据的实际值后，根据式（8-3）统一换算出其量化值 v_i，通过式（8-4）计算出岩爆的综合评价指数 $\boldsymbol{W}$，最后通过式（8-5）可预测岩爆的可能发生等级及其概率。

8.2.4　深部磷矿岩爆机理研究

岩爆机理是揭示岩爆发生的原理和内在规律的核心，不仅是岩爆预测和控制的理论基础，也是全世界岩爆领域研究的重点内容。对岩爆发生机制进行深入研究，是正确认识并有效预防岩爆灾害发生的基础与前提。专家学者在大量试验与实践的基础上，深化了对岩爆发生机理的研究，大量可以解释岩爆成因的重要理论相继被提出。其中强度理论、刚度理论、能量理论、岩爆冲击倾向理论最具代表性。

1）强度理论

强度理论从应力与强度两方面解释岩爆现象。早期强度理论是由 G.Braener 提出计算岩体的极限压应力，用来研究岩体的破坏原因[43]。专家学者经过一系列试验研究，完善和提高了强度理论，以岩体-围岩为主要研究对象，以岩体和围岩达到平衡条件时的强度理论为参考。考虑到岩爆实质上是岩体破坏问题，岩体能承受的应力超过岩体强度时，岩体就会发生破坏。由 E.Hoek 和 E.T.Brown 提出的强度破坏标准代表性最强，直到现在

都仍在应用[44,45];张政辉和蔡美峰[46]通过对岩石进行多次加卸载试验来探究岩石在受到不同应力作用时的破坏方式,以及岩爆孕育过程中岩体受力与其产生岩爆破坏的关系。指出在工程进行开挖时会在部分区域形成应力集中,当岩体的承受荷载能力小于应力集中时就会发生岩爆现象。

2)刚度理论

该理论最先由 Cook[47]在对试件刚性压缩试验中发现,其认为当岩石试样的刚度大于加载的刚度时,试件发生破坏。1972 年,Blake[2]对该理论进行了深度研究,把矿山结构刚度和围岩刚度间的关系与试件刚度和试验机刚度间的关系联系起来,由此提出了刚度理论概念。根据这一理论,当围岩刚度低于岩体结构刚度时,岩体结构承载力超过强度极限,岩爆发生的概率将大大增加[48]。此外,Petukhov 提出当岩体受弹性荷载作用,围岩不稳定时,有可能出现岩爆,同时他在研究中引入了刚性条件,研究出矿山结构的刚度和加载曲线峰值后的载荷-变形曲线下降阶段的刚度一致[49]。

3)能量理论

Cook 等[50]通过对大量岩爆事故进行分析总结,在 1966 年首次提出了能量理论概念,认为岩爆是由于在岩石中蓄积的能源积累到某个临界点后,对岩石造成毁灭性的冲击[51]。我国学者李平恩和殷有泉[52]从断层、围岩的力学平衡系统着手,以能量方面为依据,对断层失稳的机理进行了研究,得出量化公式。国内外学者都从多方面在能量理论的基础上进行了进一步的研究,且成果颇丰。

4)岩爆冲击倾向理论

根据岩爆冲击倾向理论,指出岩爆产生的根源与其本身的物理特性密切相关。对于几乎相同的环境和开采方法,发生的岩爆将有不同的大小和频率,甚至不会发生岩爆,岩石内部积聚的能源对外界造成的冲击和损坏被称为冲击倾向。对岩爆倾向性进行研究常采用以下几种指标:岩石脆性系数、弹性能指数、切向应力判断指标等。目前,在对岩爆的研究中,越来越多地采用多种判据对是否发生岩爆进行预测,避免因使用一种判据的单一性而降低预测的准确性。

8.3　磷矿深部采动灾害监测预警

8.3.1　现场采动监测技术

为了研究矿山开采过程中地压的活动规律,研究人员采用了包括室内试验、模型试验、数值模拟、现场监测等在内的多种手段,研究了不同地质构造、不同开采方式下地压的显现特性。原位监测能够实时监测矿床开采引起的围岩地压变化,可以为矿山地压研究提供有效的第一手数据资料。由于矿山开采面临复杂的力学环境,地压显现也变得复杂,单一的地压监测手段已经很难满足深部矿山开采中地压监测的要求,因此在矿山开采中常采用多种技术对地压进行联合监测。常用的矿山地压监测手段可以分为大尺度区域监测和小尺度局部监测。其中,局部监测主要包括应力、应变和位移监测等;区域

监测主要为微震监测。

磷矿山现场采动监测技术是指在磷矿山开采过程中，采用各种技术手段和设备来监测地下岩石的变形、位移、应力等参数，以及评估开采引起的地质灾害潜在风险。以下是几种常见的磷矿山现场采动监测技术。

放射性核素追踪技术是一种使用放射性同位素标记物质来追踪化学、生物和物理过程的技术。通过放射性核素的放射性衰变特性和测量方法，可以确定被标记物质的存在和运动轨迹。

钻孔测量技术通过在地下进行钻孔，安装测斜仪、应变计、位移计等测量设备，实时监测岩层的位移和变形情况。

微震监测技术多用于冲击地压、岩爆灾害的观测与分析，其利用微震传感器网络，监测和记录由开采引起的微弱地震事件，通过分析岩体破裂产生震动的能量、强度、位置、时间等数据，对岩体的破裂情况、震动位置和潜在地质灾害风险进行评价，从而达到预测和控制冲击地压灾害的目的。在 20 世纪 40 年代，美国就研制出监测矿山冲击地压的微震监测系统，自此之后，南非、波兰、澳大利亚、加拿大等国家都相继建立了冲击地压微震监测系统，利用微震监测技术在冲击地压的时空预测、震源定位及灾害控制方面进行了大量研究。20 世纪 80 年代，北京门头沟煤矿开始引进波兰 SYLOK 微震监测系统对井下微震进行监测研究。此后在国内矿山中微震监测技术得到了更广泛的应用，兴隆庄煤矿、华丰煤矿、千秋煤矿、老虎台煤矿、集贤煤矿等都采用国内外各种微震监测系统进行冲击地压灾害的监测预报工作。

岩石应力测量技术通过安装地应力计等设备，测量地下岩石的应力状态，以评估开采过程中的岩体稳定性和潜在破裂风险。

雷达监测技术利用地质雷达设备，对矿山岩体进行无损探测，获取地下岩层的结构、裂隙、变形等信息，以评估开采引起的岩层变形和地质灾害潜在风险。

数字化监测技术结合现代信息技术，采用传感器、无线通信、数据采集和处理系统等设备，实现对矿山开采过程的实时监测和远程数据传输，以提供及时的地质活动信息和预警。

这些技术和设备的组合可以根据具体矿山的情况和监测需求进行选择和应用，以确保矿山开采的安全和高效。

8.3.2 微震监测与设备

现场微震监测可以有效克服井下传统地应力和应变测量方法的缺点，可以实时监测巷道在施工过程中顶板渐进破坏的全过程。通过井上测控中心系统的处理，可以获得顶板微破裂的时空分布特征及事件数和强度。根据顶板微震事件的大小和空间聚集程度，实时分析顶板灾害的时空演化规律，从而对井下顶板破坏程度进行有效判断，为地下矿山顶板围岩稳定性分析和各类顶板灾害的预测预警提供依据。

1）微震监测原理

微震是介于自然地震和声发射之间的概念。指岩体破裂或结构面错动事件，其能量水平低于感测地震，大于声发射。与其他材料一样，岩体在受力后会因微破裂而产生微

震。岩体的微震直接关系到岩体内部微裂缝（损伤）的产生。在外部应力作用下，岩体会发生局部弹塑性集中。当能量积累到一定的临界值时，会导致微裂纹萌生和扩展，并在围岩中迅速释放和扩展。微裂纹的产生和扩展伴随着弹性波的传播，其结果是产生声发射。相对于较大的岩体，微震在地质学上被称为微地震（MS）。

如图 8-17 所示，顶板钻孔中的微震传感器与信号采集仪连接；每个传感器的微震信号由 QS 采集仪进行采集，通过数模转换后进行传输，然后通过电线传输到地下系统控制中心；最后由井下控制中心通过光缆传送到地面测控中心，在地表测控中心进行处理分析，同时由地表测控中心对系统运行状况进行实时监测。

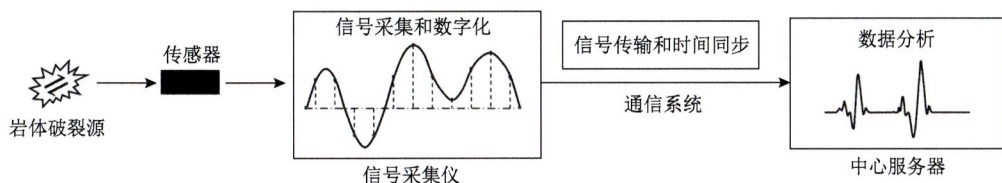

图 8-17　微震监测基本原理

2）微震监测设备

微震监测设备的硬件部分主要由微震传感器、数据采集器、实时监控系统、网络通信设备和数据存储和备份设备等组成；该设备的软件部分主要由数据处理单元、震源定位系统及分析和报告软件等组成。通常微震监测设备系统主体上由地面监控中心、矿下监控中心、数据处理分析决策中心 3 部分组成，并通过互联网与决策部门形成信息互动。

微震传感器：通常在矿山周围和地下布置多个传感器。这些传感器用于记录和监测微震事件的发生。

数据采集器：数据采集器用于接收和记录微震传感器产生的数据。它可以将模拟信号转换为数字信号，并将数据传输到数据处理单元。

实时监控系统：实时监控系统可以对微震数据进行实时监测和显示。它通常包括数据接收和显示设备，如计算机、显示器、报警器等，用于实时观察和分析微震事件。

网络通信设备：微震监测系统可能需要与远程服务器或其他设备进行数据传输和通信。因此，网络通信设备如路由器、交换机、调制解调器等也是系统的一部分。

数据存储和备份设备：微震监测系统需要一个可靠的数据存储和备份设备，如硬盘、服务器、云存储等，用于长期保存和备份微震数据。

数据处理单元：数据处理单元用于接收、存储和处理来自数据采集器的微震数据。它可以是计算机、服务器或专用的数据处理设备，具备处理和分析地震数据的能力。

震源定位系统：震源定位系统用于确定微震事件的发生位置。它通过对多个传感器记录到的微震数据进行分析，计算出地震的震源位置。

分析和报告软件：微震监测系统通常配备专门的数据分析和报告软件。这些软件能够对微震数据进行处理、分析和可视化，生成相关的报告和图表。

以杉树垭磷矿山微震监测系统设计方案为例，杉树垭磷矿微震监测系统安装工作从

2020 年 4 月初开始，到 2020 年 5 月底基本结束并立即进入运行状态。杉树垭微震监测系统主要由井上监测控制中心、井下的通信控制中心、现场地震仪及顶板上方的地震传感器等硬件系统和计算机内的 IMS Synapse、IMSTRACE、JDI 等软件组成，现场软硬件图如图 8-18 所示[53]。

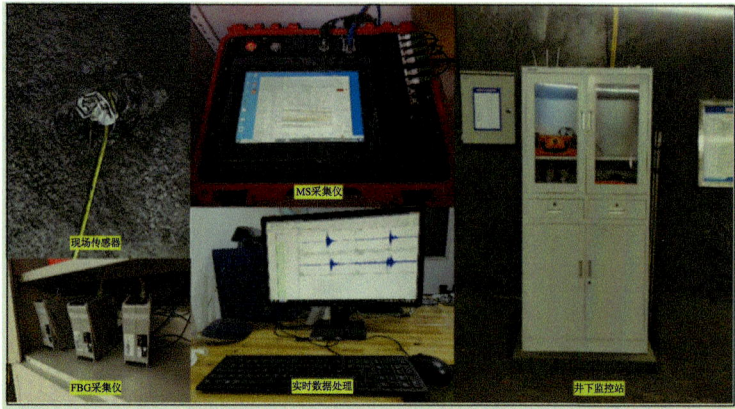

图 8-18　杉树垭井下现场监测系统

3）监测数据处理

井下每日施工会产生各种各样的典型地压微震监测波形，处理大量的地压微震监测波形不仅工作量大、耗时长，更重要的是影响对围岩稳定性的分析与判断，因此对各种波形进行识别判断，准确识别岩石破裂的真实波形十分必要。井下工作环境复杂，施工产生的各种地压微震监测波形种类繁多，大致可分为：①爆破波形。井下爆破多为微差爆破，爆破波形信号的明显特征为多峰值叠加，这些噪声信号与围岩破裂产生的微震信号相比具有较为明显的差异特征。②机械凿岩波形。锚杆钻机凿岩信号为断续型信号，整体持续时间较长，但单个信号持续时间较短，主要为锚杆钻机冲击凿岩产生。③电信号干扰波形。其波动规律不明显，部分振幅较低。④岩石破裂波形。其波形成分单一，振幅在几十到几百毫伏，衰减过程中尾波较发育。采用小波-神经网络多指标噪声综合滤除方法对监测到的信号进行滤波处理，剔除噪声信号，获取岩体破裂信号。提取岩体破裂信号波形时，利用粒子群全局搜索技术获取其震源位置及发震时间。

8.3.3　红外监测与设备

近年来随着红外热成像技术的发展，其在远距离遥感和矿床探测及物体寻找方面的应用越来越广泛，红外热成像与矿山安全的重大结合对现场实地监测是十分有意义的，利用红外热像仪对井下采掘面、巷道硐壁及采空区进行红外观测，寻找可能出现的能量聚集区域，为岩爆预警提供可行性方法。磷矿深部开采的采动灾害监测预警中，红外监测是一种常用的监测手段，通过对地表或工作面的红外辐射进行监测，来识别采动区域的异常变化。这些异常变化可能包括地表温度的升高、热点的出现、热阻的减小等，这些都可以作为采动灾害的预警信号。

岩体岩爆的产生是应力环境一定，受开挖影响，岩体内部能量积聚到一定程度释放的结果。从理论上来说，岩石在受力后，组成岩石的矿物颗粒的内部晶格参数会发生变化，如晶格键的增长、缩短，晶格位错、阻塞移动及晶格键的断裂等。在这一过程中，分子、原子及电子等微观颗粒的运动状态会发生变化，而这些变化会引起粒子能态的跃迁，导致电磁辐射，其中分子振动及转动的变化会引起红外辐射的变化，这是岩石受力引起红外辐射变化的理论依据，且红外观测具有非接触式、实时显示、测量精度高、全天候、不需要可见光等优点。

红外监测设备一般由红外热像仪和数据采集系统组成。红外热像仪是一种能够实时探测和显示目标物体表面红外辐射能量分布的设备，通常由红外探测器和光学镜头组成。数据采集系统负责将红外热像仪采集到的数据进行处理和分析，并将结果反馈给监测人员。

红外监测在磷矿深部开采中具有以下优势。

非接触性：红外监测无须接触被监测对象，可以避免人工测量的不便和安全隐患，并且对被监测对象不会造成损伤。

实时性：红外热像仪可以实时获取目标物体的红外辐射数据，能够及时发现异常情况并进行预警，有助于采取措施避免灾害发生。

高灵敏度：红外监测对温度的变化非常敏感，能够监测到微小的温度异常，有利于提前预警和应对。

大范围监测：红外热像仪可以通过扫描的方式对大范围区域进行监测，覆盖面积广，适用于磷矿深部开采中复杂的监测环境。

以下是武汉工程大学自主研发的红外热像仪在井下的观测情况，在湖北兴发化工集团股份有限公司瓦屋IV矿段进行现场使用情况，设备名称及数量如表 8-8 所示。

表 8-8　观测设备一览表

设备名称	数量/台
手持式红外观测仪 7 倍焦距	1
镜头式红外观测仪 13 倍焦距	1
镜头式红外观测仪 19 倍焦距	1

通过手持式红外观测仪和两台镜头式红外观测仪对采空区和掌子面进行红外观测，并进行数据分析。其中手持式红外观测仪的研发是为了便于巡检，其具体外形构造如图 8-19 所示。镜头式红外观测仪距采空区观测面约 20m，手持式红外仪距观测面约 12m，如图 8-20 所示。

图 8-19　手持式红外观测仪

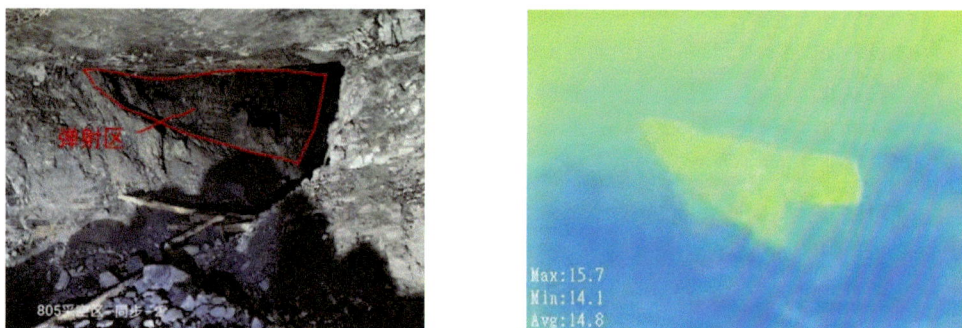

（a）井下 805 采空区现场图

（b）井下 805 采空区现场图

图 8-20 采空区手持式红外观测仪的现场图与红外观测图

由图 8-20（b）可见，距离掌子面位置 5～8m 处进行架设观察，由于该掌子面上半部分处于逆断层区域，掌子面岩体伴有较多节理裂隙。该区域红外温度差异十分明显，岩体断层的存在使该区域岩体受力增大，积聚能量相较于周围岩体更多，反映在红外观测仪上成像效果更为明显。

8.4 磷矿深部开采动力灾害防控措施

对矿区岩性和地质环境进行分析可知，受工程开挖地质环境影响，受水平构造应力影响，致使矿区在开挖环境下，顶底部岩体更容易受开挖扰动影响而产生应力集中；此外，矿区顶板因含有硅质白云岩，增加了矿区顶部的岩爆倾向性，因此对矿区的岩爆防治措施主要是缓解应力集中的现场降压措施，此外，还应采取加强矿区的安全教育与隐患排查等安全管理措施。

8.4.1 采场岩爆防控措施

（1）在进行采矿之前应先对工作面进行综合分析，合理布置采场结构，优化矿柱尺寸，避免平巷与斜坡道交叉口处形成三角形单个矿柱，注意巷道轴线与最大主应力方向平行布置；选择合理的开挖步骤，采取不完全开采和逐步开挖的方法，尽量避免形成"孤岛效应"，以减小围岩应力集中程度。

（2）在高应力及复杂地质环境处进行开采时，缩小掘进巷道的断面尺寸，巷道成型后掌子面上部超前，帮壁呈倒梯形，采用短进尺、小药量爆破，优化炮孔参数与炮孔结构，降低开挖对围岩破坏程度；延长作业循环周期，采用采区间停式作业，每作业 0.5h 后，关停设备、停止作业 10min，对岩爆层采取局部放顶、机械撬毛等方式进行泄压处理，检查顶帮无异常再恢复作业；对于严重岩爆区在作业面爆破后禁止从事任何作业，停止 24h 后进行下一环节的作业，以降低短时间的围岩应力集中而引发的冲击岩爆。

由于硅质白云岩具有吸水性，在掌子面或高应力区经常喷洒冷水或者进行钻孔注

水。凿岩、出矿前冲洗顶帮，可将围岩中的切向应力释放并转移到深部围岩中，降低岩体储存应变能的能力，降低围岩强度，进而减少岩爆。

（3）在进行采矿之前，要进行超前钻孔泄压，通过在工作面前方选取合适的位置进行钻孔，实现泄压效果。可以减小工作面前方的应力集中区域，有效缓解岩爆的危险。当发生岩爆威胁时，通过泄压钻孔可以迅速将冲击波引导至钻孔内，减小岩爆的危害范围。

超前钻孔的数量需要根据矿山的规模、岩爆风险的评估和工作面的布置来确定。通常情况下，需要在工作面前方布置多个钻孔，以覆盖整个工作面的岩层。而钻孔的位置应尽量靠近工作面并能够与工作面相连通。超前钻孔通常采用对称布置或网状布置的方式。对称布置是指沿工作面中心线对称布置钻孔，这样可以实现均匀的泄压效果。网状布置是指将钻孔布置成网状，这样可以更全面地覆盖整个工作面，并增强泄压效果。超前钻孔泄压只是一种预防措施，不能完全消除岩爆的风险。在采矿作业中，还需结合其他措施如合理采矿设计、支护加固等来综合应对岩爆的危害。

（4）改变锚网锚杆支护方式，加强永久性支护，采取锚网锚杆、钢拱架等进行永久性支护；对于易岩爆区域，长距离切割处采用台车凿岩，撬毛机清排顶帮，装载机装矿，挖机配合，提高回采速度，缩短作业时间。

建议把现有管缝式锚杆换成吸能防冲锚杆。在围岩变形前安装该类吸能防冲锚杆，围岩准静态变形中该锚杆可以起到抵抗、吸收变形能的作用；围岩冲击变形中该锚杆可起到快速让位吸能的作用。吸能防冲锚杆安装及作用示意图见图8-21。

（5）边回采边用废石分段充填隔离采空区，防止顶板岩爆冒落产生的冲击载荷和空气冲击波对下部生产危害，充填废渣的侧压力可对永久矿柱进行保护，提高支撑力。因此，可通过优选采矿方法和矿柱优化进行改进。

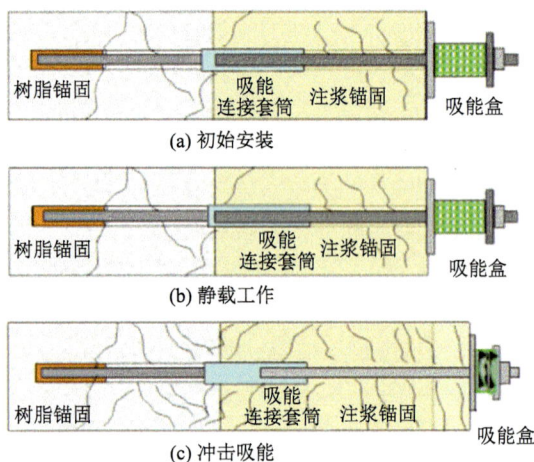

图 8-21　吸能防冲锚杆安装及作用示意图

8.4.2　巷道岩爆防控措施

（1）改变巷道断面形状。结合前期巷道开挖过程的破坏特征，岩爆主要发生在巷道顶部富矿层以下含白云岩较多的矿体中，建议改变原来开挖设计的巷道矩形断面为倒"八"字形断面，改变断面形状示意图见图8-22。

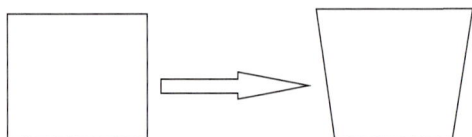

图 8-22　巷道开挖断面建议示意图

（2）巷道支护采用吸能防冲锚杆。吸能防冲锚杆形状图如图 8-23 所示。

图 8-23　吸能防冲锚杆形状图

（3）缩短巷道进程。由于现场巷道的进尺在 2～3m，在巷道岩爆可控条件下，可延续此方案，但对于高应力区，尤其是开采深度进一步增加的情况下，可将开挖进尺控制在 1.5～2m。

（4）爆破参数调整。采取类似光面爆破技术，增加周边眼的布置数目，同时减少周边眼的装药量，尽量减少对围岩特别是易岩爆处围岩的损伤。

（5）为降低掌子面开挖后的岩爆烈度，及时对掌子面附近岩体喷水或进行钻孔注水。及时对掌子面岩体进行锚固支护，在一定程度上吸收并降低巷道围岩应力。

（6）对于高地应力区，必要时需进行微震监测及红外监测。

8.4.3　矿区岩爆防控的安全管理

为降低岩爆对从业人员的安全风险，应制定必要的安全管理措施：首先，从业人员通过三级安全教育考试合格后上岗，提高矿井作业人员的安全意识，减少或杜绝矿井人员的不安全行为。其次，针对矿区岩爆特征，制定《顶板分级管理制度》，编制《安全技术作业规程》和《岗位安全操作规程》，规范现场作业；加强对顶板的隐患排查治理工作，强化对作业人员的各项安全操作的审查，落实应急救援制度。最后，现场作业各生产环节必须落实"现场签字确认制度"，经现场安全员检查处理具备安全作业条件悬挂"准予作业牌"后方可作业。并对顶板安装顶板离层仪和打密集信号顶进行观测，对采空区实行封闭，此外，还需注意执行以下措施。

（1）在没有采取锚网支护的采场回填时，必须采取打顶进行临时支护。

（2）若发现局部有"伞檐"，当班必须处理，且处理时必须利用平台作业，防止浮石顺滑伤人。

（3）若发现顶板伪顶大面积脱层，必须剪掉锚网后进行安全压顶，且压顶后立即打信号顶进行监测。

（4）严格按"施工指令单"及相关标识（现场悬挂的"料场""回填通道"等）组织回填，严禁擅自改变堆渣位置、运输通道等。

（5）排险必须遵循"从外到里，先顶后帮"的作业顺序，特别是排险人员必须选定一条安全可靠的排险路线，方便排险人员在该排险路线下方的安全位置进行排险作业。此外，除安全员与排险人员以外的其他工作人员严禁在作业范围内活动。

（6）若需要安全压顶的，凿岩、装药、排险、出渣等各项施工环节必须认真落实二次清理。爆破前不得拆除临时木顶，其他环节必须实行"侧面打顶"制度。

（7）确定行人运输通道，指定临时休息点。回填区域内必须控制作业人数，监护 1 人，铲运 1 人，辅助 1 人。严禁运输司机等无关人员在卸渣、铲运、排险现场逗留。

参 考 文 献

[1] 岑兰爱, 岙曼卿, 丰光亮, 等. 深部磷矿冒顶影响因素分析及预防——以湖北某磷矿山为例[J]. 矿冶, 2022, 31(6): 9-16, 46.

[2] Blake W. Rock-burst mechanics[J]. Geology, Engineering, 1967, 67: 1-64.

[3] 何满潮, 刘冬桥, 宫伟力, 等. 冲击岩爆试验系统研发及试验[J]. 岩石力学与工程学报, 2014, 33(9): 1729-1739.

[4] Wang C, Wu A, Lu H, et al. Predicting rockburst tendency based on fuzzy matter-element model[J]. International Journal of Rock Mechanics & Mining Sciences, 2015, 75: 224-232.

[5] Singh S P. Burst energy release index[J]. Rock Mechanics & Rock Engineering, 1988, 21(2): 149-155.

[6] 左宇军, 李夕兵, 唐春安, 等. 受静载荷的岩石在周期载荷作用下破坏的试验研究[J]. 岩土力学, 2007, 28(5): 927-932.

[7] Liu X, Zhan S, Zhang Y, et al. The mechanical and fracturing of rockburst in tunnel and its acoustic emission characteristics[J]. Shock & Vibration, 2018(3): 1-11.

[8] Salamon M D G. Stability, instability and design of pillar workings[J]. International Journal of Rock Mechanics and Mining Science & Geomechanics Abstracts, 1970, 7(6): 613-631.

[9] 马艾阳, 伍法权, 沙鹏, 等. 锦屏大理岩真三轴岩爆试验的渐进破坏过程研究[J]. 岩土力学, 2014, 35(10): 2868-2874.

[10] 苏国韶, 陈智勇, 蒋剑青, 等. 不同加载速率下岩爆碎块耗能特征试验研究[J]. 岩土工程学报, 2016, 38(8): 1481-1489.

[11] 张晓君, 王栋, 肖超, 等. 直墙拱形巷(隧)道岩爆试验及劈裂与剪切分析[J]. 岩土力学, 2013, 34(z1): 35-40.

[12] 赵菲, 王洪建, 何满潮, 等. 不同高度花岗岩岩爆试验的声发射特征[J]. 岩土力学, 2019, 40(1): 142-153.

[13] 陈陆望, 白世伟, 殷晓曦, 等. 坚硬岩体中马蹄形洞室岩爆破坏平面应变模型试验[J]. 岩土工程学报, 2008, 30(10): 1520-1526.

[14] 何满潮, 王炀, 苏劲松, 等. 动静组合荷载下砂岩冲击岩爆碎屑分形特征[J]. 中国矿业大学学报, 2018, 47(4): 699-705.

[15] 李夕兵, 宫凤强, 王少锋, 等. 深部硬岩矿山岩爆的动静组合加载力学机制与动力判据[J]. 岩石力学与工程学报, 2019, 38(4): 708-723.

[16] 蔡美峰, 冀东, 郭奇峰. 基于地应力现场实测与开采扰动能量积聚理论的岩爆预测研究[J]. 岩石力学与工程学报, 2013, 32(10): 1973-1980.

[17] 邱道宏, 李术才, 张乐文, 等. 基于隧洞超前地质探测和地应力场反演的岩爆预测研究[J]. 岩土力学, 2015, 36(7): 2034-2040.

[18] 许博, 谢和平, 涂扬举. 瀑布沟水电站地下厂房开挖过程中岩爆应力状态的数值模拟[J]. 岩石力学与工程学报, 2007, 26(a1): 2894-2900.

[19] Cundall P A, Strack O D L. Particle Flow Code in 2D[M]. Minnesota: Itasca Consulting Group, Inc, 1999.

[20] Cundall P A, Strack O D L. Discussion: A discrete numerical model for granular assemblies[J].

Geotechnique, 1980, 30(3): 331-336.

[21] 吴顺川, 周喻, 高斌. 卸载岩爆试验及 PFC3D 数值模拟研究[J]. 岩石力学与工程学报, 2010(z2): 4082-4088.

[22] 王延可, 李天斌, 陈国庆, 等. 岩爆特性 PFC3D 数值模拟试验研究[J]. 现代隧道技术, 2013(4): 98-103.

[23] Cai M, Kaiser P K, Morioka H, et al. FLAC/PFC coupled numerical simulation of AE in large-scale underground excavations[J]. International Journal of Rock Mechanics and Mining Sciences, 2007, 44(4): 550-564.

[24] 廖志毅, 朱建波, 唐春安. 高地应力作用下岩石和地下硐室的动态力学行为和响应[J]. 岩土工程学报, 2016, 38(S2): 260-265.

[25] 王振, 唐春安, 马天辉, 等. 深埋硬岩隧洞落底挖诱发围岩损伤破坏研究[J]. 地下空间与工程学报, 2014, 10(1): 36-42.

[26] Sun J S, Zhu Q H, Lu W B. Numerical simulation of rock burst in circular tunnels under unloading conditions[J]. Journal of China University of Mining & Technology, 2007(4): 552-556.

[27] Asteris P G, Cotsovos D M, Chrysostomou C Z, et al. Mathematical micromodeling of infilled frames: State of the art[J]. Engineering Structures, 2013, 56: 1905-1921.

[28] 曾鹏, 纪洪广, 孙利辉, 等. 不同围压下岩石声发射不可逆性及其主破裂前特征信息试验研究[J]. 岩石力学与工程学报, 2016, 35(7): 1333-1340.

[29] 赖于树, 程龙飞. 受载混凝土破坏全过程声发射信号频带能量特征[J]. 振动与冲击, 2014, 33(10): 177-182.

[30] Zhu Q, Shao J. Micromechanics of rock damage: Advances in the Quasi-Brittle field[J]. Journal of Rock Mechanics and Geotechnical Engineering, 2017, 9(1): 29-40.

[31] Xie N, Zhu Q Z, Xu L H, et al. A micromechanics-based elastoplastic damage model for Quasi-Brittle rocks[J]. Computers & Geotechnics, 2011, 38(8): 970-977.

[32] 赵康, 赵红宇, 贾群燕. 岩爆岩石断裂的微观结构形貌分析及岩爆机理[J]. 爆炸与冲击, 2015, 35(6): 913-918.

[33] Ng K, Sun Y, Dai Q, et al. Investigation of internal frost damage in cementitious materials with micromechanics analysis, SEM imaging and ultrasonic wave scattering techniques[J]. Construction andBuilding Materials, 2014, 50: 478-485.

[34] Wang D Q, Zhu M L, Xuan F Z. Experimental study of fatigue crack initiation and strain evolution around a micro-void by in situ SEM and digital image correlation[J]. Key Engineering Materials, 2017, 754: 75-78.

[35] Shan R L, Song L W, Liu Y, et al. Microstructure analysis of deep rock in Meilinmiao mine[J]. Journal of Coal Science & Engineering, 2013, 19(4): 468-473.

[36] Zhang M, Ning J G, Zhang H B, et al. Study on microscopic structure and mineral composition of shallow rock using SEM[J]. Applied Mechanics and Materials, 2013, 303-306: 2552-2558.

[37] 黄仁东, 古德生, 吕苗荣, 等. 声波 CT 层析成像技术在新桥硫铁矿的应用[J]. 湖南科技大学学报(自然科学版), 2004, 19(1): 12-15.

[38] 王千年, 车爱兰, 郭强, 等. 孔内声波 CT 技术在软土地区地下溶洞调查中的应用[J]. 地震工程学报, 2011, 33(B08): 335-339.

[39] 刘冉, 叶义成, 张光权, 等. 岩爆分级预测的粗糙集-多维正态云模型[J]. 金属矿山, 2019, 513(3): 54-61.

[40] 刘磊磊. 高地应力地区隧道岩爆预测研究[D]. 长沙: 中南大学, 2014.

[41] 李天斌, 潘皇宋, 陈国庆, 等. 热-力作用下隧道岩爆温度效应的物理模型试验[J]. 岩石力学与工

程学报, 2018, 37(2): 261-273.

[42] 苏国韶, 陈智勇, 尹宏雪, 等. 高温后花岗岩岩爆的真三轴试验研究[J]. 岩土工程学报, 2016, 38(9): 1586-1594.

[43] 俞茂宏, Yoshimine M, 强洪夫, 等. 强度理论的发展和展望[J]. 工程力学, 2004(6): 1-20.

[44] 朱合华, 张琦, 章连洋. Hoek-Brown 强度准则研究进展与应用综述[J]. 岩石力学与工程学报, 2013, 32(10): 1945-1963.

[45] 孙金山, 卢文波. Hoek-Brown 经验强度准则的修正及应用[J]. 武汉大学学报(工学版), 2008(1): 63-66, 124.

[46] 张政辉, 蔡美峰. 岩石的卸载力学特性及其对地应力测量的影响[J]. 矿冶, 2001(3): 6-10.

[47] Cook N G W. The basic mechanics of rockbursts[J]. Journal of the South African Institute of Mining and Metallurgy, 1963, 63: 71-81.

[48] 靳雅蕙. 地下矿井深埋巷道岩爆预测及危险性研究[D]. 太原: 中北大学, 2017.

[49] 齐庆新, 李一哲, 赵善坤, 等. 我国煤矿冲击地压发展 70 年: 理论与技术体系的建立与思考[J]. 煤炭科学技术, 2019, 47(9): 1-40.

[50] Cook N G W, Hoek E, Pretoriu J P. Rock mechanics applied to study of rockbursts[J]. Journal of the South African Institute of Mining and Metallurgy, 1966, 66(10): 695.

[51] 梁伟章, 赵国彦. 深部硬岩长短期岩爆风险评估研究综述[J]. 岩石力学与工程学报, 2022, 41(1): 19-39.

[52] 李平恩, 殷有泉. 断层地震孕育和发生的不稳定性模型[J]. 地球物理学报, 2014, 57(1): 157-166.

[53] 李邵军, 丰光亮, 瞿定军, 等. 深部磷矿山安全开采地压监测与时空演化特征分析[J]. 安全与环境工程, 2022, 29(4): 110-118, 204.

　　湖北三峡实验室由湖北省人民政府批复，依托宜昌市人民政府组建，是湖北省十大实验室之一。实验室由湖北兴发化工集团股份有限公司牵头，联合中国科学院过程工程研究所、武汉工程大学、三峡大学、中国科学院深圳先进技术研究院、中国地质大学（武汉）、华中科技大学、武汉大学、四川大学、武汉理工大学、中南民族大学和湖北宜化集团有限责任公司共同组建，于2021年12月21日揭牌成立。

　　湖北三峡实验室实行独立事业法人、企业化管理、市场化运营模式，定位绿色化工，聚焦磷石膏综合利用、微电子关键化学品、磷基高端化学品、硅系基础化学品、新能源关键材料、化工高效装备与智能控制六大研究方向，开展基础研究、应用基础研究和产业化关键核心技术研发，推动现代化工产业绿色和高质量发展。

湖北三峡实验室